解密程序员的思维密码

沟通、演讲、思考的实践

廖志伟　编著

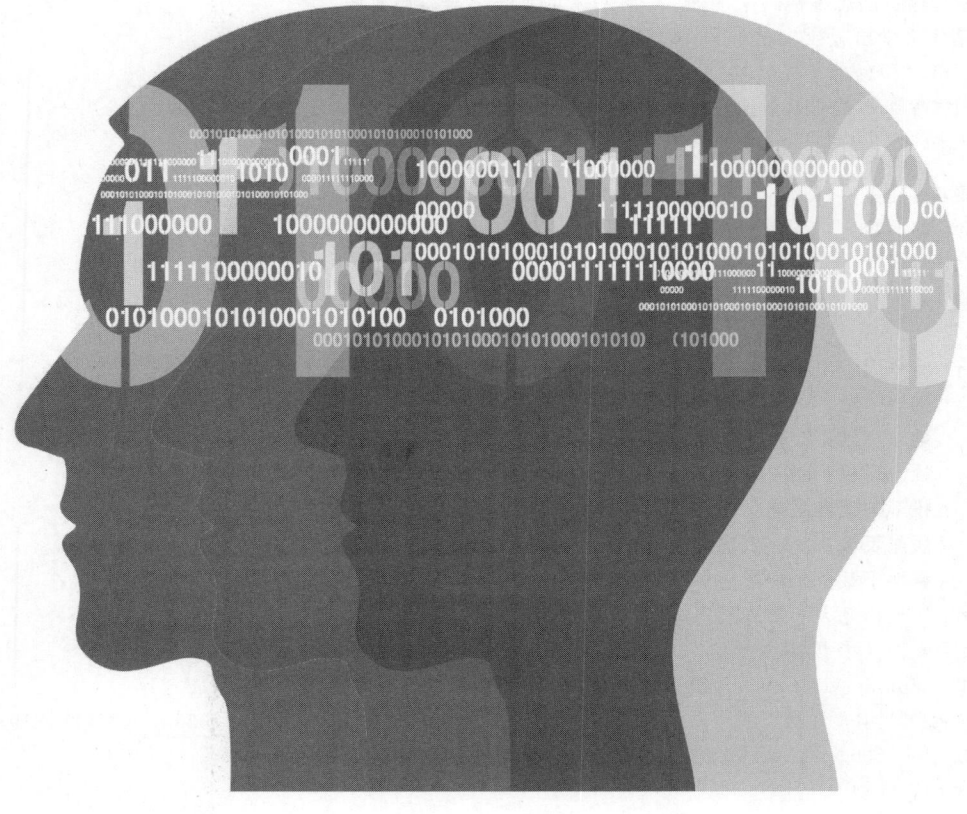

清华大学出版社
北京

内 容 简 介

本书是专为程序员及IT从业者量身定制的实战指南。通过深入浅出的方式，系统地讲解程序员在沟通、演讲与思考方面的关键技巧与策略，帮助读者在职场中脱颖而出，实现个人与团队的双重成长。

本书围绕程序员在日常工作中面临的8大核心挑战——解决综合性难题、深度思考、创造力、职业发展、职场沟通、写作技巧、技术演讲、个人成长展开。通过8章的精心编排，详细地阐述从理论基础到实战应用的全面知识体系。书中不仅介绍敏捷开发、项目管理等现代软件开发理念，还深入地剖析结构化思维、批判性思维等高级思维技巧，帮助读者构建系统的思考框架。

本书适合希望提升职业技能、增强个人竞争力的程序员及IT行业从业者、大学生阅读。无论你是初入职场的新人，还是经验丰富的技术专家都能从中找到适合自己的提升路径。同时，对于项目经理、团队负责人等管理角色，本书也提供了宝贵的团队管理与人际沟通经验。

版权所有，侵权必究。举报：010-62782989，beiqinquan@tup.tsinghua.edu.cn。

图书在版编目（CIP）数据

解密程序员的思维密码：沟通、演讲、思考的实践 / 廖志伟编著.
北京：清华大学出版社，2025.4. -- ISBN 978-7-302-68999-7
Ⅰ.TP311.1
中国国家版本馆CIP数据核字第2025V8A941号

责任编辑：赵佳霓
封面设计：郭　媛
责任校对：时翠兰
责任印制：刘　菲

出版发行：清华大学出版社
网　　址：https://www.tup.com.cn，https://www.wqxuetang.com
地　　址：北京清华大学学研大厦A座　　邮　　编：100084
社 总 机：010-83470000　　邮　　购：010-62786544
投稿与读者服务：010-62776969，c-service@tup.tsinghua.edu.cn
质量反馈：010-62772015，zhiliang@tup.tsinghua.edu.cn
课件下载：https://www.tup.com.cn，010-83470236

印 装 者：三河市龙大印装有限公司
经　　销：全国新华书店
开　　本：186mm×240mm　　印　张：19　　字　数：418千字
版　　次：2025年6月第1版　　印　次：2025年6月第1次印刷
印　　数：1~1500
定　　价：79.00元

产品编号：104833-01

PREFACE
前 言

本书是专为程序员设计的全面成长指南,包括从解决复杂技术难题到提升逻辑思维能力,再到职场沟通、写作及演讲技巧等全方位策略。本书帮助程序员构建系统的解决问题的方法,深化思维能力,提高职业竞争力,通过高效沟通与演讲技巧展现个人魅力,最终实现个人与职业的双重飞跃。无论是初入职场的新星还是经验丰富的专家都能从中汲取灵感,突破成长瓶颈,迈向成功之路。

本书主要内容

第1章 解决综合性难题:介绍程序员在面对复杂的综合性难题时的高效解决策略,包括理解问题、分析问题根源、制订并实施方案、评估效果等步骤。通过结构化的解决问题流程,帮助读者提升工作效率与团队协作能力。

第2章 深度思考:深入介绍逻辑思维、批判性思维、创造性思维与抽象思维的培养方法。通过具体的实操指南,帮助读者系统化地提升思维能力,从而在快速变化的技术环境中保持竞争力。

第3章 创造力:介绍创造力的本质、重要性及培养方法,提供了激发创造力的具体策略,如通过即兴能力、幽默能力等练习,帮助读者在工作中发挥更大的创造力。

第4章 职业发展:从职业规划、技能提升、应对职业挑战等方面出发,为程序员提供了实用的建议与案例。无论是初入职场的新人,还是寻求突破的职业老手都能从中找到适合自己的成长路径。

第5章 职场沟通:介绍沟通中的障碍及应对策略,提供了提升职场沟通技巧的具体方法,如有效倾听、开放式提问、表达技巧等,帮助读者在职场中建立更加和谐的人际关系。

第6章 写作技巧:介绍技术文档、需求规格说明书、项目计划等常见技术文档的编写规范与技巧,帮助读者提升文档质量,保障项目顺利进行。

第7章 技术演讲:通过丰富的案例与实操指南,帮助读者掌握演讲的核心技巧,如选题准备、克服紧张、PPT制作、现场互动等,让每次演讲都能给人留下深刻印象。

第8章 个人成长:从时间管理、人脉拓展、情绪管理、健康生活等多个方面,提供了全面的个人成长建议,帮助程序员通过不断优化自我、提升综合素质,在职场中走得更远、更稳。

阅读建议

本书适合所有对编程、技术沟通、职业发展感兴趣的读者，尤其适合正在成长中的程序员、IT从业者及希望提升自我、突破职业瓶颈的技术人员。它不仅是一本工具书，更是一本启发智慧、激发潜能的成长宝典。通过阅读本书，读者不仅能掌握实用的沟通技巧、演讲策略与思维方法，更能在职业发展中找到属于自己的方向与动力。

在阅读一本新书时，掌握一套系统的方法对于提炼书中的精髓至关重要。以下是一套简洁明了的阅读新书的方法论：

初步了解 = 扫视封面 + 浏览目录和章节摘要
掌握作品 = 框架结构 + 内容要旨 + 核心思想
阅读目标 = 明确渴望的知识或经验
阅读过程 = 记录想法 + 思索问题 + 自我提问
阅读后 = 反思和总结 + 知识运用
深入理解 = 共享心得 + 讨论细节 + 获取反馈

致谢

本书的顺利完成，得益于众多人士的帮助与支持。在此，对所有向我伸出援手的人们致以深切的感激之情。同时，衷心感谢读者对本书的厚爱与关注。诚挚地欢迎您就本书提出宝贵的建议和意见，我将虚心听取，不断努力以求持续改进。

廖志伟
2025 年 4 月

CONTENTS 目 录

思维导图

第 1 章 解决综合性难题　　001

- 1.1 管理者解决复杂综合性难题的策略　　001
  - 1.1.1 解决问题的重要性　　001
  - 1.1.2 如何系统地执行解决问题的流程　　002
  - 1.1.3 可衡量目标的重要性　　003
  - 1.1.4 从不同角度分析问题根源　　004
  - 1.1.5 选择解决方案时应考虑哪些因素　　005
  - 1.1.6 解决方案实施后如何评估效果　　007
- 1.2 解决复杂的综合性难题的方法　　007
  - 1.2.1 面对问题的起点　　008
  - 1.2.2 通用解决问题的七步法　　008
  - 1.2.3 复盘吸收沉淀　　010
- 1.3 软件项目流程　　011
  - 1.3.1 项目启动与背景简述　　012
  - 1.3.2 确定项目目标与需求范围　　013
  - 1.3.3 需求分析与确认　　015
  - 1.3.4 产品设计与技术评审　　015
  - 1.3.5 制订项目规划与任务分配　　016
  - 1.3.6 模块开发与质量把控　　017
  - 1.3.7 测试阶段　　017
  - 1.3.8 上线准备与验收　　019
  - 1.3.9 项目验收与维护　　020
- 1.4 常见项目流程中的问题及其解决方案　　022
  - 1.4.1 项目背景不清晰或目标不明确　　022
  - 1.4.2 需求范围不断扩大或变更频繁　　024

1.4.3 技术难度评估不准确 … 026
  1.4.4 设计方案与市场需求或技术实现存在偏差 … 027
  1.4.5 项目计划不合理或资源分配不均 … 028
  1.4.6 在开发过程中出现技术难题或质量问题 … 029
  1.4.7 测试用例不全面或测试环境与实际环境存在差异 … 030
  1.4.8 上线资料不齐全或环境配置错误 … 031
  1.4.9 项目验收标准不明确或客户反馈问题处理不及时 … 032
 1.5 技术管理者如何解决技术难题 … 033
  1.5.1 明确问题与分析背景 … 033
  1.5.2 团队协作与沟通 … 034
  1.5.3 技术分析与解决方案制订 … 034
  1.5.4 实施与验证 … 035
  1.5.5 总结与改进 … 035
  1.5.6 引入外部资源与技术支持 … 035
  1.5.7 创新与优化 … 035

第 2 章 深度思考 … 036

 2.1 提升思维方式 … 036
  2.1.1 逻辑思维 … 036
  2.1.2 批判性思维 … 038
  2.1.3 创造性思维 … 039
  2.1.4 抽象思维能力 … 040
  2.1.5 结构化思维能力 … 041
  2.1.6 发散型思考 … 042
 2.2 多维度思维 … 043
  2.2.1 产品思维 … 043
  2.2.2 项目管理思维 … 045
  2.2.3 测试思维 … 046
  2.2.4 运维思维 … 047
  2.2.5 运营思维 … 048
  2.2.6 架构思维 … 051
  2.2.7 风险思维 … 052
  2.2.8 商业思维 … 053
  2.2.9 副业思维 … 056
  2.2.10 创新思维 … 058

2.3	道、术、技思维	059
2.4	启发式思维	060
	2.4.1　远距离联想思维	060
	2.4.2　阴影思维	062
	2.4.3　物体描绘思维	064

第 3 章　创造力　065

3.1	创造力的本质	065
	3.1.1　创造力的定义	065
	3.1.2　创造力的重要性	067
	3.1.3　创造力的公式	068
	3.1.4　创造力的特征	068
	3.1.5　有创造力的人的特征	068
	3.1.6　创造力的培养	069
3.2	心流状态	070
	3.2.1　心流状态的特征	070
	3.2.2　进入心流的方法	071
	3.2.3　心流状态的益处	072
3.3	培养创造力的方法	073
3.4	刺激创意	075
3.5	人工智能与人类创造力	076
3.6	AI 时代下工作被替代的风险	077
3.7	利用 AI 工具提效	079

第 4 章　职业发展　081

4.1	程序员的工作特点	081
4.2	程序员的职业价值	082
4.3	职业规划关键点	084
	4.3.1　初期	084
	4.3.2　中期	085
	4.3.3　长期	085
	4.3.4　终身学习	086
4.4	专家路线与管理路线	086
4.5	从初学到成为专家的 7 个阶段	087
4.6	35 岁以上程序员面临的挑战	089

4.7	应对35岁程序员的职业危机	090
4.8	保持技术更新和持续成长	091
4.9	程序员读研分析	092
	4.9.1　程序员读研的主要动机	093
	4.9.2　跨专业考研的难度和策略	093
	4.9.3　学硕与专硕的主要区别	095
	4.9.4　工作后读研的利弊	096
	4.9.5　综合建议	097
4.10	二线与一线城市的职业发展	099
4.11	小公司工作的职业发展	100
4.12	外包经历对职业发展的影响	101
4.13	程序员接私活	102
	4.13.1　接私活的好处	102
	4.13.2　接私活的负面影响	103
	4.13.3　平衡接私活与提升自身技能的建议	104
	4.13.4　接私活的平台	105
4.14	提升自身技能	107
	4.14.1　提升技术能力	107
	4.14.2　学习与成长	108
	4.14.3　勇于接受挑战	109
	4.14.4　担任更具挑战性的职位	110
	4.14.5　为社会做出贡献	111
4.15	技术对于软件企业的重要性	112
4.16	规划未来职业方向	113
4.17	职场生态和博弈策略	114
4.18	程序员岗位分类	116
4.19	Code Review	117
	4.19.1　团队现状评估	117
	4.19.2　沟通障碍识别	120
	4.19.3　解决方案设计	120
	4.19.4　实施与评估	121
	4.19.5　持续改进与文化塑造	123
	4.19.6　关注点	123

第5章　职场沟通　126

5.1	沟通中的障碍	126

- 5.2 沟通的重要性 ... 127
- 5.3 沟通的目的 ... 128
- 5.4 沟通的维度 ... 129
- 5.5 沟通的三层级 ... 130
- 5.6 沟通的6个关键步骤 ... 131
- 5.7 6种沟通口气 ... 132
- 5.8 提升职场沟通的技巧 ... 134
- 5.9 即兴能力 ... 135
- 5.10 幽默能力 ... 136
- 5.11 沟通受欢迎 ... 137
- 5.12 工作汇报与反馈 ... 138
  - 5.12.1 汇报与反馈的重要性 ... 138
  - 5.12.2 汇报的原则 ... 138
  - 5.12.3 工作总结的技巧 ... 139
- 5.13 领导的关注点 ... 140
- 5.14 沟通模型 ... 140
  - 5.14.1 有影响力的表达 ... 141
  - 5.14.2 结构化表达 ... 144
  - 5.14.3 故事性思维 ... 149
  - 5.14.4 高情商沟通 ... 151
  - 5.14.5 引导性沟通 ... 154
  - 5.14.6 透明化沟通 ... 156
  - 5.14.7 沟通表达的框架 ... 157
  - 5.14.8 4种不同的沟通风格 ... 162
  - 5.14.9 开放式和封闭式问题 ... 164
  - 5.14.10 有效沟通 ... 164
  - 5.14.11 团队协作和沟通 ... 165
  - 5.14.12 高效沟通 ... 166
- 5.15 岗位能力访谈 ... 168
  - 5.15.1 岗位能力访谈由谁负责执行 ... 169
  - 5.15.2 绩效衡量 ... 170
  - 5.15.3 模块和时间 ... 171
  - 5.15.4 访谈内容思路 ... 173
  - 5.15.5 知识及技能 ... 174
  - 5.15.6 频繁事件 ... 175
  - 5.15.7 关键经历 ... 177

第6章 写作技巧 179

6.1 文档编写 179
6.1.1 项目技术文档 179
6.1.2 项目需求规格说明书 180
6.1.3 技术设计文档 180
6.1.4 源代码文档 181
6.1.5 项目测试计划 181
6.1.6 用户手册 182
6.1.7 维护文档 183
6.1.8 部署文档 184
6.1.9 项目培训材料 184
6.1.10 接口设计文档 185

6.2 论文与软件著作权 187
6.2.1 毕业论文初稿模板 187
6.2.2 计算机软件著作权 189

6.3 博客文章 192
6.3.1 优化方面 192
6.3.2 内容优化 194
6.3.3 为公司撰写有效博客 195
6.3.4 怎么写高流量的博客文章 196

6.4 年终总结 198
6.4.1 结构构建 198
6.4.2 内容撰写 199
6.4.3 多样化汇报 199
6.4.4 工作成果 200
6.4.5 对团队的贡献 201
6.4.6 对外汇报总结 201

第7章 技术演讲 203

7.1 演讲的价值与效果 203
7.2 演讲的技巧 204
7.3 演讲的准备与发挥 205
7.4 演讲经验分享 207
7.5 表达能力的问题 207

7.6 提高说话条理性和说服力的方法 — 208
7.6.1 分类逻辑 — 208
7.6.2 次序逻辑 — 209
7.6.3 因果关系逻辑 — 210
7.6.4 倾听的 FOSSA 方法 — 210
7.6.5 阅读和写作的日常练习 — 210

7.7 演讲步骤 — 211
7.7.1 选题准备 — 211
7.7.2 克服紧张情绪 — 212
7.7.3 PPT 原则 — 213
7.7.4 提前了解听众的诉求 — 214
7.7.5 精妙的开场 — 214
7.7.6 如何讲 — 215
7.7.7 如何演 — 216
7.7.8 问答环节 — 216

7.8 技术宣讲 — 217

第 8 章 个人成长 — 218

8.1 时间管理 — 218
8.1.1 高效的 24 小时 — 218
8.1.2 时间管理法则 — 219
8.1.3 4 种时间管理 — 220
8.1.4 四象限管理法 — 222
8.1.5 7 个用于不同时间周期的计划 — 223

8.2 人脉圈子 — 224
8.2.1 竞争逻辑链 — 224
8.2.2 人脉拓展策略性技巧 — 224
8.2.3 有效社交的方法 — 225
8.2.4 职场社交技巧 — 226
8.2.5 大学生人脉管理 — 227
8.2.6 扩大交友渠道 — 227
8.2.7 积累人脉的渠道 — 229
8.2.8 见专家 — 230
8.2.9 遇贵人 — 231
8.2.10 加入不同的圈子 — 233

8.3 优化习惯 — 233

- 8.3.1 摆脱拖延症的具体方法 234
- 8.3.2 竞争力培养 235
- 8.3.3 日记反思与适时放松 236
- 8.4 团队管理 236
  - 8.4.1 阻碍职场发展的工作方式 237
  - 8.4.2 提高工作效率的工作方法 237
  - 8.4.3 管理理念和方法 238
  - 8.4.4 员工执行力缺乏 240
  - 8.4.5 不同类型员工的管理策略 242
  - 8.4.6 管理者如何安排工作 242
  - 8.4.7 团队管理 244
  - 8.4.8 领导力和员工管理 246
  - 8.4.9 快速厘清团队成员间的亲疏关系 253
  - 8.4.10 有效开会 254
  - 8.4.11 马斯克工作五步法 256
- 8.5 求职面试 257
  - 8.5.1 怎么调整简历 257
  - 8.5.2 投递简历 260
  - 8.5.3 氪金玩家 261
  - 8.5.4 面试备战 262
  - 8.5.5 HR 常问问题 262
  - 8.5.6 长期准备 265
  - 8.5.7 延长职业生命周期 266
- 8.6 财富增长 267
  - 8.6.1 财富增长流程 267
  - 8.6.2 资源整合 267
  - 8.6.3 开辟副业 269
- 8.7 状态调整 271
  - 8.7.1 过度疲劳的症状 271
  - 8.7.2 休息和放松方法 272
  - 8.7.3 应对能量不足的方法 280
  - 8.7.4 变得积极快乐的方法 283
  - 8.7.5 改变自己的懦弱气质 284
  - 8.7.6 心理调整 285
  - 8.7.7 通过兴趣应对焦虑和抑郁 287
  - 8.7.8 缓解焦虑的方法 288

第 1 章

解决综合性难题

第 1 章详细阐述了技术管理者应对综合性难题的策略与步骤。首先,提出结构化问题解决策略,涵盖问题理解、全面分析、方案制订与实施、效果评估等环节,其次,强调问题解决能力的重要性,给出实操指南。

随后,解析了如何系统地执行流程,重点在于根源探究、方案细化、实施与评估的有效性。同时,探讨多角度问题根源分析,以及方案选择时需考虑的多重因素。此外,还介绍了方案实施后的评估方法。

最后,全面地介绍了软件项目流程,涵盖从项目启动至验收维护的各个阶段,包括项目背景、目标设定、需求分析、产品设计、规划制订、模块开发、质量控制、测试、上线准备、验收及后续维护等,附带常见问题及解决方案。

1.1 管理者解决复杂综合性难题的策略

对于技术管理者而言,在面对复杂问题时,需要一套高效的问题解决策略。以下是一套结构化的问题解决策略,它以公式的形式概括了解决问题的关键步骤。为了向读者更直观地展示本节的核心内容,可参阅图 1-1,管理者解决综合性难题的策略如图 1-1 所示。

1.1.1 解决问题的重要性

解决问题的能力对于程序员而言具有极其重要的意义,这一点在表 1-1 中得到了清晰的体现,具体表现在多个维度:有效应对日常工作中的挑战、显著提升工作效率、增强个人的职业竞争力、促进团队合作与沟通的有效性,以及对于职业发展的积极推动。具体的实践操作见表 1-1。

表 1-1 解决问题的重要性

方　面	具体实践操作
应对日常挑战	高效识别和解决代码、逻辑、性能问题
提升工作效率	分析问题,查找、实施解决方案,学习经验教训

续表

方　面	具体实践操作
增强职业竞争力	持续学习和解决问题
团队合作和沟通	良好沟通，有助于团队合作
职业发展	促进职业发展，承担挑战性任务和职位

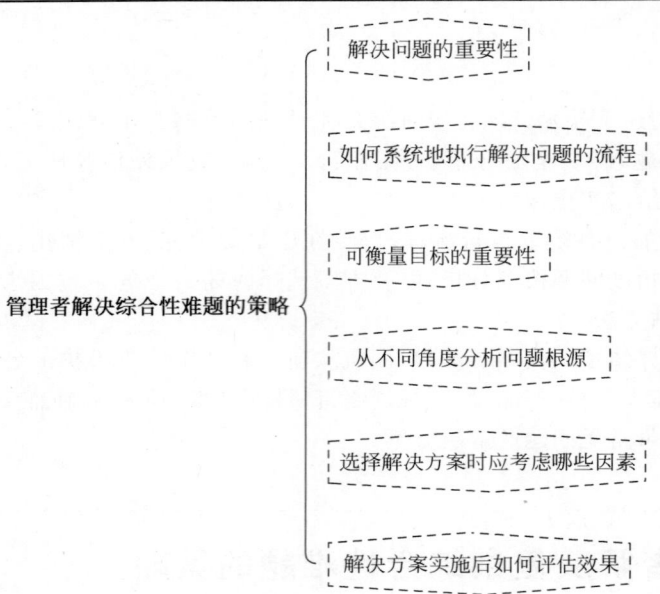

图 1-1　管理者解决综合性难题的策略

1.1.2　如何系统地执行解决问题的流程

　　管理者如何在有限的时间内，高效且系统地解决层出不穷的问题，无论是技术瓶颈、市场变动、团队协作障碍、流程效率低下等复杂问题，通过一套结构化、可复制的方法，提升问题解决的效率与质量。如何系统地执行解决问题的流程如图 1-2 所示。

　　初始阶段的首要任务是进行深度洞察，明确界定问题的背景、现状、影响范围及涉及的利益相关者，给后续工作奠定坚实基础。随后确立 SMART 目标，设定具体、可测量、可达成、与问题紧密相关并且有时间限制的目标，给解决问题的过程提供明确导向。

　　进入分析阶段，用多维度综合分析策略，从技术、市场、人员、流程等角度全面审视问题，识别出影响问题的关键因素与变量，评估潜在影响与风险。接着将复杂问题细化为一系列可以管理的子问题，明确各子问题的优先级，以及子问题相互间的依赖关系，为制订解决方案提供清晰路径。

　　规划阶段的重点在于团队协作，基于 SWOT 分析、成本效益考量等因素，选择最优解

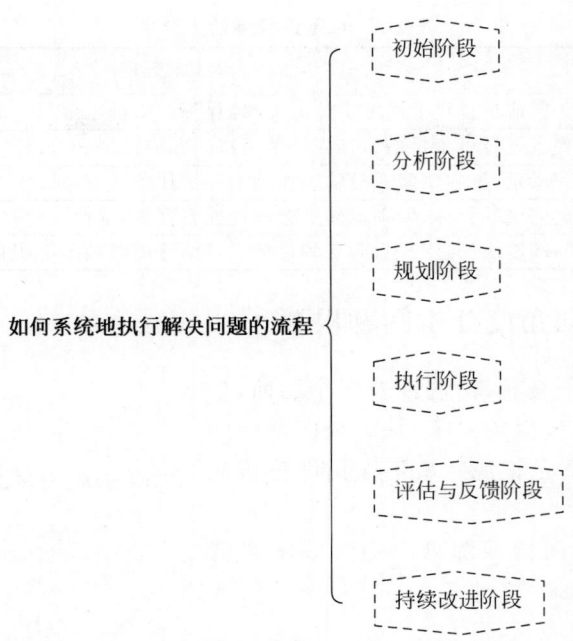

图 1-2　如何系统地执行解决问题的流程

决方案。同时高效配置人力、物力、财力、时间等资源,确保解决方案的顺利实施。界定各团队成员的角色与职责,任务分配无遗漏。制订动态执行计划,包括详细的时间表、里程碑、关键任务及风险应对措施,给执行阶段提供明确指导。

在执行阶段中,启动既定执行计划,建立有效沟通机制,确保信息流通顺畅,团队协作高效。运用 KPIs、OKRs 等工具监控项目进度与绩效,以及时发现和解决问题。根据反馈和实际情况灵活调整计划,让项目按计划顺利推进。

项目完成后,进入评估与反馈阶段。开始量化评估和效果分析,对比目标和实际成果,评估问题解决效果。分析问题根源,总结经验教训。积极收集内外部利益相关者的反馈意见,促进持续改进。将评估结果融入后续问题的解决流程中,形成闭环反馈机制。

最后在持续改进阶段,将成功的实践经验标准化,形成可复制的流程和文档。在组织内部或者行业内推广、分享这些经验成果,促进知识传播与交流。确保流程、组织文化、价值观和目标保持一致。鼓励团队成员保持持续改进的精神态度,不断地探索和应用新方法、新技术来优化问题解决流程。

1.1.3　可衡量目标的重要性

可衡量目标的重要性体现为团队成员提供清晰的方向,便于评估进展,增强团队动力,优化资源配置,促进决策制订。具体表现见表 1-2。

表 1-2　可衡量目标的重要性

方　　面	具 体 表 现
提供清晰的方向	给团队成员提供清晰的工作方向，确保每个人都了解自己的工作内容
便于评估进展	管理者通过可衡量的目标来评估解决问题的进展和效果
增强团队动力	语言激励，增强团队成员的工作动力和责任感
优化资源配置	设定明确的目标，管理者能更合理地配置资源，确保资源被有效地用于目标
促进决策制订	在问题解决的过程中，明确的目标能帮助管理者做出更明智的决策，确保方案有效

1.1.4　从不同角度分析问题根源

从不同角度分析问题根源，它涉及多个层面，包括技术、市场、人员和流程角度等，只有全面理解问题，才能找到问题的真正根源。从不同角度分析问题根源如图 1-3 所示。

从不同角度分析问题根源可以通过以下步骤进行。

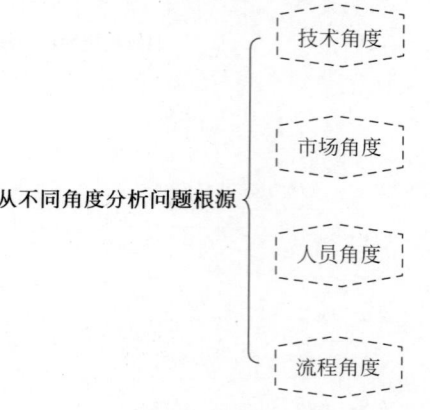

图 1-3　从不同角度分析问题根源

1. 技术角度

从技术角度分析问题是否是由技术限制、缺陷或不足引起的，例如性能问题可能源于服务器资源不足、代码效率低或者架构设计不适合当前负载；软件缺陷可能由于代码错误、第三方库问题或者环境兼容性问题；安全漏洞可能由于验证不足、使用过时技术或者配置错误；数据一致性问题可能源于缓存问题并发控制不当或者数据库复制延迟。

2. 市场角度

从市场角度考虑市场变化、竞争态势、客户需求等因素对问题的影响，例如应用发布后用户增长缓慢，可能由于市场出现了有吸引力的竞品，竞品进行了大规模市场营销，同时用户需求已发生变化而应用未能适应；企业软件系统无法满足业务需求，可能由于市场存在先进的软件解决方案，竞争对手已采用，并且企业内部业务流程也已发生变化；电商平台用户购物体验不佳导致用户流失，可能由于消费者期望提高，注重购物体验和个性化服务，竞品平台提供了流畅的购物流程和个性化推荐。

3. 人员角度

从人员角度评估员工的能力、态度、培训需求及团队协作是否对问题产生影响，例如当模块开发滞后时，评估开发人员的技术能力，提供必要培训或者重新分配任务；当代码质量下降时，关注开发人员对代码质量的态度，通过团队建设、明确标准和设立奖励来改善；面对新项目的新技术栈，评估团队成员的培训需求，组织相应的内部或者外部培训；当项目沟通不畅时，审视团队协作的顺畅度，引入有效的协作工具和方法来优化沟通。

4．流程角度

从流程角度检查现有流程是否合理，是否存在冗余或者低效的环节，例如当代码审查周期长时，可能存在审查流程涉及多人，存在重复工作，需要指定具体审查者以提高效率；软件部署常失败是因为部署流程包括多步骤，打包测试阶段可能存在重复配置情况，需要优化脚本，减少环境差异；错误处理不充分则可能是当前流程只简单记录错误，记录中存在冗长信息并且没有关键信息，需要优化记录机制，引入监控系统。

1.1.5　选择解决方案时应考虑哪些因素

在决策过程中，需要综合评估多个关键因素，包括解决方案的可行性、实施成本及预期效果，确保所选方案既切实可行又经济高效，能有效地解决问题、达成预定目标。具体实践操作见表 1-3。

表 1-3　选择解决方案时应考虑哪些因素

方　　面	具体实践操作
可行性	评估在现有条件下解决方案是否可行，例如技术、资源、时间等方面的限制
成本	考虑解决方案的实施成本，例如人力、物力、财力等资源的投入
预测效果	预测解决方案实施后的效果，例如是否能够有效地解决问题并达到预期目标

1．可行性案例

在评估应用新增功能的可行性时，需要综合考虑技术（如 WebSocket 支持）、资源（如第三方库选择）和时间（如紧急项目下快速实现方案）的可行性，确保方案既可行又高效。

1) 技术可行性

技术可行性需要考虑实现特定功能或者采用新技术时，确认技术本身的可用性、现有项目的兼容性、开发团队的技术储备。

（1）给 Java Web 应用添加实时红包雨功能，考虑使用 WebSocket 技术。确认应用服务是否支持 WebSocket，开发团队是否有足够的 WebSocket 开发经验，对比其他技术 SSE、WebTransport，以便确认是否 WebSocket 更适合。

（2）使用 Java 新特性（例如 Java 17 封装 API），评估与项目依赖和 JDK 版本的兼容性，降低试错成本。

2) 资源可行性

资源可行性强调在选用第三方库、框架或工具时，需要评估其资源可用性、稳定性及团队适应性，确保资源投入有效，能支持项目顺利进行。

（1）使用第三方库或者框架，评估资源可用性、稳定性及文档和成熟的社区支持。选择主流框架更有资源可行性，试错成本会大大降低。

（2）当决定使用 Java 工具或者插件时，应考虑团队成员是否熟悉，是否有足够培训资源让他们快速上手，最好有现成的教学资源。

3) 时间可行性

在选择解决方案和性能优化方案时，要权衡时间成本和效益，确保选择的方案能在截止日期内实现,降低风险。

(1)面临紧迫截止日期,选择可快速实现并且风险低的解决方案。用成熟的Java EE标准可能比自研ORM更节省时间。

(2)当评估Java性能优化方案时,应考虑实施所需时间,包括重构、测试和部署等。如果性能提升不足以抵消时间成本,并且方案不具时间可行性,则需要重新考量。

2．成本案例

重构系统需要考虑人力学习新框架成本、升级服务器等物力成本及购买商业授权、咨询等财力成本。

1) 人力投入

如果计划采用一个新的Java框架来重构现有的系统,则需要评估团队是否有足够成员熟悉新Java框架,考虑是否需要招聘新的开发人员,估算团队成员学习新框架的时间成本。

2) 物力投入

某个解决方案可能需要更强大的服务器来支持,需要评估购买或者升级服务器的成本,考虑特定硬件设备(如硬件安全模块)购置成本。

3) 财力投入

用某个Java库可能需要购买商业授权,评估Java库商业授权费用是否在预算内,考虑外部咨询服务或者专业培训费用。

3．预测效果案例

实施各项策略后,通过预测评估各项效果,例如性能、缓存、错误处理、安全性和用户体验是否显著提升或者改善。

1) 性能优化预测

多线程技术允许应用程序同时执行多个任务,充分利用现代多核处理器的计算能力。预期效果包括响应时间缩短、吞吐量增加及CPU和I/O资源利用率提升。

2) 缓存策略预测

缓存机制通过将频繁访问的数据或者计算结果存储在快速访问的介质中,减少对慢速介质的访问次数。预期效果包括数据库压力降低、读取速度提升,需要评估缓存命中率、缓存大小与性能之间的平衡及缓存失效策略对整体性能的影响。

3) 错误处理预测

实施错误处理机制,如异常捕获、日志记录、错误回滚和错误通知等。预期效果包括可以更有效地捕获和处理异常,提高系统的可用性和稳定性,增强用户对系统的信任感。

4) 安全性增强预测

实施安全措施,如数据加密、访问控制、安全审计和漏洞修复等。预期效果包括有效防止数据泄露和非法访问,提高团队成员的安全意识和应对能力。

5) 用户体验提升预测

通过界面重构或者交互优化,使产品的界面更加简洁明了、操作流程更加顺畅自然。预期效果包括提升用户的满意度和忠诚度,具体措施包括改进导航结构、优化布局设计、增加交互反馈、提升响应速度等。

1.1.6 解决方案实施后如何评估效果

解决方案实施后如何评估效果？过程是怎样的？本节将介绍这一内容，评估过程包括比较实际结果与预期目标、分析差距原因、总结经验教训，将反馈意见传达给相关人员和部门，以便持续改进和优化。解决方案实施后如何评估效果如图1-4所示。

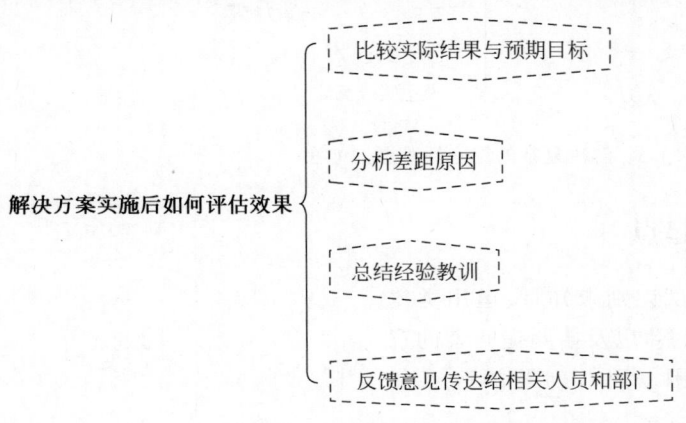

图1-4 解决方案实施后如何评估效果

在解决方案实施后，为了全面而系统地评估其效果，可以通过以下一系列步骤进行。这些步骤以公式的形式呈现。

评估流程由4个步骤组成，比较实际结果与预期目标、分析原因、总结经验教训、反馈给相关人员和部门。

(1) 比较实际结果与预期目标＝实施后结果－预期目标|分析是否达标。

(2) 分析原因＝当(实施后结果－预期目标)≠0时→探究差距因素。

(3) 总结经验教训＝基于比较与分析→积累经验，为未来提供参考。

(4) 反馈给相关人员和部门＝评估结果→传达给相关人员和部门→了解效果，进行改进。

这样的公式化表述，清晰地展示了解决方案实施后评估效果的各个步骤及其之间的逻辑关系。

1.2 解决复杂的综合性难题的方法

面对问题时，需要从识别未知量、运用类比、画图理解、分解重组及揣测提问者的意图等多方面入手，全面把握问题。解决问题则需要遵循七步法，从界定到执行，步步为营。复盘在增强认知、提升能力,以及通过设定目标、记录过程等步骤实现,遵循关键原则。解决复杂的综合性难题的方法如图1-5所示。

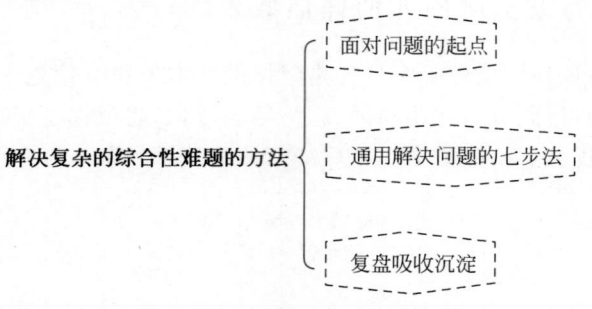

图1-5　解决复杂的综合性难题的方法

1.2.1　面对问题的起点

面对问题时,最开始的尝试识别未知量、运用类比法、画图直观理解、分解重组观察,以及揣测提问者的意图,把握问题背景和答案范围。面对问题的起点如图1-6所示。

本节内容通过以下公式直观地进行阐述:

(1)研究未知量＝明确问题中的未知量＋确定方向和目标。

例如上线的新功能,用户接受度如何,需要明确未知量,明确用户行为和偏好,其目标是提升用户满意度。

(2)类比法＝通过熟悉的事物＋应用到当前产品。

例如借鉴其他成功产品的交互设计,应用到当前产品中。

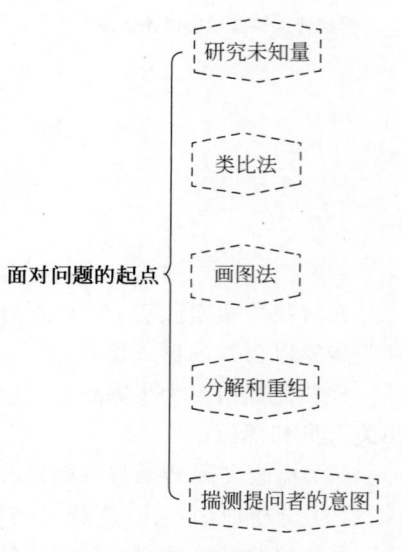

图1-6　面对问题的起点

(3)画图法＝展示使用步骤＋直观理解问题。

例如绘制用户流程图,直观地展示用户使用新功能的步骤。

(4)分解和重组＝切换观察角度＋单独测试模块＋观察整体效果。

例如将新功能分解为多个模块,单独测试后再组合,观察整体效果。

(5)揣测提问者的意图＝理解问题的背景＋预测期望达到的效果。

例如提出新功能研发的背景,预测期望达到的市场效果。

1.2.2　通用解决问题的七步法

通用解决问题的七步法:从界定问题到执行行动计划,步步为营,系统解决各类问题,确保高效地达成目标。通用解决问题的七步法如图1-7所示。

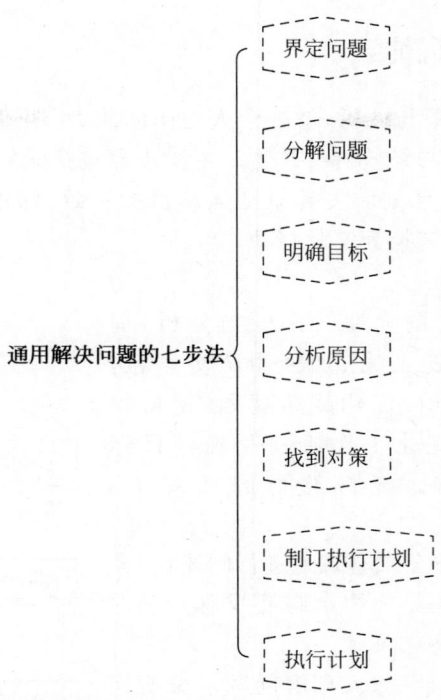

图 1-7 通用解决问题的七步法

本节内容通过以下公式直观地进行阐述：

(1) 界定问题＝判断重要性＋判断紧急性＋判断扩大趋势→给出分数→确定是否为 A 类。

例如某互联网产品登录功能异常，评估影响用户量、持续时间及潜在损失，判定为 A 类问题。

(2) 分解问题＝将大问题→分解成小问题→找到攻击点。

例如将登录功能异常分解为验证码问题、密码错误处理、服务器响应慢等小问题。

(3) 明确目标＝确定解决问题标准→设定短期目标＋设定长期目标。

例如设定目标为 2h 内恢复登录功能，长期目标为提升系统稳定性，减少故障率。

(4) 分析原因＝找到导致问题发生的原因。

例如发现服务器负载过高是登录缓慢的主要原因。

(5) 找到对策＝根据问题原因→制订解决策略。

例如系统响应变慢，制订对策，增加服务器资源，优化代码，减少服务器负载。

(6) 制订执行计划＝把解决策略→转换为具体的执行计划。

例如采购服务器，开发团队优化代码，测试正常后进行部署。

(7) 执行计划＝实施计划→解决问题。

例如按计划实施，解决登录功能异常问题。

1.2.3 复盘吸收沉淀

复盘是通过系统性回顾与分析，增强个人与团队能力，明确方向，优化流程与战略，塑造积极文化，确保目标实现与绩效持续改善。主要步骤包括设定明确目标、详细记录、对比结果、提炼经验及制订改进计划。关键原则强调目标一致、深度反思、集体参与及行动转化，确保复盘成果可有效地转换为实际行动。

1. 复盘的目的

复盘的目的在于通过系统性的回顾与分析，促进个人成长、提升问题解决能力、加强团队协作、明确团队方向、有效管理知识、优化战略规划、塑造积极文化、强化问题管理、优化工作流程及确保目标实现与绩效的持续改善。复盘的目的如图1-8所示。

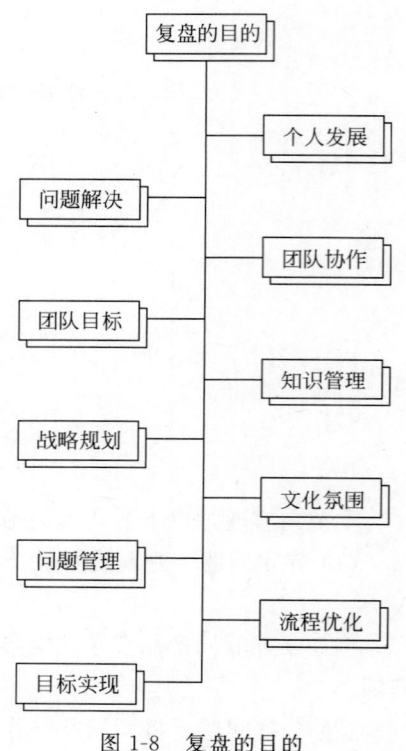

图1-8 复盘的目的

复盘的目的可通过以下公式直观地进行阐述：

（1）增强自我认知和决策能力＝自我反思＋学习提升＋实践锻炼＋反馈调整。

（2）提升问题解决技巧＝深入理解问题＋分析问题本质＋制订有效策略＋实施并优化。

（3）促进团队成员间的沟通与协作＝建立沟通机制＋鼓励开放交流＋协作技能培训＋团队活动强化。

（4）明确团队目标与方向＝分析组织愿景＋设定具体目标＋制订实施路径＋定期回顾调整。

（5）积累并传承组织知识＝知识文档化＋培训与教育＋知识共享平台＋激励机制促进。

（6）优化战略规划＝环境分析＋战略评估＋制订新战略＋执行与监控调整。

（7）塑造积极文化氛围＝明确价值观＋领导示范＋员工参与＋定期评估与强化。

（8）及时发现并解决问题＝建立监控体系＋鼓励问题报告＋快速响应机制＋根源分析与预防。

（9）优化工作流程＝流程分析＋识别瓶颈与浪费＋设计改进方案＋实施与持续优化。

（10）达成目标实现绩效持续改善＝设定清晰目标＋绩效监控与反馈＋持续改进计划＋激励与认可机制。

2. 复盘步骤

复盘步骤可直观地阐述为设定明确可衡量的目标，详细记录全过程，对比结果，查找差距,分析原因,提炼经验,使其成体系,制订针对性的改进计划。复盘的步骤如图1-9所示。

复盘步骤通过以下公式直观地进行阐述:

(1) 设定目标＝具体化目标＋可衡量性＋与整体战略和业务目标一致性。
(2) 详细记录＝记录(设定目标＋制订计划＋执行过程＋遇到问题＋解决方法)。
(3) 对比结果＝实际结果对比预期目标＋找出差距＋深入剖析原因。
(4) 提炼经验＝记录(成功经验＋失败教训)→形成系统化知识体系。
(5) 制订改进计划＝针对问题和不足＋具体计划＋明确责任人＋设定完成时间＋确定所需资源＋跟踪执行情况。

3. 复盘的关键原则

复盘的关键原则为确保目标一致、深入反思问题根源、集体参与共同制订改进措施,将复盘结果转换为具体行动转化跟踪执行。复盘的关键原则如图1-10所示。

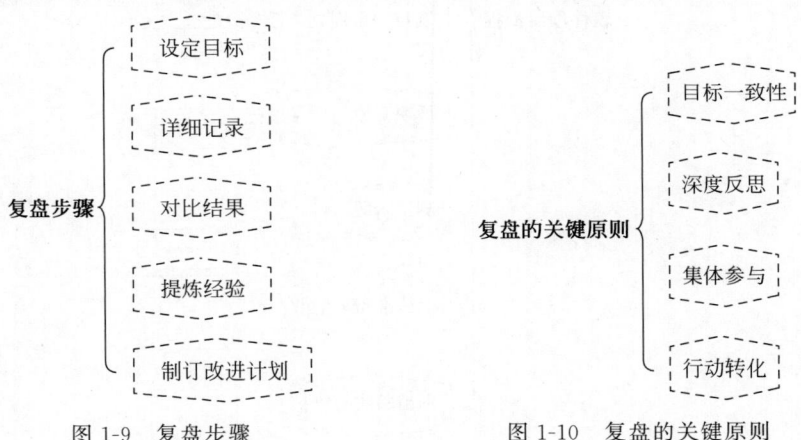

图1-9 复盘步骤　　　图1-10 复盘的关键原则

复盘的关键原则通过以下公式直观地进行阐述:

(1) 目标一致性＝确保复盘目标与整体战略及业务目标一致。
(2) 深度反思＝挖掘问题背后的原因→找到问题的根源。
(3) 集体参与＝团队成员积极参与 & 充分沟通→共同发现问题 & 分析原因→制订改进措施。
(4) 行动转化＝将复盘结果转换为实际行动→制订具体改进计划→跟踪执行。

1.3 软件项目流程

在正式着手解决复杂问题之前,笔者先对软件项目研发的流程详尽地进行介绍,以便为后续的分析奠定坚实的基础。随后笔者将对这一流程中可能会遇到的各种问题进行深入分析与探讨。软件项目流程如图 1-11 所示。

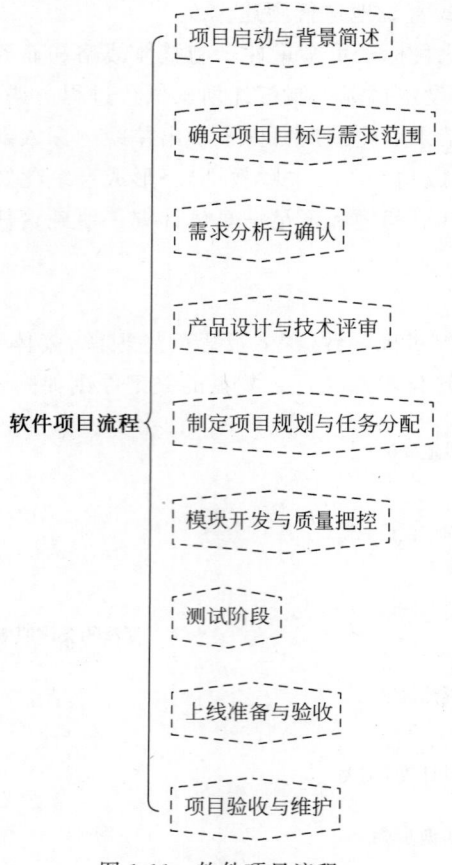

图 1-11　软件项目流程

1.3.1　项目启动与背景简述

总裁办、市场中心相关人员参与项目启动会，项目经理负责收集客户需求并整理，撰写《项目立项报告》，简述项目背景。项目启动会如图 1-12 所示。

下面将介绍项目启动会的参与人员及其职责，包括总裁办、市场中心相关人员及项目经理的具体任务和流程。

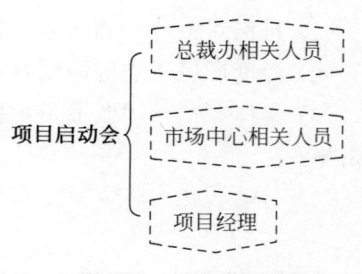

图 1-12　项目启动会

1. 总裁办相关人员

从公司整体战略高度对项目进行指导和把关，评估项目与公司战略的契合度。明确项目所需的资源支持，协调相关部门。审视项目潜在的风险和挑战，提出风险管理措施和控制策略，关注项目的合规性、安全性。监督项目的实施进度和效果，定期评估项目成果。

2. 市场中心相关人员

收集和分析市场需求、竞争态势等信息，分享市场洞察和客户需求分析结果。协助明确产品定位和目标市场，制订市场推广策略，参与讨论项目的市场进入时机、推广渠道、营销活动等。与潜在客户建立联系，了解他们的需求和期望，分享与客户的沟通成果。强调项目对公司品牌形象的影响。

3. 项目经理

与客户沟通，了解期望、目标、约束条件及特定需求，进行需求调研，例如问卷调查、访谈、现场考察，记录并分析所有收集到的信息。对需求进行优先级排序，将高层级需求分解为具体、可操作的子需求，制订需求规格说明书。介绍项目背景，概述客户需求，明确项目目标与范围，分析预期效益，评估风险，提出应对措施，制订项目计划与时间表，列出资源需求，总结并给出是否立项的建议。

1.3.2 确定项目目标与需求范围

明确项目目标、期型，以及来自市场中心的需求，项目经理、产品经理、研发经理等参与确定项目需求范围，包括进度、质量和交付物。确定项目目标与需求范围如图 1-13 所示。

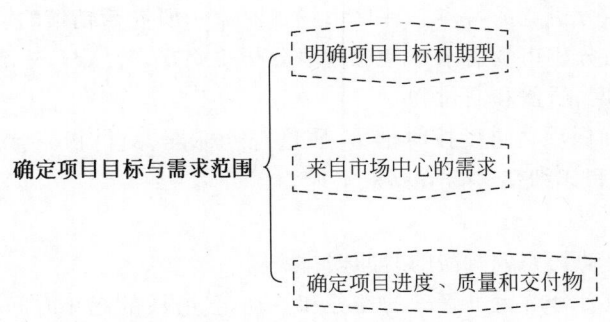

图 1-13 确定项目目标与需求范围

下面将介绍如何确定项目目标与需求范围，通过这些步骤，可以确保项目成功实施并按时交付。

1. 明确项目目标和期型

项目成功的基础在于明确项目目标和期型，设定清晰的预期成果、分阶段完成，确保团队方向明确且进度可控。

1) 项目目标

定义：项目预期达到的成果或者效果，给出具体的产品或者服务输出、市场定位、用户群体满足度、经济效益等，为项目团队成员提供明确的方向。案例说明：

（1）开发在线购物平台，目标包括开发完整功能的网站、提供便捷的购物体验、实现高用户满意度和达到用户及交易额目标，计划在 6 个月内完成。

（2）构建人事管理系统，为中型企业提供高效的人事管理解决方案，实现高用户满意度并降低企业成本，预计8个月内完成。

（3）开发移动App后端服务，提供用户认证等功能，为移动开发者提供稳定可扩展的解决方案，计划实现高API调用成功率、低投诉率，在上线半年内吸引用户并实现盈利，项目预计在5个月内完成。

2）项目期型

定义：项目的阶段划分或者预期完成时间框架，确定项目的启动期、规划期、执行期、监控期和收尾期等阶段，帮助项目团队了解项目的整体进度安排。

项目周期包括启动期，准备阶段，确定技术栈，组建团队，进行需求调研；规划期，制订项目计划，设计数据库模型，编写项目和技术文档；执行期，进行编码、测试等开发工作，实现API，集成前端；监控项目进度、质量、风险，处理技术问题，调整计划；收尾期，进行最后测试、文档整理、客户培训，准备项目交付。

2. 来自市场中心的需求

来自市场中心的需求通过以下公式直观地进行阐述：
（1）用户需求 = 了解目标用户 + 识别具体需求 + 分析偏好 + 研究行为习惯。
（2）市场趋势 = 发现热门趋势 + 追踪新兴技术 + 分析竞争格局。
（3）竞争分析 = 分析竞品特点 + 评估市场占有率 + 研究营销策略。
（4）产品定位 = 分析市场需求 + 考虑竞争分析 + 确定产品定位 + 确定市场定位。

3. 确定项目进度、质量和交付物

项目成功需要确保项目进度按时推进、质量符合标准、交付物完整准确，可以通过细化任务、制订质量标准和详细交付物清单来实现。

1）进度

定义：项目从启动到完成所需的时间安排。

确定方法：将项目分解为可管理的任务和活动，各阶段的起止时间、关键里程碑和任务依赖关系。

目的：确保项目按时交付，预留缓冲时间，应对可能存在的风险和不确定性。

2）质量

定义：项目成果按规定需求和期望达到的程度。

确定方法：制订详细的质量标准和验收准则。

目的：提升用户满意度和市场竞争力。

3）交付物

定义：项目完成后需要交付给客户、利益相关者的成果、物品。

内容：软件产品、硬件设备、文档资料、培训服务等。

确定方法：列出所有需要交付的成果和物品，详细描述其规格、数量和质量要求。

目的：将项目成果完整、准确地交付给客户。

1.3.3　需求分析与确认

产品中心负责产品需求细化，列出功能清单，组织需求内容评审，技术中心参与评估技术难度，客户需求确认后，形成《客户需求确认说明书》。需求分析与确认如图1-14所示。

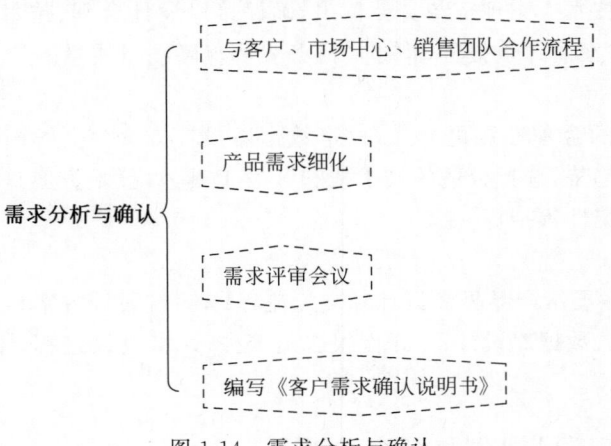

图1-14　需求分析与确认

与客户、市场中心、销售团队合作，理解客户的需求和期望，将大的产品需求拆解为更小的可管理的需求单元，每个需求单元补充具体描述、使用场景、预期效果，根据重要性、紧迫性、实现难度对需求进行优先级排序。

细化的产品需求，列出详细的功能清单，每个功能包含简短描述、关联需求、依赖关系，每个功能进行实现难度、所需资源、预期效益的初步评估。

邀请技术中心、市场中心、销售团队参与评审会议，所有参与者对需求有清晰、一致的理解，技术中心评估实现每个功能的技术难度，提出挑战和解决方案，根据优先级和技术难度协调所需资源，确保所有相关部门对需求内容、优先级、实现方式达成共识。

编写文档《客户需求确认说明书》，包含客户需求概述、功能清单、技术评估、资源分配，识别实现过程中的风险和挑战，提出应对措施，获得客户对需求的正式确认签字或者盖章。

1.3.4　产品设计与技术评审

产品经理进行产品架构设计，UI设计，评审设计方案，技术经理或架构师负责技术方案评审，包括接口设计、数据库设计等，输出《产品原型图》《系统设计方案》等文档。

1. 产品

理解业务需求、用户需求和市场趋势，设计产品的整体架构，包括战略层、范围层、结构层、框架层和表现层，将产品划分为不同的模块，定义模块的关系和依赖及模块之间的接口。

根据产品定位和用户需求，确定产品的整体视觉风格，设计产品的界面布局和交互方式,用原型设计工具制作产品原型图。

组织评审会议,邀请相关部门和人员参加,展示设计方案,阐述设计思路和预期效果,收集并记录反馈意见,优化设计方案。

2.技术

技术团队负责技术方案评审与文档输出,确保接口设计合理、技术选型恰当,输出产品原型图、系统设计方案及评审报告,指导产品开发和保障项目质量。

1)技术方案评审

评审接口设计的合理性和可行性,评审数据库设计方案,包括表设计、索引策略等,根据产品需求和技术趋势,选择合适的技术栈和开发工具,对技术方案进行性能评估,包括响应时间、吞吐量、稳定性等指标。

2)输出文档

《产品原型图》:展示产品界面设计和交互流程;《系统设计方案》:详细描述系统架构、功能模块、接口定义、数据库设计;《评审报告》:记录评审会议过程、结果,包括参会人员、评审意见、优化建议。

1.3.5 制订项目规划与任务分配

总裁办把控整体进度,研发经理制订《项目研发计划》,确定项目负责人及项目组成员,包括项目经理、产品经理、UI 设计、研发经理、测试工程师等,分解任务,评估工时,制订详细的研发计划。制订项目规划与任务分配,如图 1-15 所示。

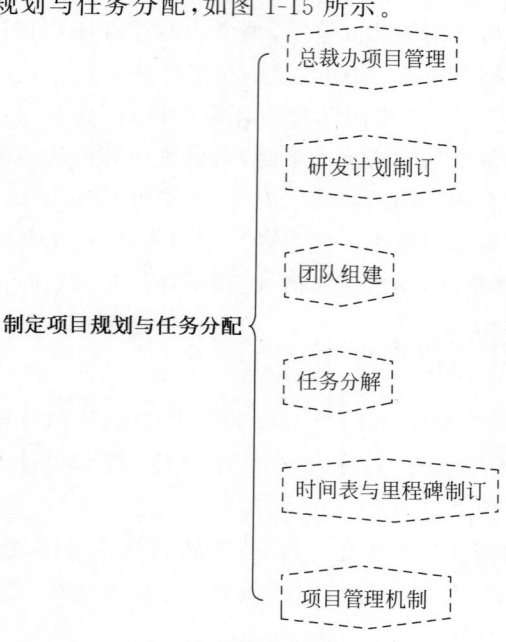

图 1-15　制订项目规划与任务分配

总裁办项目管理：总裁办确定项目整体目标、预期成果和关键里程碑，监控整体进度。

研发计划制订：研发经理制订《项目研发计划》，了解研发目标、技术路线、关键任务和时间表。

团队组建：确定项目经理、产品经理、UI设计师、研发经理、测试工程师等团队成员，了解每个团队成员的角色和职责，建立沟通机制。

任务分解：将项目整体目标分解为具体、可管理的任务，每个任务有明确的目标、输入、输出和责任人，评估每个任务的工时，考虑复杂度、所需技能和资源，制订合理时间表。

时间表与里程碑制订：制订时间表与里程碑，确保任务在规定时间内完成，根据任务需求、团队成员、成员技能等合理地分配资源。

项目管理机制：制订项目管理制度，协调团队成员工作，识别项目中可能存在的风险和挑战，制订应对策略，建立项目进度报告机制，鼓励团队成员之间进行开放沟通。

1.3.6 模块开发与质量把控

研发经理指导模块开发，定期进行进度交流与质量把控。总裁办、市场中心、产品中心、交付中心共同参与进度与质量监控。本节内容通过以下公式直观地进行阐述。

1. 研发经理职责

研发经理职责涵盖指导模块开发、定期进度交流和质量把控，确保项目按时按质推进，满足产品需求和技术标准。

（1）指导模块开发＝与产品中心合作＋理解需求＋选择技术工具＋分解任务＋分配成员＋提供指导。

（2）定期进行进度交流＝组织会议＋了解进展＋要求提交报告＋协调资源＋确保按计划进行＋反馈进度。

（3）质量把控＝与产品中心制订标准＋进行代码审查＋组织测试＋跟踪问题＋确保问题得到解决。

2. 相关部门监控

相关部门监控确保项目从战略指导、市场需求、产品验收到交付质量等各方面得到全面关注与协同，推动项目顺利进行。

（1）总裁办：提供战略指导，确保与公司方向一致，协调资源。

（2）市场中心：提供市场反馈，帮助了解需求，分析竞争对手。

（3）产品中心：确认需求，制订验收标准，参与验收。

（4）交付中心：了解进度和质量，做准备，与客户沟通，反馈信息。

1.3.7 测试阶段

测试工程师编写《测试计划》《测试用例》，执行测试，包括功能测试、兼容性测试、压力测试等，反馈测试结果，修复问题，直至通过测试。测试阶段如图1-16所示。

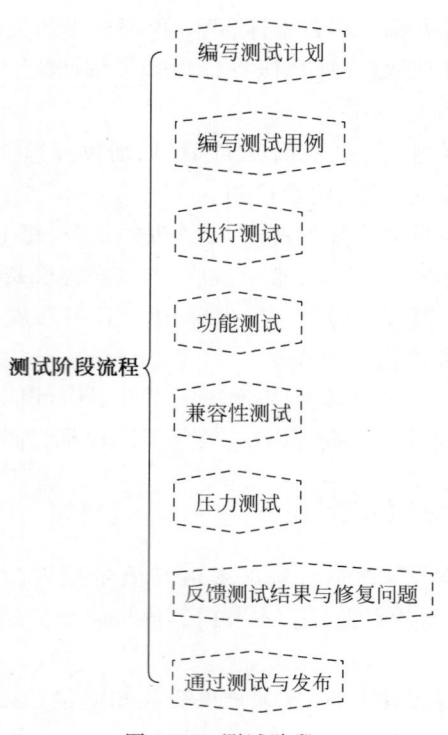

图 1-16　测试阶段

测试阶段的主要步骤如下。

（1）编写测试计划：确定测试范围、重点、资源、时间等，理解软件功能需求、性能需求、安全需求等，选择合适的测试方法和技术，如黑盒测试、白盒测试、灰盒测试等，安排测试人员、测试环境、测试工具等，制订并明确测试时间表。

（2）编写测试用例：将测试需求细化为具体测试点，为每个测试点设计输入数据、预期结果、测试步骤，将测试用例整理成文档，邀请研发、产品等相关人员评审测试用例。

（3）执行测试：搭建符合要求的测试环境，包括硬件、软件、网络等，按照测试用例文档进行测试，记录结果，跟踪并报告发现的问题，记录问题的描述、出现环境、严重程度等，进行回归测试以确保问题得到修复且未引入新的问题。

（4）功能测试：验证所有功能是否按需求文档正确实现，测试功能的边界条件和异常情况。

（5）兼容性测试：测试软件在不同操作系统、浏览器、设备（如手机、平板、计算机）上的兼容性，测试软件在不同屏幕分辨率下的显示效果。

（6）压力测试：模拟多用户同时使用，测试软件的负载能力，测试软件处理大量数据、复杂操作时的性能，长时间运行软件，测试其稳定性。

（7）反馈测试结果与修复问题：将测试结果整理成报告，包括测试概况、问题列表、性能分析，将测试结果和问题反馈给开发团队，协助定位和修复问题，验证修复结果，确保问题被正确修复。

（8）通过测试与发布：全面评估软件的质量、性能和用户体验，编写测试总结报告，总结测试过程、结果、存在的问题和改进建议，确保软件通过所有测试后，协助团队对软件进行发布和部署。

1.3.8 上线准备与验收

市场中心准备上线资料，组织发布评审，交付中心负责部署环境准备，指导配置部署、上线，执行正式环境测试，提交《上线申请书》。上线准备与验收如图 1-17 所示。

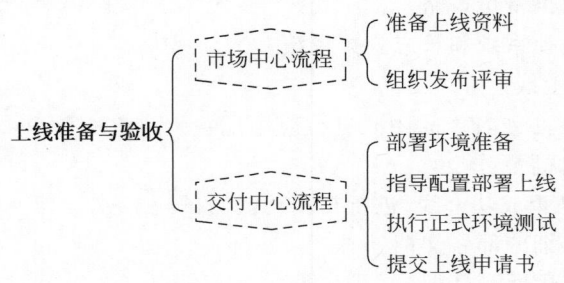

图 1-17 上线准备与验收

下面将介绍市场中心和交付中心在应用上线准备与验收过程中的职责和具体的操作步骤。

1．市场中心

市场中心负责上线资料的准备与审核，组织发布评审会议，确保资料准确合规，收集反馈以完善资料，推动产品顺利发布。

1）准备上线资料

收集与整理：产品介绍、用户手册、营销素材、法律合规文件等。

编写：应用描述、副标题、应用类别、价格策略、适合的年龄段等信息。

准备：按照应用商店要求的应用截图和应用图标。

（1）审核：确保资料准确、合规。

（2）格式：遵循应用商店的上传格式规范。

（3）规划：提前准备，确保按时完成。

2）组织发布评审

组织：邀请相关部门参加评审会议。

收集：记录评审过程中提出的反馈意见。

完善：根据评审意见完善上线资料。

（1）议程：制订会议议程，明确评审内容和时间节点。

（2）汇总：指定专人负责汇总评审意见，跟踪解决进度。

（3）决策：明确评审决策机制。

2. 交付中心

交付中心负责部署环境准备、指导配置部署上线、执行正式环境测试、提交上线申请书，确保应用可以顺利部署、安全上线，通过严格测试。

1）部署环境准备

搭建：根据应用需求搭建服务器环境（例如操作系统、数据库、中间件等）。

配置：网络参数配置。

加固：对服务器进行安全加固。

（1）测试：部署前进行环境测试。

（2）备份：制订数据备份策略。

（3）监控：配置监控系统和日志收集系统。

2）指导配置部署上线

指导：指导市场中心或者产品团队进行应用配置。

执行：执行应用部署操作。

验证：验证应用是否成功上线，进行初步功能测试。

（1）文档：编写详细的部署文档。

（2）计划：制订应用回滚计划。

（3）沟通：与市场中心保持密切沟通。

3）执行正式环境测试

制订：根据应用需求制订详细的测试计划。

执行：在正式环境中执行测试计划。

跟踪：跟踪并协调解决测试过程中发现的问题。

（1）隔离：确保测试环境与生产环境隔离。

（2）自动化：尽可能地采用自动化测试工具。

（3）性能：对应用进行性能测试。

4）提交上线申请书

编写：根据公司流程编写《上线申请书》。

提交：将申请书提交至相关部门进行审核。

跟踪：跟踪审批进度。

（1）模板：使用公司统一的申请书模板。

（2）数据：确保申请书中的所有数据的准确性和真实性。

（3）风险：针对可能的风险制订应对措施，在申请书中明确说明。

1.3.9 项目验收与维护

交付中心组织项目验收工作，市场中心参与，根据客户反馈对缺陷问题进行修复、优化，整理需求变更记录表，准备验收资料，项目经理撰写《项目总结》，交付中心完成最终交付。项目验收与维护如图 1-18 所示。

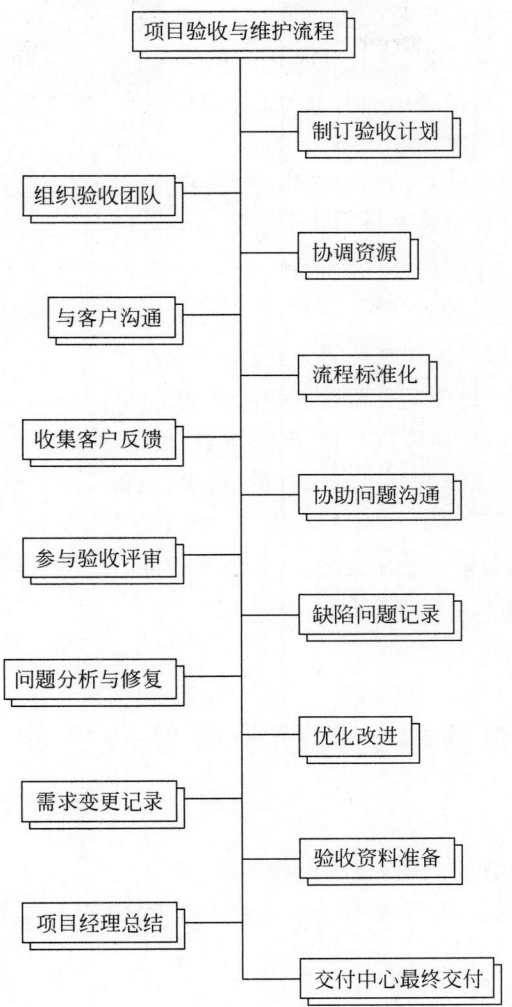

图 1-18　项目验收与维护

项目验收与维护的主要步骤如下。

(1) 制订验收计划：制订相应的验收标准、流程、时间安排及责任人。

(2) 组织验收团队：组建由技术专家、测试人员、文档管理员等组建的验收团队，小公司通常由测试人员和产品经理进行验收，大型互联网公司则有更全面的验收团队，不同公司的情况会有所不同。

(3) 协调资源：协调公司内部资源，例如人员、资金、服务器、测试环境等，确保验收工作得到顺利进行。

(4) 与客户沟通：了解客户验收期望，解答疑问，收集反馈，作为用户需求池，由产品经理考量决定是否采纳，采纳后将用户的需求落实到具体的功能点。

（5）流程标准化：制订标准化的验收流程，包括文档审查、功能测试、性能测试、用户接受测试等环节，验收流程越标准，线上出现 Bug 的情况会大幅度降低。

（6）收集客户反馈：列出各项验收标准，包括功能点、性能要求、安全性、稳定性、界面友好性、市场接受度等，用文档形式落实标准。

（7）协助问题沟通：与客户沟通验收中发现的问题，确保这些问题及时地得到解决。

（8）参与验收评审：从市场角度提出专业意见和建议。

（9）缺陷问题记录：详细记录问题描述、影响范围、严重程度。

（10）问题分析与修复：制订修复方案，跟踪修复进度，确保问题及时地得到解决。

（11）优化改进：根据反馈和市场需求，持续优化产品。

（12）需求变更记录：整理变更原因、内容、影响范围等。

（13）验收资料准备：包括项目文档、测试报告、用户手册等。

（14）项目经理总结：撰写项目背景、目标、过程、成果、问题、解决方案、总结报告、总结经验、教训和成果。

（15）交付中心最终交付：完成最终交付，包括产品、文档和源代码等。确保交接清晰，文档齐全，提供必要的技术支持和服务。

1.4 常见项目流程中的问题及其解决方案

面对项目挑战，通过常见问题，提出市场调研、明确目标、需求变更管理等解决方案，关注技术、质量、测试等，确保项目成功。常见项目流程中的问题及其解决方案如图 1-19 所示。

1.4.1 项目背景不清晰或目标不明确

解决项目背景不清晰或目标不明确的问题，如图 1-20 所示。

以下是详细的解决方案。

1. 市场调研和内部讨论

通过进行市场调研，明确市场现状与需求，随后组织内部跨部门会议，分享调研结果，鼓励开放讨论，形成共识，最终记录总结、讨论要点，以便指导后续工作。

1）市场调研

市场调研通过明确目的、选择方法、执行调研和分析结果，为项目决策提供全面的市场信息和洞察。

第 1 章 解决综合性难题

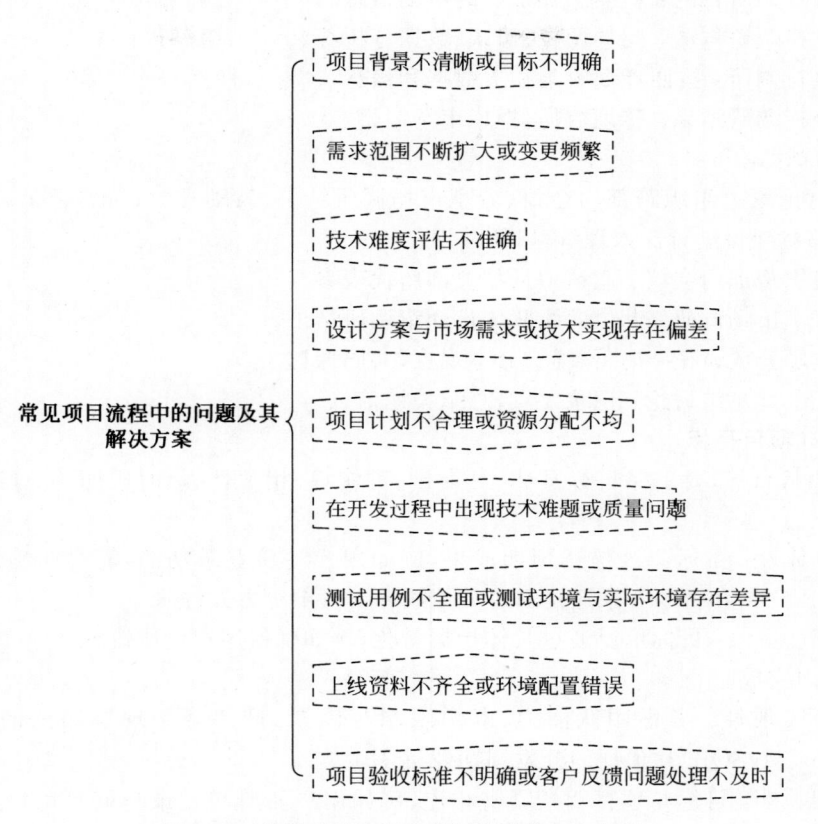

常见项目流程中的问题及其解决方案
- 项目背景不清晰或目标不明确
- 需求范围不断扩大或变更频繁
- 技术难度评估不准确
- 设计方案与市场需求或技术实现存在偏差
- 项目计划不合理或资源分配不均
- 在开发过程中出现技术难题或质量问题
- 测试用例不全面或测试环境与实际环境存在差异
- 上线资料不齐全或环境配置错误
- 项目验收标准不明确或客户反馈问题处理不及时

图 1-19　常见项目流程中的问题及其解决方案

解决项目背景不清晰或目标不明确的问题
- 市场调研和内部讨论
  - 市场调研
  - 内部讨论
- 制订项目目标
  - 具体性
  - 可衡量性
  - 可实现性
  - 相关性
  - 时限明确
- 团队成员共同理解项目
  - 召开项目启动会议
  - 提供书面材料
  - 鼓励提问和反馈

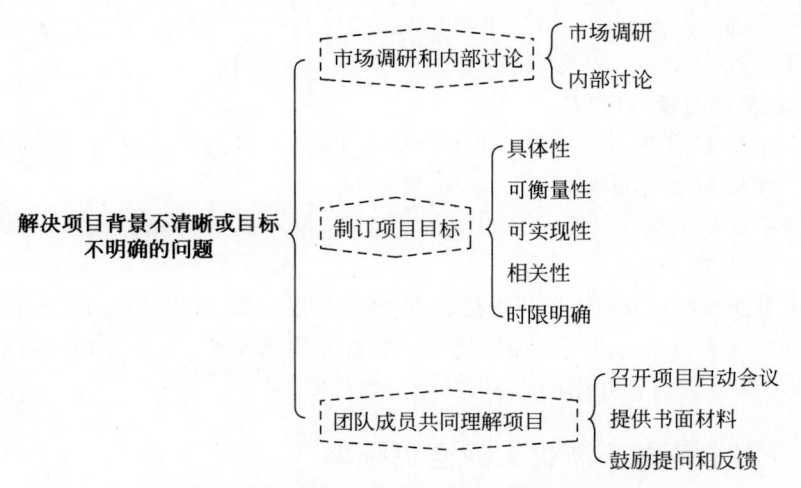

图 1-20　解决项目背景不清晰或目标不明确的问题

(1) 确定调研目的：明确想要了解的市场信息、竞争对手情况、用户需求等。
(2) 选择调研方法：问卷调查、访谈、数据分析等。
(3) 执行调研：按照计划收集相关数据和信息。
(4) 分析调研结果：整理数据，提炼市场洞察。

2) 内部讨论

内部讨论通过组织跨部门会议、分享市场调研结果、鼓励开放讨论，记录总结内容，促进团队内部对项目进行深入理解，以便共识。

(1) 组织跨部门会议：邀请项目相关部门代表参与。
(2) 分享市场调研结果：向团队成员介绍调研结果。
(3) 鼓励开放讨论：提出疑问、分享观点，共同探讨。
(4) 记录并总结讨论：记录要点，总结关键信息。

2．制订项目目标

制订项目目标，要确保目标具体、可衡量、可实现、相关性强、时限明确，让项目团队顺利推进。

(1) 具体性：目标应该描述预期成果，例如用户注册登录功能，需要明确用户登录方式，是通过用户名和密码登录还是通过微信或者支付宝等方式登录。
(2) 可衡量性：目标可以通过具体指标量化，例如确保用户注册流程在 3s 内完成，登录流程在 2s 内完成。
(3) 可实现性：考虑团队能力、资源限制等因素，例如基于现有团队的技术栈（如 Spring Boot、MySQL）和预计的开发周期（2 个月）。
(4) 相关性：目标与项目背景紧密相连，例如用户注册与登录功能是用户进入系统的第 1 步，直接关系到用户体验和后续购买流程的顺畅性。
(5) 时限明确：为每个目标设定清晰的完成时间，例如用户注册与登录功能需要在项目启动后的第 1 个月内完成开发，在第 2 个月初进行内部测试。

3．团队成员共同理解项目

团队成员对项目有共同的理解，通过召开启动会议、提供书面材料、鼓励提问和反馈，确保每位成员清晰理解项目背景、目标和衡量标准。

(1) 召开项目启动会议：逐一介绍项目的起源、市场机遇、挑战等，确保每个成员都理解项目的含义和重要性。
(2) 提供书面材料：给出市场调研报告、竞争分析报告等，列出项目目标及其衡量标准。
(3) 鼓励提问和反馈：设立反馈渠道，邮箱、在线协作平台、站会等，定期回顾项目背景和目标，确保团队成员保持共同的理解，避免理解偏差。

1.4.2　需求范围不断扩大或变更频繁

面对需求范围扩大或变更频繁的挑战，需求范围扩大或变更频繁的解决方案如图 1-21 所示。

```
                                          ┌ 设立变更控制委员会(CCB)
                                          │ 明确CCB职责和权力
                         ┌─建立需求变更管理流程─┤ 制订变更请求流程
                         │                │ 评估变更请求
                         │                │ 决策与沟通
                         │                └ 实施与跟踪
                         │
  需求范围扩大或           │                ┌ 确定关键需求
  变更频繁的解决方案 ──────┼─需求优先级排序───┤ 制订排序标准
                         │                │ 进行优先级排序
                         │                └ 沟通与确认
                         │
                         │                ┌ 分析变更影响
                         │                │ 更新项目计划
                         └─需求变更时及时调整项目计划─┤ 通知与协调
                                          └ 监控与调整
```

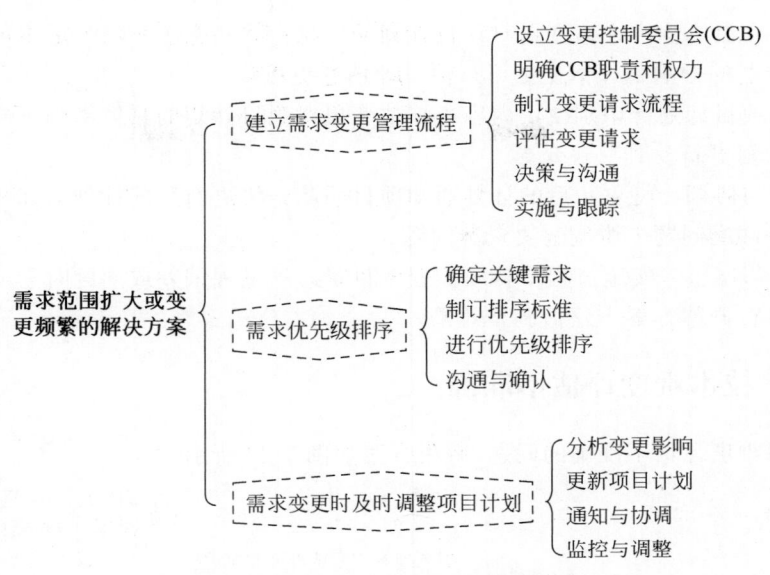

图 1-21　需求范围扩大或变更频繁的解决方案

本节内容通过以下公式直观地进行阐述。

1．建立需求变更管理流程

建立需求变更管理流程，通过设立变更控制委员会、明确职责与权力、制订变更请求流程、评估请求、决策与沟通、实施与跟踪，确保需求变更得到有效管理和控制。

（1）设立变更控制委员会（CCB）＝项目经理＋业务代表＋技术专家。

（2）明确 CCB 职责和权力＝评估变更请求＋决定是否接受变更＋调整项目计划。

（3）制订变更请求流程＝建立正式提交渠道＋要求书面提交＋详细描述内容、原因和期望效果。

（4）评估变更请求＝CCB 初步评估＋判断是否符合目标和需求＋进行优先级排序。

（5）决策与沟通＝CCB 决定是否接受变更＋通知团队和干系人。

（6）实施与跟踪＝团队根据决策实施变更＋更新计划＋跟踪效果。

2．需求优先级排序

对需求进行优先级排序，通过确定关键需求、制订排序标准、进行优先级排序及沟通与确认，确保项目资源得到有效分配，优先满足关键需求。

（1）确定关键需求＝与业务代表和团队共同识别＋描述关键需求。

（2）制订排序标准＝根据重要性＋紧急性＋对项目目标的影响程度。

（3）进行优先级排序＝使用排序标准对所有需求进行排序。

（4）沟通与确认＝将排序结果与业务代表和团队进行沟通＋根据反馈进行调整。

3．需求变更时及时调整项目计划

需求变更时，通过分析需求变更的影响、更新计划、通知协调与持续监控调整，确保项目计划能灵活地应对变化。

（1）分析变更影响＝评估变更对项目计划的影响＋评估变更对项目成本的影响＋评估变更对项目资源的影响＋评估变更可行性＋评估变更风险。

（2）更新项目计划＝识别变更内容＋评估变更对项目计划的具体影响＋立即调整项目计划＋确保计划更新及时反映变更。

（3）通知与协调＝将更新后的计划通知项目团队＋将更新后的计划通知相关干系人＋协调解决任务冲突问题＋协调解决资源问题。

（4）监控与调整＝实施过程中持续监控项目状态＋发现偏差或问题时立即识别＋制订调整方案＋执行调整方案＋评估调整效果。

1.4.3　技术难度评估不准确

针对技术难度评估不准确的问题，解决方案如图1-22所示。

技术难度评估不准确的解决方案：
- 引入技术中心或外部专家评估
  - 组建跨部门评估小组
  - 梳理和分析项目需求
  - 识别技术点
  - 难度评估
  - 出具评估报告
- 制订风险应对措施和备选方案
  - 识别技术风险点
  - 制订应对措施
  - 准备备选方案
  - 纳入项目计划
  - 分配责任人
- 持续监控并调整
  - 设立定期技术审查会议
  - 邀请技术中心或者专家参与
  - 紧密沟通
  - 问题报告
  - 计划调整
  - 重大技术难题应对

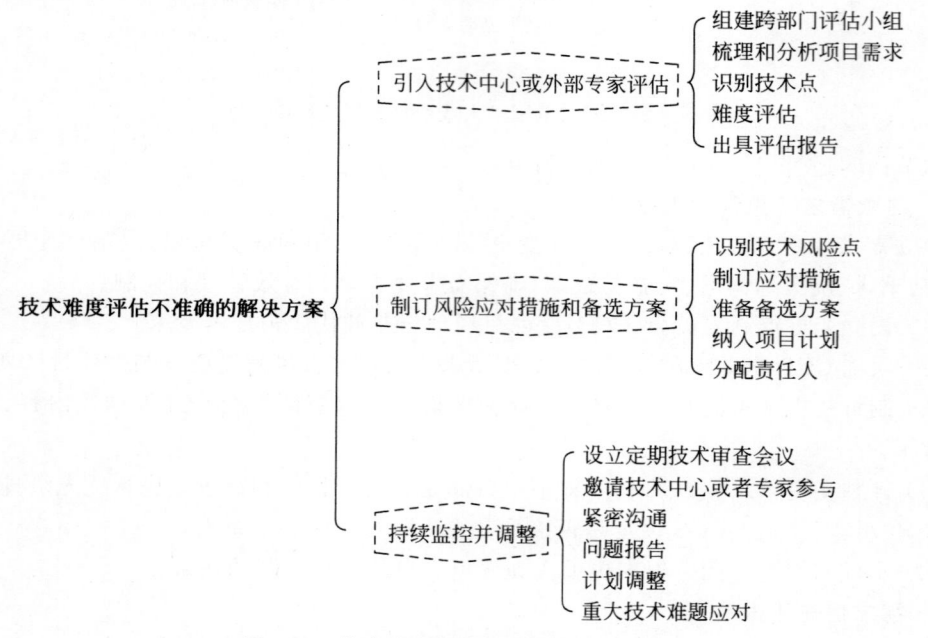

图1-22　技术难度评估不准确的解决方案

具体落实细节如下。

引入技术中心或外部专家评估：组建跨部门评估小组，包括项目团队技术骨干、技术中心专业人员、外部专家，梳理和分析项目需求，识别所有技术点，利用专业知识对每个技术点进行难度评估，出具技术难度评估报告，作为后续设计与开发的参考。

制订风险应对措施和备选方案：基于评估报告识别技术风险点，制订针对每个风险点的应对措施，准备备选方案以应对主要技术方案困难，将风险应对措施和备选方案纳入项目计划，并分配责任人。

持续监控并调整：设立定期技术审查会议，邀请技术中心或者外部专家参与，保持与技术中心或者外部专家进行紧密沟通，以及时报告问题，根据技术审查结果和实际情况调整开发计划、资源分配，对于重大技术难题，迅速启动风险应对措施或者切换至备选方案。

1.4.4　设计方案与市场需求或技术实现存在偏差

当设计方案与市场需求或技术实现存在偏差时，技术难度评估不准确及设计方案偏差的应对措施如图 1-23 所示。

技术难度评估不准确及设计方案偏差的应对措施：

- 加强设计方案的市场和技术评审
  1. 组建评审团队
  2. 制定评审标准
  3. 定期评审
  4. 记录评审结果
- 收集多方反馈并进行迭代优化
  1. 确定反馈来源
  2. 制订反馈收集计划
  3. 分析整合反馈
  4. 实施迭代优化
- 制作原型或进行小规模试验来验证设计方案
  1. 制作原型
  2. 选择测试对象
  3. 进行小规模试验
  4. 分析试验结果

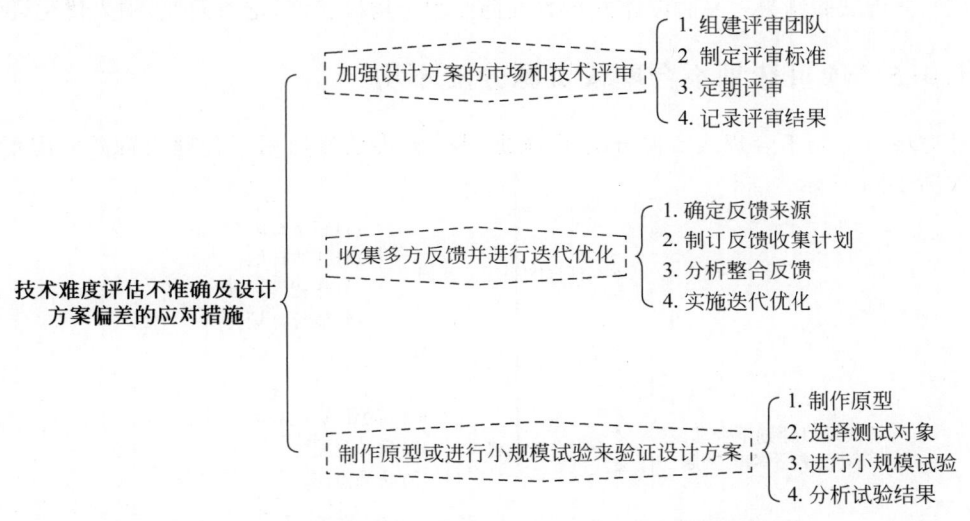

图 1-23　技术难度评估不准确及设计方案偏差的应对措施

可采取以下具体措施。

1．加强设计方案的市场和技术评审

加强设计方案的市场和技术评审，通过组建专业团队、制订评审标准、定期评审和记录结果，确保设计方案符合市场需求和技术要求。

（1）组建评审团队＝选择成员（市场专家、技术专家、产品经理等）。

（2）制订评审标准＝明确指标（市场需求、技术可行性、成本效益等）＋根据指标制订标准。

（3）定期评审＝确定评审周期＋在项目各阶段进行评审＋及时发现并且纠正偏差。

（4）记录评审结果＝详细记录（问题、建议等）＋作为后续优化依据进行保存。

2．收集多方反馈并进行迭代优化

收集多方反馈，进行迭代优化，通过明确反馈来源、制订反馈收集计划、分析整合反馈和实施迭代优化，确保设计方案不断完善，满足市场需求。

（1）确定反馈来源：包括潜在客户、现有客户、合作伙伴、行业专家等。

（2）制订反馈收集计划：明确时间表、方式和责任人。

（3）分析整合反馈：提炼有价值的改进点。

(4) 实施迭代优化：根据反馈修改和完善设计方案。

3. 制作原型或进行小规模试验来验证设计方案

制作原型或进行小规模试验来验证设计方案，确保设计方案的可行性和市场接受度，通过收集反馈和分析试验结果，为进一步优化提供依据。

(1) 制作原型：根据设计方案制作简单原型，用于展示和测试。
(2) 选择测试对象：确保具有代表性，能真实地反映市场需求。
(3) 进行小规模试验：收集测试对象的反馈和建议。
(4) 分析试验结果：评估设计方案的可行性和市场接受度，记录问题，纳入优化计划。

1.4.5 项目计划不合理或资源分配不均

针对项目计划不合理或资源分配不均的问题，解决项目计划不合理或资源分配不均的问题如图 1-24 所示。

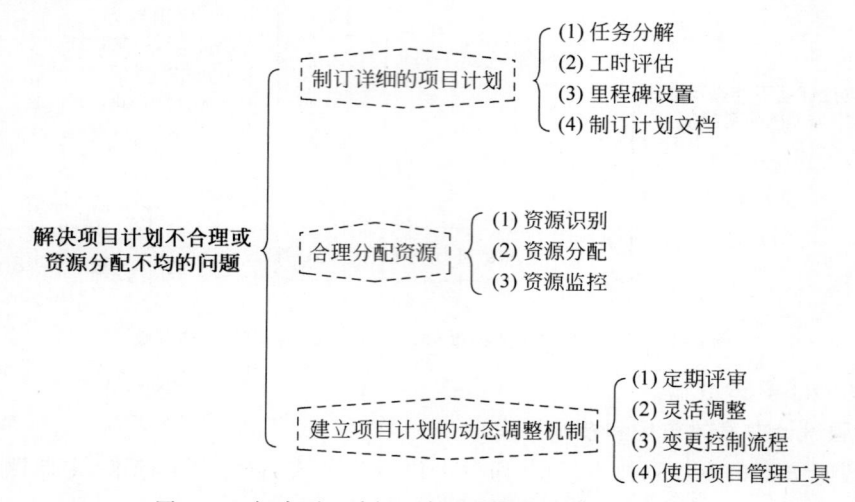

图 1-24 解决项目计划不合理或资源分配不均的问题

本节内容通过以下公式直观地进行阐述。

1. 制订详细的项目计划

制订详细的项目计划包括任务分解、工时评估、里程碑设置和编写计划文档，确保项目目标清晰、任务明确、时间合理，为项目成功奠定基础。

(1) 任务分解＝将项目目标细化为子任务＋明确任务细节＋明确责任人＋明确依赖。
(2) 工时评估＝评估任务工时＋预留缓冲时间。
(3) 里程碑设置＝设置里程碑＋明确预期成果＋明确完成时间。
(4) 制订计划文档＝编写项目计划书（包括背景、目标、范围等因素）。

2. 合理分配资源

资源识别与分配通过了解项目需求、盘点现有资源、根据优先级分配资源，进行资源监控和调整,确保项目顺利进行。

(1) 资源识别＝了解项目所需资源(人力、物质、财务等)＋盘点现有资源。

(2) 资源分配＝根据计划和任务优先级＋将资源分配给任务和责任人＋确保关键任务和里程碑有足够资源。

(3) 资源监控＝建立监控机制＋跟踪资源使用情况＋调整分配方案＋解决资源问题。

3. 建立项目计划的动态调整机制

建立项目计划的动态调整机制,通过定期评审、灵活调整、变更控制流程和使用项目管理工具,确保项目按计划顺利推进,以及时发现问题,解决问题。

(1) 定期评审＝定期组织评审＋邀请成员和利益方参加＋评审项目情况。

(2) 灵活调整＝灵活调整项目计划(优先级、资源、时间表)。

(3) 变更控制流程＝制订变更控制流程＋明确申请、审批、执行、验证环节＋严格控制和管理项目变更。

(4) 使用项目管理工具＝使用工具跟踪进度和资源＋发现问题＋采取措施解决问题。

1.4.6　在开发过程中出现技术难题或质量问题

在开发过程中遇到技术难题或质量问题时,应对措施如图1-25所示。

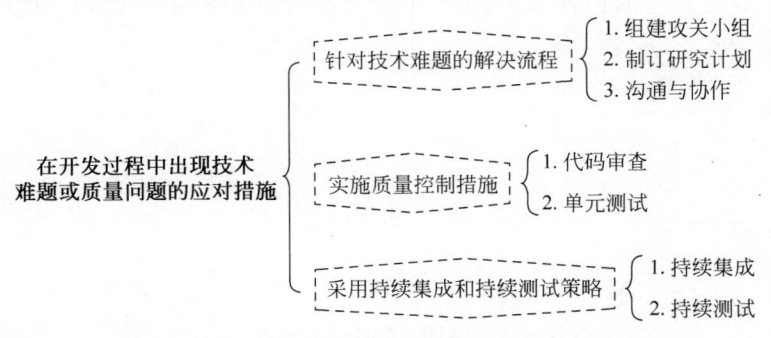

图1-25　在开发过程中出现技术难题或质量问题的应对措施

可采取以下措施来应对。

1. 针对技术难题的解决流程

针对技术难题,通过组建攻关小组、制订研究计划、沟通与协作、综合评估,选择最佳解决方案,确保技术难题得到有效解决。

(1) 组建攻关小组:从项目团队中挑选具有相关技术背景或者经验的工程师,给攻关小组设定明确的解决目标,确定优先级,向攻关小组提供必要的技术资料、工具和设备。

(2) 制订研究计划:了解相关技术的最新进展和应用案例,制订多种可能的解决方案,评估每种方案的可行性、成本效益,选择最佳方案,着手实施。

(3) 沟通与协作:攻关小组定期向项目团队汇报,给出最新的研究进展和成果,如果技术难题涉及多个领域,则尝试和其他部门或者外部专家进行合作。

2. 实施质量控制措施

以下将以公式的形式,对实施质量控制措施直观且系统地进行阐述:

(1) 代码审查＝制订代码审查流程、标准＋审查代码可读性、可维护性、安全性和性能＋团队成员及时反馈问题＋确保审查意见被及时采纳和改进。

(2) 单元测试＝给每个功能模块编写详细测试用例＋分析和总结测试结果＋及时修复发现的问题＋进行回归测试。

3. 采用持续集成和持续测试策略

采用持续集成和持续测试策略,通过搭建稳定的集成环境、使用自动化构建工具和测试套件,实现代码构建的自动化和测试的实时化,确保软件质量。

(1) 持续集成:搭建稳定的集成环境,使用自动化构建工具(Java 构建工具如 Jenkins＋Maven 等、前端构建工具如 Webpack、Gulp、Grunt 等)进行代码构建和部署。

(2) 持续测试:建立自动化测试套件(如 JUnit、JMeter 等),在代码集成过程中实时运行测试套件,使用问题追踪系统记录和管理测试中发现的问题。

1.4.7 测试用例不全面或测试环境与实际环境存在差异

针对测试用例不全面或测试环境与实际环境存在差异的问题,解决方案如图 1-26 所示。

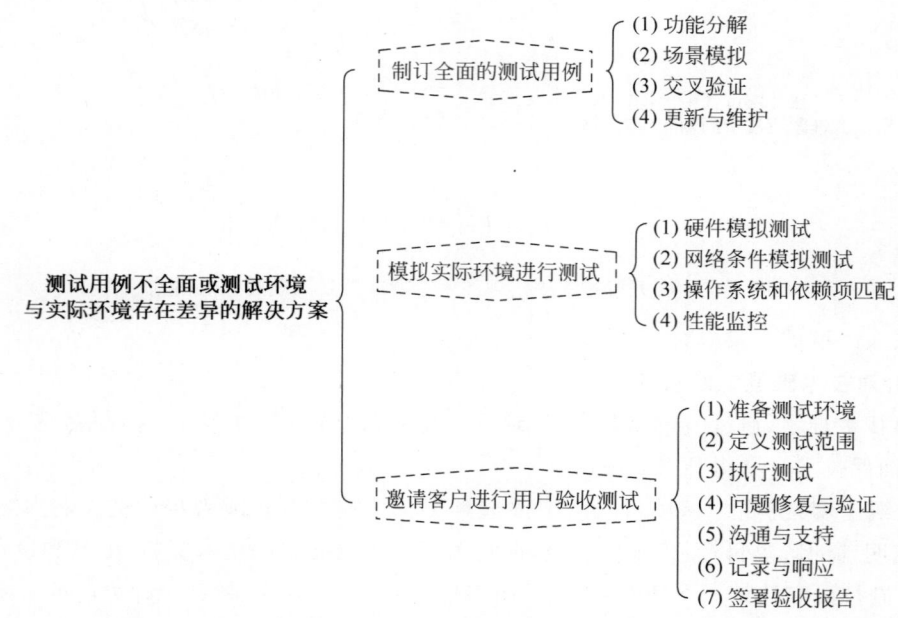

图 1-26 测试用例不全面或测试环境与实际环境存在差异的解决方案

本节内容通过以下公式直观地进行阐述。

1．制订全面的测试用例

制订全面的测试用例,通过功能分解、场景模拟、交叉验证及更新与维护,确保测试用例覆盖全面、无遗漏,与实际功能相匹配。

(1) 功能分解＝将软件功能细分为子功能或者模块＋为每个子功能或者模块编写测试用例。

(2) 场景模拟＝考虑所有用户场景(正常、异常、边界条件)＋编写测试用例。

(3) 交叉验证＝测试人员互相审查测试用例＋确保无遗漏或者重复。

(4) 更新与维护＝随软件开发持续更新和维护测试用例＋确保与实际功能匹配。

2．模拟实际环境进行测试

模拟实际环境进行测试通过硬件模拟、网络条件模拟、操作系统和依赖项匹配及性能监控,确保软件在不同环境下的稳定性和性能表现。

(1) 硬件模拟测试＝使用与实际相似的硬件配置＋进行测试。

(2) 网络条件模拟测试＝使用网络模拟器或者实际网络环境＋进行测试。

(3) 操作系统和依赖项匹配＝确保测试环境中的操作系统和依赖项＋与实际环境匹配。

(4) 性能监控＝在模拟环境中进行性能测试＋监控关键指标。

3．邀请客户进行用户验收测试

邀请客户进行用户验收测试涉及准备测试环境、定义测试范围、执行测试、问题修复与验证、沟通与支持、记录与响应及签署验收报告,确保软件满足客户需求,完成软件的顺利交付。

(1) 准备测试环境＝给客户准备＋生成环境相似的测试环境。

(2) 定义测试范围＝跟客户确定＋用户验收测试的范围。

(3) 执行测试＝客户在测试环境中使用软件＋使用录屏实时记录问题＋发现的问题立即得到反馈。

(4) 问题修复与验证＝根据反馈修复问题＋再次邀请客户验证＋直至满足客户期望。

(5) 沟通与支持＝提前沟通测试目的和流程＋提供培训和支持。

(6) 记录与响应＝记录所有问题和建议＋及时响应和解决。

(7) 签署验收报告＝用户验收测试完成后＋签署验收报告作为交付部分。

1.4.8　上线资料不齐全或环境配置错误

针对上线资料不齐全或环境配置错误,导致项目无法顺利上线,上线资料不齐全或环境配置错误的解决方案如图 1-27 所示。

以下是具体的解决方案及落实细节。

1．制订上线资料清单

列出所有需要的上线资料,例如服务器配置、数据库脚本、应用配置文件等,为每个资料项指定负责人,定期检查资料清单完成情况,在项目会议上汇报,对上线资料进行版本控制。

```
                              ┌ 列出所有需要的上线资料(如服务器配置、数据库脚本、应用配置文件等)
                              │ 指定负责人
              ┌ 制订上线资料清单 ┤ 定期检查完成情况
              │                │ 在项目会议上汇报
              │                └ 资料版本控制
              │
              │                              ┌ 编写配置步骤
              │                              │ 编写注意事项
上线资料不齐全   │                              │ 编写问题解决方案
或环境配置错误 ─┤ 制定环境配置标准流程与指南 ┤ 团队培训
的解决方案     │                              │ 多轮检查与测试
              │                              └ 指南更新与完善
              │
              │                ┌ 搭建环境(遵循生产环境标准)
              │                │ 数据迁移(生产环境部分数据)
              └ 建立预上线环境 ┤ 全面测试(如功能、性能、安全等)
                              │ 问题修复与验证
                              └ 上线前准备
```

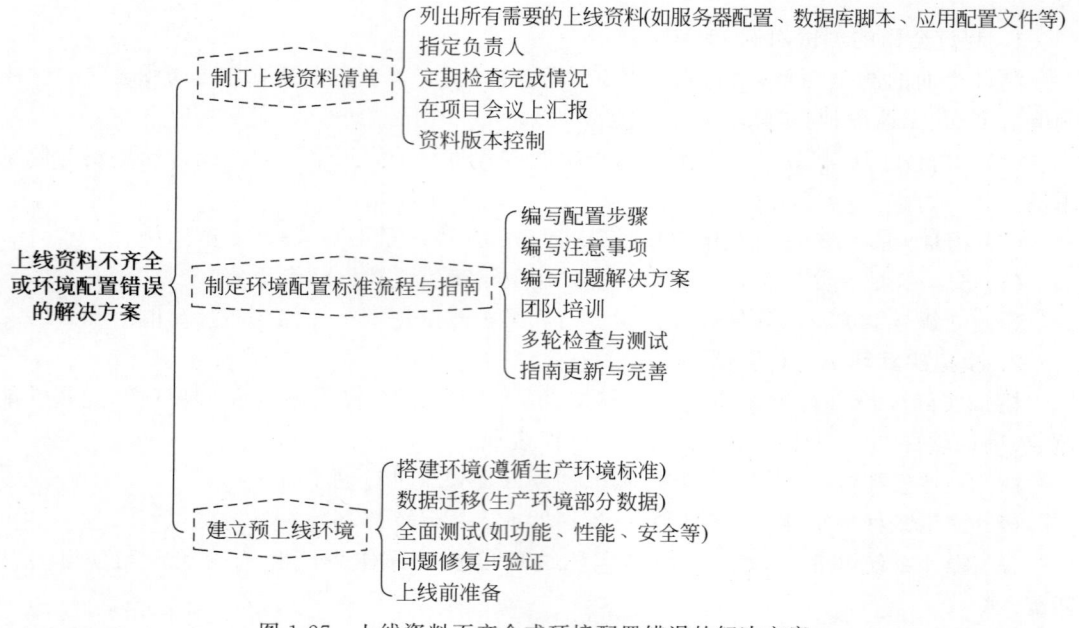

图 1-27　上线资料不齐全或环境配置错误的解决方案

2．制订环境配置标准流程和指南

编写详细的环境配置步骤、注意事项和常见问题解决方案,对团队成员进行环境配置培训,环境配置完成后,进行多轮检查和测试,根据在实际配置过程中遇到的问题和解决方案,不断地更新和完善配置指南。

3．建立预上线环境

按照生产环境的标准搭建预上线环境,将生产环境的一部分真实数据迁移到预上线环境,在预上线环境进行全面测试(如功能、性能、安全等),对于在预上线环境中发现的问题,以及时进行修复和验证,预上线环境测试通过后,进行最后的上线前准备工作。

1.4.9　项目验收标准不明确或客户反馈问题处理不及时

针对项目验收标准不明确或客户反馈问题处理不及时的问题,项目验收标准不明确或客户反馈问题处理不及时的解决方案如图 1-28 所示。

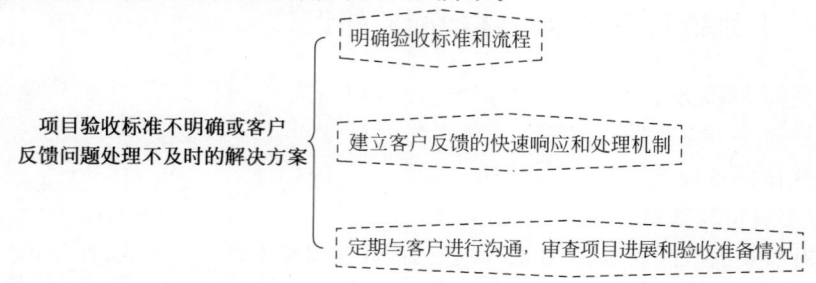

```
                              ┌ 明确验收标准和流程 ┐
                              │                    │
项目验收标准不明确或客户     ┤ 建立客户反馈的快速响应和处理机制 │
反馈问题处理不及时的解决方案 │                    │
                              └ 定期与客户进行沟通,审查项目进展和验收准备情况 ┘
```

图 1-28　项目验收标准不明确或客户反馈问题处理不及时的解决方案

以下是具体的解决方案及落实细节。

1. 明确验收标准和流程

在项目启动时,组织启动会议,邀请客户方关键人员参与,与客户详细讨论并确定项目的验收标准,包括功能要求、性能指标、用户体验等,制订验收流程,明确验收步骤、所需文件、参与人员和时间表,将验收标准和流程写成文档,由双方确认并签字。

2. 建立客户反馈的快速响应和处理机制

提供多种反馈渠道,如电子邮件、电话、在线表单等,指定一个或者多个团队成员负责处理客户反馈,制订标准的反馈处理流程,包括接收、记录、分析、解决和反馈等步骤,定期审查反馈处理情况,分析客户反馈的趋势和模式。

3. 定期与客户进行沟通,审查项目进展和验收准备情况

在项目开始时,制订定期的沟通计划,包括会议频率、参与人员、讨论主题等,定期向客户提交项目进展报告,包括已完成的工作、正在进行的工作和下一步计划,在接近验收阶段时,与客户一起审查项目的完成情况,确保所有验收标准都得到满足,根据客户的反馈和审查结果,以及时调整项目计划。

案例:在项目启动会议上讨论验收标准,例如"系统响应时间不得超过 2 秒""用户界面需符合现代设计标准"等。在沟通计划中,规定每周进行一次进度会议,由项目经理和客户代表参与,讨论项目进展、存在的问题及下一步计划。在审查验收准备时,可以制作一个验收检查表,逐项核对是否满足验收标准,进行必要的调整和优化。

1.5 技术管理者如何解决技术难题

针对技术难题,本节从明确问题与分析背景、团队协作与沟通、技术分析与解决方案制定、实施与验证、总结与改进、引入外部资源与技术支持,以及创新与优化等 7 个方面,详细规划了问题解决与团队提升的全过程。技术管理者如何解决技术难题如图 1-29 所示。

1.5.1 明确问题与分析背景

明确问题需要具体描述技术难题及其细节,背景分析需查阅文档、了解系统组件交互及业务流程,评估问题对业务的具体影响。

(1)问题描述:使用具体的语言描述技术难题,包括错误消息、系统行为、用户反馈等。记录问题首次出现的时间、频率及任何相关的系统变更。

(2)背景分析:查阅系统文档和架构图,了解问题所涉及的系统组件,以及它们之间的交互是否正常。分析业务流程,确定问题对业务的具体影响,如订单处理延迟、用户流失等。

```
                                    ┌─ 明确问题与分析背景
                                    │
                                    ├─ 团队协作与沟通
                                    │
                                    ├─ 技术分析与解决方案制订
                                    │
    技术管理者如何解决技术难题 ─────┤─ 实施与验证
                                    │
                                    ├─ 总结与改进
                                    │
                                    ├─ 引入外部资源与技术支持
                                    │
                                    └─ 创新与优化
```

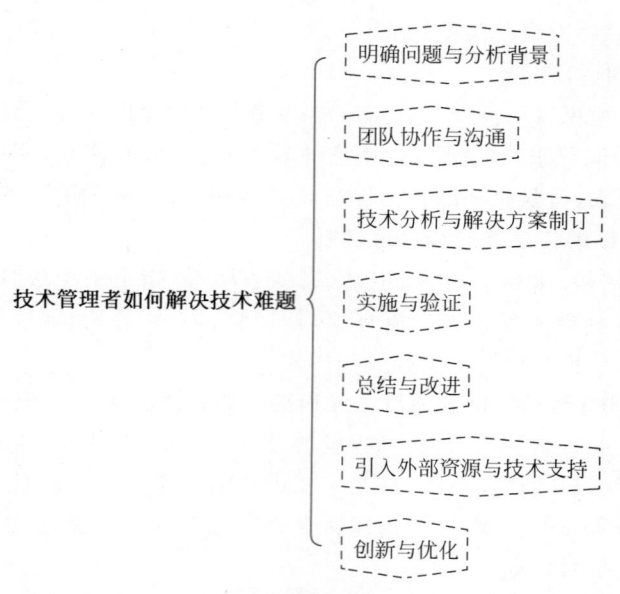

图 1-29　技术管理者如何解决技术难题

1.5.2　团队协作与沟通

团队协作与沟通强调组建专项团队，分配角色责任，利用项目管理工具加强沟通，确保问题跟踪和进展共享。

（1）组建专项团队＝根据问题领域邀请团队成员（团队成员包括数据库管理员、网络工程师、前端开发人员）＋分配角色和责任（确保每个人都有明确的任务）。

（2）加强沟通＝使用项目管理工具（例如 Jira、Trello）跟踪问题状态＋每日召开站会（分享进展，提出问题，提出建议）。

1.5.3　技术分析与解决方案制订

技术分析与解决方案制订涉及问题分解、根本原因分析及制订，评估解决方案，彻底解决问题，避免引入新问题。

（1）问题分解：将大问题分解为小任务，例如"检查数据库连接""分析日志文件"等。使用调试工具和日志分析来定位问题，例如具体代码或者系统配置等。

（2）根本原因分析：使用"五个为什么"方法来深入挖掘问题的根源，例如"为什么数据库连接失败？因为配置错误。为什么配置错误？因为……"。绘制因果图，展示问题产生的各种原因和它们之间的关系。

（3）制订解决方案：找到根本原因，提出具体的解决方案，例如"修复配置错误""升级数据库版本"等。评估解决方案的风险和收益，确保不会引入新的问题。

1.5.4　实施与验证

实施与验证阶段制订详细的实施计划，在测试环境中验证方案的有效性，确保系统修复后表现正常。

（1）方案实施＝制订详细的实施计划＋明确步骤、时间表与资源需求＋在测试环境中先行实施解决方案＋确保不破坏现有系统。

（2）效果验证＝对修复后的系统进行全面测试＋包括冒烟测试与性能测试＋收集用户反馈＋确保问题得到解决＋验证系统表现正常。

1.5.5　总结与改进

总结与改进阶段通过复盘分析、知识共享和持续改进，优化团队工作流程，提升系统性能和稳定性。

（1）复盘分析：组织团队回顾问题解决过程，讨论有效的方法，记录问题和解决方案，给将来的参考和培训提供素材。

（2）知识共享：编写技术文档，详细描述问题、解决方案、学到的教训，在团队会议上分享。

（3）持续改进：根据复盘分析的结果，更新团队工作流程，检测系统性能和稳定性指标。

1.5.6　引入外部资源与技术支持

引入外部资源与技术支持，通过咨询专家、购买或租赁资源、建立合作关系等方式，解决技术难题问题。

（1）咨询专家：在专业论坛或者社区中寻求专家的建议。如果可能，则邀请外部专家远程或者现场提供建议。

（2）引入外部资源。

解决技术或者工具缺乏问题＝考虑购买或者租赁＋与其他公司或者研究机构建立合作关系＋共享资源和知识。

例如寻求专业论坛建议（如数据库连接池配置），邀请外部专家远程咨询（如数据库专家），购买性能测试工具，与研究机构合作共享资源和知识。

1.5.7　创新与优化

创新与优化，通过技术创新和流程优化，提升团队的技术能力和项目迭代的效率。

（1）技术创新＝鼓励团队参与（技术研讨会＋培训课程）＋学习（新技术＋新方法）＋设立创新基金＋支持（团队成员＋尝试新技术解决方案）。

（2）流程优化＝使用（自动化工具＋简化重复性任务）＋采用（敏捷开发模式＋提高响应能力）＋迭代项目＋应对需求变化。

第 2 章

深度思考

程序员如何突破思维局限？在第 2 章的实战指南中，读者将学会如何系统地提升逻辑思维、批判性思维、创造性思维和抽象思维，甚至掌握结构化思维的精髓。从数学逻辑到跨学科学习，从参与编程竞赛到设计思维实践，每步都充满了挑战与机遇。笔者巧妙地运用了公式来精练复杂概念，抽取问题的核心要素，使读者能够更快捷地掌握要点，增强理解和记忆效果。此外还用了思维导图（脑图）这一工具，通过直观、层级分明的特性，清晰地勾勒出信息框架，促进读者思维的拓展与发散，进一步提升内容的可读性和实用性。

2.1 提升思维方式

本节为程序员提供了全面的实操指南，旨在帮助他们提升逻辑思维、批判性思维、创造性思维、抽象思维及结构化思维能力，通过具体的策略、工具和实践方法，助力程序员在多个思维维度上实现进阶与成长。

2.1.1 逻辑思维

本节为程序员提供了全面的实操指南，涵盖了学习数学与逻辑学、注重编码实践、提升逻辑思维、使用工具组织思路、身心活动与阅读、参加编程课程与社区互动、元认知训练与模仿学习、系统化学习与输出练习、分解复杂问题与反思，以及掌握思维与表达技巧等多个方面。提升逻辑思维能力的方法如图 2-1 所示。

系统化地提升逻辑思维能力的方法如下。

（1）学习数学与逻辑学：通过在线课程（如 Coursera、网易云课堂）或者专业书籍深入学习离散数学、集合论、数论等。完成 LeetCode、HackerRank 上的数学和逻辑题目。

（2）注重编码实践：积极参与开源项目，通过 GitHub 等平台提交代码并参与讨论；每天至少解决一道算法题，掌握常用算法和数据结构。

（3）提升逻辑思维：参加编程竞赛（如 ACM、TopCoder）或者解决 Project Euler 上的问题；进行案例面试训练，录制并回顾解题过程，找出改进点；每次编程后进行反思和总结，

```
                        ┌──────────────────────┐
                        │  提升逻辑思维能力的方法  │
                        └──────────┬───────────┘
                                   │
                                   ├──── 学习数学与逻辑学
              注重编码实践 ─────────┤
                                   ├──── 提升逻辑思维
            使用工具组织思路 ───────┤
                                   ├──── 身心活动与阅读
          参加编程课程与社区互动 ───┤
                                   ├──── 元认知训练与模仿学习
           系统化学习与输出练习 ────┤
                                   ├──── 分解复杂问题与反思
            掌握思维与表达技巧 ─────┤
                                   ├──── 整理笔记与代码
         跨学科学习与批判性思维 ────┤
                                   ├──── 注重代码质量与新技术
        培养抽象思维与问题解决能力 ─┤
                                   ├──── 注重阅读与身心健康
           学习设计模式与代码审查 ──┤
                                   └──── 技术社区分享与逻辑游戏挑战
```

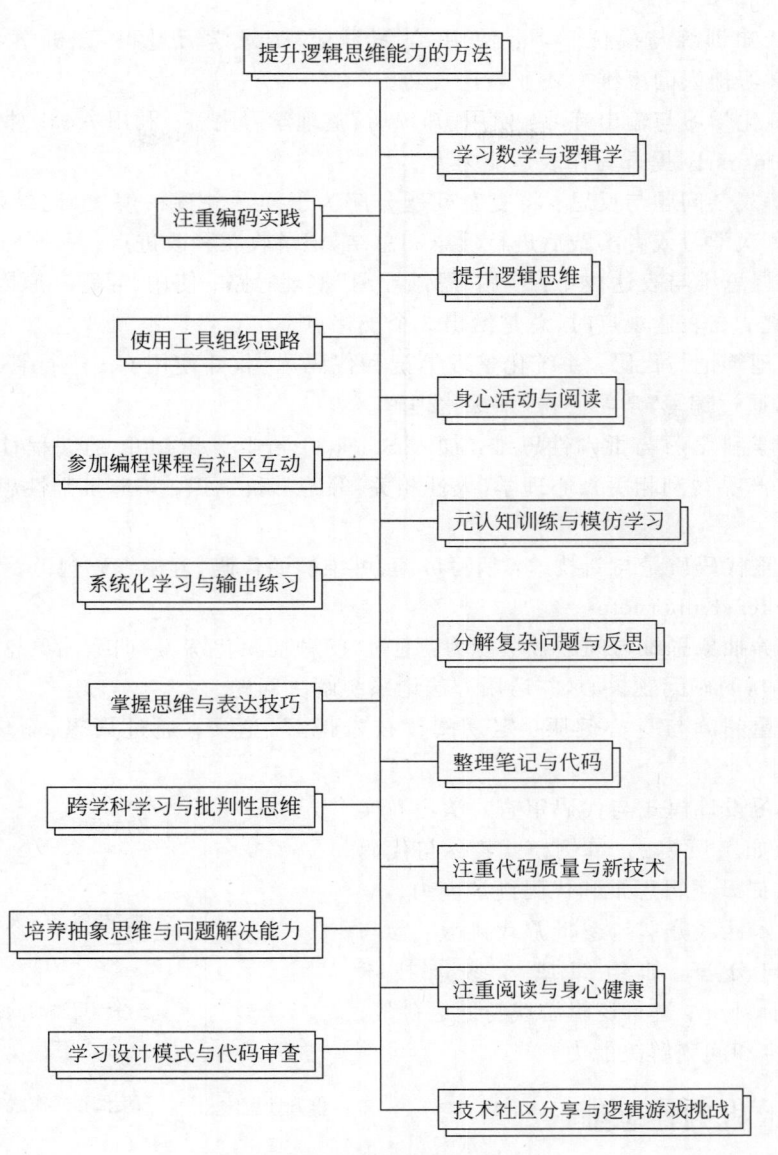

图 2-1　提升逻辑思维能力的方法

记录解题思路和遇到的问题及解决方案。

（4）使用工具组织思路：使用流程图（如 Visio、Lucidchart）和条理性工具（如 XMind、MindMeister）组织编程思路；利用 UML 工具增强对编程逻辑的理解。

（5）身心活动与阅读：进行身体活动，如跑步、瑜伽，尝试在锻炼时思考编程问题；阅读经典编程书籍和观看相关电影，如《代码大全》《算法导论》及《模仿游戏》等。

（6）参加编程课程与社区互动：参加专门的编程课程，如 MOOCs、线下研讨会；创建学习小组，并与他人共享学习资源。

(7) 元认知训练与模仿学习：使用"学习日记"记录学习过程，分析学习策略；观看 TED 演讲，学习他人的思维方式和表达技巧。

(8) 系统化学习与输出练习：使用"知识树"整理学习内容；利用 Anki 对知识点进行复习，使用 Grammarly 提升写作表达能力。

(9) 分解复杂问题与反思：将复杂问题分解为子问题并逐一解决，记录每个子问题的解决方案；每次学习或者实践后进行反思和总结，记录收获和改进点。

(10) 掌握思维与表达技巧：使用"思维导图"整理思路；使用"问题—原因—解决方案"结构展开话题；在表达观点时，总是给出 3 个支持点。

(11) 整理笔记与代码：系统化整理笔记和代码示例，并使用 Git 进行管理；理解事物的底层逻辑，通过编写"学习心得"来深化理解。

(12) 跨学科学习与批判性思维：加入 Stack Overflow、Reddit 的编程社区进行互动；学习经济学（产品盈利相关）、心理学（人性相关）等跨学科知识；培养批判性思维，质疑和验证信息。

(13) 注重代码质量与新技术：编写可读、可维护的代码，遵循编码规范；尝试新技术和框架，如 Docker、Kubernetes。

(14) 培养抽象思维与问题解决能力：通过"问题抽象化练习"训练抽象思维能力；加强问题解决能力，明确问题核心，并运用方法论系统解决问题。

(15) 注重阅读与身心健康：定期阅读技术博客、论文；通过冥想、瑜伽等方式放松大脑。

(16) 学习设计模式与代码审查：学习和实践设计模式，如工厂模式、单例模式；参与代码审查与重构，提升逻辑思维和代码设计能力。

(17) 技术社区分享与逻辑游戏挑战：参与技术社区与分享，如组织或者参加技术 Meetup、Workshop；进行逻辑游戏与谜题挑战，锻炼逻辑思维和问题解决能力。

2.1.2 批判性思维

本节为编程界人士提供了提升批判性思维技巧的全面指南，涵盖了多角度思考、独立思考、系统性思维、深度阅读与跨学科学习、寻求反馈、多样化学习资源与评估，以及综合能力提升等多个方面。批判性思维如图 2-2 所示。

学习批判性思维方法，通过实践、反思和学习在编程领域脱颖而出，以下是具体的描述。

批判性思维 {
- 多角度思考与获取一手经验
- 独立思考与客观分析
- 系统性思维与问题解决
- 深度阅读、实践与跨学科学习
- 寻求反馈与指导
- 多样化学习资源与批判性评估
- 综合能力提升
}

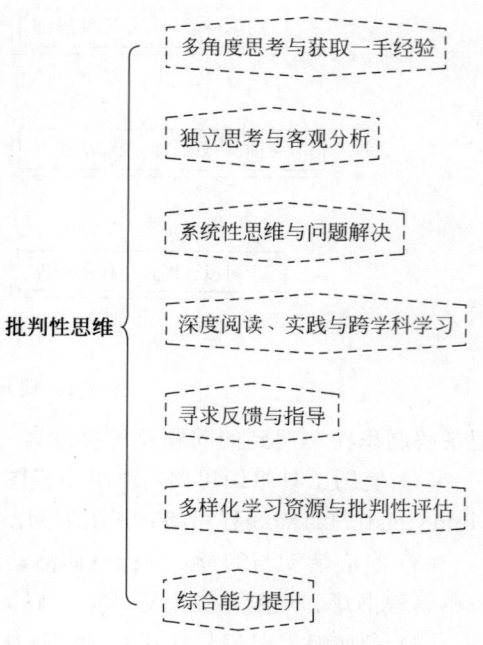

图 2-2 批判性思维

（1）多角度思考与获取一手经验：在编程和讨论时，尝试提出不同的解决办法，反向思考；每周实践一个技术点，记录过程和结果，用版本控制进行跟踪。

（2）独立思考与客观分析：每天写下 5 个工作或者学习问题，自己尝试回答并进行分享；在团队中提出质疑或者改进建议，进行 SWOT 分析。

（3）系统性思维与问题解决：用便签或者思维导图列出问题的关键要素和子问题；分解问题，尝试多样化解决方案。

（4）深度阅读、实践与跨学科学习：选择高质量资料，进行批判性阅读，撰写读书笔记；将理论应用到实际项目中，定期反思与总结经验；跨学科应用知识解决问题。

（5）寻求反馈与指导：主动寻求同事、导师或者行业专家的反馈和指导。

（6）多样化学习资源与批判性评估：利用在线课程、行业会议等多样化资源进行学习；对比分析多个来源的信息，识别信息质量。

（7）综合能力提升：通过实验或者案例验证观点，质疑常规思维；学习逻辑学基础，进行逻辑推理练习；清晰表达观点，有效倾听他人意见；参加创新活动，鼓励创新尝试；设定明确目标，管理时间，拓展人脉与网络。

2.1.3　创造性思维

本节主要介绍提升创造性思维的方法，包括分阶段培养、多角度思考与头脑风暴、创意工作坊与黑客马拉松、设计思维与用户研究、模拟创新场景、跨学科学习与交叉思维、反思与自我提升，以及技术挑战与难题攻克等多个方面。创造性思维如图 2-3 所示。

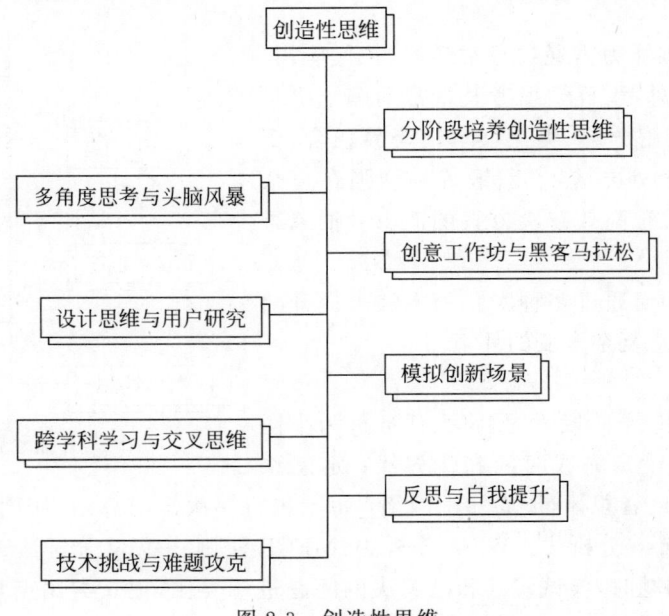

图 2-3　创造性思维

学习创造性思维的方法如下,将以公式形式进行直观阐述:

(1) 分阶段培养创造性思维＝准备期(信息收集＋团队讨论)＋孵化期(自由思考＋激发创意)＋洞察期(连接想法＋制作原型)＋验证期(实验测试＋数据分析)。

(2) 多角度思考与头脑风暴＝准备阶段(了解背景＋准备工具)＋设定规则(鼓励自由思考＋不评判)＋生成想法(快速记录＋多样化思考)＋整理与评估(分类整理＋详细评估方案)。

(3) 创意工作坊与黑客马拉松＝参加创意工作坊(激发创意)＋参与黑客马拉松(实践快速迭代)＋反馈调整(快速反馈＋不断优化创意)。

(4) 设计思维与用户研究＝学习设计思维(用户需求＋痛点)＋用户研究(用户行为＋期望)＋原型构建与测试(快速原型＋迭代完善)。

(5) 模拟创新场景＝设定假设性场景(挑战传统思维)＋角色扮演与讨论(多角度审视)＋设计评估(解决方案＋创新思维)。

(6) 跨学科学习与交叉思维＝学习其他领域(拓宽思维视野)＋跨学科项目(知识融合应用)＋交叉思维(发现新创意＋解决方案)。

(7) 反思与自我提升＝定期反思(思维方式＋创意过程)＋提炼经验教训(总结方法＋技巧)＋设定发展目标(个人发展＋学习计划)。

(8) 技术挑战与难题攻克＝主动寻找难题(激发创新思维)＋深入分析(问题本质＋关键点)＋尝试解决方案(持续迭代＋优化创新)。

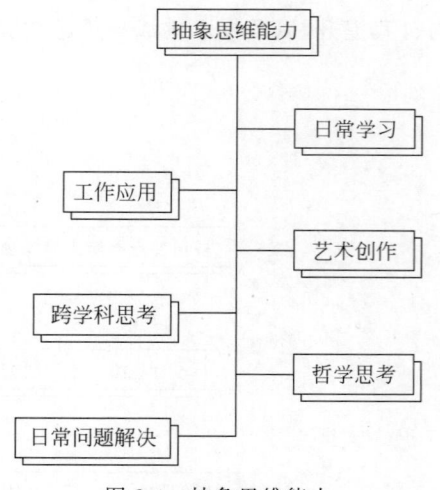

2.1.4 抽象思维能力

提升抽象思维能力需通过日常学习、工作应用、艺术创作、跨学科思考、哲学思考及日常问题解决等多方面的实践,运用分解、类比、建模、跨界融合、概念辨析和案例记录等方法,不断锻炼和增强在复杂多变环境中创造优雅高效解决方案的能力。抽象思维能力如图2-4所示。

下面将介绍如何通过多种实践和方法来提升抽象思维能力,以应对复杂多变的环境。

1. 日常学习

分解复杂问题,分阶段学习,将大任务拆为小任务,为每个小任务设定完成时间和优先级;定期总

图2-4 抽象思维能力

结,提炼核心概念或者规律,形成知识网络;每周进行一次学习总结,使用逻辑学基础工具(如So what、Why so分析法、5W2H分析法、MECE法则、5Why分析法)整理和连接核心概念;当遇到新问题时,尝试将其和已解决的问题进行类比,记录类比点和差异点,思考应用或者调整已有解决方案。

2．工作应用

将复杂问题抽象成简单模型,用思维导图呈现,例如甘特图、流程图、金字塔图、逻辑图、鱼骨图;使用 MindLine、Mind 思维导图、寻简思维导图、知犀思维导图等思维导图软件,清晰地展示信息的结构和关系;决策前收集分析信息,用逻辑推理和数据分析支持;建立数据收集和分析的标准化流程,使用 Excel 或者 Python 进行数据处理和可视化;鼓励创新,关注行业趋势和新技术,调整策略和思路;定期参加行业研讨会,订阅相关科技新闻源,每季度组织一次团队创新研讨会。

3．艺术创作

进行日常速写练习,捕捉生活中的瞬间,将其转换为抽象的艺术形式;注重情感投入和表达,转换为艺术形式;在创作前进行情感日记记录,将个人情感转换为色彩、线条或者形状的选择;跨界融合不同艺术领域或者文化元素,创造独特的作品;参观不同类型的艺术展览,与其他艺术领域的创作者合作,尝试将不同元素融合在作品中。

4．跨学科思考

阅读跨学科书籍和论文,参加不同学科的研讨会,建立跨学科的交流圈子;使用系统动力学软件(如 Vensim)进行建模和仿真,分析系统行为。

5．哲学思考

进行概念辨析练习,使用逻辑分析工具(如逻辑学软件)辅助思考;撰写哲学随笔或者论文,通过逻辑推理展现思想的连贯性和深度;参与哲学讨论小组,通过辩论和反思提炼个人价值观念和道德标准。

6．日常问题解决

建立问题解决案例库,记录并且分类已解决的问题及其解决方案;鼓励团队进行"头脑风暴"会议,使用创新工具(如用户画像、SCAMPER、同理心地图、SWOT 分析、故事板等)激发新想法。

2.1.5 结构化思维能力

本节为了提高个人的结构化思维能力提供了全面的指导,涵盖了分解复杂问题、编写伪代码、模块化设计、代码审查、使用设计模式、需求分析、系统架构设计、项目管理、SWOT 分析、运维流程和监控、测试计划与自动化测试,以及持续学习和改进等多个方面。提高结构化思维能力的方法如图 2-5 所示。

以下是通过实践和学习不断提升结构化思维能力的方法。

(1)分解与组织能力:分解复杂问题或者信息,逻辑关联组织,处理分解后的部分。

(2)编写伪代码:花 10~15 分钟,明确算法逻辑结构和模块划分,确保模块职责和接口明确。

(3)模块化设计:将系统划分为多个独立模块,每个模块负责一项具体功能,通过接口通信,降低模块间的耦合度。

(4)代码审查与重构:定期进行代码审查,使用代码审查工具,团队协作审查,对问题

```
                    ┌─────────────────────────┐
                    │  提高结构化思维能力的方法  │
                    └────────────┬────────────┘
                                 │
                                 ├──── 分解与组织能力
                                 │
                    编写伪代码 ───┤
                                 │
                                 ├──── 模块化设计
                                 │
                   代码审查与重构 ┤
                                 │
                                 ├──── 设计模式与UML
                                 │
               系统架构与项目管理 ┤
                                 │
                                 ├──── 敏捷方法与SWOT分析
                                 │
                   运维、测试与上线┤
                                 │
                                 └──── 学习与提升
```

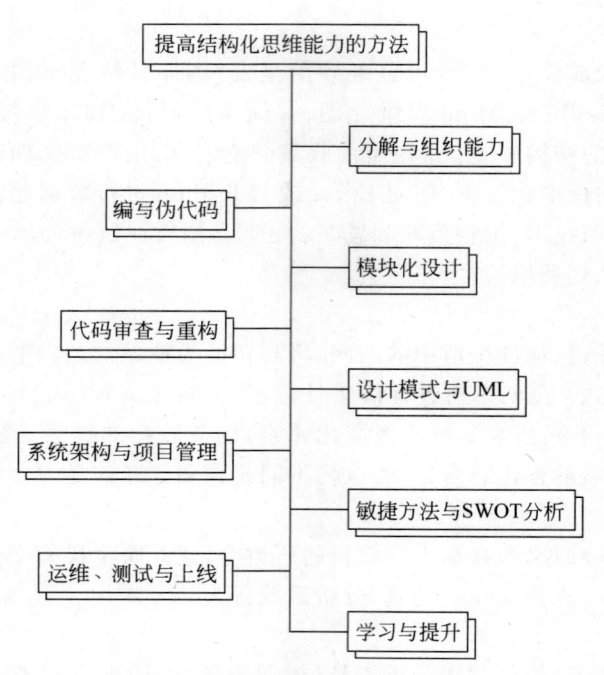

图 2-5　提高结构化思维能力的方法

进行重构。

（5）设计模式与 UML：使用设计模式优化代码结构，提高可读性、可维护性、复用性，用 UML 进行需求分析，分解问题，明确关系和依赖，形成需求规格说明书。

（6）系统架构与项目管理：讨论设计系统架构，使用工具可视化展示，考虑可扩展性、可维护性、性能，制订项目计划，用工具跟踪进度，定期开会、沟通、记录纪要。

（7）敏捷方法与 SWOT 分析：用敏捷方法管理项目，注重迭代和交付，调整计划和优先级，进行 SWOT 分析，分解问题，明确目标、时间节点、责任人。

（8）运维、测试与上线：与其他部门合作制订运维流程和规范，使用监控工具分析运维数据，制订测试计划并且用自动化工具进行测试，分析并总结结果，制订上线计划。

（9）学习与提升：阅读优秀代码，学习结构和实现方式，提高结构化思维能力，关注技术培训，参与挑战性问题或者项目，寻求反馈，反思并总结工作经验。

2.1.6　发散型思考

发散型思考通过头脑风暴、曼陀罗思考法、思维导图、比喻映射法、图片联想法、世界咖啡法等多种形式，拓宽思维的广度与深度，对问题从不同角度进行拆解分析，寻找创新解决方案。

（1）头脑风暴：一种有效的集体汇集想法的方式。通过讨论产生大量创新的想法，常用于解决问题或者思路拓展。

（2）曼陀罗思考法：围绕主题写 8 个词语。根据随意的走线逻辑，将 8 个词语与主题串联起来进行思考。

（3）思维导图：一种可视化工具，用于收集和整理想法。帮助厘清问题，将思路按不可控/可控分类，思考如何发挥可控或者将不可控转换为可控。

（4）比喻映射法：将比喻的场景发散后，联想所需解决的问题。通过比喻的方式激发创意和灵感。

（5）图片联想法：理解图片信息，将信息与所要解决的问题相关联。通过图片找寻思路和灵感。

（6）世界咖啡法：通过写下想法和讨论，促进独立思考和问题共识。

（7）可控与不可控：基于话题进行相关发散，梳理逻辑。将思路按不可控/可控分类，思考如何转化。

2.2 多维度思维

多维度思维涵盖产品、测试、运维、运营、架构、风险、商业、副业和创新等多个方面，涉及各自的职责、技能、工作流程、策略和能力要求。

2.2.1 产品思维

为了将产品思维融入程序员的职业发展，需掌握产品经理的职责、技能要求和工作流程，运用调研方法与工具，强化团队协作与项目管理，进行数据分析与优化，提升竞争力和优化产品。产品思维如图 2-6 所示。

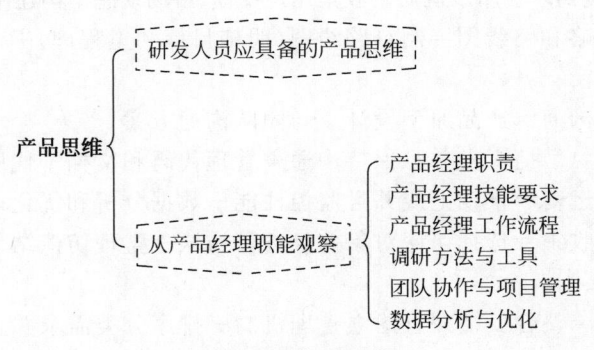

图 2-6 产品思维

下面将介绍如何将产品思维融入程序员的职业发展，通过具体公式阐述如何实践产品思维。

1. 研发人员应具备的产品思维

本节内容通过以下公式直观地进行阐述：

（1）产品思维融入＝监控指标（访问量、活跃度）＋分析报告＋用户反馈收集＋用户画像共享＋反馈渠道建立。

（2）敏捷开发应用＝学习敏捷方法＋设定迭代目标＋迭代回顾＋经验优化。

（3）跨角色合作＝项目积极参与＋技术见解分享＋跨角色讨论。

（4）学习提升＝报名培训课程＋心得分享＋日常应用。

（5）产品思维实践＝记录项目经验＋制订学习计划＋新知识应用。

（6）用户导向优化＝用户反馈迭代＋深度访谈＋使用体验了解。

（7）战略结合＝参与战略会议＋推行协作文化＋关注行业动态。

（8）知识应用与交流＝建立知识库＋应用于产品设计＋参与行业交流。

2. 从产品经理职能观察

产品经理通过市场与用户需求分析，制订产品策略与路线图，设计推动产品开发、测试、上线及持续优化，同时运用数据分析和团队协作技能，提升产品市场表现与销售效果，全过程融合调研、设计、项目管理及商业思维。

1）产品经理职责

负责产品规划、设计和推广；推动产品开发和上线；监测产品运营，进行数据分析和优化；推动产品销售和推广；改进产品功能和体验。

2）产品经理技能要求

市场分析与竞争分析；用户调研和需求分析；项目管理和团队协作；数据分析和数据驱动；产品设计和原型制作；沟通和表达；解决问题和决策；商业意识和创新思维。

3）产品经理工作流程

本节内容通过以下公式直观地进行阐述：

（1）收集分析市场需求＝市场调研＋收集用户反馈＋市场动态＋构建用户画像＋验证需求。

（2）制订产品策略和路线图＝制订路线图（明确目标和里程碑）＋评估风险并且制订应对措施。

（3）产品设计与沟通＝产品原型设计＋与团队沟通方案。

（4）开发和测试＝敏捷开发并且保持沟通＋管理代码和文档＋代码审查＋性能测试。

（5）产品上线和运营＝推动上线并且监控性能＋数据分析和优化以提高留存率。

（6）需求分析与收集＝选择访谈对象并且进行访谈＋整理访谈结果＋转化数据并且进行趋势预测。

（7）运营与优化＝整合反馈并且建立管理机制＋排序分类需求并且关注趋势和技术。

（8）市场推广与销售＝制订策略并且拓展合作伙伴＋为销售团队提供培训和支持。

4）调研方法与工具

调研方法：直接观察、间接观察、店铺调研、竞争对手调研、产品体验调研。

常用工具：Axure（强大的交互效果和元件库）、Sketch（向量图形设计，团队合作和版本控制)、墨刀(在线设计,操作简单易用)、Trello、Asana、Jira(在线工具)、Microsoft Project、Basecamp(桌面工具)等。

5) 团队协作与项目管理

使用即时通信工具(如微信、QQ、腾讯会议、钉钉等)进行团队沟通;使用文件共享工具(如 VSS、SVN、GIT 等)进行团队协作;使用项目管理工具明确产品目标,制订策略,评估效果。

6) 数据分析与优化

数据清洗流程包括识别、处理缺失值、采取填充、插值或者删除策略应对;利用统计手段检测异常值,基于业务逻辑决定其是否保留、修正或者剔除;统一数据格式,确保日期、时间、货币等字段标准一致;执行数据去重操作,消除重复记录,减少分析偏差。

数据可视化方面,构建基础图表,如柱状图、折线图、饼图等,直观展示关键指标变化与分布;设计交互式仪表盘,集成多图表与指标,支持用户深入数据探索;实现动态数据展示,确保信息实时更新。

数据挖掘用于发现商业机会,根据分析需求选定算法,如分类、聚类、关联规则挖掘等,通过训练集训练模型并且验证其性能,最终解读挖掘结果,揭示市场趋势、消费者行为或者产品改进方向,辅助业务决策。

产品效果评估则涵盖用户行为分析,聚焦活跃度、留存率、转化率等指标,洞察产品使用状况;实施 A/B 测试,比较不同方案的效果,评估产品改进与市场活动成效;进行 ROI 分析,衡量投资回报率,评估产品投入产出关系,为资源优化配置提供依据。

2.2.2 项目管理思维

本节介绍项目管理思维、项目管理常见问题、项目管理能力、项目管理工具及从项目经理职能角度思考。软件项目管理思维如图 2-7 所示。

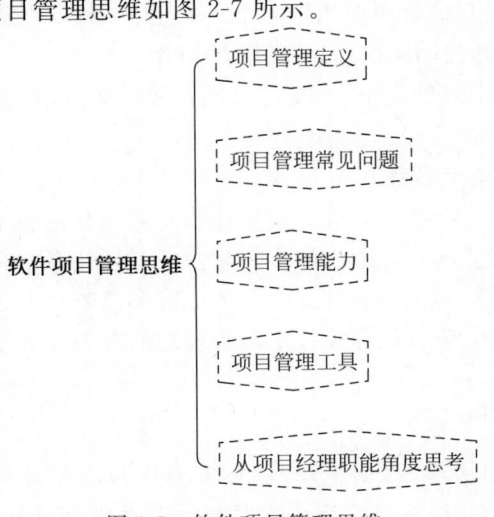

图 2-7 软件项目管理思维

下面将介绍软件项目管理思维，为软件项目管理提供全面的指导。

1. 项目管理定义

软件项目管理是对软件项目进行规划、组织、指挥、协调和控制的过程，以达到项目目标和要求的管理活动，包括项目计划、需求分析、系统设计、编码、测试、部署等各个阶段的管理。

2. 项目管理常见问题

新人做软件项目管理可能遇到的问题如下。

（1）缺乏经验：新人可能缺乏项目管理经验和软件工程知识。

（2）管理能力不足：计划制订、任务分配、进度控制、问题解决等方面能力欠缺。

（3）沟通不畅：与项目组成员、客户、上级领导等多方沟通困难。

（4）技术能力不足：缺乏软件工程和相关技术知识，无法有效地分析和解决技术问题。

（5）时间和资源管理不当：合理分配时间和资源的能力不足。

3. 项目管理能力

做好软件项目管理工作主要需要具备的能力如下。

（1）专业知识：掌握项目管理理论和方法，了解项目管理工具和软件，具备系统思考和风险管理能力。

（2）沟通能力：与团队成员、客户和其他相关方进行有效沟通。

（3）领导能力：激励、协作和决策能力，领导和激励团队成员。

（4）解决问题能力：识别和解决潜在问题，协调团队成员、重新评估项目进度、重新分配资源。

4. 项目管理工具

常见的软件项目管理工具如下。

（1）简道云：功能全面、个性化搭建、强大的数据分析能力。

（2）Trello：简单易用，适合小型团队和个人使用。

（3）Wrike：适用于远程团队协作，支持文档协作。

（4）Redmine：开源项目管理平台，支持多项目和子项目，具有可配置的用户角色控制，支持中文输入。

5. 从项目经理职能角度思考

（1）参与项目全过程：项目经理应该更多地参与到项目的整个过程中。

（2）从客户角度出发：项目经理应该多从客户或者使用者的角度去参与项目。

（3）简化流程实现减少返工：通过简化业务流程和清晰化实现，可以减少返工。

（4）技术与管理并重：项目经理在技术和管理之间需要找到平衡。

2.2.3 测试思维

测试思维强调跨部门协作，数据驱动，注重安全性与隐私保护，进行性能测试与优化，适应敏捷开发与 CI/CD 环境，鼓励探索性测试与创造性思维，同时确保技术细节不忽略用户需求，持续改进与复盘。测试思维如图 2-8 所示。

下面是学习测试思维的方法，将以公式形式直观地进行阐述：

(1) 跨部门协作与沟通＝定期会议(产品＋开发＋设计＋市场)＋共享知识经验(内部培训＋分享会)＋邀请参与测试(UAT＋获取多角度反馈)。

(2) 数据驱动的测试＝利用(用户行为数据＋反馈＋调查结果)＋实施 A/B 测试＋设置 KPI 监控(实时跟踪产品性能＋用户反馈)。

(3) 安全性与隐私保护测试＝学习安全测试标准(如 OWASP Top 10)＋渗透测试＋确保合规(隐私保护法规＋加密用户数据)。

(4) 性能测试与优化＝负载测试(系统响应时间＋资源使用)＋压力测试(分析瓶颈＋优化)＋性能监控(New Relic、Datadog 等工具)。

(5) 敏捷开发与 CI/CD 环境下的测试＝融入敏捷团队(每日站会＋响应需求变更)＋编写集成测试(单元测试＋集成测试到 CI/CD 流程)＋持续学习(Docker、Kubernetes 测试策略)。

(6) 探索性测试与创造性思维＝安排探索性测试时段＋鼓励创意测试(思维导图＋头脑风暴)＋建立安全环境(允许测试失败＋鼓励创新思维)。

(7) 避免因技术细节而忽略用户需求＝深入理解用户需求(需求分析＋评审)＋沟通收集需求信息(与利益相关者)＋制订测试策略(设计测试用例)＋注重用户体验(测试用户旅程、界面与交互)＋自动化测试(提高效率＋覆盖率)＋持续改进(定期评审与验证)。

图 2-8 测试思维

2.2.4 运维思维

本节提供了全面的互联网产品运维思维锻炼实操指南，涵盖了阅读书籍、搭建测试环境、参与实际项目、掌握自动化工具、性能监控、学习安全知识、持续改进及团队协作等多个方面。互联网产品运维思维如图 2-9 所示。

本节内容通过以下公式直观地进行阐述：

(1) 锻炼运维思维＝阅读运维书籍＋参加培训＋实战演练。

(2) 模拟运维操作＝搭建测试环境＋模拟操作＋进行运维。

(3) 实战经验积累＝参与实际项目＋参与开源项目。

(4) 自动化运维能力＝掌握 Ansible、Puppet、SaltStack 等工具＋编写 Shell、Python 脚

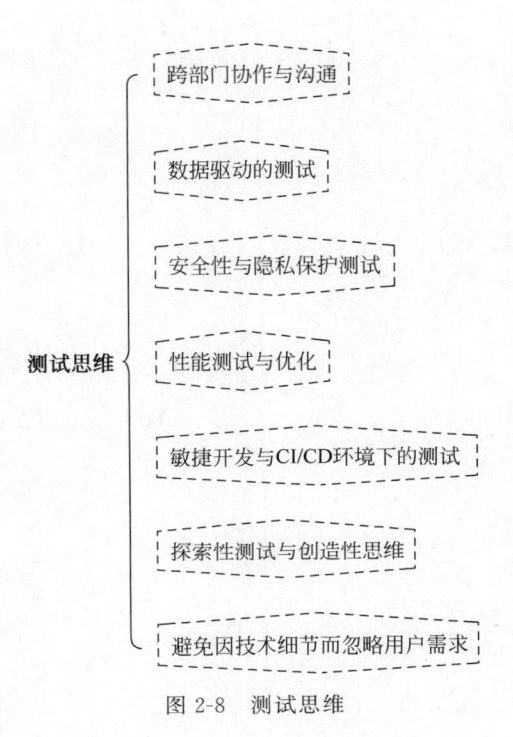

```
                        ┌─ 锻炼运维思维
                        │
                        ├─ 模拟运维操作
                        │
                        ├─ 实战经验积累
                        │
                        ├─ 自动化运维能力
   互联网产品运维思维 ┤
                        ├─ 性能分析与故障排查
                        │
                        ├─ 安全运维能力
                        │
                        ├─ 持续改进与学习
                        │
                        └─ 团队协作与知识分享
```

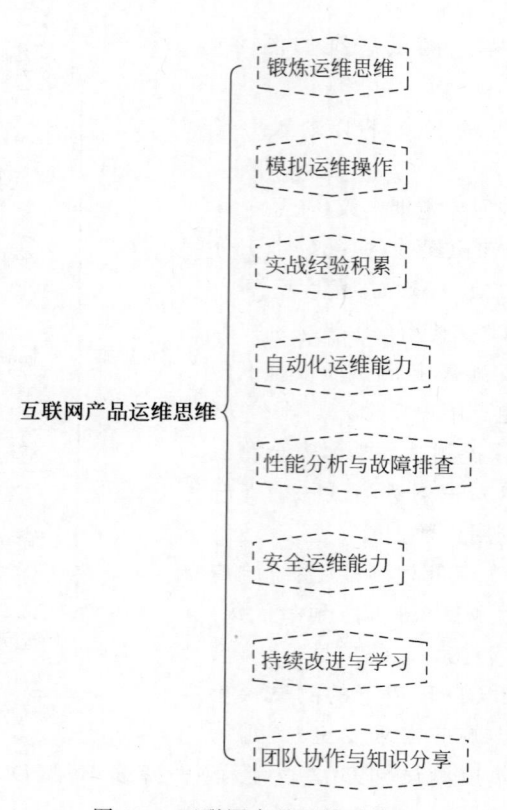

图 2-9　互联网产品运维思维

本＋配置自动化任务。

（5）性能分析与故障排查＝利用 Prometheus、Grafana 等监控工具＋分析性能＋排查故障（CPU 使用率、内存占用、磁盘 I/O 等）。

（6）安全运维能力＝学习安全知识（如 ISO 27001、PCI DSS 等）＋实施安全策略（访问控制、数据加密、漏洞扫描等）。

（7）持续改进与学习＝收集反馈＋关注新技术（如容器化、DevOps、AIOps 等）＋持续改进。

（8）团队协作与知识分享＝加强团队协作＋分享运维知识与经验。

2.2.5　运营思维

本节为产品运营团队提供了全面的策略指导，涵盖了用户增长、市场渠道、产品、用户、活动、内容及新媒体运营的各方面，旨在帮助运营团队在不同用户增长阶段制定并且实施有效的运营措施，以推动产品发展和用户增长。运营思维如图 2-10 所示。

随着用户数量的不断增长，团队的运营策略和方法也需要不断完善和细化。下面将详细介绍在不同用户增长阶段，产品运营团队如何逐步构建和优化其运营职能。

```
                    ┌──────────┐
                    │ 运营思维 │
                    └────┬─────┘
                         │
                         ├──── 用户数量增长阶段与策略
                         │
         市场渠道运营 ───┤
                         ├──── 产品运营
                         │
             用户运营 ───┤
                         ├──── 活动运营
                         │
             内容运营 ───┤
                         ├──── 新媒体运营
                         │
         初期运营策略 ───┘
```

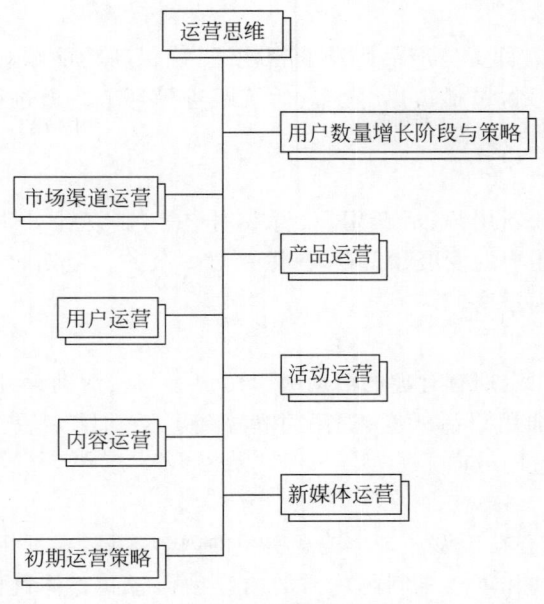

图 2-10 运营思维

1．用户数量增长阶段与策略

（1）3个月目标用户数：三万～五万用户。

初期注重产品核心功能的完善和用户体验的优化。通过亲朋好友、种子用户进行初步测试和推广，收集反馈，快速迭代产品。

（2）6个月目标用户数：十几万用户。

加大市场推广力度，扩大用户基础。在多个应用商店和线上渠道进行广告投放，利用社交媒体进行口碑传播。

（3）9个月目标用户数：三十多万用户。

提升用户活跃度和留存率，增强用户黏性。引入积分系统、签到奖励、小惊喜等机制，增加用户日常互动。

（4）迭代多个周期后，目标用户数超过百万。

深化用户运营，提供个性化服务，拓展新用户群体。进行用户画像分析，划分用户类型，提供定制化服务和内容。

2．市场渠道运营

市场渠道运营的成功实施依赖于一个由市场分析专家、广告投放专员及渠道合作经理等组成的专业团队，通过多渠道覆盖策略，如社交媒体、搜索引擎等，提高品牌曝光率，利用大数据和AI技术实现精准投放，触达潜在用户。同时，建立实时数据监测体系，定期深度分析数据，数据驱动投放策略，包括调整预算、创意及时间等。此外，积极与渠道合作伙伴建立长期稳定的合作关系，通过定期沟通机制共同策划推广活动，结合双方优势资源，制订吸引用户的活动方案，提升品牌知名度和用户参与度。

3. 产品运营

设立产品运营专员,负责与产品团队紧密沟通,确保新功能顺利上线并且得到用户认可。制订新功能上线计划,包括预热、发布、后续跟进等环节。通过用户反馈和数据分析,不断优化产品功能和用户体验。

4. 用户运营

对用户进行细分,如新用户、活跃用户、付费用户等,制订针对性的运营策略。设立用户运营专员,负责重要用户的发展和留存,提供一对一服务。定期收集用户反馈,解决用户遇到的问题,提升用户满意度。

5. 活动运营

制订活动日历,确保定期有有趣的活动吸引用户参与。活动设计要注重用户参与度和产品指标的提升,如增加用户活跃度、提高付费率等。活动结束后进行复盘,总结经验教训,为下次活动提供改进的方向。

6. 内容运营

内容运营策略的核心在于设立一个美观实用的内容区域,根据用户兴趣和需求进行细分,通过严格的内容筛选和审核机制与优秀的内容创作者和媒体机构进行合作,确保内容的质量和丰富性。

(1) 内容运营定义与目的=定义{内容运营=[文字、图片、音频、视频]×[连接用户和产品]×[传递产品价值]}+目的{[满足用户内容消费需求]、[传递产品定位和调性]、[拉新促活]、[挖掘用户潜在需求]、[提升品牌形象]}。

(2) 内容运营工作内容=确定内容定位[明确内容调性和用户喜好]+组织内容生产[收集、整理、编辑内容,选择原创或转化内容]+选择内容输出[确定内容呈现形式,包装和渠道扩散]+分析内容效果[设立KPI指标,记录数据变化,调整内容策略]。

(3) 内容运营思考问题=内容的价值和优势[用户价值、独特优势]+内容持续生产[如何持续生产高质量的内容]+数据化思维[数据驱动内容运营]。

(4) 内容运营所需能力=内容策划能力[制订内容规划]+内容生产能力[撰写高质量原创和转化内容]+社交媒体运营能力[社交媒体平台运营规则,内容推广和用户互动]+数据分析能力[优化内容运营计划]+用户调研能力[了解用户需求和偏好]+业务反思和总结能力[反思和总结,优化内容]。

(5) 推荐内容运营工具=今日热榜[热点选题工具]+句子控[文案创作工具]+创客贴[图形设计工具]+新榜[数据分析工具]+135编辑器、i排版[排版工具]+花瓣网、觅元素[图片素材工具]+零克查词[敏感词检测工具]+360查字体[字体版权查询工具]。

7. 新媒体运营

设立新媒体运营专员,负责微博和微信的内容维护及用户互动。制订内容发布计划,确保定期有高质量的内容吸引用户关注。关注用户数量、互动频次和内容传播效果,不断优化新媒体运营策略。

8. 初期运营策略

制订明确的初期运营策略和方向，确保团队目标一致。实施冷启动策略，包括撰写软文、策划活动、寻求 BD 合作、进行付费渠道推广等。不断监测数据表现，优化策略，确保用户数量稳步增长。

2.2.6 架构思维

本节为架构师、项目经理和开发人员提供了全面的能力提升指南，涵盖了架构思维、系统架构设计、项目管理与领导力、业务理解与创新能力等多个方面，通过详细的步骤和具体的技术要求，帮助读者在多个维度上提升能力。架构思维如图 2-11 所示。

下面为架构师、项目经理和开发人员提供了一份全面的能力提升指南，帮助读者在多个维度上提升能力。

1. 知识储备

鉴于架构所需知识储备的广泛性与复杂性，以下将采用公式化的方式，对本节所涉及的较为通用的知识储备直观且系统地进行阐述，达到条理清晰、易于理解的目的。

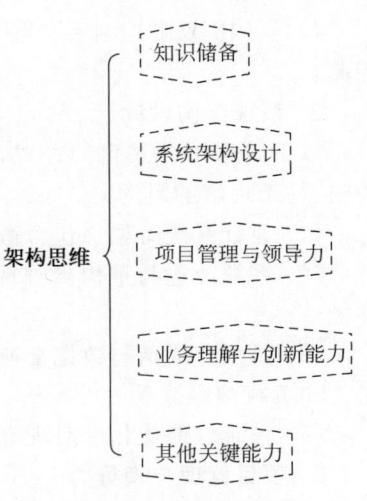

图 2-11 架构思维

（1）提升架构与设计能力＝阅读架构框架书籍（《架构整洁之道》等）＋阅读设计模式书籍（《设计模式：可复用面向对象软件的基础》等）。

（2）掌握编程语言与框架＝掌握编程语言（Java、Python）＋掌握开发框架（Spring Boot、Django、React）。

（3）研究操作系统原理＝研究进程管理＋研究内存管理＋研究文件系统。

（4）了解网络协议与分析＝了解网络协议（TCP/IP、HTTP/HTTPS）＋使用 Wireshark 抓包和分析。

（5）云实例与配置管理＝在云厂商上创建和管理虚拟机实例＋配置网络和安全组＋部署应用程序。

（6）使用云服务＝使用存储服务＋使用数据库服务＋使用消息队列服务。

（7）部署与配置 Nginx＝部署 Nginx 服务器＋配置反向代理＋配置负载均衡规则。

（8）DNS 配置与管理＝使用 DNS 管理工具（BIND 或者 Unbound）＋配置 DNS 循环解析＋实现基于 DNS 的负载均衡。

（9）缓存技术实现＝使用内存数据库（Redis 或者 Memcached）＋实现高频数据的缓存和快速读取。

（10）CDN 服务集成与配置＝集成 CDN 服务＋配置静态文件的缓存规则＋配置 CDN 加速域名。

（11）CDN 监控与分析＝使用 CDN 分析工具＋监控 CDN 加速效果和用户访问情况。

（12）深入数据库技术＝深入了解关系数据库（MySQL 或者 PostgreSQL）＋掌握集群技术（主从复制、分库分表、读写分离）。

（13）API 规范定义＝使用工具（Swagger 或者 OpenAPI）＋定义 API 规范（请求参数、响应格式、加密方式）。

（14）API 权限控制＝掌握 API 权限控制策略＋使用 OAuth 2.0 进行身份验证和访问控制。

2．系统架构设计

以下将采用公式化的方式，对本节所涉及的内容直观且系统地进行阐述，以达到条理清晰、易于理解的目的。

（1）设计系统架构＝包含微服务＋使用容器化技术＋具备高可用性和可扩展性。

（2）系统改进与重构＝对现有系统进行评估＋提出改进方案＋进行重构＋实现更高性能。

（3）微服务通信与数据交换＝实现微服务通信和数据交换＋使用 API 网关进行请求路由和负载均衡。

（4）系统性能优化＝对现有系统进行性能分析＋找出瓶颈＋进行优化。

3．项目管理与领导力

制订项目计划，使用工具跟踪控制。组织项目会议，通过沟通确保项目按计划进行。组建领导团队，分配任务责任，提供技术支持。解决团队冲突，提升团队绩效。建立沟通机制，召开跨部门会议。使用协作工具使信息共享。

4．业务理解与创新能力

跟业务团队合作，转化需求和设计。沟通反馈进展问题，调整优化需求。关注趋势及新技术，提出创新方案。鼓励团队创新，学习新技术，制订技术战略。

5．其他关键能力

编写技术文档，使用版本控制工具。建立问题跟踪系统，以便分析问题、解决问题、验证问题。定期进行性能分析和调优。制订学习计划，分享技术经验和知识。

2.2.7 风险思维

本节为项目管理中的风险管理提供了全面的实操指南，详细地介绍了规划风险管理、识别风险、实施定性与定量风险分析、规划风险应对和控制风险等关键步骤，旨在帮助项目团队有效地识别、评估和应对风险。项目风险管理如图 2-12 所示。

项目风险管理
- 规划风险管理
- 识别风险
- 实施定性风险分析
- 实施定量风险分析
- 规划风险应对
- 控制风险

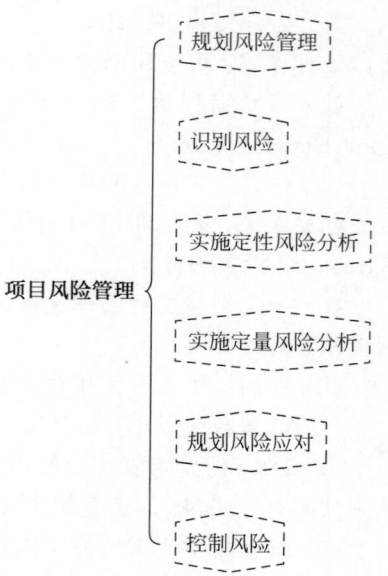

图 2-12　项目风险管理

在项目管理中，风险管理是关键。以下是各风险管理阶段的实操方法和细节。

1．规划风险管理

规划风险管理＝确保团队成员具备不同领域的专业知识＋回顾项目管理计划、各专项计划、干系人信息等＋明确风险管理目标、范围、方法及时间表＋利用外部信息（如行业报告）来识别潜在风险＋邀请技术专家对团队成员进行培训，提高团队风险识别能力。

2．识别风险

识别风险＝通过访谈、问卷调查等方式，收集干系人意见＋使用核对单、假设分析等技术来识别风险＋利用风险矩阵图来展示风险的概率和影响＋邀请团队成员和干系人共同参与 SWOT 分析。

3．实施定性风险分析

实施定性风险分析＝使用概率和影响矩阵对风险进行排序＋确保风险数据的准确性＋根据风险性质和紧迫程度制订处理顺序＋采用专家打分法或者德尔菲法来量化风险＋定期更新风险登记册，记录风险状态变化。

4．实施定量风险分析

实施定量风险分析＝利用统计软件对风险数据进行量化＋构建风险模型，预测风险对项目的影响＋确保收集到的数据具有代表性和可靠性＋选择合适的数学模型和算法进行模拟分析。

5．规划风险应对

规划风险应对＝针对识别出的风险制订具体的应对策略＋为高风险事件制订应急响应计划＋考虑风险性质、项目目标、资源限制等因素制订策略＋应急计划包括响应团队、资源调配、沟通机制等。

6．控制风险

控制风险＝定期审查风险登记册，跟踪风险状态＋根据项目进展重新评估风险＋根据监控结果调整风险应对策略＋利用项目管理软件实现风险的实时跟踪＋结合项目实际情况和最新信息重新评估风险＋确保纠正措施有效，以及时更新项目计划和风险登记册。

2.2.8　商业思维

本节为商业运营提供了全面的实操指南，涵盖了企业、战略、管理、市场营销、利润与效率、竞争与发展、增长与发展及创新等多个维度，意在帮助程序员初创企业实现长期稳健发展和创新。商业思维如图 2-13 所示。

从企业、战略、管理、市场、营销、利润、效率、竞争、增长、发展、创新等多个维度给出商业思维的具体实操方法，落实到具体步骤，可以归纳如下。

1．企业维度

组织高层研讨，明确长期目标、核心价值观和存在意义，确定讨论时间和地点，准备材料。引导高层团队思考，汇总意见，形成企业愿景与使命宣言。制订企业文化手册，发布宣传企业愿景与使命宣言。制订传播计划，明确目标、内容、渠道和时间表，设计内部课程。制作宣传册和官网内容，按计划实施传播。定期组织内部培训，解读企业文化，确保高层和

```
                        ┌─────────┐
                        │ 商业思维 │
                        └────┬────┘
                             │
                    ┌────────┼─────────┐
                    │        │ 企业维度 │
                    │        └─────────┘
            ┌────────┐       │
            │ 战略维度 │──────┤
            └────────┘       │ ┌─────────┐
                             ├─│ 管理维度 │
            ┌──────────────┐ │ └─────────┘
            │ 市场与营销维度 │─┤
            └──────────────┘ │ ┌────────────┐
                             ├─│ 利润与效率维度 │
            ┌─────────────┐  │ └────────────┘
            │ 竞争与发展维度 │──┤
            └─────────────┘  │ ┌────────────┐
                             ├─│ 增长与发展维度 │
            ┌────────┐       │ └────────────┘
            │ 创新维度 │──────┘
            └────────┘
```

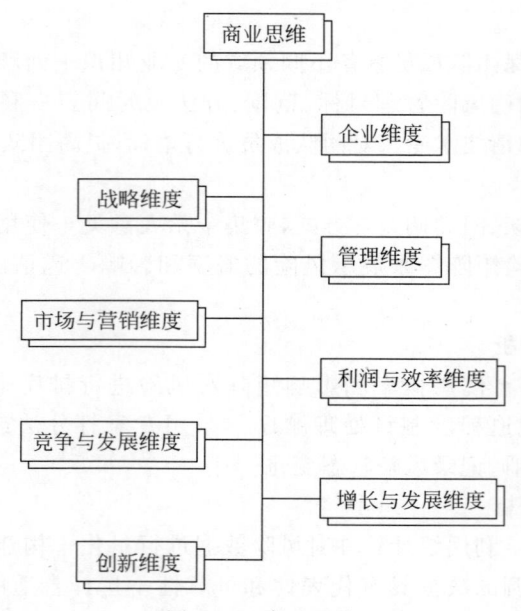

图 2-13　商业思维

领导团队践行。通过全员大会等方式传达企业文化，寻求员工反馈。评估传播效果，根据反馈进行改进。

2．战略维度

本节内容通过以下公式直观地进行阐述：

(1) 蓝海战略＝寻找新市场＋创新产品或者服务＋实现差异化。

(2) 市场趋势分析(识别新需求)→价值创新(创造新价值)→市场定位(制订策略)→执行评估(调整战略)。

(3) 价值链分析＝分析价值创造＋识别增值和非增值环节＋优化方案设计＋实施监控。

(4) 分析价值创造(识别增值和非增值环节)→优化方案设计(提出方案)→实施监控(持续改进)。

(5) 核心竞争力分析＝明确核心竞争优势＋构建难以复制的能力＋维持长期优势。

(6) SWOT 分析＝跨部门团队协作＋确定关键因素＋推导具体策略。

(7) PEST 分析＝定期评估外部环境＋制订应对策略＋可视化风险与机遇。

(8) 波特五力模型＝绘制竞争态势图＋选择竞争策略＋制订详细的实施路径。

3．管理维度

管理维度涉及目标设定与跟踪、流程优化、瓶颈改进、持续改进机制、绩效指标设计、评价标准制订、定期评估与反馈及绩效激励与发展，确保组织高效运行，促进员工成长及取得成就。

(1) 应用 SMART 原则：确保目标具体、可测量、可达成、相关、有时限。

（2）目标对齐：组织会议，确保员工目标与公司目标一致。
（3）目标跟踪与调整：定期检查进度，调整目标。
（4）流程梳理与评估：梳理流程，评估效率、成本和改进点。
（5）瓶颈识别与改进：识别瓶颈，制订改进方案。
（6）持续改进机制：建立小组，定期审查，鼓励提建议。
（7）绩效指标设计：设计指标，关注结果和成长。
（8）评价标准制订：制订清晰、公平的评价标准，引入量化评分体系。
（9）定期评估与反馈：定期评估绩效，提供具体反馈，鼓励双向沟通。
（10）绩效激励与发展：根据评估结果给予奖励和晋升机会，提供培训和发展机会。

4．市场与营销维度

市场与营销维度强调利用数据构建用户画像，建立反馈机制，制订营销策略，构建数据体系，同时鼓励创新，实现精准营销、产品迭代、品牌塑造及用户生命周期的精细化管理。

（1）利用工具收集数据，构建用户画像；发布内容，吸引用户；建立社群，增强黏性。
（2）建立反馈机制，融入产品迭代；探索盈利模式；打造爆品，吸引关注。
（3）制订营销策略；合作推广；塑造品牌故事，提升形象。
（4）构建数据体系；调整策略和功能；精细化管理用户生命周期。
（5）鼓励创新，支持项目；营造氛围，提升意识；关注动态，调整布局。

5．利润与效率维度

改进流程，减少浪费，优化供应链，降低成本，引入技术，提升附加值，提升满意度和忠诚度。列出成本，评估效益，制订计划，审计成本，鼓励提建议，关注动态，采用定价法，根据反馈调整，设立机制，监测销售情况，调整产品组合和价格策略。

6．竞争与发展维度

定期收集竞争对手信息，负责定期收集、整理和分析竞争对手，利用公开渠道（如新闻报道、行业报告）和私密渠道（如市场调研、内部消息）获取信息。

利用SWOT（优势、劣势、机会、威胁）分析竞争对手，确定差异化定位。

设立创新基金和研发部门，寻求与外部机构（如高校、研究机构、其他企业）的合作机会。

实施蓝海战略：市场细分，创新产品或者服务，制订有针对性的营销策略。

构建平台化思维：分析业务与平台生态契合点，寻求合作，通过平台资源（如用户数据、流量入口）加速自身业务的发展。

坚持用户至上：建立用户反馈机制，定期调查满意度，优化产品和服务。

7．增长与发展维度

增长与发展维度涵盖了市场调研、风险评估、目标确定、执行与监控、匹配度评估、尽职调查、计划制订、谈判签约、执行整合、国际市场评估、战略制订、本地化运营计划、团队建设和持续监控等关键步骤。

（1）进行市场调研：利用工具了解消费者需求、竞争态势、市场规模。

（2）风险评估：评估进入新市场的风险，制订应对策略。
（3）确定目标：选择有潜力的市场或者产品线，制订市场进入计划。
（4）执行与监控：实施计划，监控进展，调整策略。
（5）评估匹配度：分析目标对象的业务模式、市场份额、技术优势。
（6）尽职调查：进行财务、法律和业务调查。
（7）制订计划：确定并购或者合作方式、结构和时间表，制订整合计划。
（8）谈判与签约：与目标对象谈判，签订正式合同。
（9）执行与整合：实施计划，整合资源，监控整合进度。
（10）评估市场机会：分析不同国际市场的潜力、竞争态势和进入壁垒。
（11）制订战略：确定国际化发展目标和战略定位，制订市场进入策略。
（12）本地化运营计划：根据目标市场特点，制订本地化运营计划。
（13）建立团队：组建具有国际业务经验和跨文化沟通能力的团队。
（14）执行与监控：实施战略，监控进展，调整策略。

8. 创新维度

本节内容通过以下公式直观地进行阐述：

（1）鼓励内部创新＝设立奖励计划（表彰成果）＋建立提案系统（鼓励提想法）＋营造文化（促进合作）。

（2）开放创新＝与高校合作（开展项目）＋参与创新网络（共享资源）＋利用社区和专家（引入智慧）。

（3）技术驱动创新＝成立部门或者委员会（跟踪技术）＋制订路线图（明确方向和目标）＋推动应用与商业化（转化技术为机会）。

2.2.9 副业思维

程序员可从事的副业种类繁多，诸如撰写付费专栏文章、录制及发布付费课程、组织线下付费交流会或者技术峰会、出版专业技术类书籍、研发网站与应用程序，以及担任技术类自媒体博主等。这些副业不仅可以丰富程序员的收入来源，也为其提供展示专业技能和拓展个人影响力的平台。

从事这些副业所投入的时间与所获得的收益是否能够达到理想的平衡状态？是否存在某种策略或者方法，能够有效地提升单位时间内所产生的收益，从而实现时间与收益的最优化配比？

在吕白的著作《从零开始做内容》的自序部分，他提出了一个富有启发性的观点，即关注于提升未来时间的产出效率，探讨如何将时间这一宝贵资源转换为多重价值，实现时间的"多份售卖"。副业思维如图2-14所示。

以下是实现时间多重利用，探索时间价值最大化的策略。

（1）赚钱方式：大致分为出售个人工作时间换取报酬和将单位时间内创造的价值以多种形式销售、买卖他人的时间、投资管理资本。

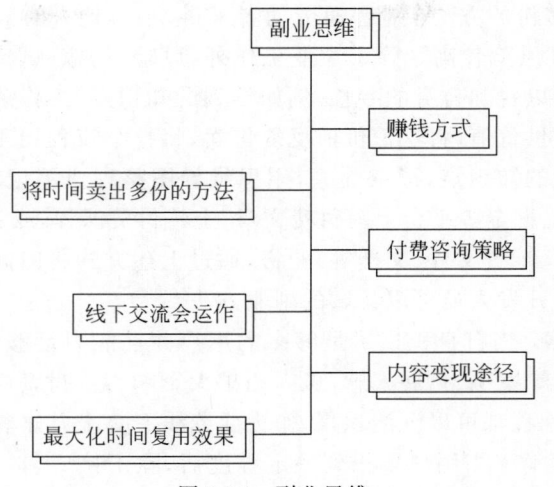

```
                    ┌─────────────┐
                    │  副业思维    │
                    └──────┬──────┘
                           │
              ┌────────────┼────────────┐
              │            │            │
       ┌──────┴──────┐     │     ┌──────┴──────┐
       │  赚钱方式    │     │     │ 将时间卖出多份的方法 │
       └─────────────┘     │     └─────────────┘
              │            │            │
       ┌──────┴──────┐     │     ┌──────┴──────┐
       │ 付费咨询策略 │     │     │ 线下交流会运作 │
       └─────────────┘     │     └─────────────┘
              │                         │
       ┌──────┴──────┐           ┌──────┴──────┐
       │  内容变现途径│           │最大化时间复用效果│
       └─────────────┘           └─────────────┘
```

图 2-14　副业思维

第 1 种方式：出售个人工作时间换取报酬。

全职工作：每天投入 8h 工作时间，根据公司的薪酬制度，每月获得固定薪资和可能的绩效奖金，换取为公司创造的价值。

自由职业：根据客户需求撰写文章，每完成一个项目就按照事先约定的费率获得报酬，这也是通过出售自己的写作时间换取收入的。

第 2 种方式：将单位时间内创造的价值以多种形式销售。

知识产权销售：发明一项新技术，申请专利，将这项技术授权给多家企业使用，通过专利许可费的形式获得长期收入，这是将研究成果（单位时间内创造的价值）转换为多种形式的销售。

内容创作与分发：在社交媒体上分享生活小贴士和专业知识，积累大量用户。通过广告合作、品牌代言、付费订阅内容（如电子书、在线课程）等多种方式，将创作的内容转换为经济价值。

第 3 种方式：买卖他人的时间。

劳务派遣公司：雇佣大量临时工或合同工，根据客户需求将他们派遣到不同企业工作。从客户那里收取服务费，向员工支付工资，从中赚取差价，这实际上是在买卖员工的时间。

项目管理与咨询：接受企业委托管理其复杂项目，组建领导项目团队，确保项目按时按质完成。通过出售自己的管理能力和团队的时间，为企业创造价值，获取服务费。

第 4 种方式：投资管理资本。

股票投资：通过研究市场趋势、分析企业财务报告等方式，选择具有增长潜力的股票进行投资。随着时间的推移，这些股票的价格上涨，通过卖出股票获得资本增值收益。

房地产投资：利用自己的积蓄和银行贷款，购买了几处商业地产进行出租。通过收取租金和房产增值的方式获得投资回报。同时通过翻新改造、重新定位租户等方式提升房产价值，进一步增加收入。

（2）将时间卖出多份的方法：对普通劳动者来讲，买卖他人时间和投资管理资本都需要大量资本积累，并且风险较高。除了主业工作外，风险、门槛、试错成本较低的方式是将一份时间卖出多份，所以找到自身的专长，例如学到的知识点、工作或者生活中遇到的问题解决方案等，给别人提供价值，将这份价值反复售卖，将整个流程用工作流形式循环产生价值，例如系统整理学过的知识点，形成体系，用思维导图整理成笔记或者课程，找到对应的平台，程序员去CSDN、掘金等平台上写付费文章、上传付费课程，或者独立搭建网站上传稀缺资源（某些软件工具、配置文件、文档等）兜售，通过上述方式将时间卖出多份并不断地循环这个流程，这是普通开发人员可以尝试的副业方法。

（3）付费咨询策略：当自身积累了足够多的用户并且能力足够强时，将经验和知识转化为付费咨询服务，积累案例、拓展人脉，巩固和扩大影响力。付费咨询的案例和上述将一份时间卖多份的付费课程都可以沉淀积累，作为后续线下交流会分享的内容。

（4）线下交流会运作：当用户累积到一定程度后，除了接广告，还有很多变现的渠道，对职业发展比较有优势的是组织线下付费课程或者付费交流会，沉淀新案例和灵感，通过线下交流的方式结识同行，面对面的交流方式更高效，大家对很多技术方案会有不同的见解，付费课程或者咨询的案例在交流后会更全面，可以将自己遗漏的部分进一步完善。

（5）内容变现途径：整理线下交流新内容，重新写成付费文章或者书籍，制作线上付费视频或者课程，实现循环变现。

（6）最大化时间复用效果：当内容足够多，并且体系化已经形成后，拓展渠道进行裂变，包括多平台开设账号，分发内容，雇佣运营人员管理账号，确保内容持续输出和影响力扩大，形成个人品牌，通过个人品牌不断地回流上述变现方式。

本节仅做简短介绍，如需进一步了解，可查阅个人成长章节。通过副业提升主业技能，收获资金奖励，这样便能产生源源不断的动力，同时也不会耽误个人成长，主业为副业保驾护航，副业为主业添砖加瓦。

2.2.10 创新思维

创新思维在快速变化的市场中至关重要，通过捕捉灵感、剖析需求本质、拆解问题、认知扩展与产品创新及优化产品架构等实操方法和细节，可以有效地推动产品创新。创新思维如图2-15所示。

在快速变化的市场中，创新思维很重要。以下是一些实操方法和细节，用于捕捉灵感、剖析问题、推动产品创新。

1. 随时抓住灵感/需求

随时抓住灵感/需求的方法包括养成日常记笔记的习惯、明确信息来源，进行场景化记录，全面捕捉、整理有价值的想法和信息。

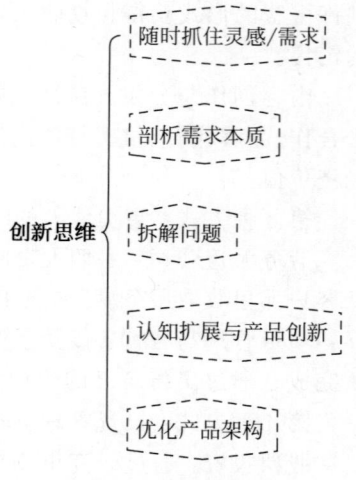

图2-15 创新思维

（1）日常笔记习惯：带小笔记本或者用便签。每天进行整理，分类存放。
（2）明确信息源：记录来源，定期复核。
（3）场景化记录：记录问题场景，包括时间、地点、用户行为。可用照片或者视频辅助。

2．剖析需求本质

剖析需求本质涉及评估需求的紧急度与频率、分析受益方与商业利益，从老板视角出发，结合公司战略进行深度思考。

（1）紧急度与频率评估：使用四象限法对需求进行分类，定期回顾及调整需求列表。
（2）受益方与商业利益：绘制利益相关者地图，分析商业利益的直接影响。
（3）老板视角：与上级沟通，了解公司战略，从公司长期发展角度思考问题。

3．拆解问题

拆解问题的关键在于反思惯性思维，同时采用多角度思考方法，例如跨部门研讨和角色扮演，全面审视问题。

（1）反思惯性思维：在团队会议中挑战惯性思维，回顾过去完成的项目，分析惯性思维陷阱。
（2）多角度思考：组织跨部门研讨会，使用角色扮演等方法从不同角度思考问题。

4．认知扩展与产品创新

认知扩展与产品创新涉及深化行业认知、应用用户价值公式验证新体验价值、聚焦产品能力圈明确核心竞争力，优先投入资源。

（1）深化行业认知：订阅新闻源和社交媒体，参加会议，与同行交流。
（2）应用用户价值公式：验证新体验价值，建立反馈机制，跟踪满意度。
（3）聚焦产品能力圈：评估产品能力，明确核心竞争力，优先投入资源。

5．优化产品架构

以下将以公式的形式，对优化产品架构直观且系统地进行阐述：

（1）模块化和组件化设计＝拆分功能（模块或者组件）→使用设计模式库（指导交互和数据流）。
（2）功能复用和重组＝审查功能（识别可复用部分）→新产品开发（优先考虑已有模块或者组件）。
（3）用户测试和反馈循环＝邀请用户测试（提供反馈）→根据反馈（调整产品架构）。

2.3 道、术、技思维

笔者理解"道、术、技"在编程和软件开发领域的含义如下。

（1）道：编程哲学、设计原则、软件开发的核心价值观。代表对软件开发过程、代码质量、可维护性、可扩展性等方面的基本信念和追求。

（2）术：具体的技术、方法、策略、工具。实现编程之"道"的具体手段，如设计模式、算法、数据结构、测试方法、版本控制工具等。

（3）技：编程技巧、代码编写能力、对特定技术栈的熟练度。"术"的基础，实现软件开发目标的基本技能。

编程和软件开发中的"道、术、技"如图 2-16 所示。

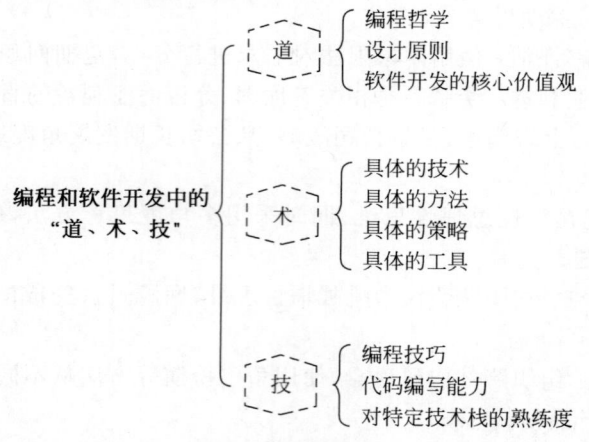

```
                            ┌ 编程哲学
                       ┌道┐ │ 设计原则
                       └─┘ └ 软件开发的核心价值观

                            ┌ 具体的技术
编程和软件开发中的          │ 具体的方法
   "道、术、技"       ┌术┐ │ 具体的策略
                       └─┘ └ 具体的工具

                            ┌ 编程技巧
                       ┌技┐ │ 代码编写能力
                       └─┘ └ 对特定技术栈的熟练度
```

图 2-16　编程和软件开发中的"道、术、技"

2.4　启发式思维

本节介绍了启发式思维技巧，阐述了远距离联想思维、阴影思维和物体描绘思维 3 种方法及其应用。启发式思维技巧如图 2-17 所示。

2.4.1　远距离联想思维

本节介绍了远距离联想思维方法，包括概念、操作步骤、实际落地、应用场景及落地案例。远距离联想思维方法如图 2-18 所示。

下面将介绍远距离联想思维方法，通过这种创新思维方法，可以打破传统思维局限，推动各行业持续发展与创新。

1. 概念定义

远距离联想思维方法，指通过跨越时间、空间、领域等距离，联系看似不相关的事物或者概念，产生新想法和创意。它打破了传统思维局限，鼓励跳出固有框架，寻找新视角和解决方案。

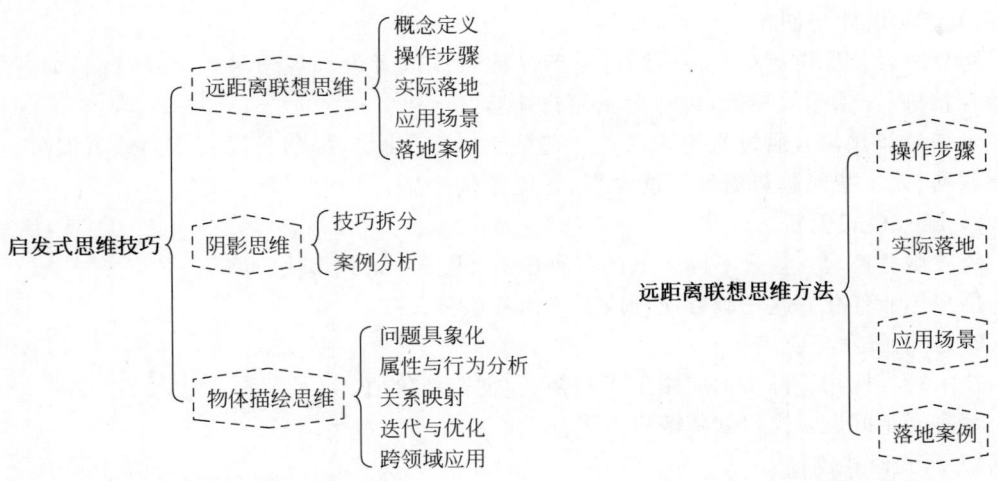

```
启发式思维技巧 ┬ 远距离联想思维 ┬ 概念定义
              │                ├ 操作步骤
              │                ├ 实际落地
              │                ├ 应用场景
              │                └ 落地案例
              ├ 阴影思维 ┬ 技巧拆分
              │          └ 案例分析
              └ 物体描绘思维 ┬ 问题具象化
                            ├ 属性与行为分析
                            ├ 关系映射
                            ├ 迭代与优化
                            └ 跨领域应用
```

图 2-17　启发式思维技巧

```
远距离联想思维方法 ┬ 操作步骤
                  ├ 实际落地
                  ├ 应用场景
                  └ 落地案例
```

图 2-18　远距离联想思维方法

2．操作步骤

操作步骤涵盖明确问题目标、广泛收集信息、自由联想生成创意，以及实施、收集反馈进行调整，形成成熟的解决方案或创意产品。

（1）明确问题或者目标：定义需解决的问题或者达成的目标，作为远距离联想思维的起点。

（2）广泛收集信息：阅读文献、观察生活现象、与不同领域的人进行交流，获取尽可能多的素材和灵感。

（3）自由联想：将不同事物、概念联系起来，不要限制思维。筛选有价值的想法，进行组合和优化。

（4）实施与反馈：将想法付诸实践，收集反馈，根据结果进行调整和完善，形成成熟解决方案或者创意产品。

3．实际落地

实际落地联想思维的方法包括建立联想库、多领域学习、利用工具辅助、勇于尝试新想法及建立反馈机制，持续优化。

（1）建立联想库：将新事物与已有知识和经验联系起来。

（2）多领域学习：鼓励多领域学习和交流。

（3）利用工具辅助：用思维导图、头脑风暴等工具辅助。

（4）勇于尝试：尝试新想法，接受失败，不断尝试和调整。

（5）建立反馈机制：收集用户反馈，根据结果进行调整和完善。

4．应用场景

应用场景涵盖了产品设计与创新、服务模式创新、技术研发与应用及商业模式创新，通过跨界融合、未来趋势预测、服务整合、用户体验优化、技术跨界应用、解决复杂问题及平台化思维、价值网络重构等方式，推动各行业持续发展与创新。

1）产品设计与创新

跨界融合：互联网企业将不同行业产品的特点或者设计理念融入自身产品，如智能手机融合相机、音乐播放器等，创造全新用户体验。

未来趋势预测：通过联想未来技术趋势、社会变化等，提前布局新产品或者服务，如基于物联网、人工智能趋势研发智能家居、智能穿戴产品。

2）服务模式创新

跨界服务整合：整合不同领域的各种服务，提供一站式解决方案。

用户体验优化：优化服务流程或者推出新服务。

3）技术研发与应用

技术跨界应用：将技术应用于不同领域，创造新价值。

解决复杂问题：找到创新解决方案。

4）商业模式创新

平台化思维：联想不同行业商业模式，构建开放、共享平台生态系统，打造具有竞争力的平台型商业模式。

价值网络重构：联想价值网络中各个环节和参与者，重新配置资源、优化流程、创造价值，如通过区块链技术重构信任机制。

5．落地案例

落地案例展示了科技、商业与日常生活领域如何通过跨界融合、创新应用、商业模式创新、价值网络重构及创意联想等方式，实现产品与服务的创新升级与体验优化。

1）科技与创新领域

智能手机跨界融合：设计师通过远距离联想，将相机、音乐播放器、计算机等产品的特点融入智能手机。

人工智能跨界应用：人工智能技术起源于计算机科学，现被广泛地应用于医疗、金融、教育等行业。

2）商业与管理领域

平台化商业模式创新：互联网企业通过联想不同行业的商业模式，构建开放、共享平台生态系统。

价值网络重构：管理者通过联想价值网络中的各个环节和参与者，重新配置资源、优化流程、创造价值。

3）日常生活领域

日常用品创意联想：人们通过远距离联想为日常用品增添创意，如矿泉水瓶的多用途。

跨领域生活体验：人们使不同领域的生活体验相联系，创造新乐趣或者解决方案，如烹饪与科学实验结合的分子料理。

2.4.2 阴影思维

阴影思维是探索问题非直观的思考方式，挖掘隐藏面，从未被探讨的角度思考，不满足于表面解决方案,而是深入挖掘问题本质,探索隐藏的新思路、新观点或者新方法。阴影思维如图 2-19 所示。

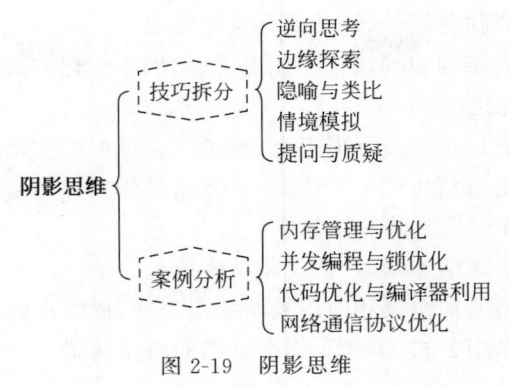

```
                    ┌ 逆向思考
                    │ 边缘探索
           ┌ 技巧拆分┤ 隐喻与类比
           │        │ 情境模拟
           │        └ 提问与质疑
阴影思维 ┤
           │        ┌ 内存管理与优化
           │        │ 并发编程与锁优化
           └ 案例分析┤ 代码优化与编译器利用
                    └ 网络通信协议优化
```

图 2-19 阴影思维

本节内容通过以下公式直观地进行阐述:

1. 技巧拆分

阴影思维＝逆向思考＋边缘探索＋隐喻与类比＋情境模拟＋提问与质疑。

逆向思考＝从问题反面探索不同的解决方案。

边缘探索＝关注问题边缘或者交叉领域,寻找跨界结合点。

隐喻与类比＝运用隐喻和类比,联系不同领域知识和经验。

情境模拟＝构建情境模拟问题可能性,全面理解问题。

提问与质疑＝提出问题并且质疑现有假设,打破思维定势。

2. 案例分析

下面通过几个案例对上述内容进一步地进行解释。

(1) 内存管理与优化。

逆向思考＝从内存使用效率低反面思考,探索优化方案。

边缘探索＝关注内存管理边缘情况,如缓存行对齐和预取机制。

隐喻与类比＝将内存管理比作仓库管理。

情境模拟＝构建内存使用场景,评估优化策略效果。

提问与质疑＝对内存分配和使用策略提出质疑,探索替代方案。

(2) 并发编程与锁优化。

逆向思考＝从锁竞争严重反面思考,探索提高并发性能策略。

边缘探索＝关注锁竞争边缘情况,如锁的粒度和持有时间。

隐喻与类比＝将锁比作交通信号灯。

情境模拟＝构建并发场景,评估锁策略对性能的影响。

提问与质疑＝对锁使用策略提出质疑,探索更高效的并发机制。

(3) 代码优化与编译器利用。

逆向思考＝从代码执行效率低反面思考,探索提高性能方案。

边缘探索＝关注编译器优化边缘情况，如指令集和编译选项。

隐喻与类比＝将代码优化比作烹饪。

情境模拟＝构建代码执行场景，评估优化策略效果。

提问与质疑＝对代码结构和编译选项提出质疑，探索优化方法。

（4）网络通信协议优化。

逆向思考＝从网络通信延迟高反面思考，探索减少延迟的方案。

边缘探索＝关注网络通信协议边缘情况，如多路径传输和网络编码。

隐喻与类比＝将网络通信比作物流运输。

情境模拟＝构建网络通信场景，评估优化策略效果。

提问与质疑＝对网络通信协议和使用策略提出质疑，探索高效传输方式或者协议。

上述通过 4 个案例套用公式，解释了阴影思维的应用场景。

2.4.3 物体描绘思维

物体描绘思维方法，将抽象问题或者概念具象化为物体，可以帮助我们思考和解决问题。利用大脑对具体事物的处理能力，使复杂或者模糊问题变得更容易理解和解决。物体描绘思维如图 2-20 所示。

以下是应用案例。

（1）问题具象化：面对复杂编程问题，尝试将其想象成具体物体，例如，设计数据库时，将数据库表想象成抽屉，用于存放不同类型的数据。具象化可以帮助我们直观地理解问题，识别潜在障碍和解决方案。

（2）属性与行为分析：有了物体形象后，分析其属性和行为，例如，将函数想象成机器，输入和输出是属性，执行操作是行为。通过这种方式，清晰地定义函数的功能和接口。

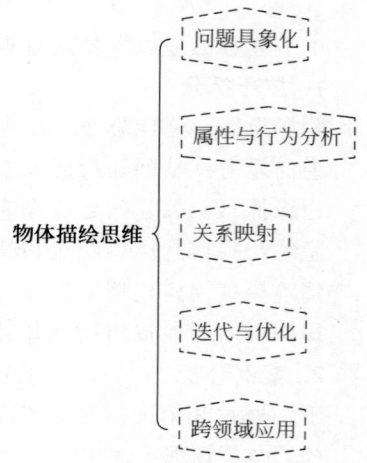

图 2-20 物体描绘思维

（3）关系映射：编程中的很多问题会涉及组件之间的关系。使用物体描绘思维方法，将组件想象成不同的物体，思考它们之间的相互作用，例如在面向对象编程中，将类和对象想象成不同实体，分析它们之间的关系来设计类结构。

（4）迭代与优化：物体描绘思维方法需不断迭代，调整步骤进行优化。在开发过程中，如果发现函数或者类设计不符需求，则可重新描绘，准确地反映功能和关系。

（5）跨领域应用：物体描绘思维方法不仅限于编程领域。可以应用到任何需要创造力和问题解决能力的领域，例如在设计用户界面时，将不同的界面元素想象成不同的物体，分析它们之间的布局和交互，设计出更直观、更易用的界面。

第 3 章 创造力

第 3 章包含了创造力的本质、重要性、公式、特征、培养方法及与心流状态的关系。创造力是一种综合能力,对个人、社会和企业都具有重要意义。它提供创造力的公式和特征,描述具有创造力的人的特征,强调发呆、冥想和探索在培养创造力方面的重要性。同时,介绍心流状态对激发创造力的益处。通过案例和理论分析,展示创造力的重要作用。

3.1 创造力的本质

创造力,作为综合思维能力的体现,对个人和社会都至关重要。值得庆幸的是,创造力可通过多种方法培养。创造力的本质如图 3-1 所示。

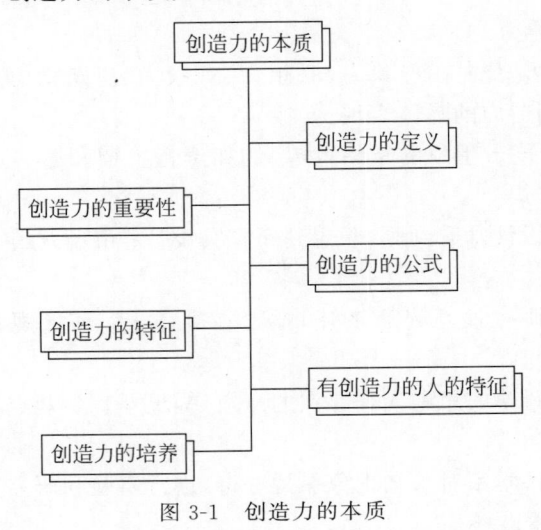

图 3-1 创造力的本质

3.1.1 创造力的定义

本节介绍创造力的定义,包括想象力、联想力、观察力、思辨力、好奇心和变通力,阐述创造力与学历、学识、智力之间的关系，指出创造力是多种能力的综合体现。创造力的定义如图 3-2 所示。

```
创造力的定义
├── 想象力表现
├── 联想力表现
├── 观察力表现
├── 思辨力表现
├── 好奇心表现
├── 变通力表现
├── 名校毕业与创造力的关系
├── 学问丰富与创造力的关系
└── 聪明与创造力的关系
```

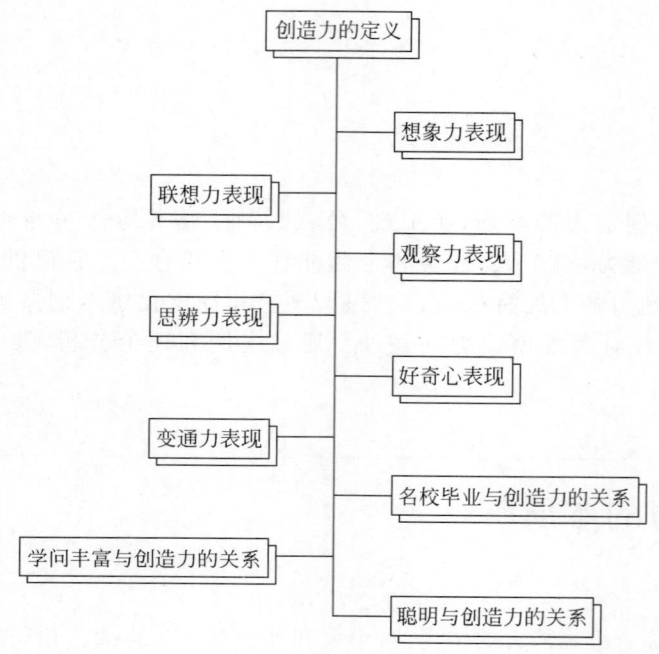

图 3-2　创造力的定义

1．创造力是一种能力

创造力是一种能力，表现在想象力、联想力、观察力、思辨力、好奇心、变通力等方面。以下是在不同视角下创造力的具体表现。

（1）想象力表现：孩子想象的童话世界，例如奇特生物和魔法；作家构思原创小说情节、人物、冲突和解决方式。

（2）联想力表现：设计师看到画，联想到新家具设计；市场营销人员将产品与流行文化相联系，创造独特广告。

（3）观察力表现：画家注意光影变化，描绘在画布上；侦探观察现场细节，推断犯罪过程。

（4）思辨力表现：哲学家思考人类存在的意义，提出新哲学观点；社会学家分析社会现象，提出新社会理论。

（5）好奇心表现：科学家对未知现象保持好奇，进行实验和研究；旅行者对不同文化和风土人情好奇，不断探索。

（6）变通力表现：创业者面临市场变化，调整产品策略适应需求；厨师用替代食材烹制同样美味的菜肴。

程序员的创造力主要体现在以下方面。

(1) 想象力表现：产品经理、UI/UX 设计师想象新颖软件界面、用户交互、功能特性，提升用户体验和产品竞争力。

(2) 联想力表现：架构师、技术负责人或高级程序员将不同领域的技术或思想引入软件开发，创造跨界融合解决方案。

(3) 观察力表现：产品经理和数据分析师敏锐地观察用户行为和市场动态，优化产品，满足用户增长需求。

(4) 思辨力表现：当解决复杂技术难题时，程序员运用思辨力分析、假设、验证解决方案。

2．高学历或聪明人不一定有创造力

名校毕业、学问丰富或者聪明的人不一定具有创造力。

(1) 名校毕业与创造力的关系：名校毕业的工程师擅长解决已知技术问题，但不一定具备创新解决方案。

(2) 学问丰富与创造力的关系：历史学者掌握大量历史知识，但不一定具备创新思考应用于现代问题。

(3) 聪明与创造力的关系：数学天才擅长解决复杂问题，但不一定具备创造新数学概念或者理论的能力。

3.1.2　创造力的重要性

创造力不仅是衡量个人成功的关键，还深刻地影响着职场晋升、创业成功、社会贡献、个人成长、社会进步及企业创新等多个方面。创造力的重要性如图 3-3 所示。

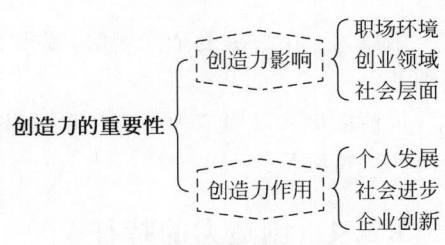

图 3-3　创造力的重要性

创造力，作为现代社会的核心动力，推动个人成功、职场晋升、创业繁荣、社会进步及企业创新。它能塑造个人价值，影响社会经济，引领时代潮流。以下将深入探讨其多重影响与作用。

1．创造力影响

创造力是评价一个人成功与否的核心指标，尤其在现代社会。

(1) 职场环境：程序员研发独特实用产品功能，为公司带来利润，得到提拔和涨薪。

(2) 创业领域：创业者发现市场空白，创建新颖服务公司，生意兴隆，赚取财富。

(3) 社会层面：作家写畅销书，赢文学奖项，激发社会讨论，获得认可和赞誉。

2．创造力作用

创造力对个人发展和社会进步、企业创新至关重要。

(1) 个人发展：学生尝试新学习方式，提高学习效率，成绩显著提升。

(2) 社会进步：科学家研发新型可再生能源技术，有望替代化石燃料，减少环境污染。

(3) 企业创新：餐饮公司推出新菜品，提高用餐体验，吸引顾客，提高品牌知名度和市场份额。

3.1.3 创造力的公式

本节介绍创造力的公式：创造力＝知识×想象力×求知欲×价值取向。

创造力基于知识、想象力、求知欲、价值取向。知识基础提供创新土壤，求知欲驱使探索未知，想象力提出独特解决方案，价值取向确保创新符合社会和用户需求。创造力的公式如图 3-4 所示。

下面通过互联网程序员小李的案例，具体展示知识、想象力、求知欲和价值取向这 4 个要素在实际工作中的具体应用和作用。

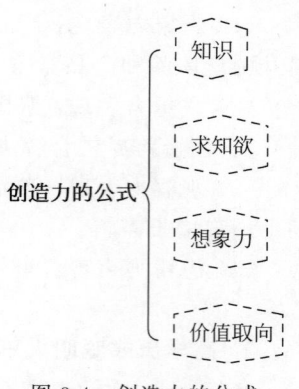

图 3-4 创造力的公式

案例：互联网程序员小李。

知识：小李有计算机科学和软件工程基础，掌握编程语言和开发框架；参加技术研讨会和在线课程，更新知识体系。

求知欲：对新技术好奇，学习新编程语言和工具；与同行交流，探讨技术难题，寻求最优解。

想象力：在解决复杂问题时，提出新颖解决方案，简化问题；从不同角度思考问题，发现细节。

价值取向：以用户为中心的设计，注重易用性和用户体验；追求技术卓越性，关注社会价值和可持续性。

3.1.4 创造力的特征

创造力具有不可预期性和情境依赖性，需要不断学习、实践、挑战自己，尝试新方法、新思路。它受遗传、环境、教育、经验等多方面因素影响。创造力的特征如图 3-5 所示。

3.1.5 有创造力的人的特征

有创造力的人通常体力充沛，聪明天真，能在想象与现实间转换，对工作充满激情且能保持客观。有创造力的人的特征如图 3-6 所示。

有创造力的人的特征如下：

（1）体力充沛但经常沉默不语、静止不动。

（2）聪明且天真，喜欢玩乐但恪守纪律。

（3）能在想象、幻想和现实感之间转换，内向与外向、谦逊与骄傲并存。

（4）对工作充满激情又能保持客观，工作时既能忍受痛苦煎熬又能享受巨大的喜悦。

第3章 创造力

```
创造力的特征
├─ 创造力特性
├─ 创造力培养
├─ 创造力核心
├─ 提高创造力的方法
├─ 创造力产生的因素
├─ 遗传在创造力中的作用
├─ 环境、教育在创造力中的作用
├─ 创造力发展
├─ 创造力提升的关键
└─ 创造力总结
```

图 3-5　创造力的特征

有创造力的人的特征：
- 特征1=体力充沛+经常沉默不语+静止不动
- 特征2=聪明+天真+喜欢玩乐+恪守纪律
- 特征3=能在想象与幻想间转换+能在现实感中定位+内向与外向并存+谦逊与骄傲并存
- 特征4=对工作充满激情+能保持客观+工作时能忍受痛苦煎熬+工作时享受巨大喜悦

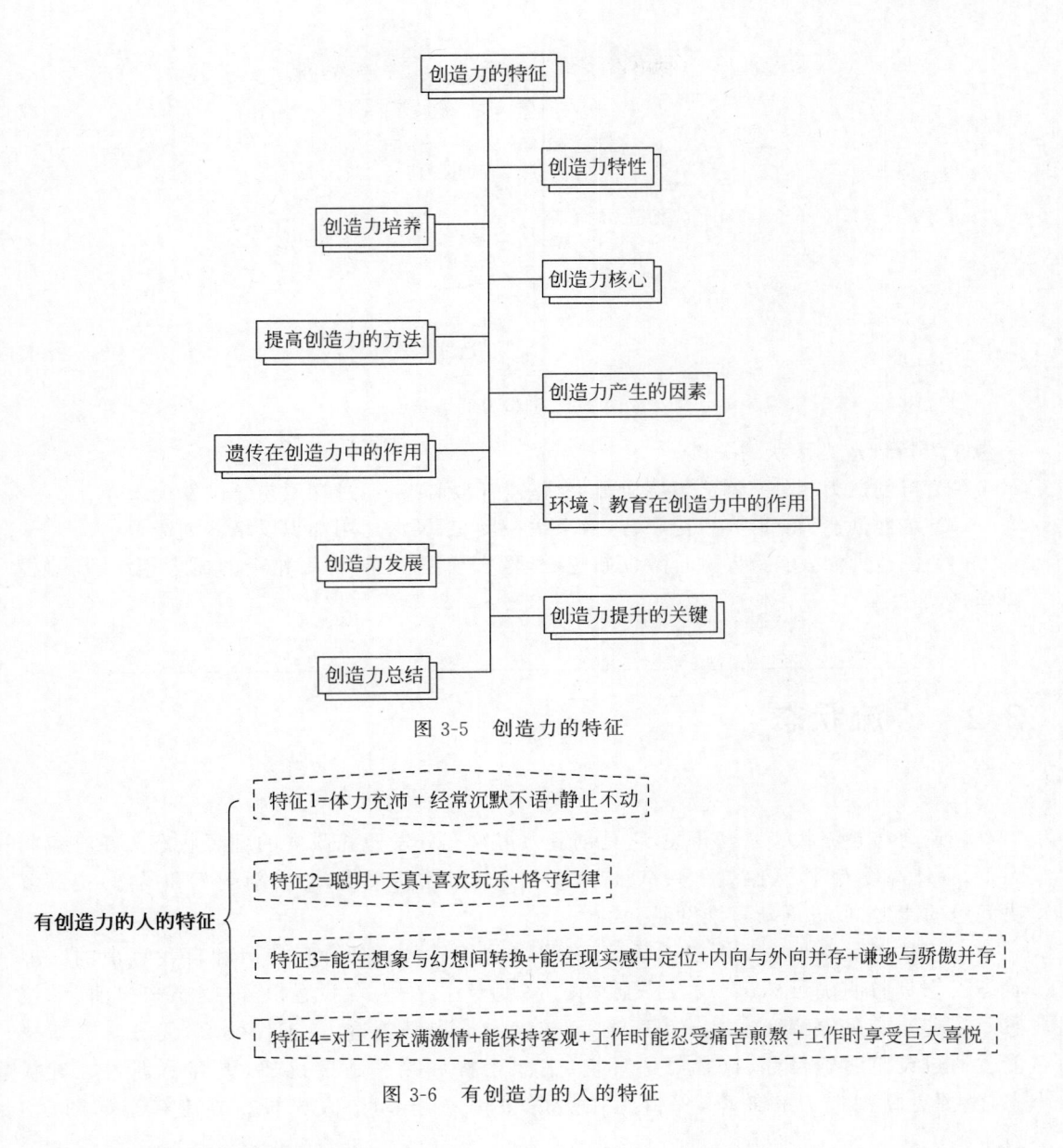

图 3-6　有创造力的人的特征

3.1.6　创造力的培养

本节介绍创造力培养，解释发呆和冥想的重要性，以及如何通过探索和尝试来发现更大的世界。创造力的培养如图 3-7 所示。

冥想与发呆滋养心灵，远离电子娱乐，保持创造力与决策力。创造力需要自由探索，非机械记忆所能及，勇于跨界融合，激发新奇思维。

（1）保持创造力：警惕电子产品与娱乐软件过度使用，削弱创造力和决策力。发呆与

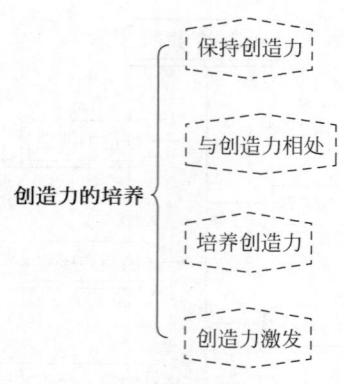

创造力的培养 ┬ 保持创造力
　　　　　 ├ 与创造力相处
　　　　　 ├ 培养创造力
　　　　　 └ 创造力激发

图 3-7　创造力的培养

冥想是维持创造力活跃的关键。

（2）与创造力相处：创造力不应被束缚，需开放心态，通过探索与尝试发现未知。

（3）培养创造力：摒弃死记硬背，追求举一反三，灵活运用知识以培养创造力。

（4）创造力激发：跨界融合激发新想法，像大模型一样，将不相干的概念相结合，碰撞出新视角。

3.2　心流状态

创造力与心流状态紧密相关，它是创造力得以充分发挥和激发的理想状态。在心流状态下，个体高度专注，大脑处于兴奋状态，有利于打破常规思维，激发新创意和灵感，提高解决问题的能力，促进创新思维发展。

心流状态是一种完全沉浸于活动，专注当前任务，忘记时间、疲劳和自我意识的心理状态。它具备明确目标、挑战与技能平衡、高度专注、失去自我意识、时间感知扭曲、掌控感及乐趣与满足等特征。对于程序员，心流状态能提升创造力、工作效率，促进学习新技能。通过设定明确目标、选择舒适环境、消除干扰和接受适度挑战，更容易进入心流状态，发挥更高创造力和效率，保持工作热情和动力，推动个人成长。心流状态如图 3-8 所示。

3.2.1　心流状态的特征

本节探讨高度专注、时间扭曲、自我意识增强、焦点与满足，揭示心流状态下促进成长与创造力飞跃的机制。心流状态的特征如图 3-9 所示。

在追求卓越时，人们常体验独特心理状态，塑造工作生活，激发创造力与潜能。画家灵感、程序员时间错觉、运动员自我超越、作家心流体验，展现人类潜能无限。

第 3 章 创造力

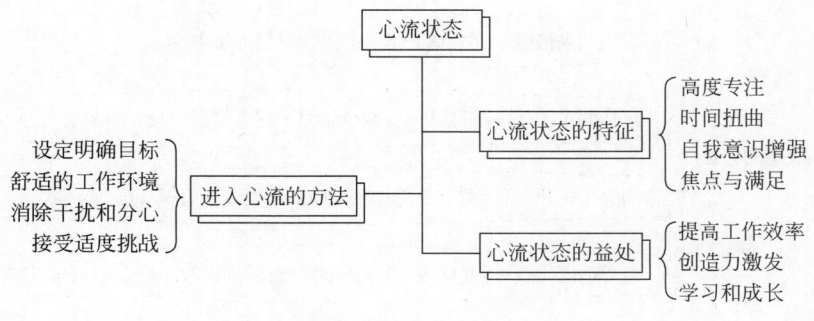

图 3-8 心流状态

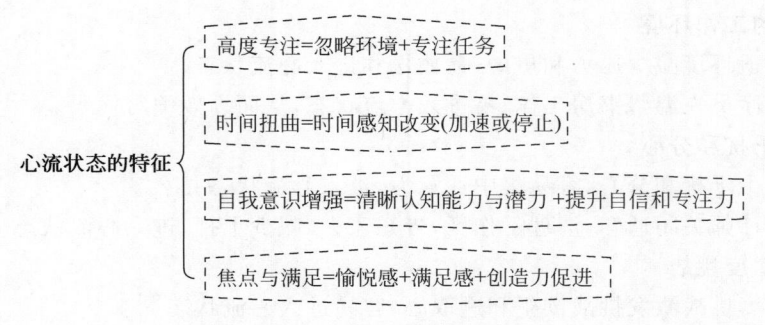

图 3-9 心流状态的特征

（1）高度专注＝忽略环境＋专注任务。
举例：画家创作时，完全沉浸，无视周围，直至作品完成。
（2）时间扭曲＝时间感知改变（加速或停止）。
举例：程序员解决编程问题，几小时似几分钟，惊讶于时间流逝。
（3）自我意识增强＝清晰认知能力与潜力＋提升自信和专注力。
举例：运动员比赛中，清晰感知自己和对手，赛后更自信。
（4）焦点与满足＝愉悦感＋满足感＋创造力促进。
举例：作家创作小说，享受过程，出版获好评时达顶峰。

3.2.2 进入心流的方法

本节介绍 4 种帮助个体进入心流状态的方法，四大要素共筑心流之境，激发潜能，成就非凡。进入心流状态的方法如图 3-10 所示。

进入心流的方法：设定明确目标帮助集中精力，舒适环境能减轻压力，消除干扰，提升专注，适度挑战能激发进取心。

1．设定明确目标

理解：明确目标可以帮助个体集中注意力和精力。
举例：作家设定"今天完成 5000 字"的目标，保持专注，进入心流状态。

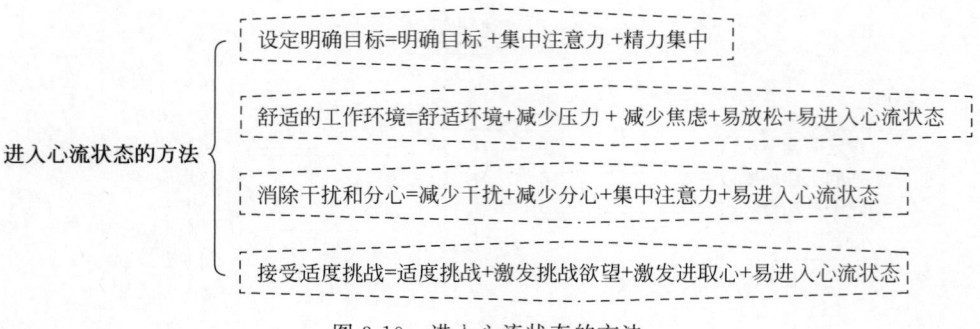

```
进入心流状态的方法 ┫ 设定明确目标=明确目标+集中注意力+精力集中
              ┃ 舒适的工作环境=舒适环境+减少压力+减少焦虑+易放松+易进入心流状态
              ┃ 消除干扰和分心=减少干扰+减少分心+集中注意力+易进入心流状态
              ┗ 接受适度挑战=适度挑战+激发挑战欲望+激发进取心+易进入心流状态
```

图 3-10　进入心流状态的方法

2．舒适的工作环境

理解：舒适环境减少压力和焦虑，易放松和进入心流状态。

举例：程序员在温馨书房工作，易进入心流状态，从而高效编写代码。

3．消除干扰和分心

理解：减少干扰和分心，容易集中注意力，进入心流状态。

举例：设计师关闭通知，清理工作区，告知家人，减少干扰，进入心流状态。

4．接受适度挑战

理解：适度挑战激发挑战欲望和进取心，容易进入心流状态。

举例：游戏开发者尝试开发新的游戏引擎，接受挑战，全身心投入，进入心流状态。

3.2.3　心流状态的益处

本节介绍心流状态如何提高工作效率、激发创造力和促进学习和成长。心流状态的益处如图 3-11 所示。

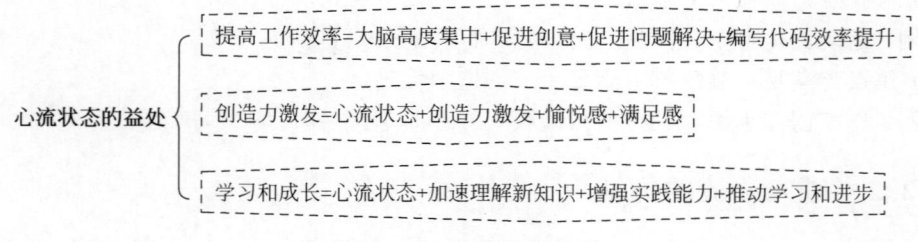

```
心流状态的益处 ┫ 提高工作效率=大脑高度集中+促进创意+促进问题解决+编写代码效率提升
            ┃ 创造力激发=心流状态+创造力激发+愉悦感+满足感
            ┗ 学习和成长=心流状态+加速理解新知识+增强实践能力+推动学习和进步
```

图 3-11　心流状态的益处

心流状态促高效，激发创意与满足；加速学习成长路，深化实践见真章。以下是心流状态的益处的具体表现。

1．提高工作效率

理解：大脑高度集中，促进创意和问题解决。

举例：程序员在心流状态下编写代码，高效解决问题，提升工作效率。

2．创造力激发

理解：心流状态激发创造力，带来愉悦和满足感。

举例：设计师在心流状态下设计网页，灵感涌现，作品富有创意。

3．学习和成长

理解：心流状态加速理解新知识，增强实践能力，推动学习和进步。

举例：营销专员在心流状态下学习新的营销知识，通过深入研究用户行为数据，发现新的市场趋势，优化推广策略，推动个人成长，增强实践能力。

3.3 培养创造力的方法

培养创造力是一个多维度的过程，包含对现状的质疑、新想法的激发、新环境的沉浸、战略性拖延、同伴反馈的获取、风险与收益的平衡、不赞成理由的提出、想法熟悉度的提升、新观众的拓展、温和激进派的策略、社交媒体时间的限制、照亮工作方式的寻找、默认模式网络的重定向及对积极事物的关注。这些方法共同作用于个体的思维和行为模式，打破常规、促进创新，最终提升创造力和创新能力。培养创造力的方法如图3-12所示。

本节内容通过以下公式直观地进行阐述：

（1）质疑默认状态＝挑战理所当然（主动提问现状的合理性，不盲目接受，例如对长期存在的流程或者习惯提出"为什么这样做？"）＋认识制度与规则的可改进性（分析制度与规则的起源、目的及潜在缺陷，探讨改进的可能性）。

（2）新想法多多益善＝提高创意产生频率（定期举行创意研讨会，鼓励团队成员自由思考，设置创意提案箱等）＋接受多次尝试的必要性（建立容错机制，允许鼓励多次尝试和失败，记录分析每次尝试的结果）。

（3）沉浸在新环境中＝扩展参照系（主动寻求不同领域的知识和信息，如参加跨行业研讨会，阅读多元化书籍）＋学习新技能（参加培训课程，掌握新工具和技术，如编程、设计等）＋职位轮换（在不同岗位和部门间轮岗，拓宽视野，了解不同职能的工作流程）＋了解不同文化（了解不同国家和地区的文化背景，提升跨文化沟通能力）。

（4）战略性拖延＝适时暂停（在创意产生过程中设置暂停点，给予时间思考，如散步、冥想等）＋促进思维发散（利用暂停时间进行头脑风暴，鼓励非线性思维，如使用思维导图、随机词汇激发等）。

（5）从同伴中获得更多反馈＝同伴评价（邀请团队成员或者同行对创意进行评审和反馈，确保评价客观、具体）＋发现潜力与可能性（认真倾听反馈，挖掘创意中的潜在价值和改进点，记录并整合反馈意见）。

（6）平衡风险组合＝冒险领域的风险与收益平衡（在决定冒险前，充分评估潜在风险和预期收益，制订风险应对策略）＋生活中其他领域的谨慎补偿（在冒险的同时，确保个人或

```
                    培养创造力的方法
                           │
                           ├── 质疑默认状态
                           │
                   新想法多多益善 ──┤
                           │
                           ├── 沉浸在新环境中
                           │
                     战略性拖延 ──┤
                           │
                           ├── 从同伴中获得更多反馈
                           │
                     平衡风险组合 ──┤
                           │
                           ├── 提出不赞成想法的理由
                           │
                     让想法更熟悉 ──┤
                           │
                           ├── 告诉新的观众
                           │
                     温和的激进派 ──┤
                           │
                           ├── 限制社交媒体时间
                           │
                   找到照亮工作的方式 ──┤
                           │
                           ├── 重定向默认模式网络
                           │
                     关注积极事物 ──┘
```

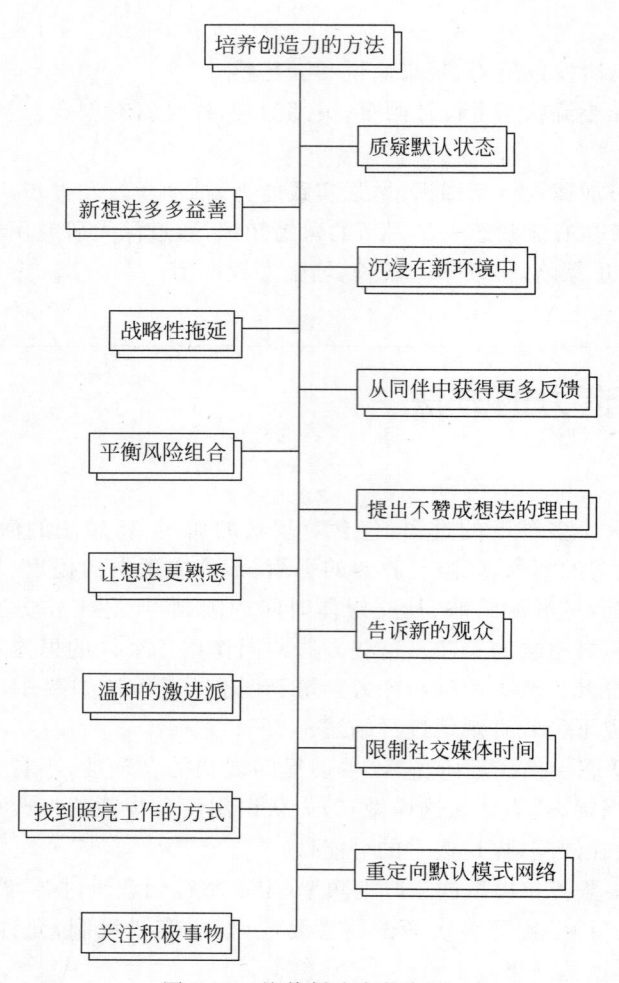

图 3-12　培养创造力的方法

者组织在其他方面保持稳健和谨慎，如储备资金、维护良好关系等）。

（7）提出不赞成想法的理由＝列出弱点（主动识别并且列出创意的潜在问题和挑战，如市场接受度、技术可行性等）＋要求他人列出不支持的理由（邀请他人对创意提出质疑和反对意见，鼓励提出具体、建设性的反馈）＋关注优势（在听取反对意见后，更加聚焦于创意的核心优势和价值，明确创意的独特卖点）。

（8）让想法更熟悉＝重复想法（多次向团队成员或者受众传达创意，增加其熟悉度，如定期分享、制作宣传材料等）＋逐步适应（通过逐步展示和解释，让受众逐渐接受和认同创意，如分阶段实施、提供试用机会等）＋结合其他想法（将创意与其他相关想法或者项目相结合，形成更完整的方案，如跨界合作、整合资源等）。

（9）告诉新的观众＝接触不友善但认同方法的人（主动寻找及接触对创意持不同意见但认同实现方法的人，如竞争对手、不同行业的专家等）＋避免寻找"好好先生"（避免仅寻求与自己意见一致或者过于支持的人,以获取更全面的反馈,如避免过度依赖用户或者支持者)。

(10) 温和的激进派=将极端想法隐藏在常规目标中(将激进的创意包装在更广泛接受或常规的目标和愿景中,如将环保理念融入日常产品设计中)+无须改变他人想法(通过唤起人们已有的价值观和信念,使创意更容易被接受和实施,而不需要直接改变他人的想法,如利用情感共鸣、社会责任等策略)。

(11) 限制社交媒体时间=设定具体的时间参数(如每日不超过 1h)+确定对你最重要的问题并专注于它们(忽略不重要的通知和帖子)+明确使用社交媒体的目的(如获取信息、社交互动)和处理信息的方式(如筛选、归类)+限制使用时间,注意观察自己在减少使用后的感受(如焦虑减少、时间更充裕)。

(12) 找到照亮工作的方式=专注于能让你感到充满希望和活力的工作(如追求个人感兴趣或具有热情的项目)+通过这类工作缓解日常生活中的焦虑和迷茫(如通过实现小目标来增强自信心)+通过你的工作激发他人对某个领域的热情(如通过写书或演讲来传播你的理念)。

(13) 重定向默认模式网络=默认模式网络(大脑在静息状态下自发激活的一组神经网络,休息、放松或做白日梦时最活跃,静息状态下存在较强的自发性活动)在休息时的作用(如产生创造性洞察力)+理解大脑在空闲时的默认思维模式(如自我反思、回忆过去、担忧未来)+通过改变思维习惯来减少负面情绪和焦虑(如用正面思考替换负面思考)+培养新的思维习惯以提高情绪稳定性和创造力。

(14) 关注积极事物=将注意力转移到积极的事物上(如美好的风景、温馨的家庭场景)以减少负面情绪(如悲伤、愤怒)+通过持续关注积极事物来提高整体情绪和满足感(如感恩练习、记录快乐时刻)。

3.4 刺激创意

本节内容包括脑爆会与疯狂猜想等游戏,通过不同玩法激发创意和思考,促进创新思维、发散思维、故事叙述能力的提升,同时增强社交能力和团队合作精神。刺激创意如图 3-13 所示。

本节内容通过以下公式直观地进行阐述:

(1) 脑爆会玩法=针对新事物或现有事物不断地提出"为什么"问题,深入探究其本质和原因+鼓励参与者参加挑战并且打破传统规则,提出新的可能性和解决方案+通过提问和讨论激发创意和思考,促进创新思维的产生+记

刺激创意 { 脑爆会玩法 / 疯狂猜想游戏 / 故事大爆炸游戏 / YES AND游戏 }

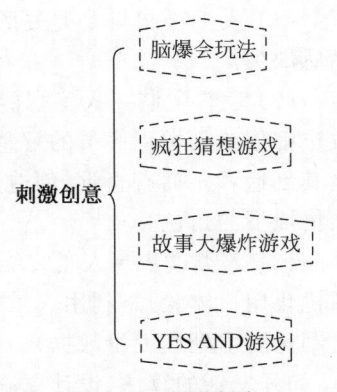

图 3-13 刺激创意

录并对比参与者提出的问题数量，激发更多创意和竞争意识。

（2）疯狂猜想游戏＝通过快速猜测和联想来热身大脑，激活思维活力＋鼓励参与者跳出旧有逻辑惯性和打破非黑即白的选择陷阱，培养发散思维能力＋提升参与者的创意和想象力，激发他们的创造力和创新能力＋主持人画一个东西，其他人轮流说出它还可以是什么，鼓励多样化的答案和创意发散，直到有人说不出来为止。

（3）故事大爆炸游戏＝通过游戏促进参与者之间的互动与联系，增强社交能力和团队合作精神＋鼓励玩家自由发挥，创造独特的故事，培养创意和想象力＋通过串联不同元素来提升玩家的故事叙述能力，锻炼表达和沟通能力＋游戏开始，每个参与者在空间中找3个东西，然后用一段故事串联起这3个东西，以此类推，形成连贯的故事线。

（4）YES AND 游戏＝在游戏过程中避免对想法进行评价，以免扼杀创意和限制思维的发展＋鼓励参与者转变思维，接受并且延展他人的想法，促进思维的开放性和灵活性＋通过不断地接受和延展想法，促进创意的产生和团队的创新氛围＋一人提问，下一个人回答"当然啦！所以……"，继续提问，循环进行，形成连锁反应，说不下去者输，接受惩罚，增加游戏的趣味性和挑战性。

3.5　人工智能与人类创造力

人工智能与人类创造力的关系复杂而且多维。尽管 AI 在艺术创作上展现出一定的能力，主要依赖程序设定的算法来借鉴和重组现有作品，但是创造力受限于缺乏人类所具备的想象力和情感深度，无法创作出具有独特神韵和深刻内涵的作品，也无法像人类艺术家那样通过作品表达丰富的情感和深沉的情怀。人工智能在逻辑、技术和情感层面在现阶段均存在限制。人工智能与人类创造力如图 3-14 所示。

本节内容通过以下公式直观地进行阐述：

（1）人工智能与人类关系深度分析＝逻辑限制＋人类进步＋创造力限制＋技术短板＋情感缺失。

（2）逻辑限制＝人工智能由人类发明＋升级迭代过程中的代码编写、模型优化和算法改进都依赖人类程序员的智慧与决策→在逻辑层面，由代码和算法构成的人工智能无法超越其创造者＋拥有直觉、创造力和道德判断的人类程序员，更无法全面替代人类在各种复杂情境下的角色。

（3）人类进步＝人工智能通过机器学习等算法展现出强大的学习能力（如推荐系统不断优化用户体验）＋利用人工智能能将人类从烦琐的计算任务和体力劳动中解放出来（如自动化脚本处理大量数据）＋释放出的时间和精力使人类能够更专注于创新和高价值的工作，如开发新的算法、设计更高效的系统架构，加速人类在科技领域的进步。

（4）创造力限制＝人工智能在艺术创作方面主要依赖程序设定的算法来借鉴和重组现

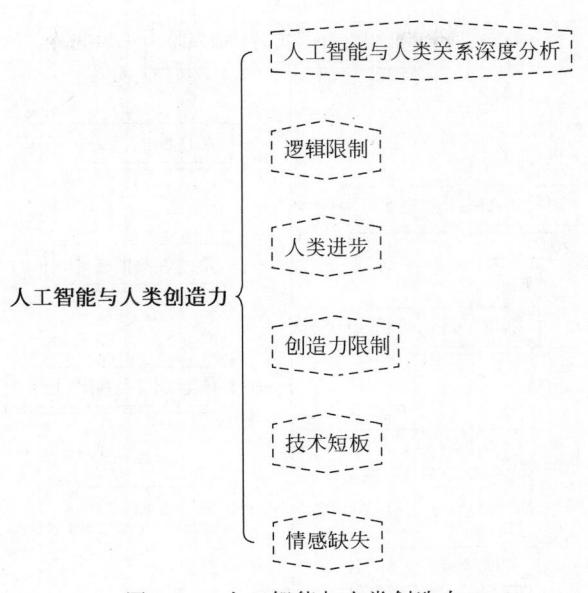

图 3-14 人工智能与人类创造力

有作品（如基于 GAN 的图像生成）＋缺乏人类所具备的想象力，无法创造出具有独特神韵和深刻内涵的作品（如无法创作出具有个人风格或触动人心的作品）＋无法像人类艺术家那样通过作品表达丰富的情感和忧国忧民的深沉情怀（由于人工智能无法理解和体验这些情感，因此其未来发展也充满了不确定性）。

（5）技术短板＝人工智能发展的三大核心支撑（数据、算法、算力）在实现过程中都存在不同程度的缺陷（如数据预处理中的偏见问题、算法选择中的权衡取舍、算力资源分配的优化挑战）＋算力提升在当前硬件技术和能源效率的背景下遭遇明显天花板（如 GPU 性能提升放缓）＋短期内难以通过技术突破实现算力的大幅提升或算法的根本性创新（因为新技术的研发和应用需要时间和资源）。

（6）情感缺失＝人工智能无法复制和模拟人类程序员的复杂情感，如母爱（因为 AI 无法理解或体验亲情的无私和深沉）、友情等（AI 无法建立真正的社交关系）＋缺乏对人类社会的深刻理解和悲悯之心（AI 没有道德观念或社会责任感）。

3.6　AI 时代下工作被替代的风险

AI 技术的发展导致传统工作岗位被替代的风险增加，多领域工作面临被 AI 取代的可能，但人类独特能力仍具竞争力。AI 时代下工作被替代的风险如图 3-15 所示。

本节内容通过以下公式直观地进行阐述：

```
                    ┌─────────────────────┐
                    │ AI时代下工作被替代的风险 │
                    └──────────┬──────────┘
                               │
                               ├──────┤ AI影响劳动力市场 │
                               │
          ┤ 可能被AI取代的工作 ├──┤
                               │
                               ├──────┤ 重复性高的工作 │
                               │
          ┤ 数据处理与分析 ├────┤
                               ├──────┤ 内容创作与编辑工作 │
                               │
          ┤ 专业服务工作 ├──────┤
                               ├──────┤ 交通运输工作 │
                               │
          ┤ 其他领域的工作 ├────┤
                               ├──────┤ AI局限性 │
                               │
          ┤ 应对策略 ├──────────┘
```

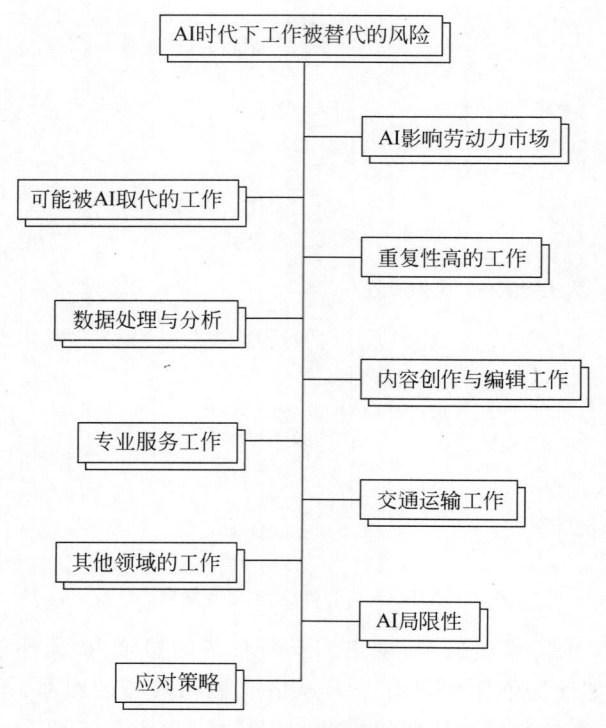

图 3-15　AI 时代下工作被替代的风险

（1）AI 影响劳动力市场＝AI 技术发展＋传统工作岗位风险增加。

（2）可能被 AI 取代的工作＝重复性高的工作＋数据处理与分析工作＋内容创作与编辑工作＋专业服务工作＋交通运输工作＋其他领域的工作。

（3）重复性高的工作＝生产线工人（被自动化生产线和机器人代替）＋仓库管理员和搬运工（自动化仓库系统和无人搬运设备）＋客服与呼叫中心代表（AI 聊天机器人与自然语言处理技术能够实时响应客户需求，已有实例表明，通过接入大型语言模型，定制化人设，在微信老版本客户端上实现模拟人类的实时聊天功能）。

（4）数据处理与分析（标准化、模板化的数据分析任务，AI 算法能够高效完成）＝初级会计和审计＋数据分析师＋市场研究员。

（5）内容创作与编辑工作＝新闻写作与编辑被 AI 部分替代（生成简短的新闻报道和文章摘要，虽然目前还难以完全替代人类记者的深度报道和创意写作，但在某些场景下已经有所应用）＋广告创意与文案（AI 根据广告目标和受众特征生成创意文案和广告素材）。

（6）专业服务工作＝初级法律助理（AI 能够处理法律文档、生成法律摘要或意见等任务）＋翻译与口译部分（不涉及语言语境、文化差异和复杂表达的翻译，AI 基本能代替）。

（7）交通运输工作＝司机被自动驾驶技术替代（例如萝卜快跑）。

（8）其他领域的工作＝零售与餐饮业服务员（无人商店、自助结账系统和自动售货机的普及）＋图书管理员（数字图书馆的兴起和图书管理流程的自动化）。

（9）AI 局限性＝AI 非万能，人类创造力、情感理解、批判性思维是 AI 短期内很难超越的。

（10）应对策略＝应对 AI 冲击，人类可以学习新技能，提升自身素质，适应职场变化。政府与企业也应该关注 AI 对就业的影响，保障受影响人群的权益，解决再就业问题。

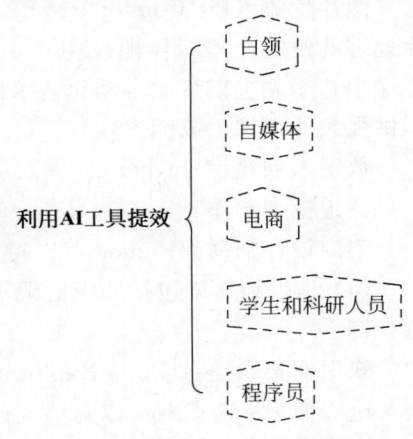

3.7　利用 AI 工具提效

利用 AI 工具提效：各领域广泛应用 AI 工具，如白领用 GPT 等处理文字，自媒体用 POE 等进行创作，电商用 Pic Copilot 等生成图片，学生和科研人员用 Globe Explore 等构建知识框架，程序员用 Claude 3.5 等进行开发。利用 AI 工具提效如图 3-16 所示。

人和动物的区别：人类会使用工具，拥有高度发达的大脑和复杂认知系统，能进行抽象思维、逻辑推理、符号操作等高级活动。现代 AI 工具作为人类智慧的结晶，通过深度学习、机器学习等技术，实现自动化任务执行、辅助决策及流程优化。人类学习并掌握 AI 技术，不仅可以提升工作效率，还可以推动科技进步和社会发展。下面通过简短的公式阐述不同职业如何使用不同 AI 产品进行提效。

图 3-16　利用 AI 工具提效

（1）白领：包括文字工作和 PPT 制作、资料分析、生成表单。

文字工作＝GPT（如 GPT-4，由 OpenAI 开发的大模型，能够生成高质量的文本内容，例如文章、邮件、工作汇报等，根据用户输入的关键信息进行创作，提高写作效率）。

PPT 制作＝Gamma＋夸克 AI PPT（自动化地完成 PPT 的设计、排版和内容填充等工作）。

资料分析＝NotebookLM 网页版纯免费（基于大模型的在线资料分析工具，专注于文本和数据的处理与分析）。

生成表单＝Forms 网页版免费试用（通过简单的拖曳操作、填写表单模板，快速地创建出符合需求的在线表单，用于收集用户反馈、注册信息、问卷调查等）。

（2）自媒体包括文案创作和配图获取、灵感来源、视频编辑、图片视频处理、配音制作、口型匹配。

文案创作＝套壳大王 POE（文案创作、模板应用的工具，提供一系列的文案框架、模板或"套壳"，帮助用户快速地生成符合需求的文案内容）。

配图获取＝Ideogram 每天提供 10 张免费图片（提供高质量图片素材的平台，用户每天可以免费获取 10 张图片,用于文案配图、设计项目等场景)。

灵感来源＝Websim 完全免费(展示优秀的设计案例、创意作品、行业趋势等内容,按照设计领域、行业分类、风格类型等维度划分内容,便于用户根据自己的需求寻找灵感)。

视频编辑＝剪映 Capcut(支持视频剪辑、特效添加、音频处理、高级滤镜、特效模板、多轨编辑等多种操作)。

图片视频处理＝Leonardo(支持图片裁剪、旋转、调整色彩、去除水印等基础操作,视频剪辑、合并、转码等高级功能)。

配音制作＝ElevenLabs(为视频、广告、动画等内容添加高质量的配音)。

口型匹配＝Pika＋Runway(实现视频中的口型与配音的精准匹配)。

(3) 电商包括图片生成和数字人创建、三维模型制作、室内设计辅助。

图片生成＝Pic Copilot＋Midjourney＋Fooocus＋Stable Diffusion(Pic Copilot 注重图片处理的便捷性和综合性;Midjourney 强调 AI 图像生成的便捷性和创意激发;Fooocus 专注于基于先进模型的自动化艺术创作;Stable Diffusion 作为底层技术支撑,为其他工具提供强大的图像生成能力)。

数字人创建＝Heygen(提供数字人的建模、渲染、动画、交互等各个环节解决方案)。

三维模型制作＝Luma Genie 基础功能免费(提供建模、材质编辑、灯光设置等功能)。

室内设计辅助＝Remodel(支持三维建模和渲染)。

(4) 学生和科研包括知识框架构建和论文搜索、论文翻译润色、免费论文获取、严谨信息查询。

知识框架构建＝Globe Explore(提供知识图谱构建、主题聚类、文献综述生成等功能)。

论文搜索＝SciSpace 以对话式搜索论文(论文搜索平台,提供对话式搜索功能,解析用户输入的复杂查询语句)。

论文翻译润色＝Paperpal(论文翻译和润色的服务平台)。

免费论文获取＝Sci-Hub(免费论文获取平台)。

严谨信息查询＝WolframAlpha(提供精确、深入的数据和计算结果)。

(5) 程序员包括大模型应用和 IDE 插件辅助。

大模型应用＝Claude 3.5 Sonnet。

IDE 插件辅助＝Copilot(提供代码补全、代码片段推荐等功能)＋Double 首月免费(针对 Copilot 进行了优化,能在中间补全代码)＋Codeium 长期免费(专注于代码审查、重构建议、性能优化等方面)。

第 4 章

职业发展

第 4 章内容包括程序员的工作特点、职业价值、规划、路线、成长阶段、挑战及应对、技能提升、读研分析、职业发展差异、接私活的利弊、技能提升途径、技术重要性、职业方向规划。帮助读者进行职业规划、提升技能水平、应对职业挑战、拓宽职业视野。笔者将运用公式来精练复杂概念,抽取出问题的核心要素,使读者能够更快捷地掌握要点,增强理解和记忆效果。此外还配合思维导图(脑图),通过直观、层级分明的特性,清晰地勾勒出信息框架,促进读者思维的拓展与发散,进一步提升内容的可读性和实用性。

4.1 程序员的工作特点

程序员的工作特点可概括为分解问题、注重细节、持续学习、团队协作、时间管理、责任心强、技术创新、应对挑战、追求高质量代码及熟练掌握工具技术。程序员的工作特点如图 4-1 所示。

程序员的工作特点,包括强大的逻辑思维和问题解决能力、注重细节和精确性、持续学习和适应新技术、有效地进行团队协作与沟通、时间管理和任务处理、强烈的责任心和敬业精神、技术导向和创新、应对挑战和压力、追求高质量代码、熟练掌握工具和技术。这些特点共同构成了程序员在软件开发中的核心能力。本节内容通过以下公式简短地进行阐述:

(1)逻辑思维与问题解决=分解(复杂问题)+制订(解决方案)+应对(技术难题)。
(2)注重细节与精确=严格审查(代码)+测试(功能)+确保(正确性,稳定性)。
(3)持续学习与适应=学习(新技术)+适应(新环境,项目需求)。
(4)团队协作与沟通=沟通协作(多方角色)+表达(观点)+倾听(意见)。
(5)时间管理与任务处理=管理(时间)+安排(任务优先级)+确保(按时完成)。
(6)责任心与敬业=负责(工作)+确保(软件质量,稳定性)+关注(用户体验)。
(7)技术导向与创新=追求(新技术)+尝试应用(工作)+提升(软件质量,性能,用户体验)。
(8)应对挑战与压力=面对(挑战)+保持(冷静)+积极解决(问题)+确保(项目顺利完成)。

```
                  ┌─────────────────┐
                  │ 程序员的工作特点 │
                  └────────┬────────┘
                           │
                  ┌────────┴──────────┐
                  │ 逻辑思维与问题解决 │
                  └───────────────────┘
  ┌──────────────┐
  │ 注重细节与精确 │
  └──────────────┘
                  ┌───────────────┐
                  │ 持续学习与适应 │
                  └───────────────┘
  ┌──────────────┐
  │ 团队协作与沟通 │
  └──────────────┘
                  ┌────────────────┐
                  │ 时间管理与任务处理 │
                  └────────────────┘
  ┌──────────────┐
  │ 责任心与敬业   │
  └──────────────┘
                  ┌───────────────┐
                  │ 技术导向与创新 │
                  └───────────────┘
  ┌──────────────┐
  │ 应对挑战与压力 │
  └──────────────┘
                  ┌──────────────┐
                  │ 追求代码质量  │
                  └──────────────┘
  ┌──────────────┐
  │ 反馈与迭代    │
  └──────────────┘
                  ┌──────────────┐
                  │ 工具与技术掌握 │
                  └──────────────┘
```

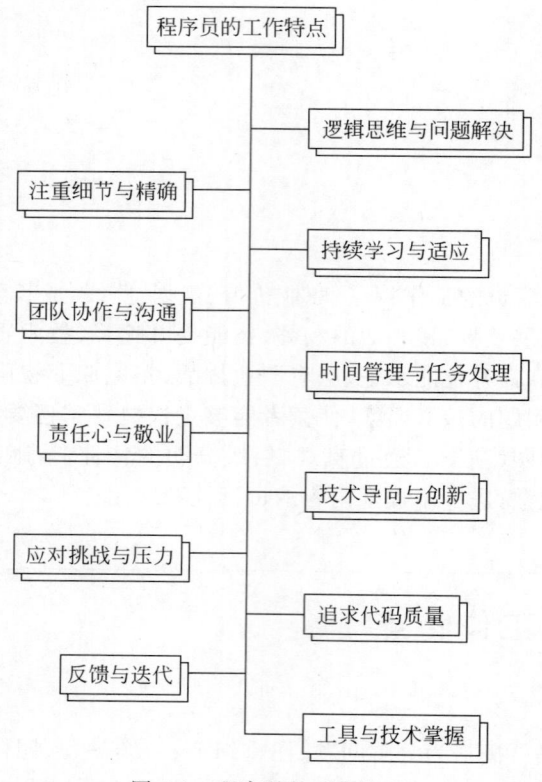

图 4-1　程序员的工作特点

（9）追求代码质量＝注重（代码可读性，可维护性，可扩展性）＋编写（简洁，高效，易理解代码）。

（10）反馈与迭代＝接收（反馈）＋调整优化（代码）＋满足（用户需求）＋提升（软件性能）。

（11）工具与技术掌握＝熟练（编程工具，开发环境，调试工具）＋了解（先进技术框架、库）。

4.2　程序员的职业价值

技术创新，业务发展，编写、维护、优化程序，提供了高效、可靠、创新解决方案。解决现实问题，提升用户体验。持续学习，更新知识。团队合作，理解需求，共同解决问题。程序员的职业价值如图 4-2 所示。

程序员在多个领域的职业价值是通过编程实现软件优化，推动技术进步和产业升级，

第4章 职业发展

```
                    技术创新与推动
   开源社区贡献        数字化转型推动
    数字化转型顾问      问题解决与决策支持
      量子计算         效率提升与成本降低
    低代码/无代码开发    信息安全与隐私保护
       边缘计算         经济发展与社会进步
    创业与自主开发  程序员的职业价值  AI与机器学习
      教育与培训        大数据处理与分析
  技术领导力与团队管理    云计算与云服务
     软件架构与设计      物联网(IoT)
     DevOps与CI/CD     区块链技术
    跨平台与全栈开发     游戏开发
       前端开发         网络安全
```

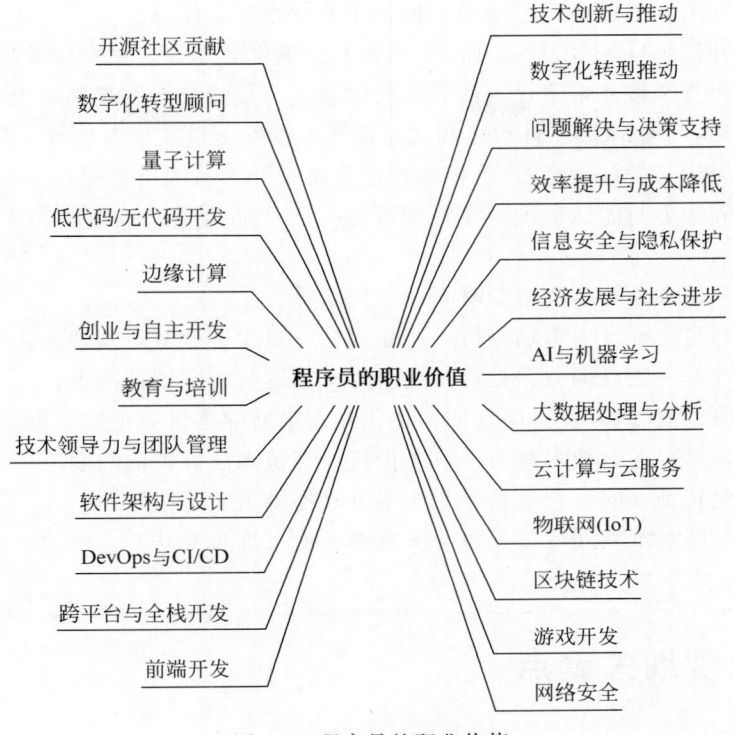

图 4-2　程序员的职业价值

解决社会问题，促进经济与社会发展。以下是具体描述以公式的形式直观地进行阐述：

（1）技术创新与推动＝引领技术革新＋编程实现软件优化＋解决方案创新＋提升效率＋提升用户体验。

（2）数字化转型＝企业自动化＋智能化＋数字化升级＋竞争力增强。

（3）问题解决与决策＝逻辑思维＋编程能力＋复杂问题分解＋数据支持＋企业决策辅助。

（4）效率与成本＝自动化工具开发＋人力成本降低＋工作效率提升＋自动化测试与部署系统。

（5）信息安全＝安全软件开发＋用户数据安全保障＋非法访问防御。

（6）经济与社会进步＝产业升级推动＋社会问题解决＋经济与社会双重发展。

（7）AI与机器学习＝算法设计＋模型训练＋需求持续增长。

（8）大数据处理＝Hadoop/Spark框架熟悉＋SQL/NoSQL技术掌握＋企业决策支持。

（9）云计算＝云平台部署与管理＋运维成本降低＋业务灵活性提升。

（10）物联网（IoT）＝嵌入式开发＋网络通信技能＋智能家居/智慧城市需求满足。

（11）区块链＝区块链原理与开发＋金融/供应链应用＋数据安全性增强。

（12）游戏开发＝游戏引擎使用＋性能优化＋游戏产业增长需求满足。

（13）网络安全＝渗透测试＋漏洞扫描＋企业网络安全保障。
（14）前端开发＝HTML/CSS/JavaScript 及前端框架掌握＋用户体验提升。
（15）跨平台与全栈＝多平台与前后端技能掌握＋集成与开发难题解决。
（16）DevOps 与 CI/CD＝自动化测试与部署＋软件交付效率与质量提高。
（17）软件架构与设计＝高效、可扩展软件系统设计＋系统质量提升。
（18）技术领导力与团队管理＝项目管理提升＋团队沟通＋决策能力＋软件开发团队领导。
（19）教育与培训＝技术心得分享＋新一代培养。
（20）创业与自主开发＝市场分析＋产品规划＋自主创业梦想实现。
（21）边缘计算＝物联网数据处理挑战应对＋延迟与带宽消耗减少。
（22）低代码/无代码开发＝底层架构优化＋高级功能提供＋定制开发服务。
（23）量子计算＝前沿技术探索＋解决传统计算机无法处理的问题。
（24）数字化转型顾问＝企业数字化转型策略提供＋实施指导。
（25）开源社区贡献＝开源项目参与＋技术交流与进步推动。

4.3　职业规划关键点

职业规划包含初期专注技术积累，中期技术与管理并重，长期追求管理岗位和多元化收入，坚持终身学习以适应行业变化。职业规划关键点如图 4-3 所示。

4.3.1　初期

职业初期通常为 3 年左右，在这期间需要打基础，专注技术学习和积累。本节内容通过以下公式简短地进行阐述：

职业规划初期＝实践与理论结合＋建立个人品牌＋职业素养培养。

（1）实践与理论结合＝项目驱动学习＋模拟实战。

项目驱动学习＝课堂学习＋实际项目/开源项目参与＋理论知识应用实践。

模拟实战＝在线编程挑战/算法竞赛＋真实工作环境模拟＋问题解决能力提升。

（2）建立个人品牌＝社交媒体影响力＋贡献开源社区。

社交媒体影响力＝GitHub/知乎/博客等平台＋技术文章/教程＋项目经验分享＋个人技术品牌建立。

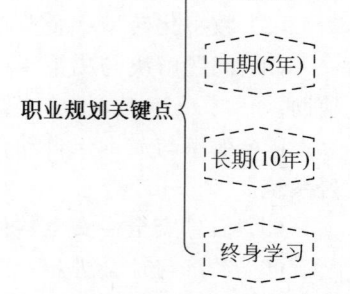

职业规划关键点 { 初期(3年) / 中期(5年) / 长期(10年) / 终身学习 }

图 4-3　职业规划关键点

贡献开源社区＝开源项目参与＋代码/文档/反馈贡献＋开源社区知名度/影响力提升。

（3）职业素养培养＝时间管理＋团队协作。

时间管理＝时间管理技巧掌握＋学习与工作平衡＋避免过度劳累。

团队协作＝团队合作项目参与＋跨性格/背景沟通与合作学习。

4.3.2 中期

职业中期通常为5年左右，在这期间需要技术与管理并重，考虑向管理岗位转型，扩展技术栈。本节内容通过以下公式简短地进行阐述：

职业规划中期＝领导力的深入培养＋技术战略眼光＋跨部门协作深化。

（1）领导力的深入培养＝情境领导力＋变革管理。

情境领导力＝团队成员情况分析＋领导风格灵活运用＋团队凝聚力/工作效率提升。

变革管理＝团队变革应对（技术升级/组织结构调整）＋确保稳定过渡。

（2）技术战略眼光＝技术趋势预测＋技术生态构建。

技术趋势预测＝行业发展趋势分析＋未来技术热点/难点预测＋技术战略制订。

技术生态构建＝技术选型/架构规划/人才培养＋公司技术生态构建/优化。

（3）跨部门协作深化＝业务流程理解＋跨部门项目领导。

业务流程理解＝其他部门业务流程/需求深入了解＋技术团队支持/服务精准化。

跨部门项目领导＝跨部门项目负责人角色＋资源协调＋项目顺利完成。

4.3.3 长期

职业长期通常为10年左右，在这期间需要持续学习，向更高层次管理岗位发展，多元化收入来源。本节内容通过以下公式简短地进行阐述：

职业规划长期＝高层决策参与＋行业影响力建设＋多元化投资与创业。

（1）高层决策参与＝战略规划与执行＋资源调配与优化。

战略规划与执行＝公司高层决策参与＋长期发展战略技术支持/建议。

资源调配与优化＝业务需求/市场变化分析＋技术资源合理分配＋团队结构/流程优化。

（2）行业影响力建设＝行业演讲与讲座＋行业协会与标准制订。

行业演讲与讲座＝行业会议/论坛演讲/讲座＋经验/见解分享＋行业影响力提升。

行业协会与标准制订＝行业协会活动参与＋技术标准制订/推广参与/主导。

（3）多元化投资与创业＝风险投资＋自主创业。

风险投资＝专业知识/人脉资源利用＋初创企业风险投资＋资本增值获取。

自主创业＝行业趋势/个人兴趣结合＋科技公司创立/技术商业化。

4.3.4 终身学习

终身学习需要建立学习网络，以自我驱动进行学习，跨界融合不同能力。本节内容通过以下公式简短地进行阐述：

终身学习＝建立学习网络＋自我驱动的学习＋跨界融合能力。
（1）建立学习网络＝学术圈交流＋企业交流。
学术圈交流＝高校/研究机构专家学者联系＋最新研究成果/技术趋势了解。
企业交流＝同行业企业技术负责人沟通＋技术心得/业务经验交流。
（2）自我驱动的学习＝兴趣导向学习＋终身学习理念。
兴趣导向学习＝个人兴趣/职业规划结合＋学习内容/方向自主选择＋学习热情/动力保持。
终身学习理念＝终身学习作为生活方式/态度＋综合素质/竞争力持续提升。
（3）跨界融合能力＝跨领域学习＋创新思维培养。
跨领域学习＝其他领域知识/技能学习（市场营销/财务管理等）＋跨界融合能力提升。
创新思维培养＝创新思维/跨界思维培养＋不同领域知识/技能融合＋新商业模式/解决方案创造。

4.4　专家路线与管理路线

程序员如果不创业或做独立开发者，则通常职业发展路线大致分两种，即专家路线与管理路线。专家路线：主要和机器打交道，专注于技术钻研，要求深厚的技术功底和持续学习新技术的能力，资深程序员通常会走这条路线。管理路线：主要和人打交道，专注于沟通协调和管理团队，需要高情商和一定的管理能力，管理路线通常涉及向上级汇报、管理团队等任务。程序员职业发展路线如图 4-4 所示。

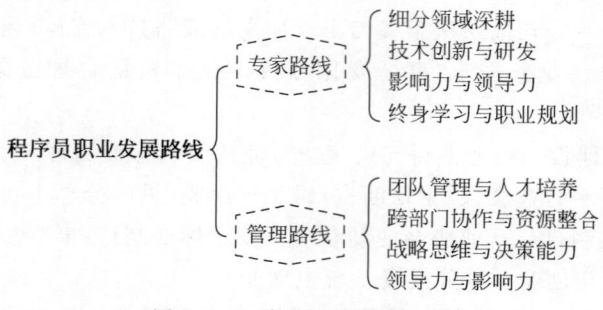

图 4-4　程序员职业发展路线

本节内容通过以下公式直观地进行阐述：

（1）专家路线包括细分领域深耕和技术创新与研发、影响力与领导力、终身学习与职业规划。

细分领域深耕＝选择细分领域＋掌握核心技术＋跟踪最新研究动态＋了解行业标准与最佳实践。

技术创新与研发＝承担技术创新与研发任务＋推动技术边界拓展＋拓展应用领域＋强烈创新意识＋团队合作与跨学科交流。

影响力与领导力＝通过技术成果树立权威＋发表技术论文＋参与开源项目＋举办技术讲座＋承担技术领导角色＋带领团队攻克难题。

终身学习与职业规划＝终身学习意识＋参加培训课程＋阅读专业书籍＋参与技术社区＋根据兴趣与职业规划选择发展方向。

（2）管理路线包括团队管理与人才培养和跨部门协作与资源整合、战略思维与决策能力、领导力与影响力。

团队管理与人才培养＝制订合理工作计划与培训计划＋激发团队成员的积极性与创造力＋关注团队成员的职业发展＋提供支持与帮助。

跨部门协作与资源整合＝跨部门协作能力＋建立良好的沟通与合作关系＋合理调配与利用资源（人力、物力、财力）。

战略思维与决策能力＝关注组织长远发展＋分析市场趋势与竞争态势＋制订发展战略与规划＋迅速做出明智决策以应对挑战与机遇。

领导力与影响力＝以言行举止与实际行动影响及激励团队成员＋树立行业领导地位＋参与行业活动＋发表专业文章以提升知名度与影响力。

4.5 从初学到成为专家的7个阶段

从初学到成为专家的7个阶段包括机会阶段、乐观阶段、深坑阶段、试错阶段、黎明的到来阶段、专业阶段及成就阶段，每个阶段都标志着技能和理解的显著提升。从初学到成为专家的7个阶段如图4-5所示。

从兴趣启蒙到专业精通，经历学习、挑战、积累与突破的各阶段，最终成为编程领域的资深专家，积极贡献于技术社区。以下是从初学到成为专家的7个阶段的具体介绍，通过以下公式直观地进行阐述：

（1）机会阶段包括明确学习目标和寻找学习资源、建立学习计划、参与社区活动。

明确学习目标＝制订（清晰、可衡量的）学习目标，如掌握XX语言基础语法、完成XX项目。

寻找学习资源＝搜索并且筛选（高质量）在线课程、教程、书籍等资源＋选择适合自己

```
从初学到成为专家的7个阶段
├── 机会阶段
├── 乐观阶段
├── 深坑阶段
├── 试错阶段
├── 黎明的到来阶段
├── 专业阶段
└── 成就阶段
```

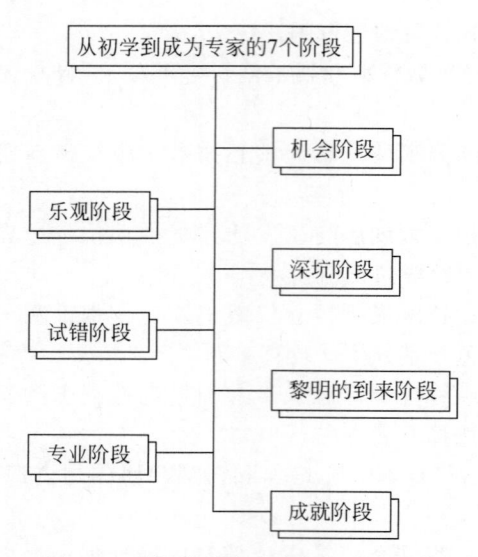

图 4-5　从初学到成为专家的 7 个阶段

的学习路径。

建立学习计划＝根据（学习目标和学习资源）制订（详细）学习计划＋包括（每日/每周）学习任务和复习计划。

参与社区活动＝加入编程社区或论坛＋参与讨论＋了解行业动态和最新技术。

（2）乐观阶段包括动手实践和记录学习笔记、参与项目、反馈与调整。

动手实践＝编写（简单）程序或参与项目＋应用所学知识＋制作网页、编写小程序。

记录学习笔记＝记录（关键概念、代码示例、遇到的问题及解决方案）＋便于日后查阅。

参与项目＝寻找机会参与（实际）项目＋开源项目、学校竞赛、实习项目＋锻炼实践能力。

反馈与调整＝定期评估学习效果＋根据反馈调整学习策略＋确保持续进步。

（3）深坑阶段包括深入学习和实践调试、建立错误日志、保持耐心。

深入学习＝针对（遇到的问题）进行深入学习＋查阅（官方文档、技术博客）或向专业人士请教。

实践调试＝通过实践调试来解决问题＋掌握（有效的）调试技巧＋断点调试、日志记录。

建立错误日志＝记录（错误信息和解决方案）＋形成错误日志库＋便于日后参考。

保持耐心＝面对困难时保持（耐心和积极心态）＋相信通过努力可以克服难题。

（4）试错阶段包括尝试新方法和寻求帮助、总结经验并进行反思。

尝试新方法＝不断尝试（新的）解决方案和技巧＋通过试错积累经验。

寻求帮助＝遇到难题时及时寻求（向导师、同事或社区）求助＋利用集体智慧解决问题。

总结与反思＝每次试错后进行总结与反思＋分析（失败原因和成功经验）＋提炼有效的学习方法和策略。

持续学习＝保持对新技术和新领域进行关注和学习＋不断提升技术水平和视野。

（5）黎明的到来阶段包括灵活运用知识和优化代码、分享经验、拓展领域。

灵活运用知识＝将所学知识（灵活运用到实际项目中）＋解决实际问题。

优化代码＝关注代码质量和性能优化＋采用最佳实践编写（高效、可维护）代码。

分享经验＝通过（撰写博客、参与技术分享会）等方式分享学习经验和成果。

拓展领域＝关注编程领域的最新动态和发展趋势＋拓展知识领域和技能边界。

（6）专业阶段包括深入研究和引领创新、培养人才、参与标准制订。

深入研究＝对某一领域进行深入研究和探索＋形成专业见解和观点。

引领创新＝关注技术创新和产业升级＋积极参与技术创新和产品研发工作。

培养人才＝通过开设课程、指导后辈等方式培养新人＋为行业输送优秀人才。

参与标准制订＝积极参与行业标准和规范的制订工作＋推动行业健康发展。

（7）成就阶段包括创业投资和社会贡献、著书立说、国际交流。

创业投资＝利用技术成果和行业经验进行（创业或投资活动）＋实现商业价值最大化。

社会贡献＝通过技术创新解决社会问题或推动公益事业发展＋为社会做出贡献。

著书立说＝撰写专业书籍或教材＋为行业提供权威知识资源和参考依据。

国际交流＝参与国际技术交流和合作活动＋提升在国际舞台上的影响力和地位。

4.6　35岁以上程序员面临的挑战

35岁以上程序员面临的挑战包括行业年轻化趋势、技术更新换代快、职业发展路径选择、身体健康问题、求职难度增加及外包工作的局限性。35岁以上程序员面临的挑战如图4-6所示。

软件开发行业年轻化趋势加剧了35岁以上程序员的竞争压力，在求职过程中可能会遭遇薪资期望与招聘偏好年轻程序员的现实冲突，以下是具体表现。

（1）行业年轻化趋势：软件开发行业趋向年轻化，35岁以上程序员面临更多竞争。

（2）技术更新换代快：需要不断学习新技术，保持技术栈更新。

（3）职业发展路径选择：需要在技术路线和管理路线之间做出选择。

（4）身体健康问题：长时间加班和高强度工作对身体健康来讲是挑战。

（5）求职难度增加：期望薪资提高，但一些公司可能更倾向于招聘年轻程序员。

（6）外包工作的局限性：核心技术和架构方面的提升可能有限。

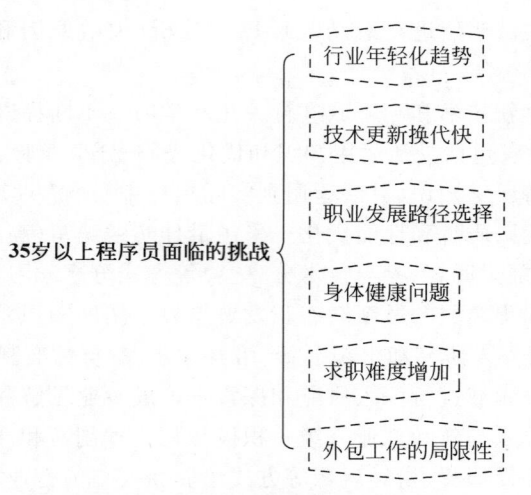

图 4-6　35 岁以上程序员面临的挑战

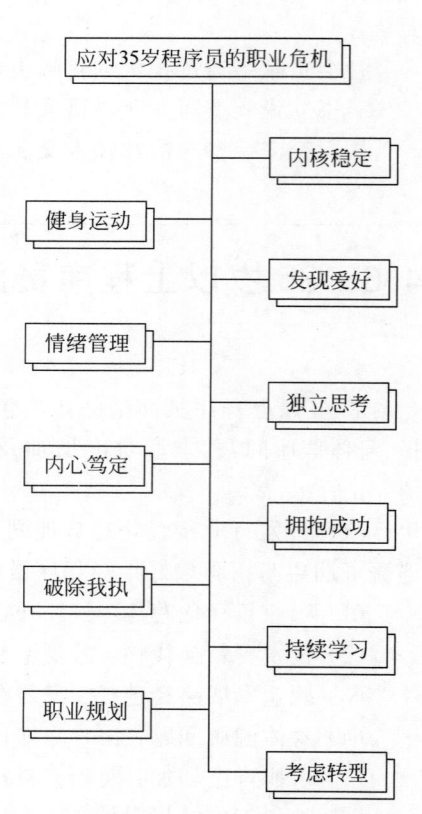

4.7　应对 35 岁程序员的职业危机

应对 35 岁程序员职业危机要保持内核稳定、注重健康、培养爱好、有效管理情绪、坚持独立思考、内心笃定、拥抱成功、破除我执、持续学习，明确职业规划，考虑转型以应对行业变化。应对 35 岁程序员的职业危机如图 4-7 所示。

面对 35 岁程序员的职业危机，本节提供了一系列应对策略，包括保持内核稳定、注重健康、培养爱好、有效管理情绪、坚持独立思考、内心笃定、拥抱成功、破除我执、持续学习、明确职业规划及考虑转型。这些策略能帮助程序员在职业生涯中保持竞争力，应对行业变化。应对 35 岁程序员的职业危机的具体策略如下。

（1）内核稳定：内核稳定的人目标感强，做事高效。内核不稳定的人容易焦虑和不安。

（2）健身运动：管理好身材，保持健康。运动可带来自信和正向能量循环。

（3）发现爱好：培养可以长期坚持的爱好。不需要坚持的爱好才是真正的爱好。

（4）情绪管理：不轻易外露情绪，不到处诉苦。不

图 4-7　应对 35 岁程序员的职业危机

轻易相信刚认识的人,不对谁都充满期待。

(5) 独立思考:学会自我控制,避免情绪失控。保持精神自由和独立思考。

(6) 内心笃定:大大方方做事,气场自然强大。挺直腰背,眼神坚定,展现贵气感。

(7) 拥抱成功:不害怕抛头露面、出丑和承担责任。勇敢面对成功。

(8) 破除我执:明白人生是一场体验,没有非得到不可的东西。失去与得到是相互的,放下执念。

(9) 持续学习:技能更新,保持技术前沿,多元化技能发展。

(10) 职业规划:选择技术或管理路线,提升软技能,提升行业影响力,拓展职业网络。

(11) 考虑转型:建立个人品牌、人脉关系,结合技术和其他技能,发展副业。

4.8 保持技术更新和持续成长

通过关注技术动态、深入底层源码学习、保持谦虚心态、制订学习计划、实践项目、知识付费及保持身体健康等多维度策略,促进个人在技术领域的持续成长和进步。程序员如何保持技术更新和持续成长如图 4-8 所示。

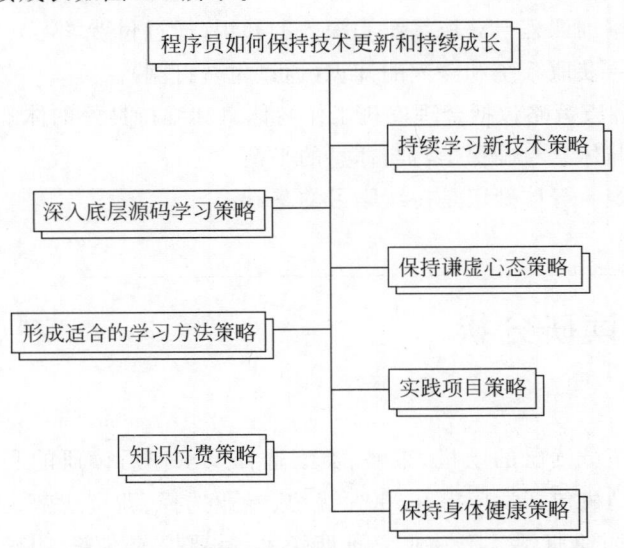

图 4-8 程序员如何保持技术更新和持续成长

本节探讨如何通过多维度策略促进个人在技术领域的持续成长和进步。关注技术动态、深入底层源码学习、保持谦虚心态、制订学习计划、实践项目、知识付费及保持身体健康等方面,为读者提供实用的建议和公式,帮助大家在技术领域不断更新知识,实现职业发展。通过以下公式直观地进行阐述：

（1）持续学习新技术策略包括关注技术动态和参与技术交流活动。

关注技术动态＝关注技术社区＋关注新闻网站。

参与技术交流活动＝参加技术研讨会＋参加技术讲座＋参加技术会议＋与专家和同行交流。

（2）深入底层源码学习策略包括学习技术底层原理和阅读开源项目源码。

学习技术底层原理＝理解技术本质。

阅读开源项目源码＝了解优秀项目设计和实现。

（3）保持谦虚心态策略包括保持开放和谦虚和参与技术讨论和请教。

保持开放和谦虚＝愿意接受新知识和不同观点。

参与技术讨论和请教＝加入技术群或论坛＋参与讨论＋向技术专家请教。

（4）形成适合的学习方法策略包括制订学习计划、系统学习和总结知识。

制订学习计划＝安排固定学习时间。

系统学习和总结知识＝阅读技术书籍＋观看教学视频＋编写博客。

（5）实践项目策略包括将新技术应用于实际项目和提高实战能力。

将新技术应用于实际项目＝将理论知识转换为实践经验。

提高实战能力＝参与开源项目＋自己开发项目。

（6）知识付费策略包括选择高质量的培训课程和订阅技术专栏。

选择高质量的培训课程＝获取系统和深入的知识（通过付费学习）。

订阅技术专栏＝获取系统和深入的知识（通过付费订阅）。

（7）保持身体健康策略包括合理安排工作与休息和维持良好的体魄。

合理安排工作与休息＝确保学习与休息的平衡。

维持良好的体魄＝身体健康是持续学习的基础。

4.9　程序员读研分析

本节分析了程序员读研的动机、策略、类型选择及工作后读研的利弊，提出综合建议。程序员读研的主要动机包括学历提升、平台优势、专业选择、薪资优势、人脉资源积累、学术与职业发展及突破职业瓶颈。跨专业考研难度大，需要提前准备、明确目标、制订计划、获取资源、寻求帮助及做好心理准备。学硕与专硕在培养目标、学习内容、导师指导、考试难度、就业前景、学制学费及读博机会等方面存在差异。工作后读研的利弊并存，利包括明确目标、实践经验丰富、职业提升显著、人脉积累广泛及自我提升明显，弊则包括经济压力、时间成本、年龄压力、心理压力及机会成本等。

4.9.1 程序员读研的主要动机

程序员读研的动机包括提升学历、利用平台优势、选择更契合职业发展的专业、获得薪资优势、积累人脉资源、促进学术与职业发展，以及突破职业瓶颈。程序员读研的主要动机如图4-9所示。

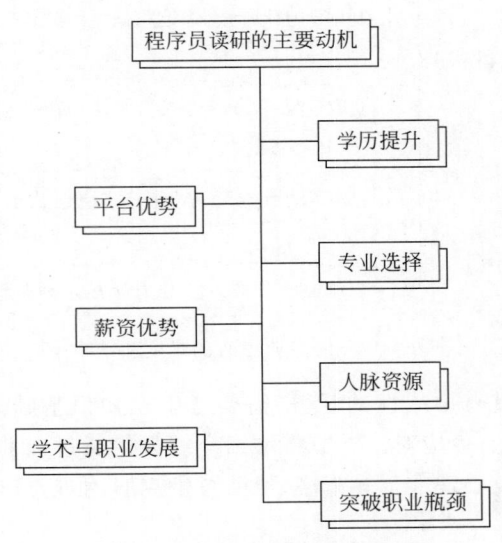

图4-9 程序员读研的主要动机

程序员选择读研的动机多种多样，包括提升学历、利用名校平台优势、选择更契合职业发展的专业、获得薪资优势、积累人脉资源、促进学术与职业发展，以及突破职业瓶颈，以下是具体表现。

学历提升：985硕士学历有助于通过大公司简历筛选，满足一些大厂的最低要求。

平台优势：名校提供更多与大公司接触的机会，如宣讲会和内推。

专业选择：读研可以转换到更契合未来职业方向的专业。

薪资优势：硕士毕业生的起薪通常高于本科生。

人脉资源：读研期间可以积累宝贵的师兄师姐等人脉资源。

学术与职业发展：提供深入学习和研究的机会。

突破职业瓶颈：为遇到升职瓶颈的程序员提供新的起点。

4.9.2 跨专业考研的难度和策略

跨专业考研难度大，面对知识基础薄弱、竞争激烈和时间压力，通过提前准备、明确目标、制订计划、获取资源、寻求帮助及心理准备等策略可有效应对。跨专业考研的难度和策略如图4-10所示。

```
                            ┌ 提前准备=深入了解目标专业+自我评估+时间规划
                            │
                            │ 明确目标=专业选择+目标院校+成绩目标
                            │
                            │ 制订学习计划=分阶段学习+科目安排+复习方法
跨专业考研的难度和策略 ┤
                            │ 获取资源=官方资料+专业书籍+网络资源+学长学姐经验
                            │
                            │ 寻求帮助=建立学习小组+请教专业人士+参加辅导班
                            │
                            └ 心理准备=积极心态+压力管理+心理调适
```

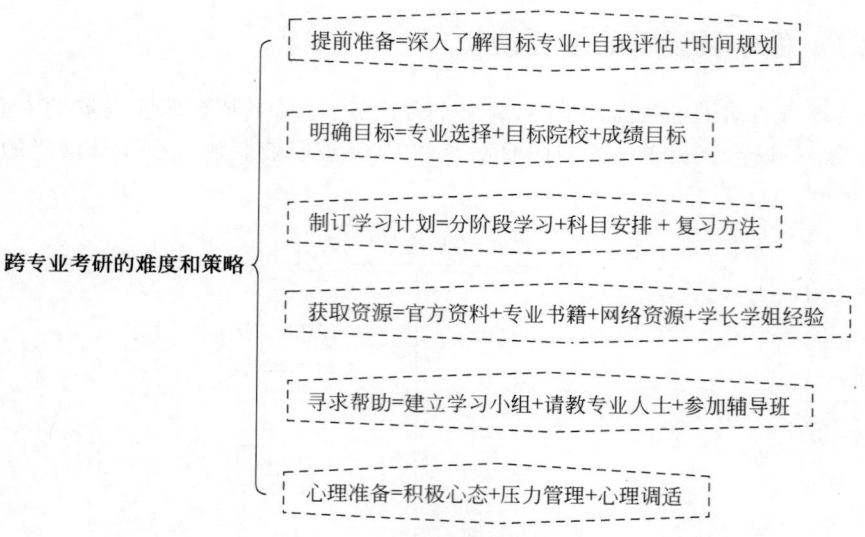

图 4-10　跨专业考研的难度和策略

跨专业考研是一项具有挑战性的任务，需要考生在知识基础薄弱、竞争激烈和时间压力下，通过一系列策略来有效应对。本节将详细介绍如何通过提前准备、明确目标、制订计划、获取资源、寻求帮助及心理准备等策略，帮助考生克服困难，成功跨考，具体细节通过以下公式直观地进行阐述：

（1）提前准备＝深入了解目标专业＋自我评估＋时间规划。

深入了解目标专业＝基本书设置＋考试内容＋最新研究方向＋行业趋势＋未来就业前景。

自我评估＝明确知识空白＋明确技能短板。

时间规划＝长期备考时间表＋短期备考时间表＋明确阶段任务＋明确阶段目标。

（2）明确目标＝专业选择＋目标院校＋成绩目标。

专业选择＝个人兴趣＋职业规划＋市场需求＋避免盲目跟风。

目标院校＝实际情况＋专业特点＋招生政策＋录取比例＋复试要求。

成绩目标＝挑战性＋可行性＋科目成绩目标。

（3）制订学习计划＝分阶段学习＋科目安排＋复习方法。

分阶段学习＝基础阶段＋强化阶段＋冲刺阶段＋阶段任务＋阶段目标。

科目安排＝难易程度＋个人掌握情况＋学习顺序＋时间分配＋优先攻克难点和弱项。

复习方法＝阅读教材＋做笔记＋做习题＋参加讨论。

（4）获取资源＝官方资料＋专业书籍＋网络资源＋学长学姐经验。

官方资料＝教育部官网＋院校官网＋考试政策＋大纲＋真题。

专业书籍＝权威书籍＋知识点准确性＋知识点全面性。

网络资源＝在线课程＋学习平台＋考研论坛＋学习资料＋交流机会。

学长学姐经验＝成功跨考者＋备考注意事项＋备考技巧。

(5) 寻求帮助＝建立学习小组＋请教专业人士＋参加辅导班。
建立学习小组＝志同道合的考生＋共同学习＋讨论＋解决问题。
请教专业人士＝老师＋辅导员＋专业人士＋专业指导＋专业建议。
参加辅导班＝报名＋考研辅导班或网课＋系统指导＋系统训练。
(6) 心理准备＝积极心态＋压力管理＋心理调适。
积极心态＝乐观＋自信＋克服困难＋取得成功。
压力管理＝运动＋听音乐＋看电影＋放松＋调节。
心理调适＝接受挫折＋吸取教训＋保持平和＋调整状态＋适应备考需要。

4.9.3 学硕与专硕的主要区别

学硕与专硕的区别主要表现在培养目标、学习内容、导师指导、考试难度、就业前景、学制学费及读博机会等方面，学硕偏重学术，专硕偏重实践。学硕与专硕的主要区别如图 4-11 所示。

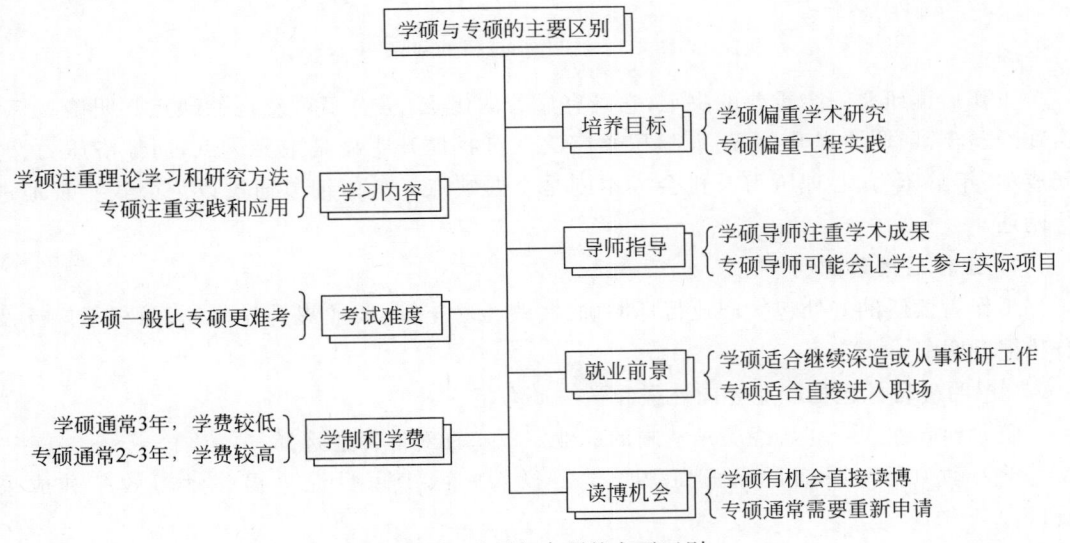

图 4-11 学硕与专硕的主要区别

本节将探讨学硕与专硕在培养目标、学习内容、导师指导、考试难度、就业前景、学制学费及读博机会等方面的区别，通过对比分析，帮助学生选择最适合自己的研究生教育路径，以下是具体情况的对比。

(1) 培养目标：学硕偏重学术研究，专硕偏重工程实践。
(2) 学习内容：学硕注重理论学习和研究方法，专硕注重实践和应用。
(3) 导师指导：学硕导师注重学术成果，专硕导师可能会让学生参与实际项目。
(4) 考试难度：学硕一般比专硕更难考。
(5) 就业前景：学硕适合继续深造或从事科研工作，专硕适合直接进入职场。

(6) 学制和学费：学硕通常 3 年，学费较低；专硕通常 2～3 年，学费较高。

(7) 读博机会：学硕有机会直接读博，专硕通常需要重新申请。

4.9.4 工作后读研的利弊

工作后读研的利弊并存，利包括明确目标、实践经验丰富、职业提升显著、人脉积累广泛及自我提升明显，弊则包括经济压力、时间成本、年龄压力、心理压力及机会成本等。工作后读研的利弊如图 4-12 所示。

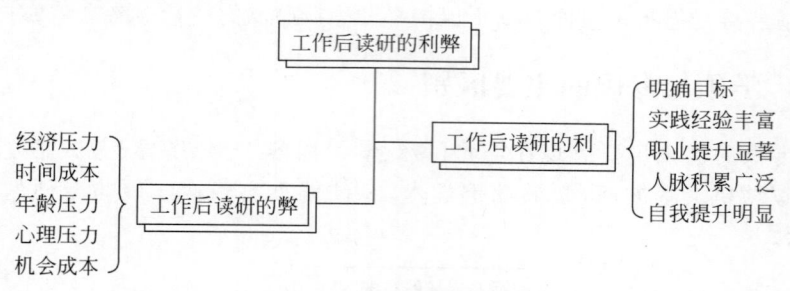

图 4-12 工作后读研的利弊

工作后读研是一个重要的决定，它既有显著的优点，也有不可忽视的缺点。明确目标、实践经验丰富、职业提升显著、人脉积累广泛及自我提升明显是主要优点，而经济压力、时间成本、年龄压力、心理压力及机会成本则是主要缺点。具体细节通过以下公式直观地进行阐述。

1. 工作后读研的利

工作后读研的好处包括职业目标明确、实践经验丰富、职业提升显著、人脉积累广泛及自我提升明显。

(1) 明确目标包括职业导向性强和学习动力足。

职业导向性强＝职场经验＋清晰的职业定位＋针对性专业选择。

学习动力足＝明确目标＋高效的学习投入＋减少盲目性＋提高学习效率和成果质量。

(2) 实践经验丰富包括理论与实践结合、问题解决能力强。

理论与实践结合＝工作经验＋案例素材＋深化专业知识理解和应用能力。

问题解决能力强＝实践经验＋多角度分析＋切实可行的解决方案。

(3) 职业提升显著包括学历提升、职位晋升。

学历提升＝研究生学历＋求职市场竞争力提升。

职位晋升＝高学历＋更快的晋升速度＋更高的职位级别。

(4) 人脉积累广泛包括校友资源、导师及行业专家。

校友资源＝读研期间结识＋不同行业不同背景的优秀人才。

导师及行业专家＝学术指导＋实习就业或项目合作机会。

(5) 自我提升明显包括综合素质提升、视野拓宽。
综合素质提升＝专业知识学习＋团队协作＋沟通＋创新能力锻炼。
视野拓宽＝接触前沿学术成果＋行业动态＋敏锐度增强。

2．工作后读研的弊

工作后读研的弊端有经济压力、时间成本、年龄压力、心理压力和机会成本。
(1) 经济压力包括学费、生活费，以及收入减少。
学费及生活费＝读研开销＋经济负担。
收入减少＝放弃或部分放弃工作收入＋经济压力增加。
(2) 时间成本包括学业与工作平衡和长期投入。
学业与工作平衡＝花费大量时间精力＋影响工作生活平衡。
长期投入＝两到三年读研时间＋无法全身心投入其他领域。
(3) 年龄压力包括职场竞争和家庭责任。
职场竞争＝年龄增长＋职场竞争加剧＋同龄人成就对比。
家庭责任＝已婚或有子女＋学业与家庭责任冲突。
(4) 心理压力包括学业压力和未来不确定性。
学业压力＝繁重学业任务＋心理压力增加。
未来不确定性＝职业发展和就业前景不确定性＋心理负担。
(5) 机会成本包括职业发展停滞和其他投资损失。
职业发展停滞＝放弃工作或职业发展机会＋错失职业晋升机会或项目经验。
其他投资损失＝资金时间投入读研＋放弃其他投资或发展机会（如创业、旅行、进修其他技能）。

4.9.5 综合建议

综合建议强调提前规划、选择与目标相符的专业和学校，利用读研机会积累人脉和实践经验，促进个人职业发展。综合建议如图 4-13 所示。

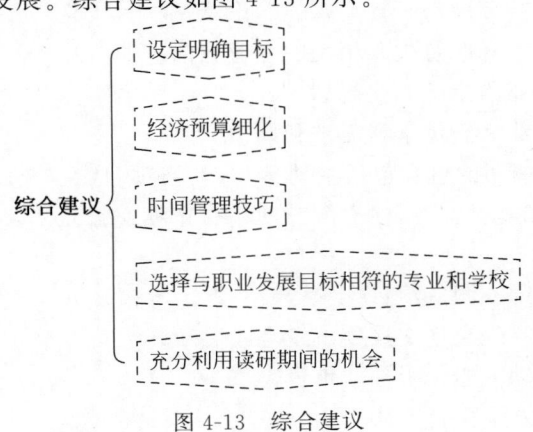

综合建议
- 设定明确目标
- 经济预算细化
- 时间管理技巧
- 选择与职业发展目标相符的专业和学校
- 充分利用读研期间的机会

图 4-13 综合建议

本节为研究生提供职业发展指导，通过提前规划、选择与目标相符的专业和学校、积累人脉和实践经验来促进个人职业发展。建议包括设定明确目标、经济预算细化、时间管理技巧、选择与职业发展目标相符的专业和学校及充分利用读研期间的机会。具体细节通过以下公式直观地进行阐述：

（1）设定明确目标包括 SWOT 分析和 SMART 原则。

SWOT 分析＝自我评估（Strengths（优势）、Weaknesses（劣势）、Opportunities（机会）和 Threats（威胁））。

SMART 原则＝Specific（具体性）＋Measurable（可衡量性）＋Achievable（可实现性）＋Relevant（相关性）＋Time-bound（时限性）。

（2）经济预算细化包括列出所有费用和制订预算表、设立应急储备金。

列出所有费用＝学费＋住宿费＋书籍资料费＋交通费＋生活费。

制订预算表＝每月/每年预算 vs. 预期收入。

设立应急储备金＝应对突发经济支出。

（3）时间管理技巧包括优先级排序和时间块分配、使用工具辅助。

优先级排序＝艾森豪威尔矩阵（重要性 vs. 紧急性）。

时间块分配＝将固定时间块分配给不同的任务。

使用工具辅助＝日历＋提醒事项＋时间管理 App。

（4）选择与职业发展目标相符的专业和学校包括行业调研（阅读行业报告＋参加行业会议＋网络搜索与社交媒体）和学校评估（师资力量＋科研实力＋学生评价与反馈）、专业匹配（兴趣与热情＋职业发展路径＋课程设置与教学方法）。

阅读行业报告＝权威机构发布的白皮书、研究报告。

参加行业会议＝线上/线下会议、研讨会。

网络搜索与社交媒体＝搜索引擎＋社交媒体平台。

师资力量＝学术背景＋研究成果＋教学经验。

科研实力＝科研项目＋实验室设施＋科研成果。

学生评价与反馈＝官方网站＋社交媒体＋论坛。

兴趣与热情＝感兴趣且愿意投入精力的专业方向。

职业发展路径＝就业前景＋职业规划。

课程设置与教学方法＝满足学习需求和期望。

（5）充分利用读研期间的机会包括主动参与（科研项目参与＋学术会议与研讨会＋学生组织与社团活动）和拓宽社交圈（建立人脉网络＋定期交流）、实习与兼职（目标明确＋积极表现＋反馈与总结）。

科研项目参与＝导师或团队项目。

学术会议与研讨会＝提交论文摘要＋发言或展示。

学生组织与社团活动＝担任干部或负责人。

建立人脉网络＝校友会＋行业协会。

定期交流＝导师＋同学＋业界专家。
目标明确＝符合职业规划的岗位。
积极表现＝完成任务＋展示能力。
反馈与总结＝沟通反馈意见＋总结经验教训。

4.10　二线与一线城市的职业发展

二线城市与一线城市的程序员的职业发展在薪资、职业机会、技术发展、职业路径、生活成本和竞争压力等方面存在显著差异，一线城市的职业发展普遍更优但生活成本更高，二线城市的生活成本则相对较低但职业路径受限。二线与一线城市的职业发展如图 4-14 所示。

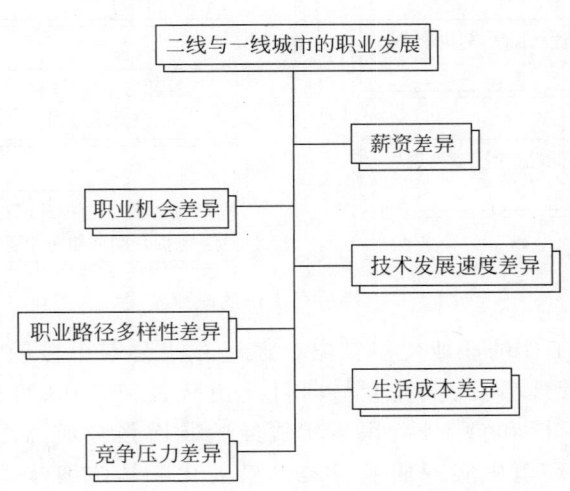

图 4-14　二线与一线城市的职业发展

二线城市与一线城市在程序员职业发展方面的差异，包括薪资、职业机会、技术发展、职业路径、生活成本和竞争压力等方面。这些差异对程序员的职业规划和选择具有重要影响。以下是二线城市与一线城市程序员职业发展的对比。

薪资：一线城市高，二线城市较低。
职业机会：一线城市多，二线城市少。
技术发展：一线城市快，二线城市慢。
职业路径：一线城市职业路径多样化，可选择纯技术或管理路线；二线城市由于薪资上限低，程序员往往需向管理岗位发展。
生活成本：一线城市高，二线城市低。

竞争压力：一线城市大，二线城市小但仍需学习。

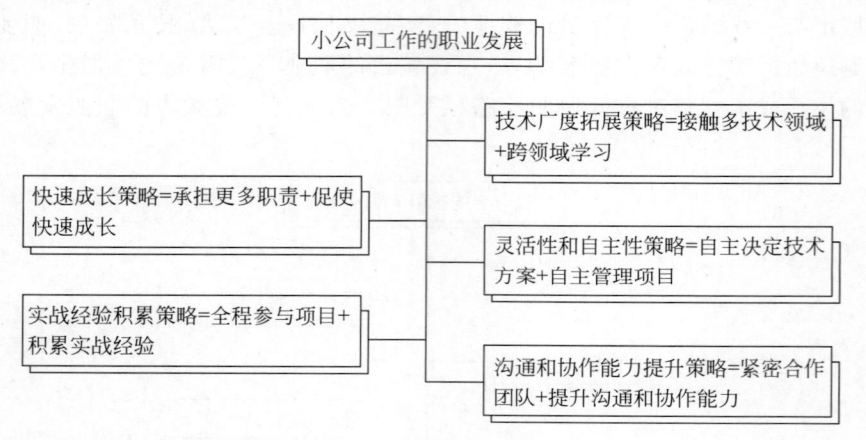

4.11 小公司工作的职业发展

小公司工作的职业发展涉及技术广度拓展、快速成长、灵活性和自主性、实战经验积累及沟通和协作能力提升等策略，通过多领域接触、承担多重职责、自主决策和管理项目、全程参与项目及紧密团队合作实现。小公司工作的职业发展如图4-15所示。

```
小公司工作的职业发展
├── 技术广度拓展策略=接触多技术领域+跨领域学习
├── 快速成长策略=承担更多职责+促使快速成长
├── 灵活性和自主性策略=自主决定技术方案+自主管理项目
├── 实战经验积累策略=全程参与项目+积累实战经验
└── 沟通和协作能力提升策略=紧密合作团队+提升沟通和协作能力
```

图 4-15　小公司工作的职业发展

本节介绍小公司工作的职业发展策略。通过在小公司中接触多技术领域、承担多重职责、自主决策和管理项目、全程参与项目及团队紧密合作，可以拓展技术广度、实现快速成长、提升灵活性和自主性、积累实战经验及增强沟通和协作能力。这些策略有助于个人在小公司环境中实现职业发展的最大化。具体细节通过以下公式直观地进行阐述：

（1）技术广度拓展策略＝接触多技术领域＋跨领域学习。

接触多技术领域＝接触产品领域＋接触测试领域＋接触部署领域＋接触服务器运维领域。

跨领域学习＝学习各领域知识＋提升技术广度。

（2）快速成长策略＝承担更多职责＋促使快速成长。

承担更多职责＝在小公司人手有限的情况下承担多重角色。

促使快速成长＝通过实践和挑战快速成长。

（3）灵活性和自主性策略＝自主决定技术方案＋自主管理项目。

自主决定技术方案＝根据需求选择最适合的技术方案。

自主管理项目＝自主决定项目管理方式和流程。

(4)实战经验积累策略＝全程参与项目＋积累实战经验。
全程参与项目＝从项目开始到结束全程参与。
积累实战经验＝通过实际项目积累丰富的经验。
(5)沟通和协作能力提升策略＝团队紧密合作＋提升沟通和协作能力。
团队紧密合作＝与不同职能的团队成员紧密合作。
提升沟通和协作能力＝通过团队合作提升沟通和协作技巧。

4.12 外包经历对职业发展的影响

外包经历对职业发展有多方面的影响，包括拓展技术广度、提升项目管理能力，但也可能会导致职业稳定性差、技术深度受限、缺乏明确的职业发展方向、薪资和福利待遇有限及工作压力大等问题。外包经历对职业发展的影响如图4-16所示。

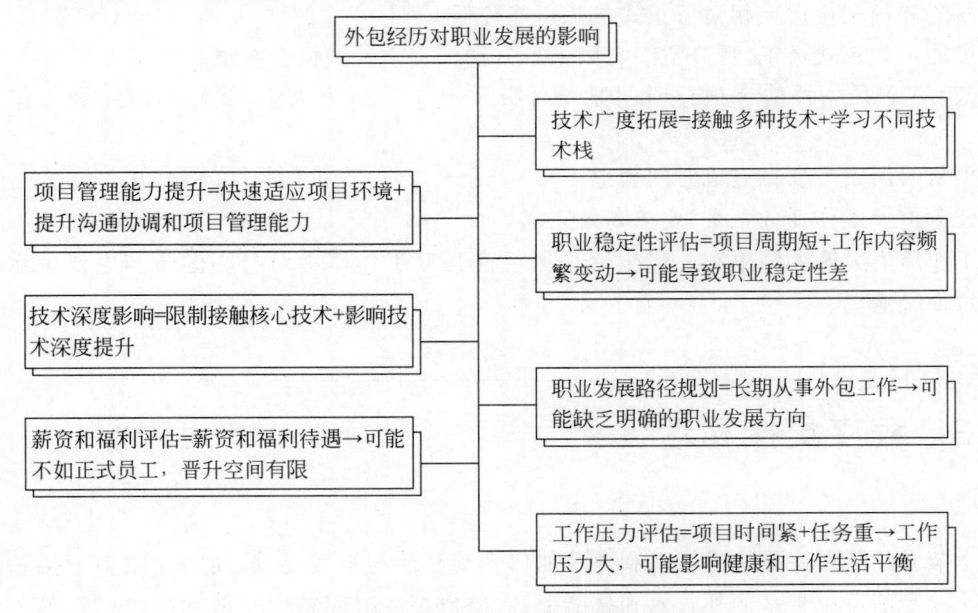

图4-16 外包经历对职业发展的影响

本节介绍了外包经历对职业发展的多方面影响，包括技术广度和项目管理能力的提升，以及职业稳定性、技术深度、职业发展方向、薪资福利和工作压力等方面的问题。具体细节通过以下公式直观地进行阐述：
(1)技术广度拓展＝接触多种技术＋学习不同技术栈。
接触多种技术＝涉及多种技术和业务领域。

学习不同的技术栈＝有助于学习和掌握不同的技术体系。
（2）项目管理能力提升＝快速适应项目环境＋提升沟通协调和项目管理能力。
快速适应项目环境＝针对不同的项目环境和客户需求进行快速调整。
提升沟通协调和项目管理能力＝通过实践提升沟通协调和项目管理技巧。
（3）职业稳定性评估＝项目周期短＋工作内容频繁变动→可能会导致职业稳定性差。
项目周期短＝项目持续时间较短，变化较快。
工作内容频繁变动＝工作任务和职责经常发生变化。
（4）技术深度影响＝限制接触核心技术＋影响技术深度提升。
限制接触核心技术＝程序员接触核心技术和架构的机会有限。
影响技术深度提升＝缺乏深入研究和掌握核心技术的机会。
（5）职业发展路径规划＝长期从事外包工作→可能缺乏明确的职业发展方向。
长期从事外包工作＝长时间从事外包项目或合同工作。
可能缺乏明确的职业发展方向＝缺乏清晰的职业晋升和成长路径。
（6）薪资和福利评估＝薪资和福利待遇→可能不如正式员工，晋升空间有限。
薪资和福利待遇＝相对于正式员工可能较低。
可能不如正式员工，晋升空间有限＝晋升和薪资增长的机会有限。
（7）工作压力评估＝项目时间紧＋任务重→工作压力大，可能影响健康和工作生活平衡。
项目时间紧＝项目完成时间紧迫。
任务重＝工作任务繁重，要求高效完成。
工作压力大影响健康和工作生活平衡＝高强度工作压力对身心健康和工作生活平衡产生负面影响。

4.13 程序员接私活

本节介绍了程序员接私活的利弊及如何平衡私活与自我提升，同时介绍多个接私活的平台。接私活可以带来额外收入和技能提升，但也存在时间精力分散和法律风险等负面影响。通过合理规划时间和选择合适的平台，可以在不影响主业的情况下有效地提升自身技能。

4.13.1 接私活的好处

程序员接私活的好处包括额外收入、技能提升、保持技术熟练度、增加工作经验、灵活的工作时间、拓展人脉及自主选择项目，这些可以帮助个人职业发展和增长收入。程序员接私活的好处如图 4-17 所示。

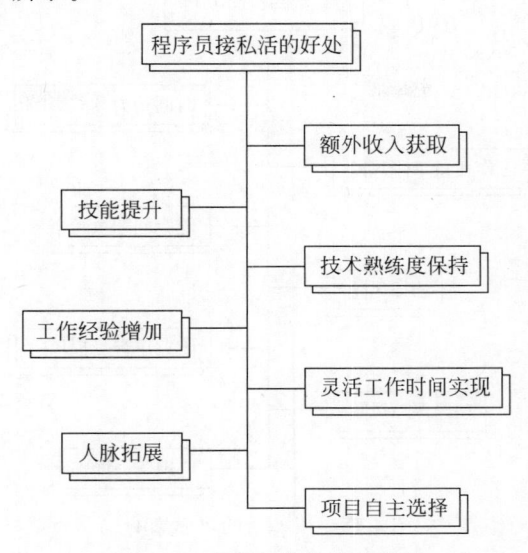

图 4-17 程序员接私活的好处

程序员接私活不仅能增加额外收入,还能提升技能、拓展人脉和自主选择项目,有助于职业发展和收入增长,具体细节如下。

(1) 额外收入获取:在主业收入有限或需要额外资金的情况下能提供额外的收入来源。

(2) 技能提升:有助于提升技术能力和解决实际问题的能力,接触到不同的项目和开发环境。

(3) 技术熟练度保持:避免长时间不接触新技术。

(4) 工作经验增加:对职业发展有积极影响,能丰富简历。

(5) 灵活工作时间实现:根据自身时间安排承接项目,需要平衡工作和生活。

(6) 人脉拓展:有机会与不同的人合作,拓展人际关系网。

(7) 项目自主选择:根据兴趣和专长选择项目。

4.13.2 接私活的负面影响

接私活的负面影响包括时间精力分散影响主业表现、工作质量下降风险、健康问题风险、法律风险、职业声誉受损风险、缺乏保障风险及心理压力增加。接私活的负面影响如图 4-18 所示。

本节介绍接私活可能带来的负面影响,包括时间精力分散、工作质量下降、健康问题、法律风险、职业声誉受损、缺乏保障及心理压力增加。这些影响可能会对个人的主业表现、职业发展和身心健康产生不利影响。具体细节通过以下公式直观地进行阐述:

(1) 时间精力分散影响=大量时间消耗+精力分散+主业工作表现下降+职业发展

```
                    ┌─ 接私活的负面影响 ─┐
                    │                    │
                    │                    ├─ 时间精力分散影响
                    │                    │
   工作质量下降风险 ─┤                    ├─ 健康问题风险
                    │                    │
      法律风险 ─────┤                    ├─ 职业声誉受损风险
                    │                    │
    缺乏保障风险 ───┘                    └─ 心理压力增加
```

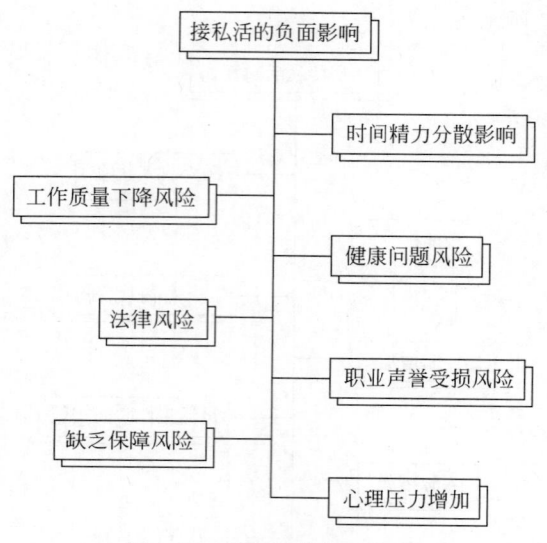

图 4-18 接私活的负面影响

受阻。

（2）工作质量下降风险＝主业工作质量降低＋私活工作质量降低。

（3）健康问题风险＝长时间工作＋高压力＋健康状况受损（如过度疲劳、缺乏运动）。

（4）法律风险＝潜在利益冲突＋可能面临的法律风险。

（5）职业声誉受损风险＝工作时间过长＋主业工作失误增加＋职业声誉下降＋未来发展受阻。

（6）缺乏保障风险＝无正式合同＋无保障＋拖欠工资风险＋项目取消风险。

（7）心理压力增加＝主业与私活双重压力＋心理压力累积。

4.13.3　平衡接私活与提升自身技能的建议

平衡接私活与提升自身技能包括合理规划时间、选择能提升技能的私活项目、设定明确的学习目标、利用碎片时间学习、定期评估和调整计划、参加行业活动、保持健康生活方式及寻求导师或同伴共同进步。平衡接私活与提升自身技能的建议如图 4-19 所示。

如何在忙碌的工作中平衡接私活与提升自身技能？本节将提供一些建议，帮助读者有效地规划时间，选择合适的私活项目，设定学习目标，保持健康的生活方式。具体细节通过以下公式直观地进行阐述：

（1）合理规划时间＝制订时间表＋分配时间（主业工作，私活，自我提升）。

（2）选择私活项目＝选择（私活项目）where（项目能提升技能）。

（3）设定学习目标＝设定（明确目标），例如每月学习新技术或完成在线课程。

（4）利用碎片时间＝利用等车、休息等时间进行学习。

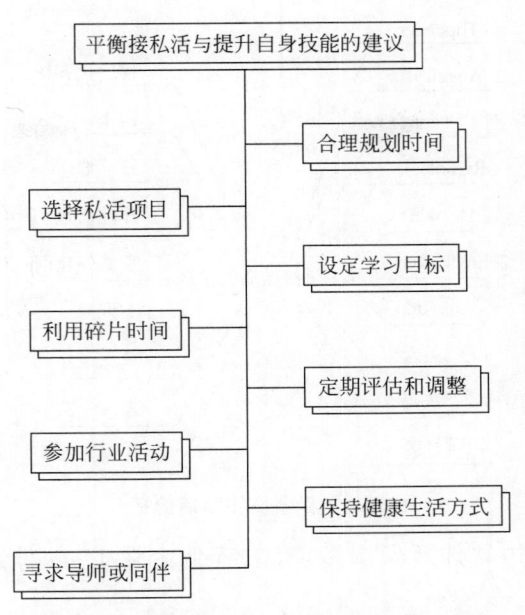

图 4-19 平衡接私活与提升自身技能的建议

（5）定期评估和调整＝定期评估（时间）＋合理安排（学习进度）＋根据实际情况（调整）。

（6）参加行业活动＝参加（技术研讨会、讲座、技术交流）＋结识（专家）＋学习（新知识）。

（7）保持健康生活方式＝保持（良好作息和饮食习惯）＋拥有（足够精力和体力）去（平衡工作和学习）。

（8）寻求导师或同伴＝寻找（经验丰富的导师或学习伙伴）＋共同（进步）。

4.13.4　接私活的平台

本节介绍了多个提供云端工作机会、软件开发服务和自由职业者平台的网站，从入门级到高端市场的不同需求，帮助程序员、设计师等找到适合的远程工作或兼职机会。程序员接私活的平台如图 4-20 所示。

程序员接私活的平台：从云端工作机会到软件开发、运维等服务的不同平台，为程序员提供丰富的兼职和自由工作选择。

（1）程序员客栈：提供云端工作机会，包括自由工作、远程工作和兼职工作，适合中高端程序员、产品经理和设计师等。

（2）码市：由 CODING 推出的互联网软件外包服务平台，连接需求方与开发者，快速完成项目开发。

（3）猪八戒网：服务中小微企业的人才共享平台，主要适合入门级项目，不适合专业程序员。

```
         Topcoder
       AngelList              程序员客栈
         Toptal               码市
       Remoteok               猪八戒网
       Dribbble               开源众包
      Freelancer              智城外包网
                 程序员接私活的平台
        Upwork                实现网
         英选                  猿急送
         快码                  人人开发
       电鸭社区                 开发邦
```

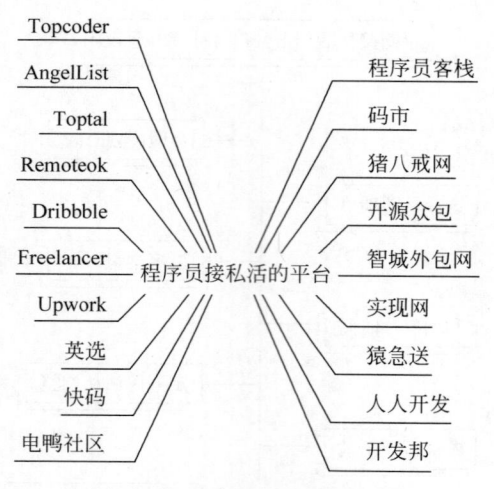

图 4-20　程序员接私活的平台

（4）开源众包：提供软件开发服务，有效降低企业 IT 软件开发成本，主要以众包为主。

（5）智城外包网：聚合全国软件团队资源，官方认证，零交易佣金，提供软件开发、运维等服务。

（6）实现网：互联网工程师兼职平台，解决创业公司招人难、成本高等问题，提供 BAT 等名企背景的兼职人才。

（7）猿急送：汇聚知名互联网公司的技术、设计、产品，提供一对一解决方案。

（8）人人开发：提供企业管理软件服务，基于可视化快速开发平台，应用市场提供应用产品、插件的在线试用和销售。

（9）开发邦：提供互联网软件技术开发与咨询服务，核心成员具有十年以上软件开发经验。

（10）电鸭社区：帮助更多人走上自由工作之路，分布式组织，通过分享及行动带来积极影响。

（11）快码：提供更快速、更高性价比的软件开发服务。

（12）英选：提供可信赖的软件外包服务，平台以定制开发外包服务为主。

（13）Upwork：全球最大的综合类人力外包服务平台，聚集来自全球各地的自由工作者。

（14）Freelancer：工作类型覆盖多个领域，包括从程序开发到市场营销等。

（15）Dribbble：全球最受欢迎的设计师社区之一，也是设计师寻找远程工作的好去处。

（16）Remoteok：提供兼职、全职、签署合同类和实习类的工作。

（17）Toptal：高端自由职业者平台，适合有经验的远程工作者。

（18）AngelList：主要服务于初创公司和天使投资人的平台，提供远程工作机会。

（19）Topcoder：通过算法比赛吸引世界顶级程序员。

4.14 提升自身技能

本节介绍了程序员如何通过提升自身技能实现职业发展的具体方法和途径。通过参加培训、持续学习新技术、提高问题解决能力和团队合作技能，快速适应变化，应对项目挑战。此外，勇于接受挑战、担任更具挑战性的职位及为社会做出贡献也是提升自身技能的重要方式。

4.14.1 提升技术能力

本节介绍了如何通过多种途径提升技术能力，包括参加培训、持续学习新技术、提高问题解决能力和团队合作技能，应对快速变化的项目挑战。提升技术能力如图 4-21 所示。

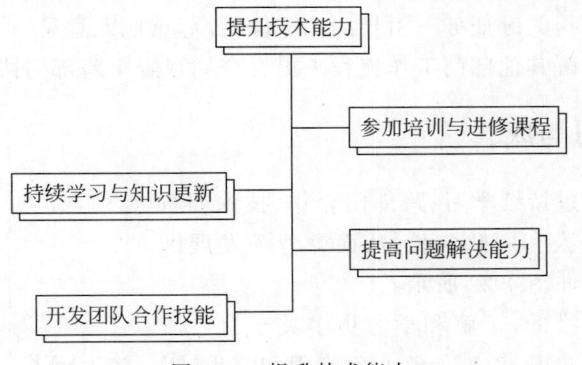

图 4-21 提升技术能力

提升技术能力通过参加培训、持续学习新技术和把握行业趋势、提高问题解决能力和团队合作技能，快速适应变化，应对项目挑战。具体细节通过以下公式直观地进行阐述：

（1）参加培训与进修课程：包含制订学习计划和选择高质量资源、参与实战项目、建立学习小组。

制订学习计划＝个人职业目标＋技术栈＋每月/每周课程＋阅读材料＋实战项目。

选择高质量资源＝在线平台（Coursera、Udemy、Pluralsight）＋知名科技公司线下培训。

参与实战项目＝开源项目贡献＋个人博客建设＋小工具开发。

建立学习小组＝同事/朋友＋定期分享心得＋互相解答疑惑。

（2）持续学习与知识更新：包含订阅技术信息和实践项目轮换、撰写技术博客、参与开源社区。

订阅技术信息＝技术博客＋社交媒体账号＋新闻网站。

实践项目轮换＝不同编程语言/框架/工具＋拓宽技术视野。

撰写技术博客＝学习心得＋经验分享＋解决方案＋写作/表达能力。

参与开源社区＝贡献代码/文档/翻译＋全球开发者交流。

（3）提高问题解决能力：包含建立问题日志和模拟面试练习、参与技术挑战、复盘与总结。

建立问题日志＝问题现象＋解决方法＋最终结果。

模拟面试练习＝快速识别问题＋提出假设＋验证能力。

参与技术挑战＝HackerRank/LeetCode＋算法/数据结构能力＋逻辑思维。

复盘与总结＝通用解决策略＋方法论。

（4）开发团队合作技能：包含明确角色与责任和定期会议与沟通、使用协作工具、培养领导力、跨部门协作。

明确角色与责任＝个人角色＋职责＋项目计划＋分工。

定期会议与沟通＝信息流通＋解决协作障碍。

使用协作工具＝项目管理工具（Jira、Trello）＋代码协作平台（GitHub、GitLab）。

培养领导力＝承担关键任务＋引导团队＋倾听/尊重他人意见。

跨部门协作＝了解其他部门工作流程＋提升全局视野＋跨部门协作能力。

4.14.2 学习与成长

本节介绍如何通过持续学习、跨部门合作、技术创新和有效沟通来促进个人和团队成长，从而为业务发展做出贡献。学习与成长如图 4-22 所示。

学习与成长是多维的，了解和学习更多关于自己所从事的行业和领域的知识，深入了解业务流程和需求，提供更好的解决方案。具体细节通过以下公式直观地进行阐述：

（1）行业知识拓展＝持续学习与跟踪（专业书籍、博客、学术论文、新闻源、报告）＋参加行业活动（会议、研讨会、展览）＋跨领域学习。

（2）深入理解＝沉浸式体验（亲自体验业务流程）＋建立跨部门合作（了解不同部门的工作流程和需求）＋使用业务流程建模工具（BPMN、UML 等）。

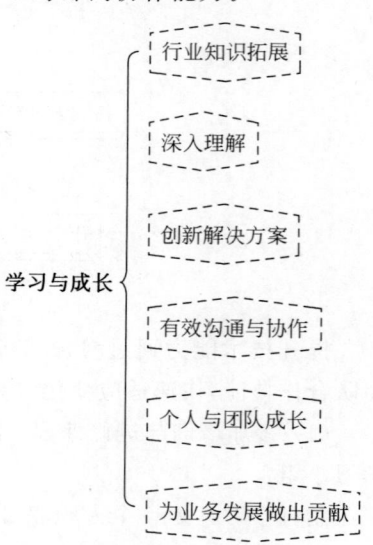

图 4-22 学习与成长

（3）创新解决方案＝技术创新（探索新技术和工具）＋用户中心设计（将用户需求放在首位）＋敏捷迭代（快速迭代，根据用户反馈进行改进）。

（4）有效沟通与协作＝提高沟通技巧（向非技术团队成员解释技术概念）＋跨部门协作（满足不同部门的需求和期望）＋建立信任关系（定期沟通和透明项目管理）。

(5) 个人与团队成长＝持续自我提升（培训、认证、自学）＋知识共享（鼓励团队成员分享专业知识）＋创新思维培养（鼓励创新给予奖励）。

(6) 为业务发展做出贡献＝行业知识拓展＋深入理解＋创新解决方案＋有效沟通与协作＋个人与团队成长。

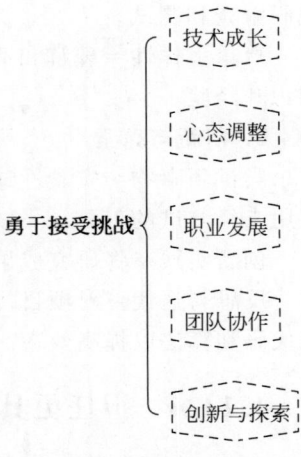

4.14.3 勇于接受挑战

勇于接受挑战是个人成长和职业发展的重要驱动力。本节介绍了如何通过接受挑战来促进技术成长、心态调整、职业发展、团队协作、创新与探索。勇于接受挑战如图 4-23 所示。

勇于接受挑战，尝试解决不熟悉的问题，提升职场竞争力。具体细节通过以下公式直观地进行阐述：

勇于接受挑战＝（技术挑战实践＋问题解决能力＋持续技术学习）＋（谦虚心态＋从失败中学习＋借鉴他人经验）＋（拓宽技术视野＋增强市场竞争力＋培养领导力）＋（知识共享＋团队协作解决问题＋尊重团队多样性）＋（尝试应用新事物＋实施创新方案＋反思与迭代优化）。

图 4-23 勇于接受挑战

1. 技术成长

接受挑战＝尝试实践新技术（如最新的编程语言、框架、工具）＋探究其应用场景＋克服技术不确定性问题。

解决不熟悉问题＝将技术难题拆解为小任务＋利用在线资源（文档、教程、论坛）研究＋编写代码以寻找解决方案。

持续学习＝定期参加在线课程＋阅读技术书籍和博客＋参与技术社区交流＋实战项目应用新知识。

2. 心态调整

谦虚态度＝承认技术领域的无限广度＋主动向同事和社区寻求建议＋接受代码审查以进行改进。

学习心态＝从错误中学习进行代码调试＋将失败视为提升技能的契机。

经验借鉴＝参加技术会议和研讨会＋跟随行业专家的博客和教程＋在团队内部进行知识分享。

3. 职业发展

拓宽视野＝参与跨功能团队项目＋学习不同技术领域的基础知识＋探索非技术领域的软技能。

增强竞争力＝掌握市场需求的技术栈＋通过个人项目和开源贡献展示技能＋定期更新简历和作品集。

领导力培养＝主动承担项目领导角色＋指导新入职的程序员＋促进团队内的技术成长氛围。

4. 团队协作

知识共享＝组织内部技术分享会＋编写和分享技术文档＋在代码库中留下清晰的注释。

协同解决问题＝与团队成员进行代码配对编程＋在问题跟踪系统中协作＋共同进行代码审查和测试。

尊重多样性＝理解和适应团队成员的不同编码风格＋鼓励团队成员分享他们的专业知识和经验。

5. 创新与探索

尝试新事物＝实验性地将新技术引入项目＋构建原型以验证新想法＋不怕在项目中使用未经测试的工具。

创新实践＝将研究成果应用于实际产品功能＋提出实施改进现有系统的方案。

反思与迭代＝对项目挑战进行事后分析＋从用户反馈中学习并迭代功能＋不断地优化代码和算法以提高效率。

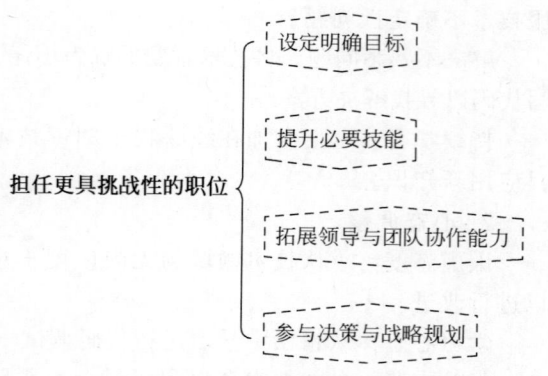

4.14.4 担任更具挑战性的职位

本节介绍了如何通过设定明确目标、提升技能、拓展领导与团队协作能力、参与决策与战略规划来担任更具挑战性的职位，如技术经理或架构师。担任更具挑战性的职位如图4-24所示。

担任更具挑战性的职位，设定目标，例如成为技术经理或架构师，领导一个团队，参与公司的决策和战略规划。本节内容通过以下公式直观地进行阐述：

担任更具挑战性的职位包括设定明确目标、提升必要技能、拓展领导与团队协作能力、参与决策与战略规划。

（1）设定明确目标＝确定目标职位（如技术经理或架构师）＋分析职位所需技能、经验和责任。

图4-24 担任更具挑战性的职位

（2）提升必要技能＝深入学习技术知识＋掌握项目管理、团队领导技能＋了解业务战略和市场趋势。

（3）拓展领导与团队协作能力＝培养沟通和协调能力＋学习激励团队技巧＋掌握冲突解决和团队建设方法。

（4）参与决策与战略规划＝了解公司业务目标和战略方向＋积极参与跨部门会议和讨论＋展示技术专业知识和领导力。

4.14.5 为社会做出贡献

本节介绍了如何通过参与公益项目和开发有益于社会的应用程序,利用技术能力为社会做出贡献。为社会做出贡献如图 4-25 所示。

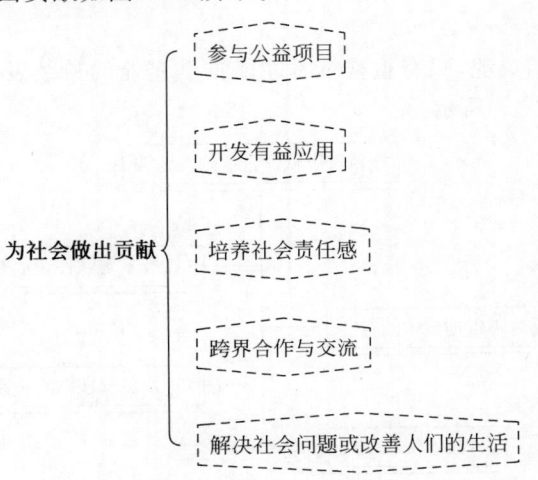

图 4-25 为社会做出贡献

利用自己的技术能力解决社会问题或者改善人们的生活,通过参与公益项目或开发有益于社会的应用程序来实现。具体细节通过以下公式直观地进行阐述:

(1) 参与公益项目=寻找公益项目+贡献专业技能+推动社会变革。

(2) 寻找公益项目=主动寻找解决社会问题的公益项目+了解具体需求和挑战+与公益组织合作转化技术能力。

(3) 贡献专业技能=负责开发、维护或优化技术平台或应用程序+提供数据分析、网络安全等技术支持。

(4) 推动社会变革=直接或间接推动社会变革(如提高教育水平、改善医疗条件、促进环境保护等)+利用技术手段提高公益项目的透明度和效率。

(5) 开发有益应用=了解社会需求+创新技术应用+推广与应用。

(6) 了解社会需求=深入了解社会需求和痛点(如教育、医疗、环保等领域的问题)+确定开发方向和目标用户群体。

(7) 推广与应用=积极推广有益于社会的应用程序+与政府机构、企业等合作以扩大应用领域。

(8) 培养社会责任感=意识到自己的社会责任+关注社会热点问题,积极参与相关讨论和活动。

(9) 跨界合作与交流=与其他领域的专家进行跨界合作与交流+共同研究、开发或推广有益于社会的项目或应用程序。

(10) 解决社会问题或改善人们生活=参与公益项目+开发有益应用+持续学习与成长。

4.15 技术对于软件企业的重要性

技术是软件企业的灵魂，只有重视技术才能推动企业的持续发展和创新。技术对于软件企业的重要性如图4-26所示。

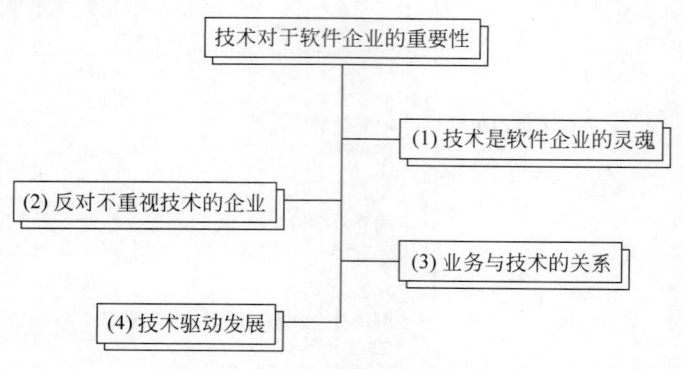

图4-26　技术对于软件企业的重要性

技术是软件企业的灵魂，是推动企业持续发展和创新的关键因素。本节探讨技术对于软件企业的重要性，通过多个案例展示技术如何引领市场潮流，保障产品质量，推动业务创新，如何通过持续的技术投入和前沿关注保持企业的核心竞争力。具体细节通过以下公式直观地进行阐述：

（1）技术是软件企业的灵魂，决定了企业的竞争力和市场份额。

技术重要性＝核心要素（软件企业）＋产品基石＋市场竞争独特性＋先进性＆创新能力（生存与发展）。

技术创新引领＝市场需求＆竞争力产品＋算法优化＆架构设计＆用户体验＋快速响应＆迭代保持领先。

技术保障＝产品质量＆安全性＋先进开发流程＆测试工具＆安全措施＋稳定性＆可靠性＋低故障率＆用户满意度。

技术推动创新＝新业务模式＆商业模式＋大数据分析＆AI应用＆云计算＋新收入来源＆市场扩展。

案例1：谷歌（Google）的崛起

谷歌成功＝技术极致追求＋算法优化＆Android开发＆AI探索＋市场领先地位＆行业潮流引领。

（2）反对不重视技术的企业，如果忽视技术，则将导致企业在市场竞争中处于劣势。

反对立场＝忽视技术重要性（软件企业）＋短期利益关注＋竞争力丧失。

影响程序员＝成长环境 & 职业发展受限＋技术能力 & 职业素养难提升＋行业技术水平 & 创新能力下降。

企业损害＝市场份额 & 用户信任丧失＋收入下滑＋利润减少＋经营风险 & 市场淘汰。

案例 2：某传统软件企业的衰落

企业衰落＝技术忽视＋短期利润 & 市场份额关注＋技术研发投入不足＋新兴技术掉队＋市场份额被蚕食。

（3）业务与技术的关系，它们是相辅相成的，共同推动企业的发展。

业务技术关系＝相互依存 & 相互促进＋业务(应用场景 & 市场需求)＋技术(实现手段 & 创新动力)。

技术支撑业务＝新技术 & 新方法 & 新模式＋符合市场需求的产品＋竞争力提升 & 用户体验优化。

业务引导技术＝市场需求 & 用户反馈＋技术路线 & 产品开发策略调整＋商业价值转化。

案例 3：阿里巴巴的"新零售"战略

新零售成功＝技术业务深度融合＋大数据 & 云计算 & 物联网＋线上线下融合 & 全渠道营销 & 智能化管理＋用户体验 & 购物效率提升＋新业务增长点。

（4）技术驱动发展，提升核心竞争力。

技术驱动＝重视技术 & 持续投入＋核心竞争力＋创新动力。

技术投入＝发展规划 & 预算安排＋高端人才 & 研发机构 & 产学研合作。

创新机制＝创新基金 & 创新大赛 & 技术交流会＋员工创新热情 & 创造力激发。

关注前沿＝国内外技术动态 & 趋势变化＋技术路线 & 产品开发策略调整＋技术领先性 & 市场竞争力保持。

案例 4：特斯拉的电动汽车革命

特斯拉成功＝技术持续投入 & 创新＋电动汽车技术突破(电池续航 & 自动驾驶)＋行业变革推动＋全球消费者青睐。

4.16 规划未来职业方向

规划未来职业方向包括经过自我评估、市场调研、选择职业路径、制订行动计划、建立人脉网络，持续评估和调整。规划未来职业方向的步骤如图 4-27 所示。

规划未来职业方向是一个系统性的过程，包含自我评估、市场调研、选择职业路径、制订行动计划、建立人脉网络及持续评估和调整，具体细节通过以下公式直观地进行阐述：

```
                    ┌─── (1) 自我评估
     规划未来职业方向的步骤
                    ├─── (2) 市场调研
                    ├─── (3) 选择职业路径
                    ├─── (4) 制订行动计划
                    ├─── (5) 建立人脉网络
                    └─── (6) 持续评估和调整
```

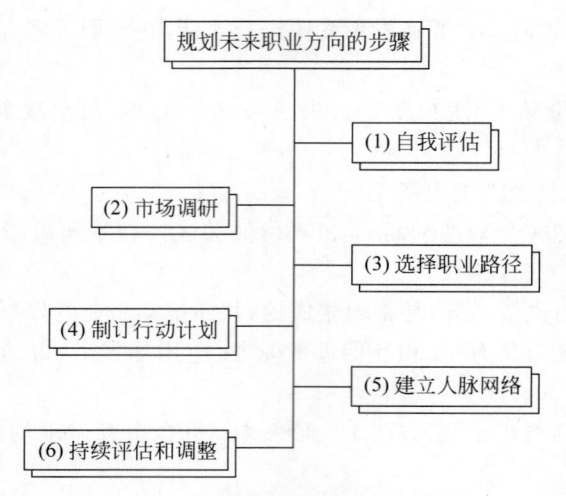

图 4-27　规划未来职业方向的步骤

（1）自我评估＝分析（兴趣＋技能＋价值观）＋明确（短期职业目标＋长期职业目标）。

（2）市场调研＝了解（行业发展趋势＋市场需求）＋确定（有前景的技能＋领域）＋研究（职业晋升路径＋薪资水平）。

（3）选择职业路径＝基于（自我评估＋市场调研）×选择（技术/管理/创业路线）＋确定（需提升技能）＋制订（学习计划）。

（4）制订行动计划＝制定（短期/长期目标）＋规划（实现步骤）＋安排（学习＋实践时间）。

（5）建立人脉网络＝参与（行业活动＋技术研讨会＋社交活动）＋结识（同行＋行业专家）＋获取（职业机会＋资源）。

（6）持续评估和调整＝定期评估（职业发展情况）＋根据实际（调整职业规划＋行动计划）＋关注（行业动态＋市场变化）＋调整（学习方向＋职业目标）。

4.17　职场生态和博弈策略

职场生态和博弈策略包含关键时刻表现、职场交往、缺点暴露、竞争应对、沟通策略、欺骗与理想、金钱衡量、言行谨慎、派系斗争及谦逊学习等多方面，通过策略性行为和态度提升个人职场竞争力、维护人际关系、促进个人成长，确保职场安全。职场生态和博弈策略如图 4-28 所示。

职场生态和博弈策略是提升个人职场竞争力、维护人际关系、促进个人成长，确保职场安全的关键。具体细节通过以下公式直观地进行阐述。

第4章 职业发展

```
                    ┌─ 关键时刻表现与自我价值展现
                    │
     职场交往分寸与效率 ┤
                    │
                    ├─ 非核心缺点暴露策略
                    │
   职场竞争与潜在威胁应对┤
                    │
                    ├─ 职场沟通策略性话语
                    │
 善意的欺骗与理性看待职场理想┤
                    │
                    ├─ 金钱作为衡量标准的实际性
                    │
     谨慎行事与言行举止的重要性┤
                    │
                    ├─ 职场派系斗争中的中立与低调
                    │
       谦逊与持续学习的态度┘
```

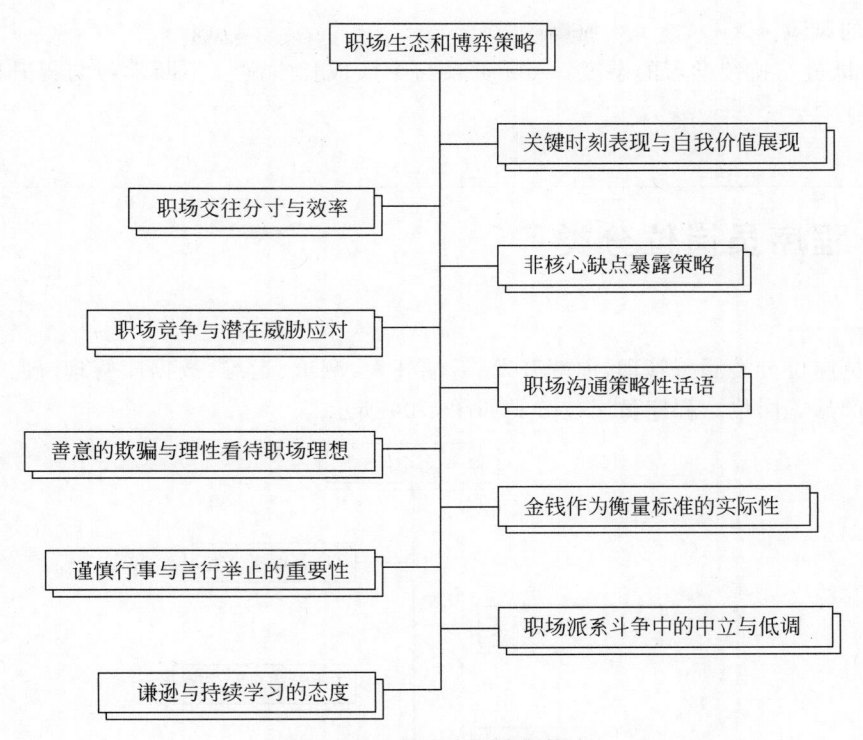

图 4-28 职场生态和博弈策略

（1）关键时刻表现与自我价值展现：晋升和薪资增长幅度＝成功完成重要任务（在年度绩效考核中）×展现自我价值的机会把握。

（2）职场交往分寸与效率：工作效率与关系专业性＝保持适当距离－私人关系过密导致的工作信息泄露风险。

（3）非核心缺点暴露策略：接纳与亲近程度＝适度暴露无关紧要的不足－上司与同事的心理防线。

（4）职场竞争与潜在威胁应对：职场竞争力＝对职位接近者的警觉度＋不懈努力与卓越表现。

（5）职场沟通策略性话语：人际交往信任水平＝"九真一假"策略性话语－无伤大雅的谎言的负面影响。

（6）善意的欺骗与理性看待职场理想：职场策略合理性＝特定情境下的适度夸大（如招聘时）×保持理性与关注实际利益。

（7）金钱作为衡量标准的实际性：个人价值与努力方向＝金钱作为衡量标准×无远大理想或特定职业抱负。

（8）谨慎行事与言行举止的重要性：职场游刃有余程度＝小心谨慎的态度－个人天赋或才智的局限性。

（9）职场派系斗争中的中立与低调：职场安全性＝保持中立与低调－过早表明立场或

积极参与的风险。

（10）谦逊与持续学习的态度：人际关系与个人成长空间＝不断学习与提升能力×保持谦逊。

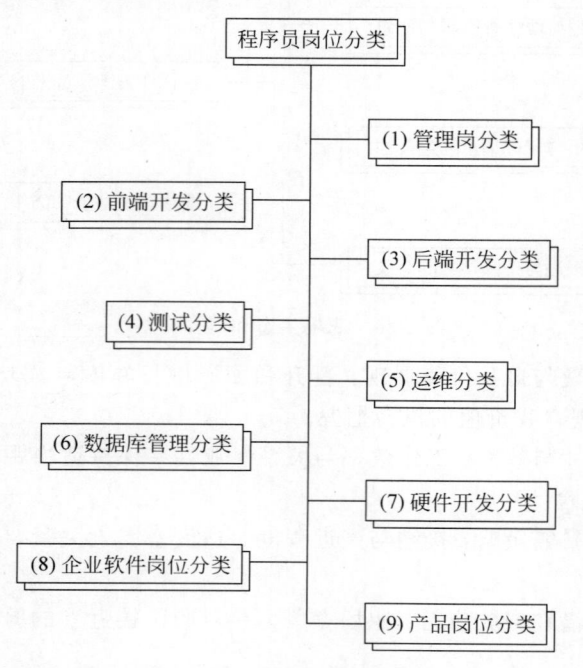

4.18 程序员岗位分类

　　程序员岗位分类涵盖管理、前端开发、后端开发、测试、运维、数据库管理、硬件开发、企业软件及产品等岗位。程序员岗位分类如图 4-29 所示。

```
程序员岗位分类
├─ (1) 管理岗分类
├─ (2) 前端开发分类
├─ (3) 后端开发分类
├─ (4) 测试分类
├─ (5) 运维分类
├─ (6) 数据库管理分类
├─ (7) 硬件开发分类
├─ (8) 企业软件岗位分类
└─ (9) 产品岗位分类
```

图 4-29　程序员岗位分类

　　本节介绍了程序员岗位的分类，涵盖了管理、前端开发、后端开发、测试、运维、数据库管理、硬件开发、企业软件及产品等多个领域。通过具体的分类和公式，为理解程序员岗位提供了全面的视角。具体细节通过以下公式直观地进行阐述：

　　程序员岗位分类＝管理岗分类＋前端开发分类＋后端开发分类＋测试分类＋运维分类＋数据库管理分类＋硬件开发分类＋企业软件岗位分类＋产品岗位分类。

　　（1）管理岗分类＝CTO＋技术合伙人＋技术经理＋技术总监＋运维总监＋测试总监＋架构师＋项目总监＋安全专家＋产品经理。

　　（2）前端开发分类＝Web 前端＋Flash＋HTML5＋JavaScript＋U3D＋COCOS2D-X＋前

端开发(泛指)。

(3) 后端开发分类＝Java＋C++＋PHP＋数据挖掘＋搜索算法＋精准推荐＋C＃＋ C＋全栈工程师＋.NET＋Hadoop＋Python＋Delphi＋VB＋Perl＋Ruby＋Node.js＋Go＋ASP＋Shell＋区块链＋移动开发(HTML5、Android、iOS、HarmonyOS)。

(4) 测试分类＝测试工程师＋自动化测试＋功能测试＋性能测试＋测试开发＋游戏测试＋白盒测试＋灰盒测试＋黑盒测试＋手机测试＋硬件测试＋测试经理。

(5) 运维分类＝Linux 运维＋桌面运维＋Python 自动化运维＋一体化智能运维＋运维工程师＋运维开发工程师＋网络工程师＋系统工程师＋IT 支持＋IDC＋CDN＋F5＋系统管理员＋病毒分析＋Web 安全＋网络安全＋系统安全＋运维经理。

(6) 数据库管理分类＝MySQL＋SQL Server＋Oracle＋DB2＋MongoDB＋ETL＋Hive＋数据仓库＋DBA。

(7) 硬件开发分类＝FPGA 开发＋DSP 开发＋ARM 开发＋PCB 工艺＋模具设计＋热传导＋材料工程师＋精益工程师＋射频工程师＋嵌入式＋自动化＋单片机＋电路设计＋驱动开发＋系统集成。

(8) 企业软件岗位分类＝实施工程师＋售前工程师＋售后工程师＋BI 工程师。

(9) 产品岗位分类＝网页产品经理＋移动产品经理＋数据产品经理＋电商产品经理。

4.19　Code Review

本节探讨了 Code Review 的过程,包括团队现状评估、沟通障碍识别、解决方案设计、实施与评估及持续改进。通过深入分析团队规模、成员分布、沟通习惯和项目特性,提出了有效的沟通策略和解决方案,从而提升了代码质量和团队协作效率。

4.19.1　团队现状评估

本节介绍团队规模、成员分布、沟通习惯和项目特性对团队沟通方式的影响,提出了不同情境下的有效沟通策略。

团队情况与偏好分析＝团队规模＋成员分布＋沟通习惯＋项目特性。

1. 团队规模

小型团队倾向直接灵活沟通,中型团队注重结构化与定期会议,大型团队则依赖正式沟通渠道。团队规模对沟通方式的影响如图 4-30 所示。

本节内容通过以下公式直观地进行阐述:

小型团队＝直接沟通＋灵活方式(即时通信/面对面)＋快速决策＋紧密协作。

中型团队＝结构化沟通＋定期会议＋项目状态更新＋信息流通＋任务协调。

```
                    团队规模对沟通方式的影响
                              │
                              │         ┌── 沟通方式：直接沟通
                              ├── 小型团队 ── 灵活性：灵活方式(即时通信/面对面)
   沟通方式：结构化沟通         │         │   决策速度：快速决策
      会议安排：定期会议         │         └── 协作模式：紧密协作
   状态更新：项目状态更新 ── 中型团队
   信息流通：确保信息流通        │         ┌── 沟通渠道：正式沟通渠道(电子邮件/项目管理软件)
      任务协调：有效任务协调     └── 大型团队 ── 信息特点：信息一致性
                                        └── 可追踪性：确保可追溯性
```

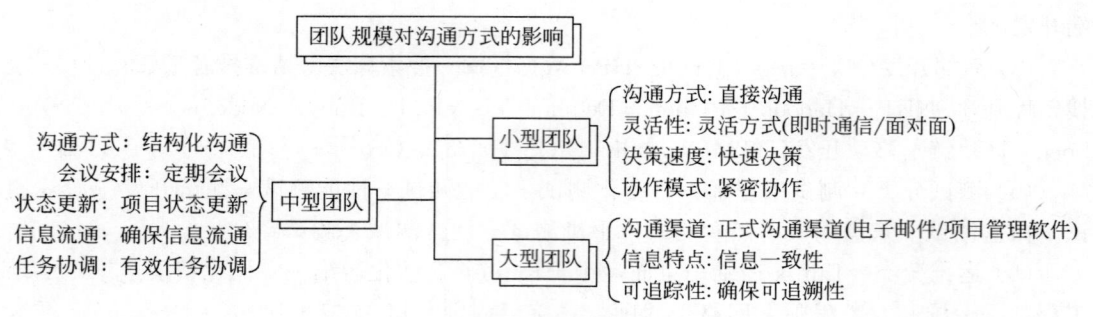

图 4-30　团队规模对沟通方式的影响

大型团队＝正式沟通渠道(电子邮件/项目管理软件)＋信息一致性＋可追溯性。

2．成员分布

成员分布包括集中办公、远程办公及跨国团队，每种分布方式均依赖不同的沟通工具和技术，优化信息传递、协作效率及信任建立，同时需应对时区差异、文化差异等挑战，灵活选择沟通方式。团队成员分布与沟通方式如图 4-31 所示。

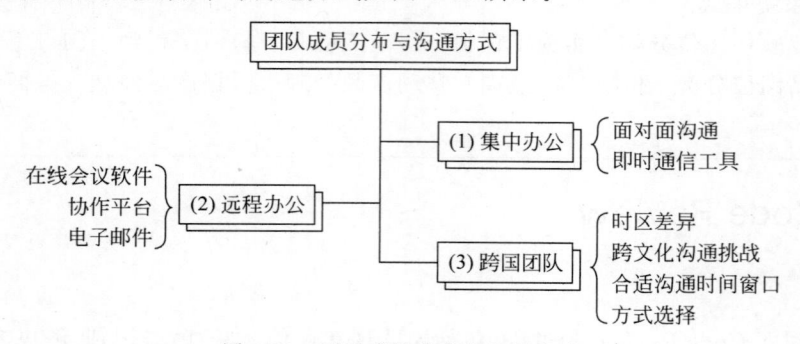

```
              团队成员分布与沟通方式
                       │
                       ├── (1) 集中办公 ──┬── 面对面沟通
                       │                └── 即时通信工具
       在线会议软件       │
          协作平台 ── (2) 远程办公
          电子邮件       │                ┌── 时区差异
                       │                ├── 跨文化沟通挑战
                       └── (3) 跨国团队 ──┤
                                        ├── 合适沟通时间窗口
                                        └── 方式选择
```

图 4-31　团队成员分布与沟通方式

本节内容通过以下公式直观地进行阐述。

1）集中办公

面对面沟通＝同一地点优势＋即时互动＋深入交流＋信任建立＋误解快速消除。

即时通信工具＝面对面沟通补充＋快速信息传递(Slack、微信、钉钉)＋文件共享＋团队协作＋沟通效率提升。

2）远程办公

在线会议软件＝定期/不定期远程会议(Zoom、Teams、Webex)＋视频/音频/屏幕共享＋讨论协作＋直观高效沟通。

协作平台＝项目管理(Trello、Asana、Notion)＋任务创建/分配/跟踪＋工作同步＋项目顺利进行。

电子邮件＝正式沟通/文件传输/记录保留＋回顾查阅重要信息。

3）跨国团队

时区差异＝识别时区差异＋安排合适的沟通时间＋灵活工作时间/异步沟通＋信息及

时传递/反馈。

跨文化沟通挑战＝尊重文化差异＋包容开放沟通态度＋语言/语气/非言语行为注意＋误解/冲突避免。

合适的沟通时间窗口＝时区/成员可用性考虑＋定期跨国会议/固定沟通时段/即时通信灵活沟通。

方式选择＝时区/文化差异/成员偏好综合考虑＋在线会议/协作平台/电子邮件/即时通信/电话会议组合使用。

3．沟通习惯

调研团队成员偏好的沟通方式通过以下公式直观地进行阐述：

即时通信＝快速交流＋实时反馈。

邮件沟通＝正式沟通＋记录保留。

会议讨论＝定期讨论＋问题进展＋集体决策。

个人偏好＝尊重差异＋和谐高效沟通环境。

4．项目特性

项目复杂度与紧急程度对沟通方式的需求是基于项目特性的,项目特性如图 4-32 所示。

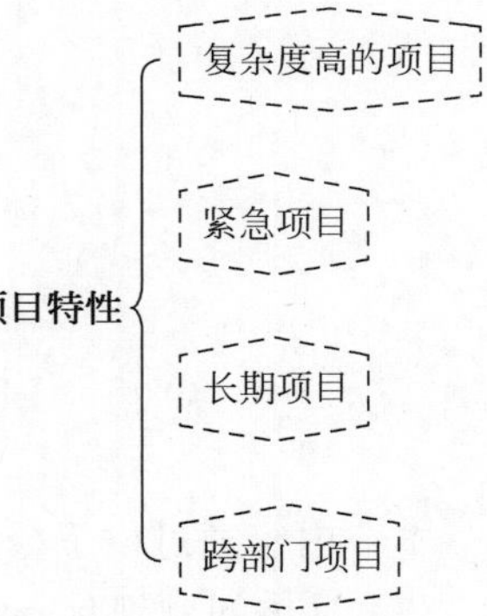

本节内容通过以下公式直观地进行阐述。

1）复杂度高的项目

深入讨论＝组织专题研讨会：定期安排＋专家与核心成员参与＋全面理解需求/技术难点/风险＋鼓励开放讨论＋白板/思维导图工具应用。

多种沟通方式结合＝建立文档管理体系：版本控制系统（如 Git）＋ 云文档协作平台（如 Google Docs、腾讯文档）＋ 实时编辑/评论＋信息共享/意见统一。

图 4-32 项目特性

2）紧急项目

快速响应＝建立紧急通信群组：项目初期＋关键成员＋即时通信群组＋明确通信规范。

决策加速＝快速决策流程：明确权限/责任人＋在线投票工具（如 Trello Power-Up）＋缩短决策周期＋记录/分享决策依据/结果。

3）长期项目

定期沟通＝设定标准化会议流程：周会/月会＋标准化议程/流程＋项目管理软件（如 Asana、Jira）＋会议日程/进度报告。

进度一致＝进度追踪与协调：里程碑/子任务设置＋截止日期＋定期检查＋项目看板（如 Kanban 板）＋进度偏差识别/解决。

固定状态更新会议＝每日站会标准化：固定时间＋简短站会（如 Scrum）＋分享进展/问题/计划＋避免跑题/拖延。

4）跨部门项目

跨部门沟通渠道＝跨部门协作平台：专门平台（如企业微信群、钉钉群）＋信息发布/进展跟踪＋跨部门工作群组。

协调机制＝项目协调委员会：项目经理/关键部门负责人/关键成员＋定期协调会议＋问题/障碍解决。

信息畅通＝信息共享与同步：信息共享规范＋通信工具（如企业邮箱、OA 系统）＋自动推送重要信息＋定期信息交流会议。

任务推进＝任务分解与追踪：细化任务＋明确负责人/完成时间＋项目管理软件（任务清单/甘特图）＋进度报告汇总/项目调整优化。

4.19.2　沟通障碍识别

沟通障碍识别具体化为组员时间管理困境、审查效率瓶颈、项目进度受阻现象，分析背后的时间成本过高、沟通效率低下及质量保证难度等问题。沟通障碍识别如图 4-33 所示。

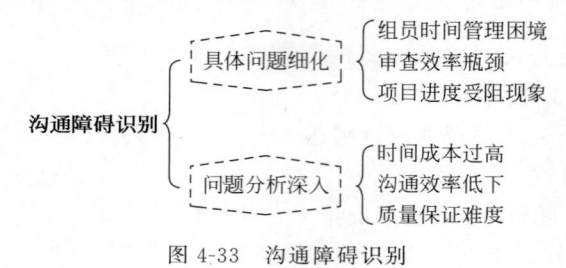

图 4-33　沟通障碍识别

本节内容通过以下公式直观地进行阐述：
（1）具体问题细化＝组员时间管理困境＋审查效率瓶颈＋项目进度受阻现象。
组员时间管理困境＝高负荷的代码审查任务＋个人开发计划被打断。
审查效率瓶颈＝大型 PR 处理难度大＋反馈不及时而导致审查周期延长。
项目进度受阻现象＝等待审查的代码积压＋依赖关系导致的连锁延误。
（2）问题分析深入＝时间成本过高＋沟通效率低下＋质量保证难度。
时间成本过高＝长时间投入代码审查而导致其他工作延误。
沟通效率低下＝复杂的 PR 导致理解成本高，讨论偏离主题。
质量保证难度＝审查标准不一，难以保证整体的代码质量。

4.19.3　解决方案设计

本节介绍了解决方案设计的标准化流程优化和追踪机制强化，通过具体措施提升代码质量和团队协作效率。解决方案设计如图 4-34 所示。

解决方案细化包括标准化流程优化和追踪机制强化，具体细节通过以下公式直观地进行阐述：

```
解决方案设计 ┬ 标准化流程优化 ┬ 限定PR大小
              │                 ├ 鼓励单一职责原则
              │                 ├ 明确命名和注释要求
              │                 └ 使用自动化工具检测代码规范
              └ 追踪机制强化 ┬ 实时更新PR信息
                              ├ 智能分配审查任务
                              ├ 监控潜在风险
                              └ 促进知识分享和人员轮换
```

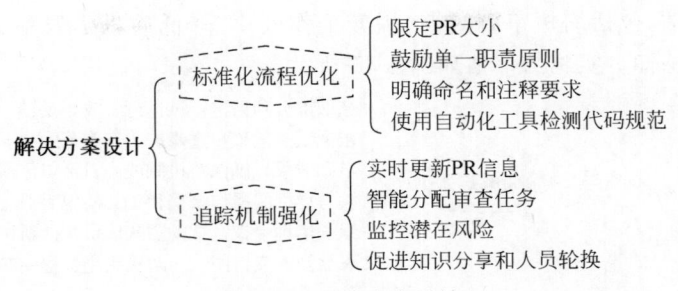

图 4-34　解决方案设计

（1）标准化流程优化＝限定 PR 大小＋鼓励单一职责原则＋明确命名和注释要求＋使用自动化工具检测代码规范。

限定 PR 大小＝设定合理阈值＋拆分大任务。

设定合理阈值＝项目规模 & 团队习惯→阈值（代码行数/功能点）。

拆分大任务＝大型任务→多个小任务（每个对应一个 PR）。

鼓励单一职责原则＝清晰定义职责＋代码审查反馈。

清晰定义职责＝模块/类/函数→单项职责。

代码审查反馈＝违反单一职责原则→改进建议。

明确命名和注释要求＝命名规范＋注释标准。

命名规范＝变量/函数/类→命名规则。

注释标准＝必要时→清晰注释（解释意图/复杂逻辑）。

使用自动化工具检测代码规范＝集成开发环境＋CI/CD 流程。

集成开发环境＝Eslint/Prettier→IDE/编辑器（时反馈/自动修正）。

CI/CD 流程＝设置代码质量检查步骤→自动运行 Eslint/Prettier。

（2）追踪机制强化＝实时更新 PR 信息＋智能分配审查任务＋监控潜在风险＋促进知识分享和人员轮换。

实时更新 PR 信息＝状态同步（项目管理工具（Jira/Trello/GitHub）→PR 状态同步）＋自动化更新（抓取 PR 更新信息→同步到项目管理工具）。

智能分配审查任务＝考虑成员专长（技术专长/兴趣领域→分配审查任务）＋平衡工作负载（当前工作量/压力水平→合理分配审查任务）。

监控潜在风险＝代码质量监控（代码质量分析工具（SonarQube/CodeClimate）→监控代码缺陷/安全漏洞）＋性能监控（关键功能/模块→性能测试（确保性能稳定））。

促进知识分享和人员轮换＝定期分享会（组织分享会→分享审查经验/最佳实践/问题）＋人员轮换（审查任务→轮换（促进知识共享/跨领域学习））。

4.19.4　实施与评估

实施与评估通过具体化策略进行试运行、反馈收集、范围扩大、成果巩固及培训支持，同时量化效果评估,包括缩短审查周期、提升工作效率、降低项目延误率、提高团队满意度及增强审查质量感知。实施与评估如图 4-35 所示。

```
                            ┌ 选取部分项目进行试运行,收集反馈
                            │ 根据试点效果,逐步扩大实施范围
                  ┌实施策略具体化┤ 巩固成果,确保新机制成为日常工作习惯
                  │         │ 编写详细的操作流程和工具使用手册
                  │         │ 组织培训会议,帮助团队成员掌握新机制
                  │         └ 设立技术支持团队,解决实施过程中的问题
       实施与评估 ┤
                  │         ┌ 审查周期缩短百分比
                  │         │ 成员工作效率提升百分比
                  └效果评估具体化┤ 项目延误率降低
                            │ 团队成员满意度调查
                            └ 审查质量提升感知
```

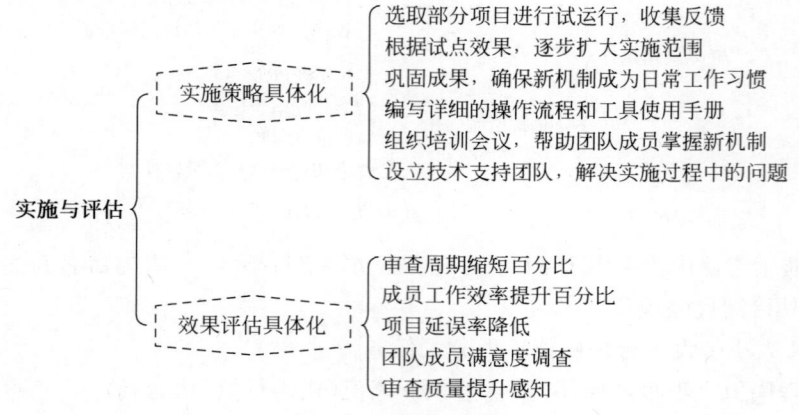

图 4-35 实施与评估

本节介绍了实施与评估的具体策略和效果评估方法。通过试运行、反馈收集、范围扩大、成果巩固及培训支持,量化评估缩短审查周期、提升工作效率、降低项目延误率、提高团队满意度及增强审查质量感知的效果。具体细节通过以下公式直观地进行阐述:

(1) 实施策略具体化包含试点、试运行、执行、监控、反馈、扩大、巩固、手册、培训、技术支持。

选取部分项目进行试运行,收集反馈=项目筛选(项目规模,复杂度,团队熟悉度)+设立试运行小组(项目经理,关键开发人员,测试人员,用户代表)+执行与监控(实施计划,数据收集完整性,准确性)+反馈收集(问卷调查,一对一访谈,小组讨论,效果,问题,改进建议)。

根据试点效果,逐步扩大实施范围=效果评估(效率提升,成本节约,问题反馈)+策略调整(实施策略,操作流程,细节)+逐步推广(推广计划,分阶段,分批次)。

巩固成果,确保新机制成为日常工作习惯=制度保障(规章制度,项目管理流程)+持续监督(监督机构,岗位,执行情况)+激励机制(表彰,奖励,积极性,创造力)。

编写详细的操作流程和工具使用手册=流程梳理(操作步骤,环节指导)+手册编制(操作手册,工具使用指南)+持续优化(反馈,手册更新)。

组织培训会议,帮助团队成员掌握新机制=培训需求分析(团队成员,新机制特点)+培训实施(线上/线下,专家/内部讲师,授课,答疑)+效果评估(测试,问答,核心内容,操作技能)。

设立技术支持团队,解决实施过程中的问题=团队组建(技术支持团队,专人负责)+问题响应(快速响应机制,及时帮助)+知识库建设(常见问题,解决方案,FAQ 文档)。

(2) 效果评估具体化包含审查周期缩短、工作效率提升、延误率降低、满意度调查、审查质量提升感知。

审查周期缩短百分比＝（原审查周期－新审查周期）/原审查周期×100％。

成员工作效率提升百分比＝（新工作效率－原工作效率）/原工作效率×100％。

项目延误率降低＝（原延误次数－新延误次数）/原总项目数×100％ 或（原延误率－新延误率）。

团队成员满意度调查＝满意度问卷（操作便捷性，实用性，工作效率影响）＋匿名调查（意见，反馈）。

审查质量提升感知＝（原错误率/漏检率－新错误率/漏检率）＋直观感受评价（团队成员，用户）＋质量指标评估（量化标准）。

4.19.5 持续改进与文化塑造

本节介绍通过领导倡导、团队建设活动、代码审查、文化长期规划、融合技术创新、持续优化、审查流程与机制来提升代码质量和开发效率的方法。持续改进与文化塑造如图 4-36 所示。

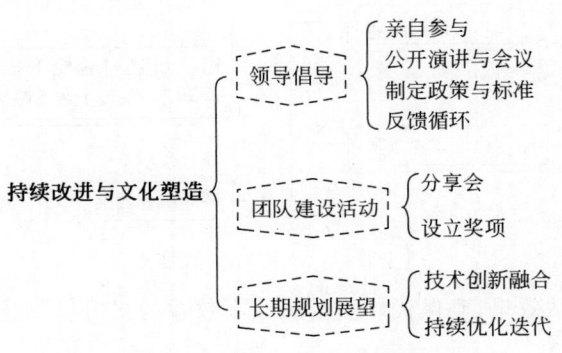

图 4-36 持续改进与文化塑造

持续改进与文化塑造的具体细节通过以下公式直观地进行阐述：

持续改进与文化塑造＝领导倡导＋团队建设活动＋长期规划展望。

(1) 领导倡导＝亲自参与＋公开演讲与会议＋制订政策与标准＋反馈循环。

(2) 团队建设活动＝分享会＋设立奖项。

(3) 长期规划展望＝技术创新融合＋持续优化迭代。

4.19.6 关注点

有效 CodeReview 通过深入理解代码、全方位分析关注点、制订和执行审查方案、评估审查效果，确保代码质量提升与成本降低，涵盖需求实现、兼容性、可读性、异常处理、分布式场景、限流熔断降级、性能优化及上线策略等多个方面。CodeReview 关注点如图 4-37 所示。

本节介绍了有效 CodeReview 的关键要素及其关注点，通过深入理解代码、全方位分

```
                    ┌─────────────────┐
                    │ CodeReview关注点 │
                    └─────────────────┘
                                    ┌──────────────────────────┐
                                    │有效CodeReview=(提升质量   │
                                    │程度+降低成本)的保障       │
                                    └──────────────────────────┘
        ┌──────────────────┐
        │ 代码是否正确满足需求│
        └──────────────────┘
                                    ┌──────────────┐
                                    │ 代码是否兼容 │
                                    └──────────────┘
        ┌──────────┐
        │ 代码可读性│
        └──────────┘
                                    ┌────────────────┐
                                    │ 是否正确处理异常│
                                    └────────────────┘
    ┌────────────────────────┐
    │ 是否正确处理分布式场景问题│
    └────────────────────────┘
                                    ┌──────────────────────────┐
                                    │ 是否做好限流、熔断、降级处理│
                                    └──────────────────────────┘
        ┌────────────┐
        │ 是否有性能瓶颈│
        └────────────┘
                                    ┌──────────────────────────┐
                                    │ 相关功能是否需要开关、回  │
                                    │ 滚策略、灰度上线策略       │
                                    └──────────────────────────┘
        ┌────────────────┐
        │ 制定执行审查方案│
        └────────────────┘
                                    ┌──────────────┐
                                    │ 评估审查效果 │
                                    └──────────────┘
```

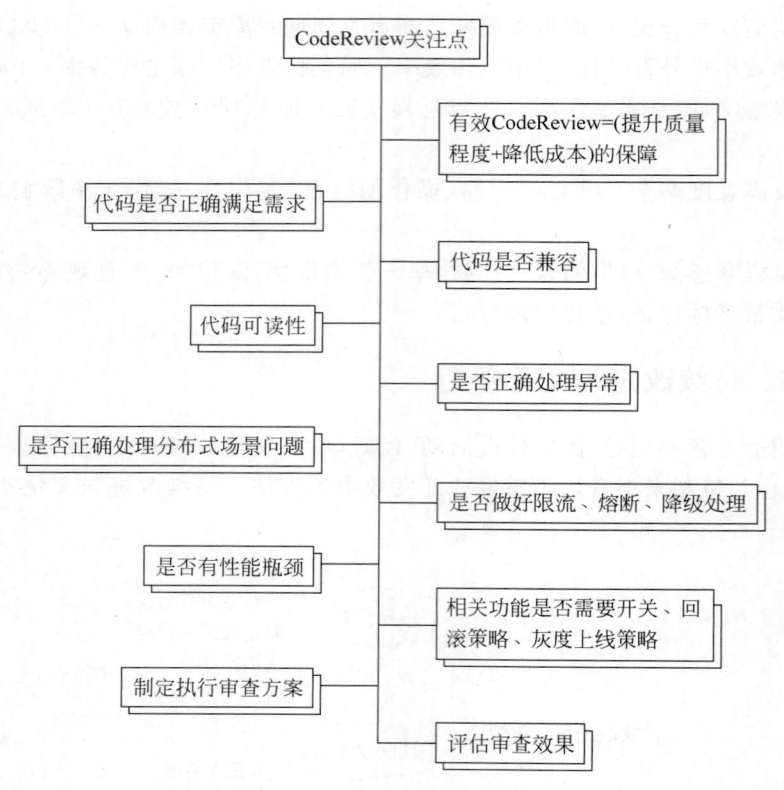

图 4-37　CodeReview 关注点

析、制订审查方案，评估效果，确保代码质量和成本效益的提升。具体细节通过以下公式直观地进行阐述：

（1）有效 CodeReview＝（提升质量程度＋降低成本）的保障＝深入理解代码＋全方位分析关注点＋执行审查方案＋评估审查效果。

（2）代码是否正确实现需求＝对照需求文档逐条验证代码实现＋确保代码逻辑与业务需求一致。

（3）代码是否兼容＝检查 API 变更及字段增减＋确保服务升级不影响现有接口调用和语义。

（4）代码可读性＝审查文件、函数、结构体、变量命名是否规范易懂＋确保注释充分且符合 don't make me think 原则＋可读性问题占据审查 comment 的 80%。

（5）是否正确处理异常＝检查代码是否包含异常处理逻辑＋验证网络闪断、数据库访问失败等异常情况的处理。

（6）是否正确处理分布式场景问题＝分析代码在单进程并发和多进程并发下的表现＋确保分布式事务、锁等机制的正确实现。

（7）是否做好限流、熔断、降级处理＝审查代码中是否包含限流、熔断、降级策略＋验证策略的有效性和合理性。

（8）是否有性能瓶颈＝使用性能分析工具检查代码的执行效率＋识别并且优化性能瓶颈＋确保代码执行效率满足业务需求。

（9）相关功能是否需要开关、回滚策略、灰度上线策略＝根据业务需求判断是否需要功能开关＋制订回滚策略以应对潜在问题＋设计灰度上线策略，减少新功能对系统的影响。

（10）制订执行审查方案＝制订详细的审查计划＋分配审查任务和时间＋执行审查并记录问题。

（11）评估审查效果＝汇总审查结果和问题清单＋与代码的作者沟通以确认问题＋跟踪问题处理进度，确保问题得到解决＋复审修改结果，评估审查效果。

第 5 章

职场沟通

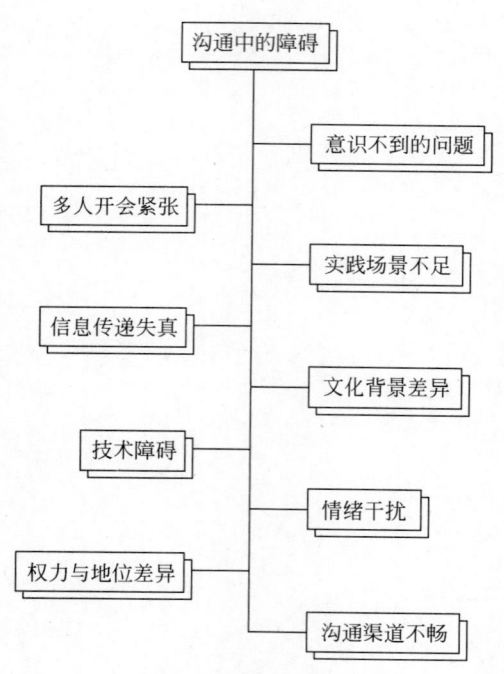

5.1 沟通中的障碍

沟通中的障碍多样,包括意识不到的问题、多人开会紧张、实践场景不足、信息传递失真、文化背景差异、技术障碍、情绪干扰、权力与地位差异、沟通渠道不畅,通过策略调整、情绪管理、技术优化、文化尊重、平等对话及明确渠道等方式克服。沟通中的障碍如图 5-1 所示。

图 5-1 沟通中的障碍

此外,沟通漏斗现象是指心里想的 100%,嘴上说的 80%,别人听到的 60%,听懂的 40%,最终别人行动的只有 20%,解决方案如下。

(1) 意识不到问题：通过自我评估和培训认识到沟通不足,调整策略。
(2) 多人开会紧张：通过充分准备、情绪管理和积累经验来克服紧张情绪。
(3) 实践场景不足：主动寻求沟通机会,参与公共活动和利用数字平台。
(4) 信息传递失真：明确表达意图,建立反馈机制,优化传递流程。
(5) 文化背景差异：尊重文化差异,增强文化敏感性,开展跨文化培训。
(6) 技术障碍：预测试设备,制订备选方案,建立技术支持体系。
(7) 情绪干扰：进行情绪自我管理,积极倾听与反馈。
(8) 权力与地位差异：建立平等对话环境,提升领导力。
(9) 沟通渠道不畅：明确沟通渠道,多元化沟通方式。

5.2 沟通的重要性

70%的出错是由于沟通失误而引起的,沟通是职场中不可或缺的技能。沟通的重要性如图 5-2 所示。

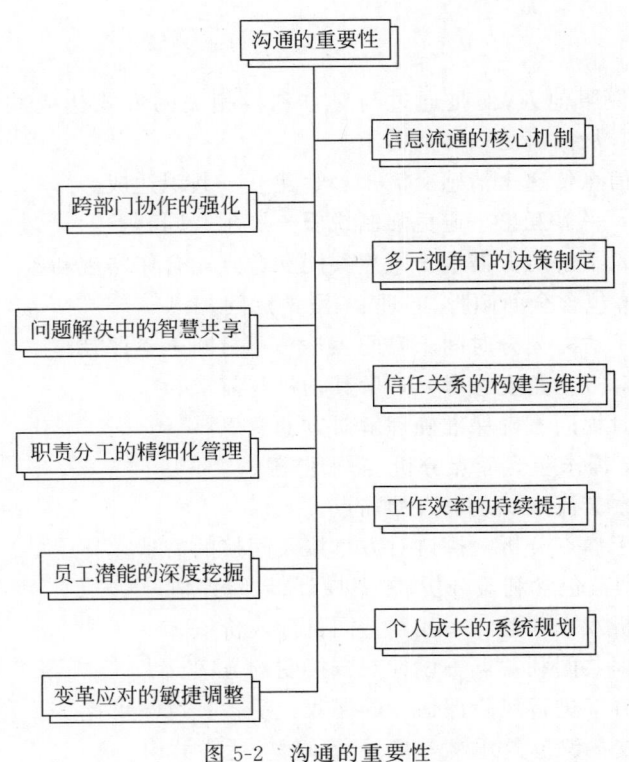

图 5-2 沟通的重要性

本节介绍如何通过标准化流程、数字工具、跨部门协作、多元视角决策、智慧共享、信任关系构建、职责分工精细化管理、工作效率提升、员工潜能挖掘、个人成长系统规划和变革应对敏捷调整来强化沟通。具体细节通过以下公式直观地进行阐述：

（1）信息流通的核心机制＝标准化流程＋数字化工具助力＋全员意识共培养。

（2）跨部门协作的强化＝跨部门机制建设＋角色责任明确＋团建活动常组织。

（3）多元视角下的决策制订＝鼓励开放环境＋引入外部专家＋决策文档记录。

（4）问题解决中的智慧共享＝建立问题解决小组＋头脑风暴激思维＋复盘机制落实。

（5）信任关系的构建与维护＝透明管理实践＋公正评价体系＋团建活动常进行。

（6）职责分工的精细化管理＝岗位职责明细化＋定期评估与调整＋入职培训强化。

（7）工作效率的持续提升＝会议效率优化＋敏捷方法推广＋问题跟踪管理建立。

（8）员工潜能的深度挖掘＝给予个性发展机会＋鼓励创新思维＋设立创新奖励机制。

（9）个人成长的系统规划＝制订职业规划＋定期绩效反馈＋实施导师制度。

（10）变革应对的敏捷调整＝搭建信息共享平台＋组织变革培训＋建立快速响应机制。

5.3 沟通的目的

沟通不是为了说服他人，而是通过与对方利益相关的方式达成共识。聚焦对方的痛点，解决对方的问题，从而满足双方的需求。

沟通的本质＝信息传递＋情感交流＋理解建立＋共识达成。

非说服性沟通＝平等互惠＋避免强制说服＋展示共同利益。

利益导向＝深入了解对方需求＋聚焦共同利益点＋合作实现利益。

（1）倾听与理解包含全面倾听、同理心、澄清疑问。

全面倾听＝给予对方充分时间＋空间表达＋不打断＋不评判。

同理心＝站在对方的角度思考＋理解其动机与需求。

澄清疑问＝及时提问＋确保准确理解对方的意思。

（2）识别痛点与需求包含痛点分析、需求挖掘。

痛点分析＝观察交流＋识别对方的痛点。

需求挖掘＝基于痛点分析＋探讨对方直接及间接的需求。

（3）构建共同利益包含利益分析、方案设计、风险评估。

利益分析＝分析双方利益点＋找到共同目标或价值。

方案设计＝根据共同利益点＋设计双方接受的方案。

风险评估＝对方案进行风险评估＋确保双方受益且风险可控。

（4）协商与达成共识包含开放沟通、灵活调整、达成共识。

开放沟通＝鼓励双方开放且坦诚地进行沟通＋提出各自的想法与建议。

灵活调整＝根据反馈与实际情况＋灵活调整方案。
达成共识＝充分沟通＋就最终方案达成共识。
（5）执行与反馈包含明确责任、持续跟进、反馈循环。
明确责任＝明确双方的责任与义务＋确保任务得到有效落实。
持续跟进＝定期跟进执行情况＋及时发现问题，寻求解决方案。
反馈循环＝建立有效的反馈机制＋分享、交流执行的经验与教训＋优化未来沟通与合作。

5.4 沟通的维度

沟通的维度包括重视关系、适当自我暴露及倾听对方的观点，建立信任和理解。沟通的维度如图 5-3 所示。

沟通的维度：
- 重视关系
  - 场景＝项目会议
  - 描述＝发现误解+主动提出+给予澄清和诠释+询问疑惑+提供解惑和支持
  - 结果＝减少误解+提高执行效率
- 适当自我暴露
  - 场景＝团队分享会
  - 描述＝主动分享挑战和解决方法+分享团队合作的看法和经验+真诚坦率地表达
  - 结果＝增加信任和尊重+融洽团队氛围
- 倾听对方的观点
  - 场景＝员工反馈会谈
  - 描述＝大部分时间倾听+给予表达时间+保持专注和耐心+提问和反馈确认理解
  - 结果＝员工感受被尊重和重视+提高工作满意度和忠诚度

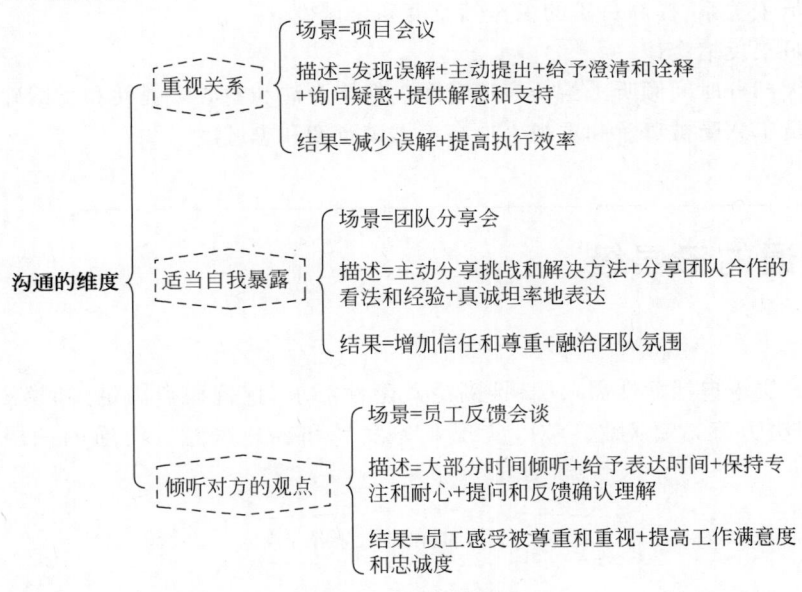

图 5-3　沟通的维度

本节介绍沟通的 3 个维度：重视关系、适当自我暴露及倾听对方的观点。通过具体案例，展示这些维度如何帮助大家建立信任和理解，从而提高项目的执行效率和团队氛围。

重视关系：重视与对方的沟通，给予澄清、诠释和解惑。
适当自我暴露：适当地分享自己的经验和看法，建立信任。
倾听对方的观点：70％的时间让对方说，自己倾听，以便更好地理解对方。
本节内容通过以下公式直观地进行阐述。

（1）重视关系：在项目会议上，小张发现团队成员对项目的关键目标不理解，便主动提出，耐心解释，确保所有人都明白，使大家对项目目标更清晰，沟通障碍少了，项目执行效率也提高了。

场景＝项目会议。

描述＝发现误解＋主动提出＋给予澄清和诠释＋询问疑惑＋提供解惑和支持。

结果＝减少误解＋提高执行效率。

（2）适当自我暴露：在团队分享会上，小李主动分享了自己的项目经验、遇到的挑战、解决方法、他对团队合作的看法。分享很真诚，让团队成员更了解他，也更信任他，团队氛围因此变得更好了。

场景＝团队分享会。

描述＝主动分享挑战和解决方法＋分享团队合作的看法和经验＋真诚坦率地表达。

结果＝增加信任和尊重＋融洽团队氛围。

（3）倾听对方的观点：在员工反馈会谈中，经理小王倾听员工的意见和感受，给予员工充分表达的时间，认真确认理解。这样员工感到被尊重和重视，意见得到充分表达和理解，建立更好的员工关系，提高员工的工作满意度和忠诚度。

场景＝员工反馈会谈。

描述＝大部分时间倾听＋给予表达时间＋保持专注和耐心＋提问和反馈确认理解。

结果＝员工感受被尊重和重视＋提高工作满意度和忠诚度。

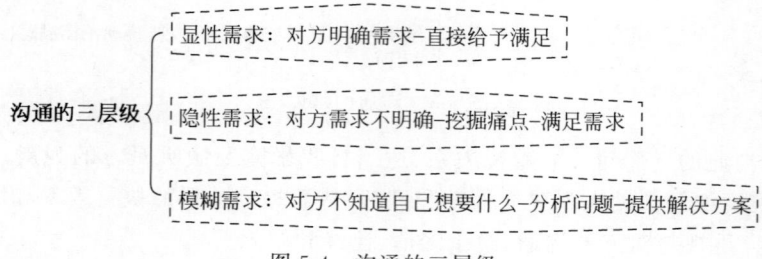

5.5 沟通的三层级

沟通的三层级包括显性需求（直接满足）、隐性需求（挖掘痛点满足）和模糊需求（分析问题，提供解决方案），针对性应对，实现业务发展和客户满意。沟通的三层级如图 5-4 所示。

```
                  ┌─ 显性需求：对方明确需求-直接给予满足
沟通的三层级 ─────┼─ 隐性需求：对方需求不明确-挖掘痛点-满足需求
                  └─ 模糊需求：对方不知道自己想要什么-分析问题-提供解决方案
```

图 5-4　沟通的三层级

本节内容通过以下公式直观地进行阐述：

需求满足策略＝显性需求应对＋隐性需求应对＋模糊需求应对。

（1）显性需求应对＝准确理解需求＋迅速响应。

显性需求案例：客户提供规格，供给方提供符合规格的产品；顾客点菜，餐厅按菜单准备上桌。

（2）隐性需求应对＝深入挖掘分析＋痛点识别＋有针对性地提供解决方案。

隐性需求案例：消费者未表达需求（如续航）＋市场调研发现痛点＋提升电池容量或优化耗电管理。

（3）模糊需求应对＝深入问题分析＋理解真实意图＋创新解决方案。

模糊需求案例：客户身体不适，进行全面体检和问诊，给出个性化健康改善方案；学生学习困难，老师观察学生的学习行为和成绩，有针对性地进行辅导和支持。

总体策略＝深入理解需求和痛点＋有针对性地提供解决方案。

发展与满意＝不断提升洞察力＋不断创新＋满足各类需求＋业务持续发展＋客户长期满意。

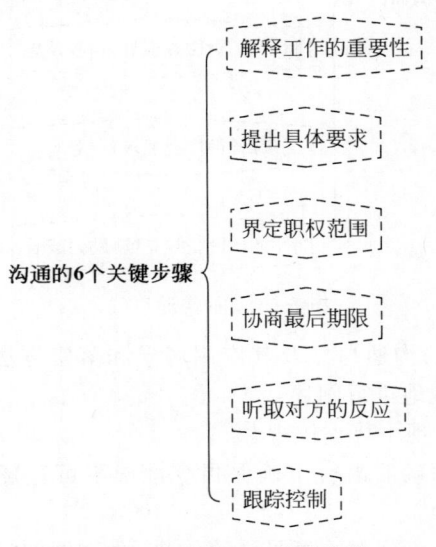

5.6 沟通的 6 个关键步骤

沟通的 6 个关键步骤包括解释工作的重要性、提出具体要求、界定职权范围、协商最后期限、听取对方的反应及跟踪控制，促进有效沟通、明确目标、确保责任落实，优化执行过程。沟通的 6 个关键步骤如图 5-5 所示。

沟通的6个关键步骤：
- 解释工作的重要性
- 提出具体要求
- 界定职权范围
- 协商最后期限
- 听取对方的反应
- 跟踪控制

图 5-5 沟通的 6 个关键步骤

（1）解释工作的重要性＝增强使命感＋明确价值＋促进沟通。
（2）提出具体要求＝量化目标＋明确期望＋提供资源。
（3）界定职权范围＝明确职责＋赋予决策权＋建立问责机制。
（4）协商最后期限＝提前准备＋灵活性＋明确期望。
（5）听取对方的反应＝保持专注＋积极回应＋理解接纳。
（6）跟踪控制＝建立反馈机制＋实地检查＋提供支持和指导。

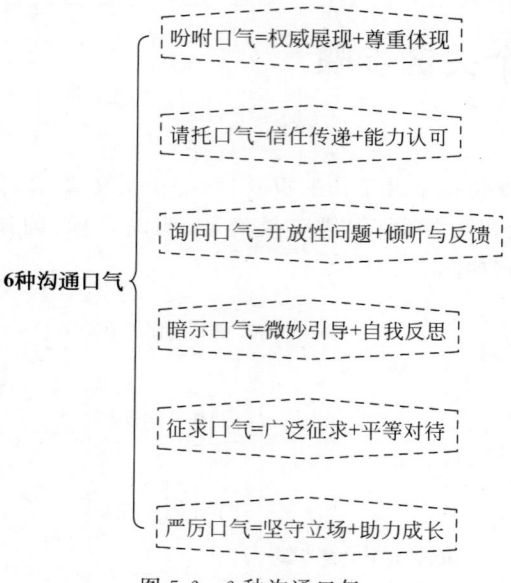

5.7　6种沟通口气

6种沟通口气各具特色，从权威尊重的吩咐到助力成长的严厉，每种口气都承载着不同的沟通目的与效果，适应不同的交流场景与需求。6种沟通口气如图5-6所示。

```
                   ┌─ 吩咐口气=权威展现+尊重体现
                   │
                   ├─ 请托口气=信任传递+能力认可
                   │
                   ├─ 询问口气=开放性问题+倾听与反馈
        6种沟通口气─┤
                   ├─ 暗示口气=微妙引导+自我反思
                   │
                   ├─ 征求口气=广泛征求+平等对待
                   │
                   └─ 严厉口气=坚守立场+助力成长
```

图5-6　6种沟通口气

本节介绍了6种不同的沟通口气及其应用场景和落实方法，帮助读者提升沟通效果。具体细节通过以下公式直观地进行阐述：

（1）吩咐口气＝权威展现＋尊重体现。

权威展现＝使用清晰明确的语言＋确保指令准确不可置疑（例如"请按照这份计划执行，确保每个细节都到位。"）。

尊重体现＝使用敬语＋询问对方意见＋给予自主权（例如"你的专业能力我很信任，这次项目就交给你了，但如果有任何疑问或需要调整的地方，则可随时告诉我。"）。

落实（吩咐口气）＝明确任务目标与期望＋提供资源支持＋鼓励反馈与建议。

明确任务目标与期望＝明确任务目标＋截止时间＋期望结果。
提供资源支持＝分配必要资源＋提供支持。
鼓励反馈与建议＝鼓励团队成员提出反馈＋尊重其意见。
(2) 请托口气＝信任传递＋能力认可。
信任传递＝表达信任＋强调对方能力与可靠性（例如"这件事非你莫属,我相信你能处理得非常好。"）。
能力认可＝强调专业技能或过往成就＋增强自信心与动力（例如"你在这个领域有着丰富的经验,我相信你的判断。"）。
落实(请托口气)＝了解对方能力＋支持与关注＋肯定努力与成果。
了解对方能力＝评估能力与专长＋确保任务匹配。
支持与关注＝在任务执行中给予支持＋持续关注。
肯定努力与成果＝及时肯定对方的努力＋认可其成果。
(3) 询问口气＝开放性问题＋倾听与反馈。
开放性问题＝引导分享更多信息与想法（例如"你对这个方案有什么看法或建议吗？"）。
倾听与反馈＝保持耐心与专注＋认真倾听＋给予积极反馈（例如"你的观点很有见地,我会认真考虑的。"）。
落实(询问口气)＝保持平等尊重＋鼓励自由表达＋整理分析信息。
保持平等尊重＝沟通中保持平等与尊重。
鼓励自由表达＝鼓励双方自由表达意见与感受。
整理分析信息＝对收集的信息进行整理＋分析用于决策或改进。
(4) 暗示口气＝微妙引导＋自我反思。
微妙引导＝暗示方式引导思考或改变行为（例如"最近注意到你在这个环节上有些疏忽,或许可以一起探讨一下如何改进。"）。
自我反思＝引导自我发现问题＋寻求解决方案（例如"你觉得在哪些方面还可以做得更好呢？"）。
落实(暗示口气)＝适度语气与方式＋鼓励主动思考＋提供支持。
适度语气与方式＝注意语气与方式以避免反感。
鼓励主动思考＝鼓励对方主动思考＋解决问题。
提供支持＝提供必要的支持与指导。
(5) 征求口气＝广泛征求＋平等对待。
广泛征求＝决策前广泛征求各方意见（例如"关于这个项目的方向,大家有什么想法吗？"）。
平等对待＝平等对待每个人的意见＋避免偏见与歧视（例如"无论职位高低,每个人的意见都非常重要。"）。
落实(征求口气)＝有效沟通渠道＋综合分析评估。

有效沟通渠道＝建立有效的沟通渠道与机制。
综合分析评估＝对收集的意见进行综合分析＋评估以形成科学决策方案。
（6）严厉口气＝坚守立场＋助力成长。
坚守立场＝使用严厉口气强调原则与规则（例如"这个错误不能容忍,我们必须严格按照规定来处理。"）。
助力成长＝关注成长发展＋指出问题,提供解决方案（例如"虽然这次你犯了错误,但我相信你能从中吸取教训,做得更好。"）。
落实（严厉口气）＝恰当语气方式＋提出改进建议。
恰当语气方式＝注意语气与方式以避免伤害。
提出改进建议＝针对问题提出具体的改进建议与措施。

5.8 提升职场沟通的技巧

本节介绍专注倾听、开放式提问、展现诚挚兴趣等十大技巧,通过公式直观地阐述如何运用这些技巧。提升职场沟通的技巧如图 5-7 所示。

提升职场沟通的技巧
- 专注倾听
- 开放式提问
- 展现诚挚兴趣
- 分享经历以深化交流层次
- 秉持尊重,慎避武断
- 深切共情,强化沟通
- 身体语言的精细运用
- 避免争论,促进共识的达成
- 幽默的恰当运用
- 深化交流,激发合作意愿

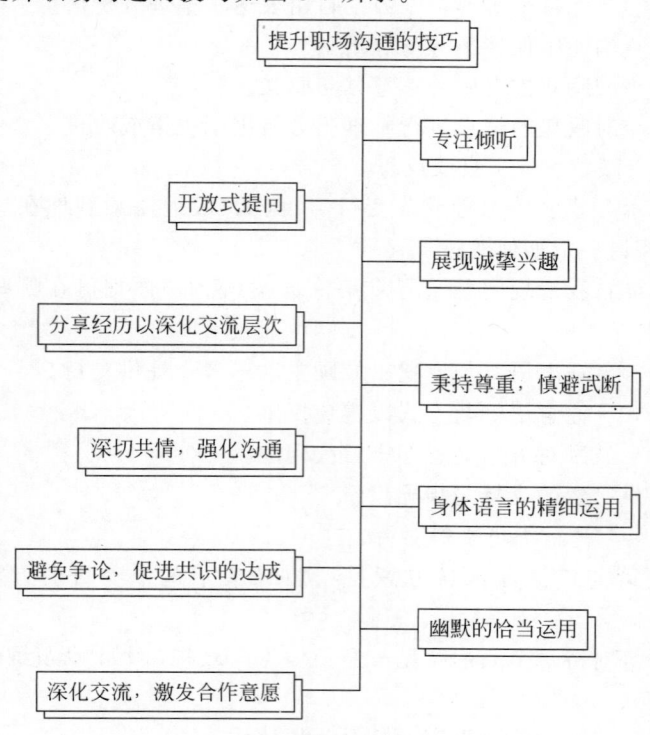

图 5-7 提升职场沟通的技巧

提升职场沟通的技巧是促进有效合作的关键,具体细节通过以下公式直观地进行阐述:
(1) 专注倾听＝全神贯注＋肢体语言＋简短肯定语。
(2) 开放式提问＝多维度提问＋开放式引导词。
(3) 展现诚挚兴趣＝记住细节＋自然融入。
(4) 分享经历以深化交流层次＝平衡话题＋引导对方分享。
(5) 秉持尊重,慎避武断＝避免评判＋换位思考。
(6) 深切共情,强化沟通＝积极倾听＋共情表达。
(7) 身体语言的精细运用＝眼神接触＋言行一致。
(8) 避免争论,促进共识的达成＝温和措辞＋开放心态。
(9) 幽默的恰当运用＝了解对象＋选择健康内容。
(10) 深化交流,激发合作意愿＝即时表达肯定＋赞赏。

5.9 即兴能力

普通人通常缺乏即兴发挥的能力,面对突然提出的话题,有时会感到不知所措,无法顺畅地接话,临场表现往往欠佳。那么该如何解决这一问题呢?本节介绍如何通过多种方法来改善即兴表达能力,即兴能力如图 5-8 所示。

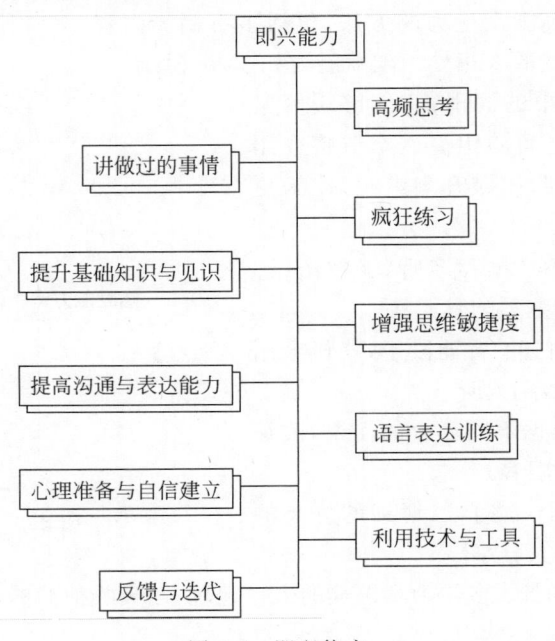

图 5-8 即兴能力

即兴能力是许多人在面对突发话题时感到欠缺的技能,本节通过以下公式直观地阐述即兴能力的培养方式:

(1) 高频思考＝琢磨有价值的内容＋深入理解＋记忆强化＋流畅表达。

(2) 讲做过的事情＝熟悉内容＋深刻印象＋易于讲述。

(3) 疯狂练习＝快速学习技术＋自我描述＋输入/输出循环。

(4) 提升基础知识与见识＝涉猎不同领域＋知识储备＋新技能学习＋思维活跃。

(5) 增强思维敏捷度＝锻炼快速思考＋逻辑推理＋短时间内构思表达。

(6) 提高沟通与表达能力＝倾听他人＋理解对方观点＋更好地接话回应。

(7) 语言表达训练＝参加演讲活动＋角色扮演＋流畅度及准确性提升。

(8) 心理准备与自信建立＝积极心态＋相信自己＋模拟对话＋自信心增加。

(9) 利用技术与工具＝记录灵感话题＋学习心得＋整理思路＋结构化表达。

(10) 反馈与迭代＝寻求反馈＋了解优缺点＋调整策略＋形成即兴表达风格。

5.10 幽默能力

本节介绍几种提高幽默能力的方法,包括多听搞笑内容、多背段子并讲述、改编段子、自己整理段子及与幽默的人相处。幽默能力如图 5-9 所示。

幽默是人际交往中的润滑剂,能够缓解紧张气氛,拉近人与人之间的距离。本节将介绍几种有效的方法来帮助你提升幽默感,成为更受欢迎的人。

(1) 多听搞笑内容:推荐多听《老罗语录》等搞笑内容,重复听以熟悉幽默元素。

(2) 多背段子并讲述:背诵段子,找机会用自己的语言将段子讲给别人听。

(3) 改编段子:根据不同场合的需要,改编段子,使其更贴合谈话内容。

(4) 自己整理段子:将自己遇到的好笑的事情整理成段子,与他人分享。

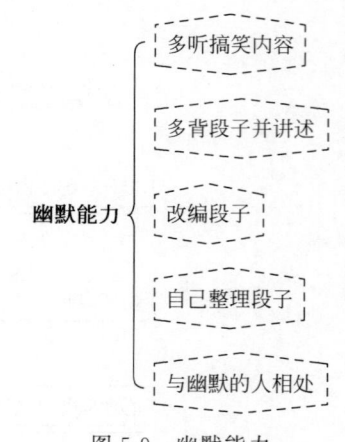

图 5-9 幽默能力

(5) 与幽默的人相处:多与幽默搞笑的人一起玩,以吸收他们的幽默感。

5.11 沟通受欢迎

本节介绍通过简短易懂的表达、实用性高的建议、给予动力、倾听的艺术、积极反馈的魅力、共情的力量、幽默感的运用、真诚的态度及适应与理解差异等策略来提升人际吸引力。日常沟通如何让自己变得受欢迎如图 5-10 所示。

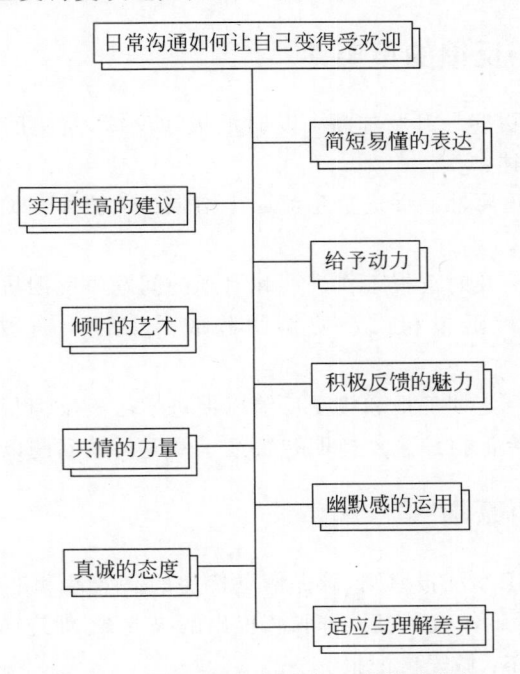

图 5-10 日常沟通如何让自己变得受欢迎

本节介绍如何通过有效的沟通策略来提升个人在人际交往中的吸引力，帮助读者更好地与他人建立积极的关系。具体细节通过以下公式直观地进行阐述：

(1) 简短易懂＝简单语言＋比喻例子。
(2) 实用性高＝具体步骤＋即学即用价值。
(3) 给予动力＝鼓励对方＋正面反馈＋分享经历。
(4) 倾听的艺术＝学会倾听＋尊重重视＋适时反馈。
(5) 积极反馈的魅力＝真诚赞美＋增强凝聚力＋促进交流。
(6) 共情的力量＝展现共情＋支持理解＋减轻孤独感。
(7) 幽默感的运用＝适时幽默＋缓解压力＋注意场合。
(8) 真诚的态度＝用心道歉或感谢＋直视对方＋建立信任。

(9) 适应与理解差异＝了解习俗＋尊重差异＋展现理解。

5.12 工作汇报与反馈

工作汇报与反馈是提升工作效率和职场晋升的关键，通过及时、明确、结构化的汇报和反馈，避免问题堆积，促进团队协作，确保项目顺利进行。

5.12.1 汇报与反馈的重要性

工作效率高比勤奋更容易升职加薪。及时汇报和反馈，避免问题堆积。具体细节通过以下公式直观地进行阐述：

(1) 汇报与反馈的重要性＝促进信息流通＋增强团队协作＋促进个人成长＋提升决策质量。

(2) 促进信息流通＝及时汇报工作进展和遇到的问题＋反馈机制识别和排除障碍。

(3) 增强团队协作＝汇报和反馈协调团队成员工作＋有效沟通以建立信任和凝聚力。

(4) 促进个人成长＝定期汇报和接受反馈以促进学习＋反馈帮助调整工作方向。

(5) 提升决策质量＝汇报信息支持明智决策＋及时反馈问题以降低风险。

5.12.2 汇报的原则

为员工提供清晰的工作汇报原则，确保信息传递的高效性和准确性。通过遵循这些原则，员工可以更好地展示工作成果、反映问题，提出解决方案，促进团队协作和决策制订。

(1) 时间较短的工作：做完再汇报。

(2) 时间较长的工作：定期汇报进度（可通过邮件或微信）。

(3) 明确内容：结论先行，重点突出挑战、差异点和解决方法。

(4) 说事实：实事求是，不弄虚作假。

(5) 给数据：用数据支撑汇报内容。

(6) 给解决方案和思路：提供解决问题的具体方案。

(7) 给工具/模板和表格/表单：提供必要的工具和资源。

(8) 进度汇报：汇报当前面临的主要挑战和问题，说明工作进度是提前、落后还是符合预期，重点说明发现的问题及如何解决这些问题。

(9) 请示工作的要点：详细说明工作过程和遇到的问题，明确指出遇到的困难和挑战，提出解决问题的方案或思路。

5.12.3　工作总结的技巧

三八法则的 3 个大点，每个大点下有 1~3 个小点，所有小点加起来不超过 8 个。
有效对比：与衡量指标对比，如部门关键工作指标、成本控制和业绩结果数据。
提炼亮点：包括创新点、实践过程中的感人故事等。
回顾进度：善于发现问题，如时间进度的拖延、团队协作问题等。
工作总结的技巧如图 5-11 所示。

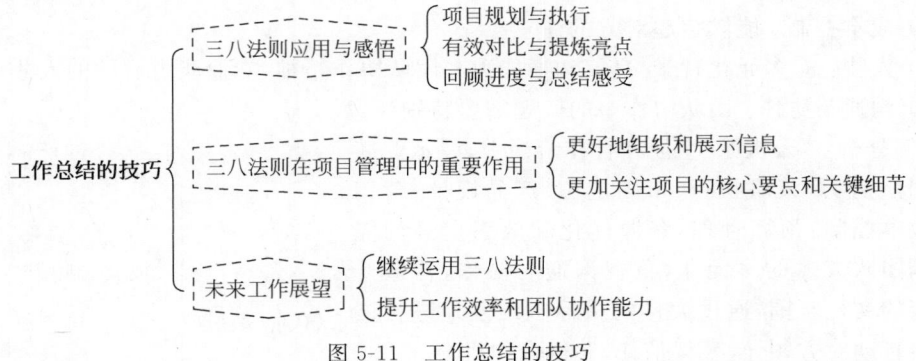

图 5-11　工作总结的技巧

本节内容通过以下公式直观地进行阐述：
(1) 三八法则应用与感悟＝项目规划与执行＋有效对比与提炼亮点＋回顾进度与总结感受。
项目规划与执行＝明确目标＋制订策略＋分配资源。
明确目标＝提升部门关键工作指标＋严格成本控制＋实现卓越的业绩结果数据。
制订策略＝流程优化与效率提升策略(针对部门关键工作指标)＋预算管理与资源优化策略(针对成本控制)＋市场定位与产品创新策略(针对业绩结果)。
分配资源＝合理分配人力、物力和财力资源。
有效对比与提炼亮点＝对比衡量指标＋提炼创新点与感人故事。
对比衡量指标＝实际业绩与部门关键工作指标对比＋实际业绩与成本控制目标对比＋实际业绩与预期业绩结果数据对比。
提炼创新点与感人故事＝提炼独特营销策略、高效工作流程等创新点＋记录团队成员辛勤付出和客户真诚反馈等感人故事。
回顾进度与总结感受＝发现问题＋总结成长与收获＋表达感恩之情。
发现问题＝发现时间进度拖延问题＋发现团队协作不畅问题＋及时采取解决措施。
总结成长与收获＝总结业绩显著提升经验＋总结团队协作、成本控制等方面的宝贵经验＋感受团队力量的无穷。
表达感恩之情＝感谢团队成员的辛勤付出和无私奉献＋感谢客户的信任和支持。
(2) 三八法则在项目管理中的重要作用＝更好地组织和展示信息＋更加关注项目的核心要点和关键细节。
(3) 未来工作展望＝继续运用三八法则＋提升工作效率和团队协作能力。

5.13　领导的关注点

本节介绍领导在合作洽谈中关注的重点，包括业绩、成本控制、人物及沟通与协作等方面。
(1) 业绩：业绩结果数据是最大的亮点。
(2) 成本控制：能够引起对方的注意。
(3) 人物：有多元化背景、良好沟通能力和团队协作精神、专业能力过硬的人才。
(4) 沟通与协作：团队协作中的问题需要特别注意。

案例分析："云帆原"企业在合作洽谈中，展示业绩数据、团队努力、策略执行、市场定位、产品设计、营销策略、成本控制、预算管理、资源优化和效率提升的能力，强调团队人才的多元化，重视沟通与协作，营造开放、包容的文化氛围，通过大量的指标多维度地进行展示，最终打动对方领导，赢得信任，获得合作机会。

领导的关注点如图 5-12 所示。

通过具体的案例分析，展示如何通过这些方面来赢得对方的信任和合作机会。具体细节通过以下公式直观地进行阐述：

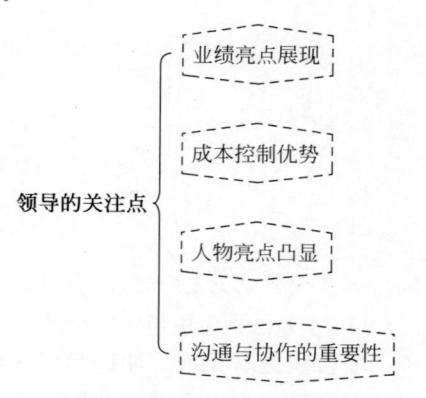

图 5-12　领导的关注点

(1) 业绩亮点展现＝业绩结果数据＋团队努力与策略执行体现＋数字增长背后的故事＋吸引对方注意与赢得信任。
(2) 成本控制优势＝严格成本控制能力＋预算管理与资源优化＋效率提升成果＋引起对方注意与奠定合作基础。
(3) 人物亮点凸显＝团队人才济济与多元化＋各岗位专业技能与独特才华＋人物对团队成功的贡献＋增强对方信任与期待合作。
(4) 沟通与协作的重要性＝团队基石地位＋沟通与协作不畅的问题得到正视与解决＋开放、包容与协作的文化氛围＋有效的沟通机制与冲突解决策略。

5.14　沟通模型

沟通模型包括 FIRE 模型、PREP 原则、RIDE 模型等结构化表达框架。STAR、SCQA 等模型用于结构化表达，SCRTV、SCI 模型强调故事性思维，FFC 法则、OELS 模型等促进高情商沟通，GROW、RULER 模型指导引导性沟通，沟通漏斗和乔哈里视窗理论则助力透明化沟通，这些模型共同提升沟通效率与质量。

5.14.1 有影响力的表达

本节介绍 3 种有影响力的表达模型：FIRE 模型、PREP 原则和 RIDE 模型，阐述它们在沟通和协作中的应用。通过案例分析，展示这些模型如何帮助团队提升团队沟通效率、项目成功率和个人成长。

1. FIRE 模型

本节介绍 FIRE 模型，该模型通过事实、解读、反应和结果 4 个步骤来提升团队沟通和协作效率。通过案例分析，展示如何应用 FIRE 模型来改善项目管理、提升客户满意度和团队绩效，促进个人和团队成长。FIRE 模型如图 5-13 所示。

案例分析：小明通过详细记录代码提交、错误信息及解决方法，提升了工作透明度与效率，确保代码质量与团队对方案的共同理解。注重将业务需求转换为实现方案，紧跟技术趋势。面对挑战，小明冷静应对，积极寻求解决方案，与团队紧密合作。他乐于分享，增强团队凝聚力，持续提升个人与团队能力。应用 FIRE 模型后，团队沟通更高效，协作加强，项目顺利完成，客户满意度与团队绩效得到显著提升，实现个人与集体的共同进步。

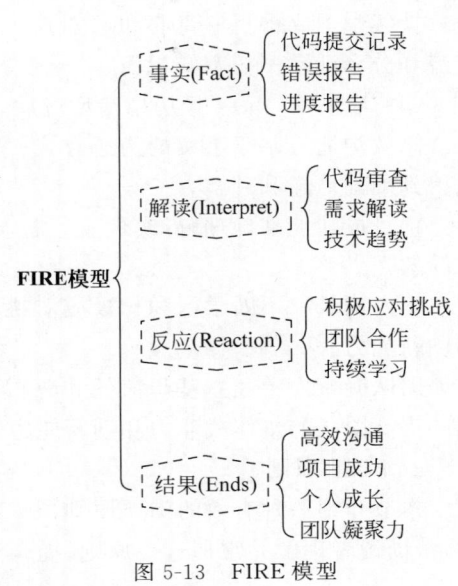

图 5-13　FIRE 模型

本节内容通过以下公式直观地进行阐述：

（1）事实(Fact)：沟通确实存在或发生的事情，具体、客观、不带感情色彩。

代码提交记录＝使用版本控制系统＋详细记录代码更改＋清晰具体的提交信息。

错误报告＝详细记录错误环境＋触发条件＋错误信息＋堆栈跟踪＋尝试过的解决方法及结果。

进度报告＝定期编写＋列出已完成任务＋进行中的工作＋遇到的障碍和挑战＋具体例子和数据支持。

（2）解读(Interpret)：对事实进行解读，得出事实的目的或意义。

代码审查＝关注代码的正确性和规范性＋深入解读设计思路和目的＋共同讨论代码的可读性、可维护性和可扩展性。

需求解读＝深入解读需求＋理解业务目标和用户场景＋与需求提出者充分沟通＋转换为具体实现方案。

技术趋势＝关注行业动态和技术发展＋解读新技术对项目和团队的影响＋评估新技术的适用性和风险。

（3）反应（Reaction）：根据解读结果，产生相应的情绪反应。

积极应对挑战＝保持冷静和乐观的心态＋积极寻找解决方案＋与团队成员共同协作＋及时调整工作计划和优先级。

团队合作＝培养开放、诚实的沟通氛围＋鼓励分享成功经验和挑战＋共同寻找改进方法＋及时认可和赞赏团队成员。

持续学习＝保持好奇心和求知欲＋视为提升自我和团队能力的机会＋积极参与技术交流和分享活动＋拓宽知识面。

（4）结果（Ends）：经历情绪反应后，期望某种结果。

高效沟通＝基于事实的沟通方式＋减少误解和冲突＋提高团队协作的效率＋确保信息得到准确传递和理解。

项目成功＝准确理解，实现业务需求＋确保项目按时按质完成＋提高客户满意度和团队绩效。

个人成长＝不断学习和积极应对挑战＋促进个人技能提升和职业发展＋增强自信心和创新能力。

团队凝聚力＝建立基于信任和尊重的团队文化＋增强团队成员之间的凝聚力和归属感＋提高团队的整体战斗力和创新能力。

2. PREP原则

本节介绍一种有效的沟通原则——PREP原则，通过案例分析展示在实际场景中的应用，帮助读者理解并掌握这一原则，提升沟通效果。PREP原则案例分析如图5-14所示。

按照PREP原则进行拆分。

（1）结论先行（Point）：在沟通中先抛出明确的观点，让对方清楚谈话的主题。

（2）依据（Reason）：通过有效的数据、有力的事实验证结论的可靠性。

（3）事例（Example）：用事例引起倾听者的共情和想象。

（4）重述（Point）：强化双方对结论的共识。

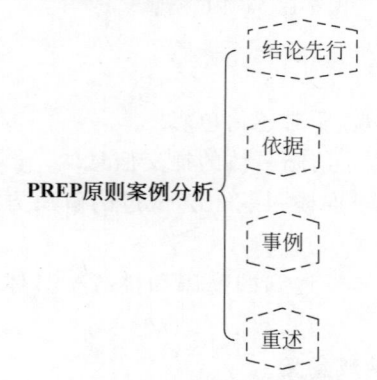

图5-14 PREP原则案例分析

案例分析：会议上发表观点，我有个想法，对代码进行重构，提高代码的可读性和维护性。因为当前代码存在重复、逻辑复杂、变量名不直观等问题，导致难以理解和维护，容易出错。之前我在其他项目上进行过类似的重构，结果代码量减少，可读性提高，测试也更方便，维护成本降低，所以，我认为这次重构非常重要，不仅能提升代码质量，还能给未来开发工作打下更好的基础。对这个提议大家有什么想法或者建议吗？

在上述案例中，通过以下公式更直观地进行阐述：

(1) 结论先行＝提出代码重构以优化代码。

(2) 依据＝代码存在问题(重复代码块、复杂逻辑、不直观的变量命名)＋代码审查反馈＋团队编码标准＋重构可带来的改进(消除重复、简化逻辑、提高可读性)。

(3) 事例＝先前项目经验(代码重构减少代码量、提高可读性、易于测试)。

(4) 重述＝重构必要性＋预期效果(提高代码质量、为未来开发打基础)＋邀请反馈。

3．RIDE 模型

本节介绍 RIDE 模型，该模型用于有条理地展示和沟通方案，通过清晰展示方案的考量，提升团队协作效率和方案被采纳的可能性，从而推动项目的成功实施。

RIDE 模型＝清晰展示方案考量＋有条理的沟通。

(1) Risk(风险)：不采纳方案会带来的风险，注意风险描述不要夸张。

(2) Interest(利益)：采纳方案会带来的利益，通过抛出风险降低对方心理阈值，再引入利益点提高预期。

(3) Difference(差异)：通过事实举例说明自身建议与其他方案的差异之处。

(4) Effect(影响)：方案本身所能带来的负面影响，承认小缺点会使方案显得更真实。

案例分析：小明是一名程序员，现在正有条理地向团队展示方案，运用 RIDE 模型展示方案。不采纳方案可能会导致系统性能瓶颈，影响用户体验和客户满意度。采纳方案能提升系统性能，提高用户满意度和业务转化率。方案是整体性能提升方案，不是短期解决方案。之前的缓存优化方案没有解决根本问题，这个方案能解决。实施可能带来短期负面影响，如开发资源投入和系统不稳定风险。

上述案例通过以下公式更直观地进行阐述，RIDE 模型如图 5-15 所示。

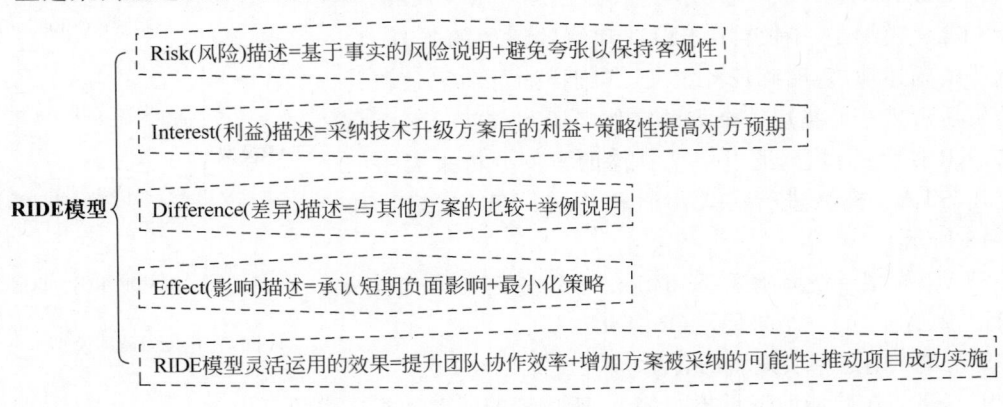

RIDE模型
- Risk(风险)描述＝基于事实的风险说明＋避免夸张以保持客观性
- Interest(利益)描述＝采纳技术升级方案后的利益＋策略性提高对方预期
- Difference(差异)描述＝与其他方案的比较＋举例说明
- Effect(影响)描述＝承认短期负面影响＋最小化策略
- RIDE模型灵活运用的效果＝提升团队协作效率＋增加方案被采纳的可能性＋推动项目成功实施

图 5-15　RIDE 模型

(1) Risk(风险)描述＝基于事实的风险说明＋避免夸张以保持客观性。

风险说明＝不采纳技术升级方案→系统可能面临性能瓶颈→响应速度变慢→用户体验下降→影响客户满意度和留存率。

(2) Interest(利益)描述＝采纳技术升级方案后的利益＋策略性提高对方预期。

利益说明＝采纳技术升级方案→显著提升系统性能→提高用户满意度和留存率→带

来更高的业务转化率和收入增长。

策略＝抛出风险降低心理阈值＋引入利益点提高接受度。

（3）Difference（差异）描述＝与其他方案的比较＋举例说明。

差异说明＝与其他方案相比，技术升级方案更注重系统整体性能提升→带来全面的性能改进，而非短期解决方案。

举例＝缓存优化方案（短期提升响应速度，未解决根本问题）vs. 技术升级方案（从根本上解决性能瓶颈问题）。

（4）Effect（影响）描述＝承认短期负面影响＋最小化策略。

影响说明＝技术升级方案实施过程中可能带来短期的负面影响→需要投入开发资源和时间→可能存在短期系统不稳定风险。

策略＝承认小缺点以增加真实性和可信度＋提前沟通和规划以最小化负面影响。

（5）RIDE 模型灵活运用的效果＝提升团队协作效率＋增加方案被采纳的可能性＋推动项目成功实施。

5.14.2　结构化表达

本节介绍多种结构化表达工具及其在职场中的应用，包括 STAR 模型、SCQA 模型、5W1H 分析、SWOT 分析和 PDCA 循环。通过具体的案例分析，展示这些工具如何帮助个人和团队提升沟通效率、问题分析能力和项目管理能力，从而实现更好的工作效果和提高团队协作。

1．STAR 模型

STAR 模型是一种常用于面试和绩效评估的工具，它通过清晰阐述情境、明确任务定义、详细描述行动记录和具体结果展示来全面描述一个人的工作经历和成就。下面介绍 STAR 模型的概念，通过一个具体的案例分析来展示如何应用 STAR 模型进行有效沟通和总结。STAR 模型如图 5-16 所示。

STAR 模型＝情境阐述（Situation）＋任务定义（Task）＋行动记录（Action）＋结果展示（Result）。

图 5-16　STAR 模型

S-情境：阐述事实发生的背景。

T-任务：在此情境下承担的角色、所执行的任务和要达成的目标。

A-行动：执行任务，重点是行动过程。

R-结果：完成任务后达到的效果，一般是可量化的指标。

案例分析：公司开发新电商平台，平台需要在高并发下保持高性能，团队发现系统测试时有问题，小刘的任务是解决性能问题，查看了日志和监控数据，审查、优化代码，对数据库进行调优，参与系统的压力测试，系统响应时间下降，数据库问题已解决，用户体验得到提升，满意度得到提高，改进可以帮助团队更好地应对性能问题，提高了效率。

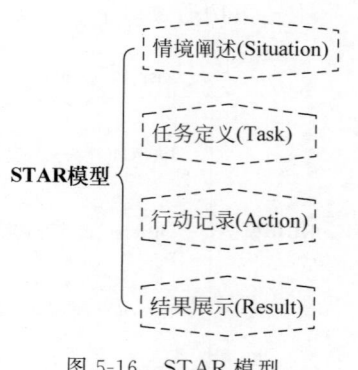

上述案例通过以下公式直观地进行阐述：

情境阐述(S)＝公司开发新电商平台＋需要保持高并发性能＋出现响应延迟和数据库问题。

任务定义(T)＝作为后端团队成员＋识别并解决性能问题＋确保系统稳定运行和满足需求。

行动记录(A)＝分析日志和监控数据＋代码审查和优化＋数据库调优＋参与压力测试。

结果展示(R)＝响应时间显著下降＋数据库问题完全解决＋用户体验提升＋开发效率提高。

STAR 模型应用效益＝有助于个人工作总结和反思＋促进团队沟通和协作。

2. SCQA 模型

在现代商业环境中，清晰、有条理的沟通是提高团队协作的关键。SCQA 模型作为一种有效的沟通工具，通过情境、冲突、疑问和解答 4 个步骤，帮助读者系统地分析和解决问题。下面介绍 SCQA 模型及其在不同情境下的应用，展示如何利用这一模型提升沟通效率、问题分析能力和解决方案的质量，提高团队协作和项目成功率。SCQA 模型及其应用如图 5-17 所示。

SCQA模型及其应用
- 标准式SCA应用=情境设定+冲突识别+解答给出
- 开门见山式ASC应用=解答先行+情境描述+冲突阐述
- 突出忧虑式CSA应用=冲突凸显+情境说明+解答给出
- 突出信心式QSCA应用=疑问提出+情境分析+冲突指出+解答给出

图 5-17　SCQA 模型及其应用

SCQA 模型在日常工作中的有效性＝清晰地传达想法＋有条理地分析问题＋提出有效的解决方案。

S-情境：由所有人都熟悉的情景，引入事实。

C-冲突：实际情况往往和要求有冲突。

Q-疑问：怎么办？

A-解答：解决方案是什么？

本节内容通过以下公式直观地进行阐述：

（1）标准式 SCA 应用＝情境设定＋冲突识别＋解答给出。

情境＝项目团队开发新功能时遇到性能瓶颈问题。

冲突＝优化代码后响应时间仍无法满足用户需求，可能会导致用户体验下降。

解答＝引入缓存机制，减少数据库访问次数，提升响应速度。

(2) 开门见山式 ASC 应用＝解答先行＋情境描述＋冲突阐述。
解答＝采用微服务架构重构系统。
情境＝当前系统为单体应用，维护成本随业务发展升高。
冲突＝发布新功能或修复 Bug 需重新部署整个应用，风险高且效率低。
(3) 突出忧虑式 CSA 应用＝冲突凸显＋情境说明＋解答给出。
冲突＝系统频繁出现内存泄漏问题，严重影响服务稳定性。
情境＝分析系统日志和监控数据，发现由第三方库不当使用导致。
解答＝将第三方库升级至最新版本，重构相关代码。
(4) 突出信心式 QSCA 应用＝疑问提出＋情境分析＋冲突指出＋解答给出。
疑问＝如何确保新上线功能既满足用户需求又保证系统稳定性？
情境＝过去版本迭代中快速交付新功能，但遇到性能问题和 Bug。
冲突＝导致用户体验下降，增加维护成本。
解答＝引入更严格的代码审查和测试流程，包括单元测试、集成测试和性能测试。
SCQA 模型及其变体灵活运用效果＝提升沟通效率＋增强问题分析能力＋优化解决方案＋提高团队协作和项目成功率。

3. W1H 分析

下面介绍 5W1H 分析方法及其在编程工作中的应用。通过一个具体的案例，展示如何利用 5W1H 来明确任务起因、设定时间、确定地点、明确人物、定义输出和规划过程，从而提高工作效率和质量。

5W1H 分析＝起因（Why）＋时间（When）＋地点（Where）＋人物（Who）＋做输出（What）＋方式或过程（How）。

(1) 起因＝解释问题或任务产生的原因。
(2) 时间＝明确任务或事件发生的时间。
(3) 地点＝指出任务或事件发生的地点。
(4) 人物＝确定负责或参与任务的人员。
(5) 做输出＝描述需要完成的任务或输出的结果。
(6) 方式或过程＝说明解决问题或完成任务的方式和过程。

案例分析：后端开发团队发现系统响应慢，影响用户体验，主要原因是数据库查询效率低。他们决定一周内解决这一问题，通过 VPN 远程工作，张三负责数据库优化，李四负责代码整合，王五负责测试验证。使用工具分析查询语句，设计更高效的查询，编写新语句，集成代码，对比性能测试。最终使用 CI/CD 工具部署新代码，系统响应速度得到提升，用户对此感到满意。

上述案例通过以下公式直观地进行阐述，5W1H 分析如图 5-18 所示。

将 5W1H 应用于编程工作＝理解起因（Why）＋设定时间（When）＋确定地点（Where）＋明确人物（Who）＋定义输出（What）＋规划过程（How）。

(1) 理解起因＝解释问题（客户反馈系统慢，影响体验）＋分析原因（数据库查询效率

```
                    ┌ 理解起因(Why)
                    │ 设定时间(When)
         ┌ 将5W1H应用于编程工作 ┤ 确定地点(Where)
         │          │ 明确人物(Who)
         │          │ 定义输出(What)
5W1H分析 ┤          └ 规划过程(How)
         │
         │
         └ 提升工作效率和质量
```

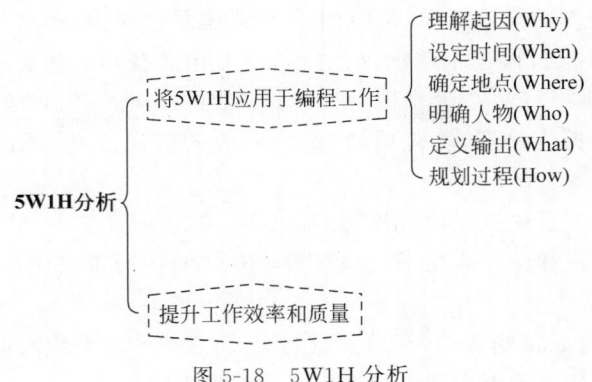

图 5-18　5W1H 分析

低)＋设定目的(优化查询,提速,提升体验)。

(2) 设定时间＝本周内完成任务＋周一至周三代码修改与测试＋周四部署＋周五效果验证。

(3) 确定地点＝远程工作环境＋使用公司 VPN 访问服务器和数据库。

(4) 明确人物 ＝　张三(数据库优化)＋李四(代码整合)＋王五(测试验证)。

(5) 定义输出＝优化后的查询语句(效率提升≥50％)＋更新后的后端代码＋部署脚本及性能测试报告。

(6) 规划过程＝分析阶段(使用 SQL Profiler 寻找瓶颈)＋设计阶段(设计高效查询语句)＋编码阶段(张三编写新查询语句,李四集成)＋测试阶段(王五写测试脚本,对比性能)＋部署阶段(使用 CI/CD 工具自动化部署)＋验证阶段(收集数据,编写测试报告)。

提升工作效率和质量＝应用 5W1H 分析方法＋清晰定义任务＋明确责任＋规划时间＋系统执行与验证优化工作。

4. SWOT 分析

下面介绍 SWOT 分析在程序员职场沟通中的应用,如图 5-19 所示。通过对优势、劣势、机会和威胁进行识别与分析,制订有效的沟通策略,提高团队协作效率和项目成功率。

SWOT 分析 ＝ 优势(Strengths) 分析 ＋ 劣势(Weaknesses)识别 ＋ 机会(Opportunities)探讨 ＋ 威胁(Threats)分析。

(1) 优势＝分析项目中的有利因素和优势。

(2) 劣势＝识别项目中的不足之处和缺乏的资源。

(3) 机会＝探讨可能会导致项目成功的因素。

(4) 威胁＝分析可能会导致项目失败的因素。

```
         ┌ 优势
         │
         │ 劣势
SWOT分析 ┤
         │ 机会
         │
         └ 威胁
```

图 5-19　SWOT 分析在程序员
　　　　　职场沟通中的应用

案例分析:小李使用 SWOT 分析及审视职场沟通,发现自己能清晰地表达技术优势,擅长倾听,提供反馈,编写代码文档详细,这是沟通优势,但他与非技术背景成员沟通困难,有时过于关注细节而忽视整体目标,可能因忙于编程而忽视沟通,这是沟通劣势。为了改进,他计划参与跨部门项目、技术培训、研讨会,学习沟通技巧。他意识到技术和工具在迭代,团队沟通不畅和需求变更会带来威胁。通过 SWOT 分析,全面地了解沟通现状,决定发挥优势,改进劣势,抓住机遇,防范威胁,制订有效的沟通策略,提高团队协作和项目成功率。

上述内容通过以下公式直观地进行阐述:

提高团队协作效率和项目成功率=制订实际有效的沟通策略+制定基于 SWOT 分析的全面沟通策略。

(1) 优势:技术专长清晰表达,有效倾听与反馈,文档和注释编写能力。

技术专长清晰表达=清晰表达+建立信任+获得支持。

有效倾听与反馈=倾听他人意见+提供有价值的反馈+促进团队进行有效沟通。

文档和注释编写能力=编写清晰、详细代码文档和注释+减少沟通障碍。

(2) 劣势:非技术沟通能力,过度专注于细节,时间管理不善。

非技术沟通能力=不熟悉非技术背景术语和关注点+沟通困难。

过度专注于细节=过于关注技术细节+忽视项目的整体目标和战略方向+沟通不畅。

时间管理不善=忙于编程任务+忽视有效沟通+重要信息未得到及时传达。

(3) 机会:跨部门合作项目,技术培训和研讨会,敏捷开发实践。

跨部门合作项目=参与跨部门合作+学习新沟通技巧和知识+拓宽视野。

技术培训和研讨会=提升技术能力+与同行交流机会+学习有效的沟通技巧。

敏捷开发实践=参加有效的沟通活动(每日站会、迭代计划和回顾)+提高团队整体效率。

(4) 威胁:技术快速迭代,团队沟通不畅,项目需求变更频繁。

技术快速迭代=Java 技术和工具快速迭代+沟通地位可能下降(如不能及时跟进)。

团队沟通不畅=无法及时获得所需信息和支持+影响工作效率和项目进展。

项目需求变更频繁=需要不断地重新沟通以确保理解正确+增加沟通成本和时间压力。

5. PDCA 循环

下面介绍 PDCA 循环的概念及其在项目管理中的应用。PDCA 循环是一种持续改进的方法,包括计划(Plan)、执行(Do)、检查(Check)和行动(Action)4 个阶段。通过案例分析,展示如何利用 PDCA 循环提高项目管理的透明度和可控性。PDCA 循环如图 5-20 所示。

PDCA 循环=计划+执行+检查+行动。

(1) 计划=制订详细的工作计划和目标。

(2) 执行=按照计划执行工作。

(3) 检查=检查实际完成情况,分析原因。

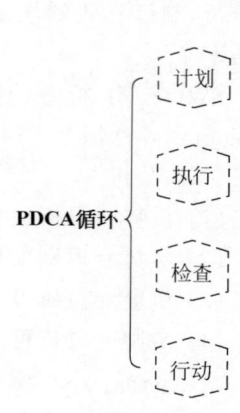

图 5-20 PDCA 循环

(4) 行动＝根据检查结果调整计划,采取行动。

案例分析:团队在项目开发过程中采用 PDCA 循环管理,先制订详细计划,明确任务、时间表和质量标准,按计划执行。随后进行评估检查,分析进度、原因、收集反馈。根据检查结果调整计划、解决问题,积累经验。在项目周会上,团队负责人汇报管理情况,使项目更透明可控。

上述内容通过以下公式直观地进行阐述:
(1) 计划＝确定里程碑＋分配任务＋制订时间表＋设定质量标准。
(2) 执行＝前端开发＋后端开发＋数据库设计＋测试执行。
(3) 检查＝评估进度＋分析延误/质量问题＋收集用户反馈。
(4) 行动＝调整时间表＋加强代码审查＋优化产品功能＋记录经验教训。

5.14.3 故事性思维

本节介绍两种模型:SCRTV 模型和 SCI 模型,通过具体的案例介绍它们在商业和管理领域中的应用。SCRTV 模型是一种结构化的问题解决和决策制订工具,SCI 模型则是在软件开发过程中引入敏捷开发方法,解决传统瀑布式开发所面临的挑战。通过这些模型,可以有效地解决问题,创造价值。

1. SCRTV 模型

下面介绍 SCRTV 模型的 5 个关键组成部分,通过一个具体的案例来展示如何应用该模型来有效地解决问题和创造价值。SCRTV 模型如图 5-21 所示。

SCRTV 模型是一种结构化的问题解决和决策制订工具,被广泛地应用于商业和管理领域。具体案例通过以下公式直观地进行阐述。

(1) 情境(S):平实客观地描述事件情境,明确问题。

小明是初创公司的程序员,负责后端开发,面临一个月内完成电商平台项目的挑战。

情境(S)＝小明身份＋公司背景＋项目挑战＋小明职责。

其中,小明身份＝程序员;

公司背景＝初创公司,承接大型项目;

项目挑战＝一个月内完成复杂电商平台;

小明职责＝后端开发,确保数据库和服务器性能。

(2) 冲突(C):提出与现实、理想相违背的内容,营造紧迫感。

项目进行到第二周时,发现页面加载速度慢,存在性能瓶颈问题,可能会导致项目延期。

冲突(C)＝测试发现问题＋性能瓶颈＋小明焦虑。

其中,测试发现问题＝页面加载速度慢;

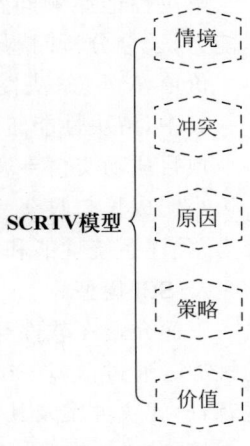

图 5-21 SCRTV 模型

性能瓶颈＝系统中存在的严重问题；

小明焦虑＝知道必须迅速解决问题，否则后果严重。

（3）原因（R）：分析事件的原因和动机。

数据库查询效率低，SQL 语句未优化，代码存在冗余和不合理设计。

原因（R）＝数据库查询效率低＋代码冗余和不合理设计。

其中，数据库查询效率低＝部分 SQL 语句未优化；

代码冗余和不合理设计＝重复数据处理逻辑、存在不必要的循环等。

（4）策略（T）：提出解决问题的方法，进行决策。

优化数据库，包括索引优化、调整 SQL 语句、使用缓存；代码重构，消除冗余，使用高效数据结构和算法，引入异步处理；召集团队成员，分配任务，与前端开发人员沟通，提高数据交互效率。

策略（T）＝优化数据库＋代码重构＋团队合作与沟通。

其中，优化数据库＝索引优化、调整 SQL 语句、使用缓存机制；

代码重构＝消除冗余、使用高效数据结构和算法、引入异步处理；

团队合作与沟通＝召集团队成员、分配任务、与前端开发人员沟通。

（5）价值（V）：创造价值，强调有益的感情等。

解决性能瓶颈问题，系统速度得到提升，项目按时交付，客户感到满意，小明提升了技术能力，学会分析问题，通过团队合作创造价值，增强团队凝聚力。

价值（V）＝解决性能瓶颈问题＋项目成功交付＋小明成长与收获。

其中，解决性能瓶颈问题＝系统运行速度得到提升、页面加载速度达标；

项目成功交付＝客户满意、公司评价高；

小明成长与收获＝技术能力得到提升、学会分析问题、团队合作创造价值、增强团队凝聚力、关注系统性能和用户体验、个人更加成熟和自信。

2．SCI 模型

下面介绍在软件开发过程中，如何通过引入敏捷开发方法解决传统瀑布式开发所面临的挑战。通过情境（Situation）、冲突（Complication）和影响（Impact）三部分详细地阐述了问题背景、解决方案及其实施效果。SCI 模型如图 5-22 所示。

情境（S）：描述故事中面临的情境，与听众产生共鸣。

冲突（C）：明确要回答、解决的复杂问题，证明改变的必要性。

影响（I）：推导出的符合逻辑的解决方案，启示听众。

案例：作为程序员加入社交应用开发团队，发现团队采用的瀑布式开发遇到挑战：需求变更频繁而导致返工，沟通不畅引发误解和延误，项目进度缓慢，客户反馈不佳。

上述案例通过以下公式直观地进行阐述：

（1）情境＝程序员身份＋团队背景（传统瀑布式开发）＋遇到的问题（需求变更、沟通不畅、进度缓慢、客户反馈不佳）。

面对困境，需要找到有效的开发方式以应对变化。瀑布式开发无法适应快节奏，团队

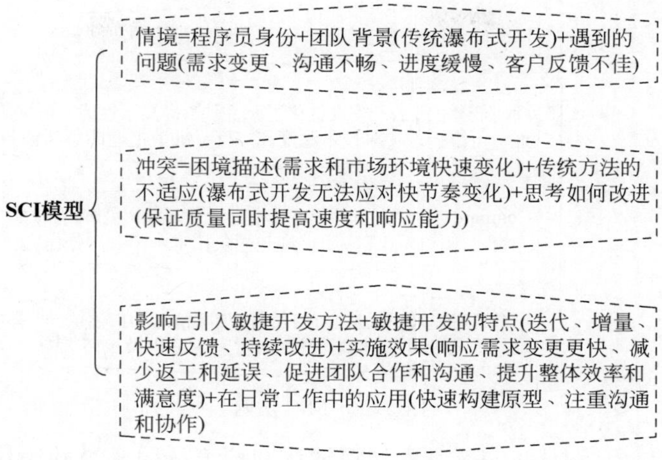

```
          ┌─ 情境=程序员身份+团队背景(传统瀑布式开发)+遇到的
          │   问题(需求变更、沟通不畅、进度缓慢、客户反馈不佳)
          │
          │
          │   冲突=困境描述(需求和市场环境快速变化)+传统方法的
  SCI模型 ─┤   不适应(瀑布式开发无法应对快节奏变化)+思考如何改进
          │   (保证质量同时提高速度和响应能力)
          │
          │
          │   影响=引入敏捷开发方法+敏捷开发的特点(迭代、增量、
          │   快速反馈、持续改进)+实施效果(响应需求变更更快、减
          └─  少返工和延误、促进团队合作和沟通、提升整体效率和
              满意度)+在日常工作中的应用(快速构建原型、注重沟通
              和协作)
```

图 5-22　SCI 模型

效率低,项目风险增加。思考如何保证质量、提高速度、增强团队响应能力。

(2)冲突=困境描述(需求和市场环境快速变化)+传统方法无法适应新变化(瀑布式开发无法应对快节奏变化)+思考如何改进(在保证质量的同时提高速度和响应能力)。

引入敏捷开发,敏捷开发强调迭代、增量,快速反馈、持续改进。实施短周期迭代开发,迭代含分析、设计、编码、测试和发布。团队快速响应需求变更,减少返工、延误。

(3)影响=引入敏捷开发方法+敏捷开发的特点(迭代、增量、快速反馈、持续改进)+实施效果(响应需求变更更快、减少返工和延误、促进团队合作和沟通、提升整体效率和满意度)+在日常工作中的应用(快速构建原型、注重沟通和协作)。

5.14.4　高情商沟通

本节介绍 3 种提升沟通效率的模型:FFC 法则、OELS 模型和 FOSSA 模型。通过详细阐述每种模型的定义、应用步骤及其效果,展示这些模型如何帮助团队和个人在技术交流、项目管理和问题解决等方面实现更高效的沟通。

1. FFC 法则

下面介绍 FFC 法则及其在提升团队技术水平、增强信心、促进技术交流与合作等方面的应用。通过具体案例展示如何运用 FFC 法则进行有效认可与赞赏,营造积极的工作氛围。FFC 法则如图 5-23 所示。

FFC 法则应用＝Feeling 表达＋Fact 陈述＋Compare 对比。

(1)表达＝"感觉安心,因为你们能迅速解决问题"。

(2)陈述＝"过去一季度优化了 5 个模块,提高了性能、可读性、可维护性,对技术深度和广度、细节把控印象深刻"。

(3)对比＝"与其他程序员相比,你的逻辑思维和抽象能力突出,代码如交响乐,提升团队技术水平,增强信心"。

FFC法则
- Feeling表达="感觉安心，因为你们能迅速解决问题"
- Fact陈述="过去一季度优化了5个模块,提高了性能、可读性、可维护性,对技术深度和广度、细节把控印象深刻"
- Compare对比="与其他程序员相比,你的逻辑思维和抽象能力突出,代码如交响乐,提升团队技术水平,增强信心"
- FFC法则效果=真诚认可与赞赏+加深情绪和价值认同+激励积极表现+促进技术交流与合作+营造积极工作氛围

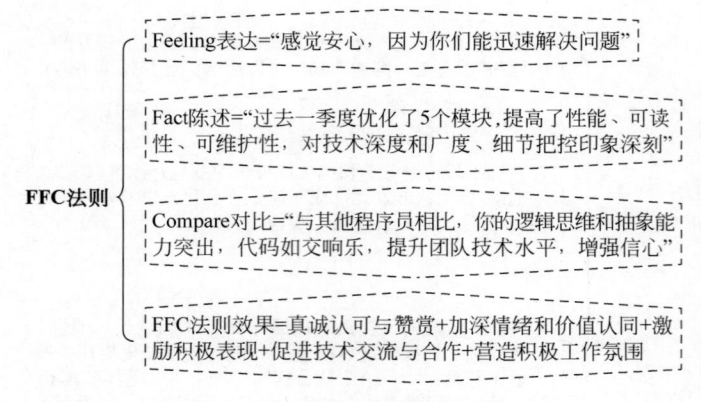

图 5-23　FFC 法则

FFC法则效果＝真诚认可与赞赏＋加深情绪和价值认同＋激励积极表现＋促进技术交流与合作＋营造积极工作氛围。

2．ELOS 模型

ELOS 模型是一种有效的沟通框架,专为程序员设计,用于改善日常工作交流中的沟通效果。ELOS 模型如图 5-24 所示。

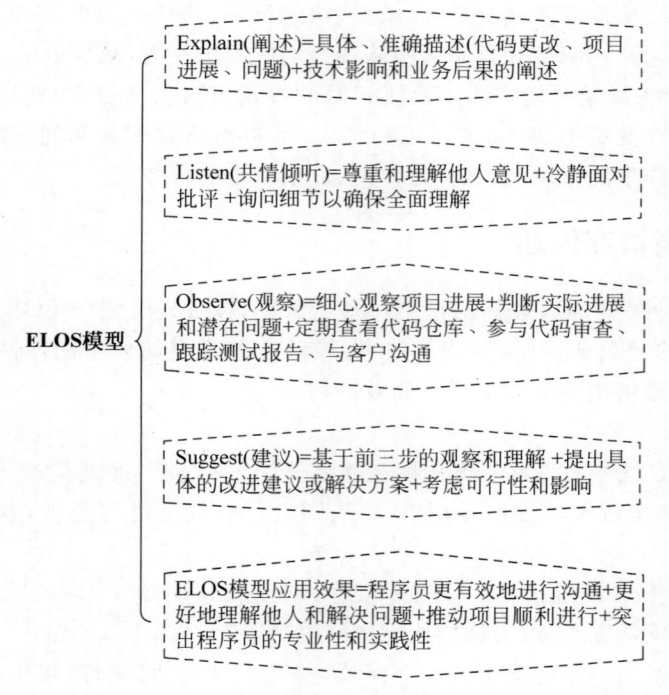

ELOS模型
- Explain(阐述)=具体、准确描述(代码更改、项目进展、问题)+技术影响和业务后果的阐述
- Listen(共情倾听)=尊重和理解他人意见+冷静面对批评+询问细节以确保全面理解
- Observe(观察)=细心观察项目进展+判断实际进展和潜在问题+定期查看代码仓库、参与代码审查、跟踪测试报告、与客户沟通
- Suggest(建议)=基于前三步的观察和理解+提出具体的改进建议或解决方案+考虑可行性和影响
- ELOS模型应用效果=程序员更有效地进行沟通+更好地理解他人和解决问题+推动项目顺利进行+突出程序员的专业性和实践性

图 5-24　ELOS 模型

通过该模型,程序员可以更准确地描述问题、更好地理解他人意见、观察项目进展,提出改进建议,从而推动项目顺利进行,突出其专业性和实践性。

(1) Explain(阐述)＝具体、准确描述(代码更改、项目进展、问题)＋技术影响和业务后果的阐述。

(2) Listen(共情倾听)＝尊重和理解他人意见＋冷静面对批评＋询问细节以确保全面理解。

(3) Observe(观察)＝细心观察项目进展＋判断实际进展和潜在问题＋定期查看代码仓库、参与代码审查、跟踪测试报告、与客户沟通。

(4) Suggest(建议)＝基于前三步的观察和理解＋提出具体的改进建议或解决方案＋考虑可行性和影响。

(5) ELOS 模型应用效果＝程序员更有效地进行沟通＋更好地理解他人和解决问题＋推动项目顺利进行＋突出程序员的专业性和实践性。

3．FOSSA 模型

下面介绍 FOSSA 模型,该模型通过有效沟通提升团队合作效率和项目成功率。模型包括 5 个关键步骤：认同感受(Feeling)、确认目标(Objective)、描述现状(Situation)、提出解决办法(Solution)和达成行动共识(Action)。通过这些步骤,团队成员能够产生共鸣、明确问题、制订解决方案,付诸实施,从而降低项目延期风险,确保项目按时交付。FOSSA 模型如图 5-25 所示。

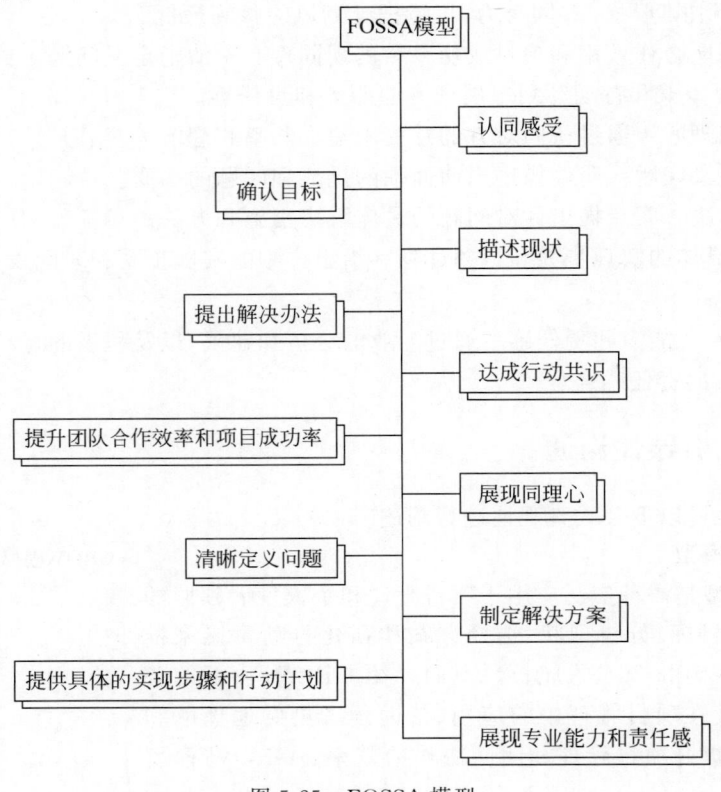

图 5-25　FOSSA 模型

有效沟通＝认同感受＋确认目标＋描述现状＋提出解决办法＋达成行动共识。

（1）认同感受＝"我理解你对项目可能延期的担忧，这确实是一个紧迫的问题，项目组所有人都不希望看到这样的结果。作为同事，我知道项目背后你的辛勤付出，也完全明白按时交付对你的重要性"。

（2）确认目标＝"项目组所有人的共同目标是确保项目能够按时交付，保证质量不打折扣，所以才需要紧密合作，共同解决当前面临的技术难题"。

（3）描述现状＝"目前的情况是，小李遇到了几个关键的技术难题，例如数据库性能优化和前端响应速度问题，这些问题导致开发进度比预期慢了一些。另外涛哥还需要额外的时间来进行集成测试和系统优化，确保软件的稳定性和提供良好的用户体验"。

（4）提出解决办法＝"因此我建议：首先对数据库进行性能分析，尝试优化查询语句和索引以提高性能；其次在前端方面，用一些异步加载和缓存策略来提高页面的响应速度；最后增加自动化测试的比例，确保每次代码提交后都能快速地进行回归测试，以及时发现问题，修复问题"。

（5）达成行动共识＝"好的，那就按照上述计划行动。立即开始数据库性能优化工作，与前端开发人员沟通异步加载和缓存策略的实施方案。同时制订详细的自动化测试计划，与测试团队进行协调，确保测试工作顺利进行。保持每天的小会议，以便及时共享进度信息，共同解决遇到的问题。共同努力，尽量把延期风险降到最低"。

（6）提升团队合作效率和项目成功率＝展现同理心＋清晰定义问题＋给出解决方案＋提供具体的实现步骤和行动计划＋展现专业能力和责任感。

（7）展现同理心＝通过认同对方的感受来建立共鸣和理解。

（8）清晰定义问题＝明确描述当前面临的挑战和问题的本质。

（9）制订解决方案＝提出针对问题的具体解决措施和方法。

（10）提供具体的实现步骤和行动计划＝给出详细的实施步骤和时间表，以确保解决方案得到执行。

（11）展现专业能力和责任感＝通过专业的分析和建议，以及积极的行动态度来展现个人能力和对项目的责任感。

5.14.5 引导性沟通

本节内容通过以下公式直观地进行阐述。

1. GROW 模型

GROW 模型是一种广泛应用于项目管理和个人发展领域的工具，通过明确目标、分析现状、选择方案和强化行动意愿来推动项目的成功实施和个人的成长。下面介绍 GROW 模型的各个组成部分及其在项目管理中的应用，帮助读者更好地理解和运用这一模型，提升项目管理和团队协作的效率。GROW 模型如图 5-26 所示。

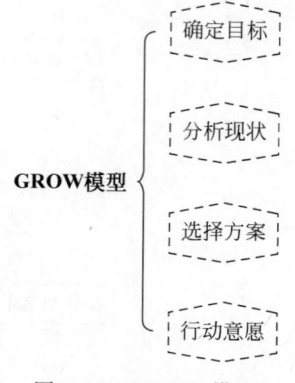

GROW模型：确定目标、分析现状、选择方案、行动意愿

图 5-26　GROW 模型

GROW 模型＝确定目标(Goal)＋分析现状(Reality)＋选择方案(Options)＋行动意愿(Will)。

(1) 确定目标：明确目标，询问需求。

明确要实现的目标＝在项目开始时与项目经理明确的具体目标、预期成果、关键里程碑、技术要求和规范＋日常任务中清楚每项任务的具体要求、完成标准和相关代码规范。

询问对方想要什么＝主动与项目经理或客户沟通以了解项目的具体功能需求、性能要求、用户体验等期望＋与团队成员确认的任务理解、期望输出和技术难点。

(2) 分析现状：分析现状，聚焦目标，了解现状。

分析当前状况＝评估的项目当前进度(包括已完成和待完成任务、问题和障碍)＋分析自己或团队在技能、资源、时间等方面的现状。

聚焦目标＝通过现状分析与目标对比识别出技术差距和需要改进的地方＋确定有助于实现目标的现状和可能的技术阻碍的现状及相应的解决方案。

了解对方的现状＝与项目经理或客户沟通以了解技术现状、需求和限制＋在团队内部了解每个成员的技术现状和能力。

(3) 选择方案：找出方案，询问方案。

找出可供选择的方案和策略＝根据现状分析和目标提出的多种可能的技术解决方案和策略(包括新技术、优化现有代码等)＋考虑不同方案对时间、资源和成本的影响，选择最符合项目需求的方案。

询问对方目前有什么待选方案＝与项目经理或客户讨论的技术方案或建议的评估＋在团队中鼓励成员提出的技术解决方案的讨论和评估。

(4) 行动意愿：强化意愿，讨论行动，最终效果。

强化意愿或责任感＝与团队成员明确的技术责任和任务，确保每个人对实现技术目标的责任感＋通过定期回顾和反馈强化团队成员对项目的投入和意愿。

讨论对方将要开始的具体动作＝与项目经理或客户确定的具体技术行动计划(包括时间表、责任人和预期结果)＋在团队内部制订的详细技术任务分配和时间表及提供的技术支持和资源。

最终效果＝运用 GROW 模型带来的与团队成员、项目经理和客户的有效沟通和协作＋项目的顺利进行和技术目标的实现＋程序员自身技术能力和团队协作能力的提升。

2. RULER 模型

RULER 模型是一种提升团队协作效率和沟通效果的方法。通过情感连接、读懂需求、积极引导、重复练习和正向强化 5 个核心要素，帮助团队成员建立信任、理解需求、改善沟通，实现个人与团队的成长。RULER 模型如图 5-27 所示。

RULER 模型＝情感连接(Relations)＋读懂需求(Understand)＋积极引导(Lead)＋重复练习(Exercise)＋正向强化(Reinforce)。

```
                    ┌─ 情感连接=鼓励的眼神+信任的话语

                    │  读懂需求=理解情绪背后的需求

                    │  积极引导=积极引导方式+避免批评
          RULER模型 ─┤
                    │  重复练习=改变行为后的回顾+融入日常的练习

                    │  正向强化=接纳情绪+理解需求+正面引导与鼓励

                    └─ RULER模型的效果=提升团队协作的效率+提升沟通效果
```

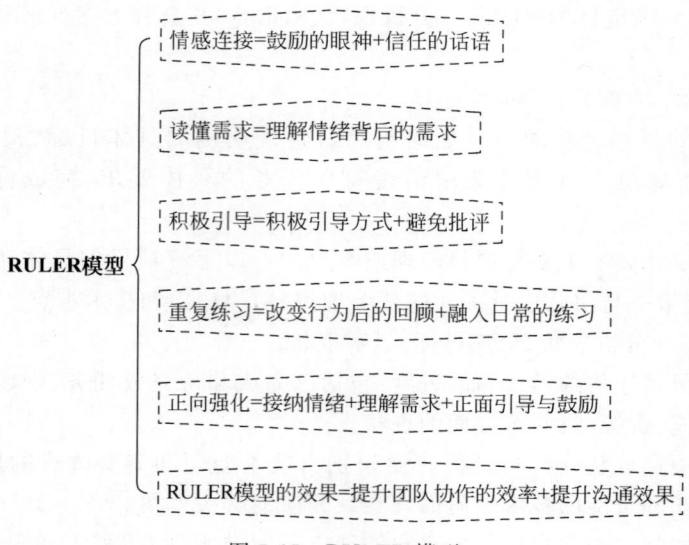

图 5-27　RULER 模型

（1）情感连接＝鼓励的眼神＋信任语。

鼓励的眼神＝团队讨论/代码审查时的眼神尊重与认可。

信任语＝对团队成员工作的肯定与信任氛围营造。

（2）读懂需求＝理解情绪背后的需求。

理解情绪背后的需求＝识别团队成员不满或困惑背后的真实需求。

（3）积极引导＝积极引导方式＋避免批评。

积极引导方式＝使用鼓励性的语言给出建议或指导。

避免批评＝侧重提供解决方案，鼓励从错误中学习。

（4）重复练习＝改变行为后的回顾＋融入日常的练习。

改变行为后的回顾＝定期回顾团队互动，调整不符合 RULER 原则的行为。

融入日常的练习＝将 RULER 原则融入日常会议、代码审查等，使其成为团队文化。

（5）正向强化＝接纳情绪＋理解需求＋正面引导与鼓励。

接纳情绪＝对团队成员负面情绪的理解与接纳。

理解需求＝探讨理解团队成员所需的支持与资源。

正面引导与鼓励＝根据需求提供具体帮助或鼓励，强调团队成长与个人发展。

（6）RULER 模型的效果＝提升团队协作的效率＋提升沟通效果。

提升团队协作的效率＝通过情感连接、读懂需求等促进团队协作。

提升沟通效果＝通过积极引导、重复练习等改善团队沟通。

5.14.6　透明化沟通

透明化沟通是提升信息传递效果的重要方法，通过沟通漏斗和乔哈里视窗工具，可以有效地减少信息失真和误解,从而实现更高效的沟通。透明化沟通如图 5-28 所示。

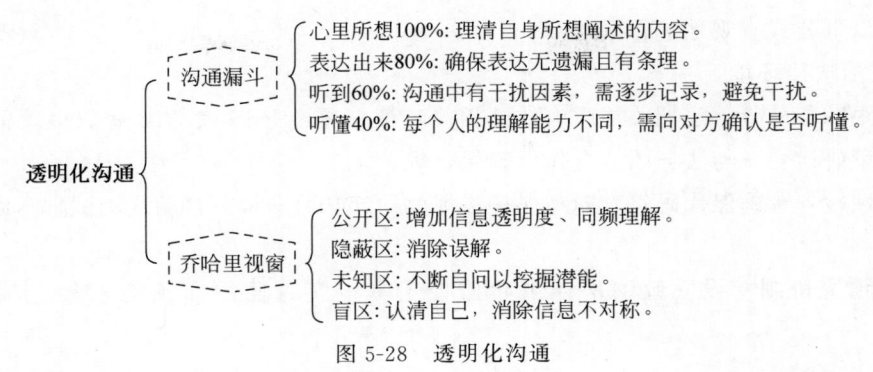

图 5-28 透明化沟通

沟通漏斗:确保信息传递不失真,逐步记录,避免干扰。

乔哈里视窗:分为公开区、隐蔽区、未知区和盲区,通过调整这些区域来提升沟通效果。

1. 沟通漏斗

(1) 心里所想 100%:厘清自身所想阐述的内容。

(2) 表达出来 80%:确保表达无遗漏且有条理。

(3) 听到 60%:沟通中有干扰因素,需逐步记录,避免干扰。

(4) 听懂 40%:每个人的理解能力不同,需向对方确认是否听懂。

2. 乔哈里视窗

(1) 公开区:增加信息透明度、同频理解。

(2) 隐蔽区:消除误解。

(3) 未知区:不断自问以挖掘潜能。

(4) 盲区:认清自己,消除信息不对称。

5.14.7 沟通表达的框架

沟通表达的框架包括 PEST、SMART、云雨伞、3C(原则)三明治谈话法、30 秒电梯法则等多种模型,这些框架在项目管理、目标设定、现状分析、问题解决及高效沟通等方面提供了系统的方法和工具。

1. PEST 模型框架

下面介绍 PEST 模型框架,用于在制订产品大战略时分析政治法律、经济环境、社会文化和技术环境。通过 PEST 模型,企业可以更好地理解外部环境对产品战略的影响,从而做出更明智的决策。PEST 模型框架如图 5-29 所示。

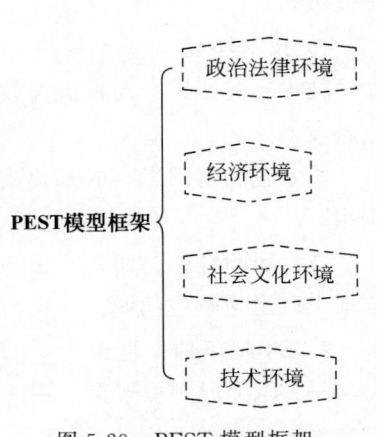

图 5-29 PEST 模型框架

所示。

在制订产品大战略时,分析政治法律环境、经济环境、社会文化环境和技术环境,具体细节通过以下公式直观地进行阐述。

1) 政治法律环境

政策跟踪与分析＝定期关注政府软件相关政策＋通过 RSS 或 API 获取最新信息＋参与内部政策研讨会＋与法务团队合作以确保合规。

合规性检查＝确保代码符合隐私保护法规(如 GDPR)＋编写自动化测试脚本以验证合规性。

风险预警机制＝设立政治法律风险监控工具＋实时监测和预警＋参与制订应急预案。

2) 经济环境

市场趋势分析＝分析行业报告和数据＋了解市场需求趋势＋参与产品规划会议＋调整开发优先级和功能设计。

成本控制与预算管理＝优化代码以减少资源消耗＋使用敏捷开发方法确保按时完成项目。

风险分散策略＝参与开发多个小型模块或服务＋采用微服务架构提高系统的可扩展性和容错性。

3) 社会文化环境

文化差异管理＝考虑不同文化背景下的用户习惯＋参与用户测试,收集反馈以优化用户体验。

社会责任履行＝确保软件功能符合道德和伦理标准＋参与开发辅助功能并提高软件可访问性。

用户研究与反馈机制＝参与用户调研以了解需求和痛点＋实现根据用户反馈系统持续改进软件。

4) 技术环境

技术趋势跟踪＝定期关注技术博客、开源项目和行业会议＋参与内部技术分享会以交流新技术。

技术创新与研发＝鼓励提出创新性技术解决方案＋设立技术研发小组以探索新技术应用。

技术风险评估与防范＝参与代码审查和安全测试以确保软件安全＋建立技术故障应急预案以迅速响应问题。

2. SMART 原则框架

SMART 原则框架是一种广泛应用于目标管理和绩效评估的工具,它通过 5 个关键要素来确保目标的具体性、可衡量性、可实现性、相关性和时限性,帮助个人或组织更有效地制订和实现目标。SMART 原则框架如图 5-30 所示。

SMART 原则框架 = 具体性（Specific）+ 可衡量性（Measurable）+ 可实现性（Achievable）+ 相关性（Relevant）+ 时限性（Time-bound）。

上述内容通过以下公式直观地进行阐述：
(1) SMART 目标制订 = 用于制订目标或回答工作成果。
(2) 具体性 = 目标必须是具体的，明确要完成的任务。
(3) 可衡量性 = 目标必须是可衡量的，能够通过数据或其他方式评估进度。
(4) 可实现性 = 目标必须是客观可实现的，既不过高，也不过低。
(5) 相关性 = 目标必须与部门或公司的目标相符。
(6) 时限性 = 目标必须有明确的时间节点。

3. 云雨伞模型

云雨伞模型是一种用于基于当前现状推测预计发生的情况的方法。它包括 3 个主要部分：当前现状（云）、预测未来（雨）和行动干预（伞）。云雨伞模型如图 5-31 所示。

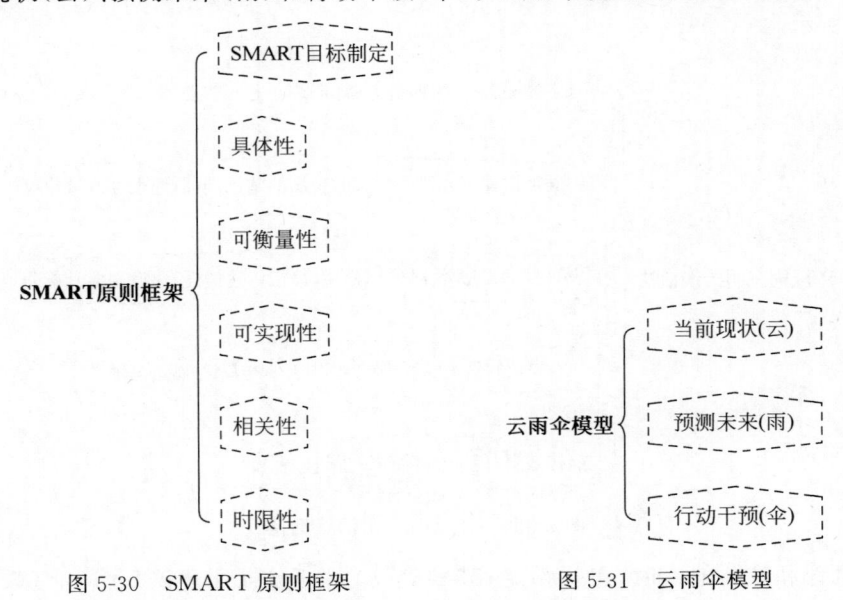

图 5-30　SMART 原则框架　　　　图 5-31　云雨伞模型

通过这个模型，项目管理者可以更好地理解项目的当前状态、未来可能面临的风险，以及如何采取行动来应对这些风险，具体细节通过以下公式直观地进行阐述。

1) 当前现状（云）
(1) 项目进展 = Java 项目开发中 + 部分功能已完成 + 关键功能开发中。
(2) 技术栈 = Spring Boot + Hibernate + React/Vue.js 集成。
(3) 团队状态 = 由经验丰富的 Java 程序员组成 + 部分成员效率下降。
(4) 外部依赖 = 第三方服务或库存在更新或变更风险。

2）预测未来（雨）

（1）技术难题风险＝项目深入后可能遇到复杂的技术问题。

（2）人员变动风险＝团队成员流失或效率持续下降。

（3）依赖风险＝第三方服务或库更新可能引入不兼容变更。

（4）需求变更风险＝客户可能会提出新需求或修改现有的需求。

3）行动干预（伞）

（1）技术储备方案＝定期技术分享会＋预研技术难题。

（2）团队管理方案＝关注成员状态，提供支持＋建立激励机制。

（3）依赖管理方案＝监控第三方服务或库更新＋建立应急响应机制。

（4）需求管理方案＝与客户保持沟通＋需求变更影响分析与协商。

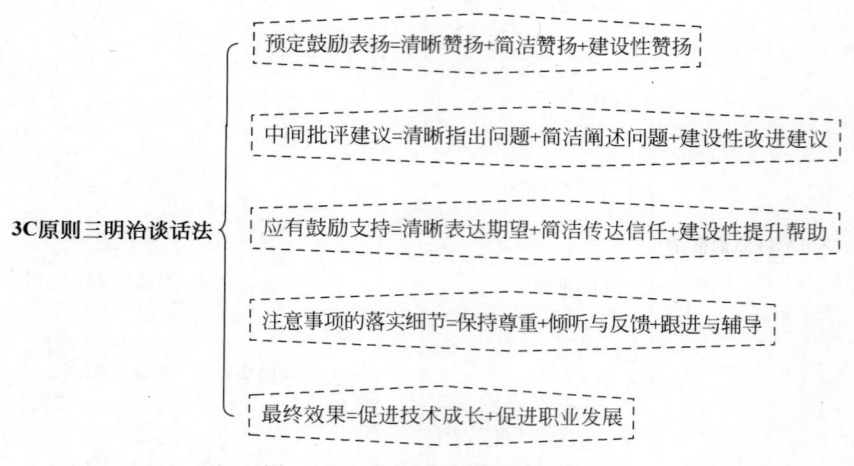

4．3C 原则三明治谈话法

3C 原则三明治谈话法通过预定鼓励表扬、中间批评建议、应有鼓励支持的方式，在保持尊重、倾听与反馈、跟进与辅导的基础上，促进技术成长与职业发展。3C 原则三明治谈话法如图 5-32 所示。

3C原则三明治谈话法
- 预定鼓励表扬=清晰赞扬+简洁赞扬+建设性赞扬
- 中间批评建议=清晰指出问题+简洁阐述问题+建设性改进建议
- 应有鼓励支持=清晰表达期望+简洁传达信任+建设性提升帮助
- 注意事项的落实细节=保持尊重+倾听与反馈+跟进与辅导
- 最终效果=促进技术成长+促进职业发展

图 5-32　3C 原则三明治谈话法

用于批评和鼓励他人时，包括预定（鼓励表扬）、中间（批评建议）和应有（鼓励支持）。上述内容通过以下公式直观地进行阐述：

（1）预定鼓励表扬＝清晰赞扬＋简洁赞扬＋建设性赞扬。

清晰赞扬＝明确具体的优秀表现。

简洁赞扬＝简短有力地表达赞扬。

建设性赞扬＝提及对团队或项目的具体贡献。

（2）中间批评建议＝清晰指出问题＋简洁阐述问题＋建设性改进建议。

清晰指出问题＝明确指出代码中的技术问题。

简洁阐述问题＝直接阐述问题，避免冗余。

建设性改进建议＝提供具体的改进方案或建议。
（3）应有鼓励支持＝清晰表达期望＋简洁传达信任＋建设性提升帮助。
清晰表达期望＝明确表达对程序员未来发展的期望和信心。
简洁传达信任＝用简短语传达信任和期望。
建设性提升帮助＝提供具体的培训资源、技术文档或指导。
（4）注意事项的落实细节＝保持尊重＋倾听与反馈＋跟进与辅导。
保持尊重＝使用礼貌和尊重的语言。
倾听与反馈＝给予表达观点和感受的时间，积极回应反馈。
跟进与辅导＝制订跟进计划，定期检查改进情况，提供辅导和支持。
（5）最终效果＝促进技术成长＋促进职业发展。

5．30秒电梯法则

30秒电梯法包含在极短时间内简洁传达技术解决方案的核心价值、解决问题的方式及其积极影响，通过聚焦价值、定制化信息传递及运用故事或比喻，提升沟通效率与专业性，推动项目成功。30秒电梯法则如图5-33所示。

用于在很短的时间内说服对方，包括观点、为什么会有这种想法和观点的独到之处。上述内容通过以下公式直观地进行阐述：

（1）30秒电梯法则的核心观点＝简洁传达技术解决方案价值＋强调解决问题与积极影响。
（2）产生该想法的原因＝提高效率＋增强沟通效果＋展现专业性。
（3）提高效率＝抓住重点＋减少会议时间＋加快决策。
（4）增强沟通效果＝简明表达＋易于理解记忆＋跨越技术鸿沟。
（5）展现专业性＝精准传达复杂概念＋深刻理解技术＋良好沟通能力。
（6）观点独到之处＝聚焦价值＋定制化信息传递＋利用故事或比喻。
（7）聚焦价值＝强调解决实际问题＋提升业务价值或用户体验。
（8）定制化信息传递＝调整信息侧重点＋确保信息吸引力。
（9）利用故事或比喻＝简单例子或类比＋生动易于理解。
（10）在日常工作中的具体表现＝项目提案表现＋技术汇报表现＋客户需求沟通表现＋跨部门协作表现。
（11）项目提案表现＝概述项目目标＋预期成果＋优先级说明。
（12）技术汇报表现＝使用图表数据＋说明技术进展与挑战＋突出成果影响。
（13）客户需求沟通表现＝总结客户需求＋提出解决方案框架＋强调解决问题或提升效率。
（14）跨部门协作表现＝用非技术语言描述＋技术项目支持公司整体战略。
（15）30秒电梯法则的重要性总结＝强大的沟通技巧＋有效传达技术价值＋促进合作＋推动项目成功。

```
                    ┌─────────────────┐
                    │  30秒电梯法则   │
                    └────────┬────────┘
                             ├──┤30秒电梯法则的核心观点│
          ┌──────────────┐   │
          │ 产生该想法的原因 ├───┤
          └──────────────┘   ├──┤提高效率│
                             │
          ┌──────────────┐   │
          │ 增强沟通效果 ├────┤
          └──────────────┘   ├──┤展现专业性│
                             │
          ┌──────────────┐   │
          │ 观点独到之处 ├────┤
          └──────────────┘   ├──┤聚焦价值│
                             │
          ┌──────────────┐   │
          │ 定制化信息传递 ├──┤
          └──────────────┘   ├──┤利用故事或比喻│
                             │
          ┌──────────────────┐│
          │在日常工作中的具体表现├┤
          └──────────────────┘├──┤项目提案表现│
                             │
          ┌──────────────┐   │
          │ 技术汇报表现 ├────┤
          └──────────────┘   ├──┤客户需求沟通表现│
                             │
          ┌──────────────┐   │
          │ 跨部门协作表现 ├──┤
          └──────────────┘   │
                             └──┤30秒电梯法则的重要性总结│
```

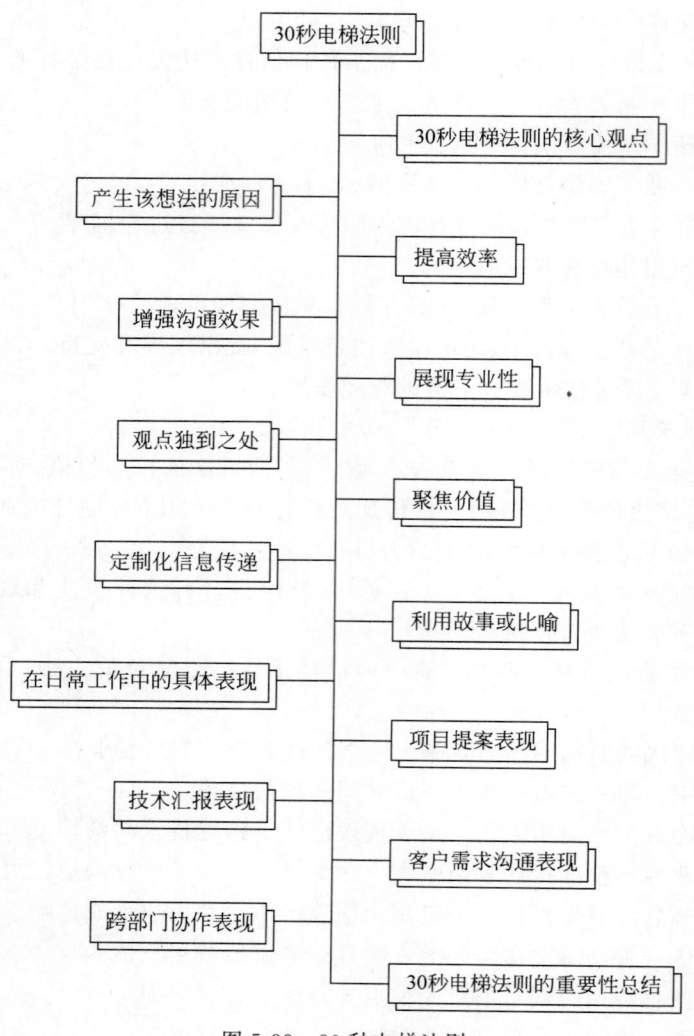

图 5-33　30 秒电梯法则

5.14.8　4 种不同的沟通风格

4 种沟通风格各具特色：表现型善于营造氛围、展现魅力；友善型促进和谐、解决冲突问题；分析型注重质量、精准评估；控制型则强调效率、快速决策，各有适应的工作内容与场景。工作风格与工作内容匹配如图 5-34 所示。

本节介绍 4 种不同的沟通风格及其在工作场景中的适用性。通过分析表现型、友善型、分析型和控制型这 4 种风格的特点和优势，展示如何根据个人风格匹配相应的工作内容，从而提升团队效能和项目成功率，具体细节通过以下公式直观地进行阐述。

```
工作风格与工作内容匹配 ┬ 表现型(孔雀)
                      ├ 友善型(考拉)
                      ├ 分析型(猫头鹰)
                      └ 控制型(老虎)
```

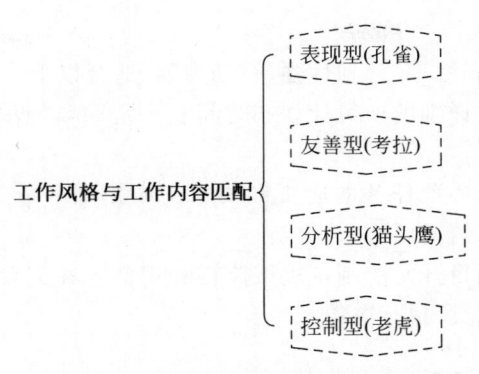

图 5-34　工作风格与工作内容匹配

1. 表现型(孔雀)

乐观开朗、喜欢成为关注的焦点、具有较强的亲和力和颜值控、渴望得到他人的关注和认可,适合以下工作内容:

团队氛围提升=经常参与团队活动+定期组织团队建设游戏+积极鼓励团队成员,用正能量影响团队士气。

项目展示效果=提前准备展示材料+使用多媒体和互动方式增强展示吸引力+在展示后收集反馈以进行改进。

客户沟通效果=定期与客户进行沟通+用亲和力和表现力建立良好关系+准确记录,将客户需求传达给团队。

2. 友善型(考拉)

性格温和、注重和谐与团队协作、默默支持他人、具有较强的配合度和亲和力,适合以下工作内容:

团队协作效果=主动与其他成员建立良好关系+在团队中扮演桥梁角色,促进信息共享+在协作中提供情绪支持。

冲突解决效率=在冲突双方之间进行沟通+倾听各方意见,提出中立建议+协助双方找到共同解决方案。

知识分享效果=确定分享主题和时间+准备详细的分享材料+在分享后回答问题和收集反馈。

3. 分析型(猫头鹰)

理智冷静、逻辑严谨、注重细节、追求效率和结果、行动力强,适合以下工作内容:

项目质量保障=参与项目规划和需求分析+制订详细的质量控制计划+在关键阶段进行严格测试和审查。

风险评估准确性=收集项目相关信息+使用专业工具和方法进行风险评估+提出有针对性的预防措施。

文档准确性=制订文档编写规范和模板+仔细审查和修改文档内容+确保文档与实际项目进展一致。

4．控制型（老虎）

直接犀利、强调结果和效率、计划性强、行动力强，适合以下工作内容：

项目进度控制＝制订详细的项目计划和时间表＋定期监控项目进度，进行调整＋及时解决影响进度的问题。

任务分配效率＝明确各项任务的职责和要求＋根据团队成员的能力和专长进行任务分配＋定期跟进任务完成情况。

决策制订速度＝在项目开始前制订决策流程和规范＋在需要决策时迅速收集信息，做出判断＋及时通知团队成员，执行决策。

5.14.9　开放式和封闭式问题

开放式问题可促进思考与交流，但是易跑题；封闭式问题可快速获取信息，滥用易引发反感，需要平衡使用以达最佳沟通效果。开放式和封闭式问题如图5-35所示。

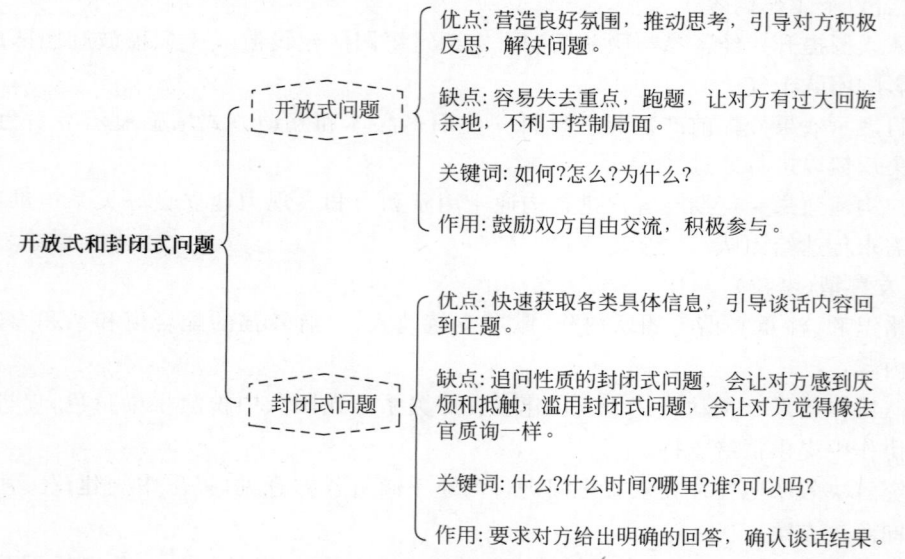

开放式和封闭式问题：
- 开放式问题
  - 优点：营造良好氛围，推动思考，引导对方积极反思，解决问题。
  - 缺点：容易失去重点，跑题，让对方有过大回旋余地，不利于控制局面。
  - 关键词：如何？怎么？为什么？
  - 作用：鼓励双方自由交流，积极参与。
- 封闭式问题
  - 优点：快速获取各类具体信息，引导谈话内容回到正题。
  - 缺点：追问性质的封闭式问题，会让对方感到厌烦和抵触，滥用封闭式问题，会让对方觉得像法官质询一样。
  - 关键词：什么？什么时间？哪里？谁？可以吗？
  - 作用：要求对方给出明确的回答，确认谈话结果。

图5-35　开放式和封闭式问题

在沟通中，开放式问题和封闭式问题各有其优缺点和适用场景。合理地平衡使用这两种类型的问题，可以达到最佳的沟通效果。

5.14.10　有效沟通

有效沟通包含明确目的、思考内容、掌握时机，站在对方角度，辅以聆听、确认、转换思维等技巧，避免无效沟通，促进和谐的人际关系。有效沟通如图5-36所示。

有效沟通：
- 有效沟通的重要性
- 无效沟通的原因
- 实现有效沟通的方法
- 高效沟通的技巧

图5-36　有效沟通

有效沟通是建立和谐人际关系的关键因素。本节将介绍有效沟通的重要性、无效沟通的原因及实现有效沟通的方法和高效沟通的技巧，促进更好的人际关系。具体细节通过以下公式直观地进行阐述：

（1）有效沟通的重要性＝人际关系和谐的重要因素＋不同的沟通方式会带来截然不同的结果。

（2）无效沟通的原因＝沟通目的不明确＋沟通内容没有价值＋沟通时机不当＋沟通过程中以自我为中心。

（3）实现有效沟通的方法：明确沟通目的，思考沟通内容，掌握沟通时间，站在对方的角度。

实现有效沟通＝明确沟通目的＋思考沟通内容＋掌握沟通时间＋站在对方的角度。

明确沟通目的＝沟通前明确目的＋确保对方理解意图。

思考沟通内容＝确保内容有价值＋为双方带来收获。

掌握沟通时间＝选择合适的时机＋确保双方有沟通意愿。

站在对方的角度＝理解对方的思考方式＋理解对方的行为习惯＋同理心。

（4）高效沟通的技巧：聆听，确认聆听内容，转换思维，表达技巧，克制自己，使用陈述句进行确认，提出建设性问题，鼓励探索。

聆听＝跳出个人感知局限＋客观地聆听对方。

确认聆听内容＝复述对方所表达的内容＋让对方感受到你在聆听。

转换思维＝根据对方的情绪状态＋调整自己的思维模式。

表达技巧＝先理解对方＋再表达自己的观点。

克制自己＝避免价值判断＋避免自以为是的倾向。

使用陈述句进行确认＝在对方表达观点时＋使用陈述句进行确认。

提出建设性问题＝引导对方＋自己寻找问题所在。

鼓励探索＝引导对方自己找到答案＋而不是直接给出答案。

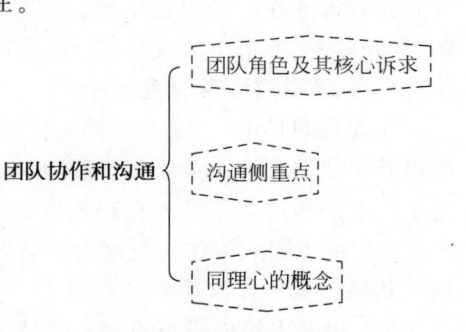

5.14.11　团队协作和沟通

团队协作和沟通强调明确各角色职责与沟通侧重点，培养同理心以增进理解、促进共识，确保项目顺利进行。团队协作和沟通如图 5-37 所示。

团队协作和沟通是项目成功的关键因素。下面将介绍团队中不同角色的核心诉求、沟通侧重点及同理心在增进理解和促进共识方面的作用。通过明确各角色的职责和沟通重点，培养团队成员的同理心，可以确保项目顺利进行。

图 5-37　团队协作和沟通

团队协作和沟通 { 团队角色及其核心诉求; 沟通侧重点; 同理心的概念 }

（1）团队角色及其核心诉求：领导者、设计负责人、视觉设计师、技术支持、产品经理、前端开发人员、后端开发人员。

领导者：把控项目进度、确保项目实现。

设计负责人：推进项目进行，落实产品功能。

视觉设计师：确保视觉呈现。

技术支持：提供技术支持和监督。

产品经理：推动项目进行，维护运营侧利益。

前端开发人员：降低前端成本，减少反复。

后端开发人员：规避后端风险，降低开发成本。

（2）沟通侧重点：领导者、设计负责人、视觉设计师、技术支持、产品经理、前端开发人员、后端开发人员。

领导者：进度同步、资源申请、问题确认。

设计负责人：进度同步、问题评审、资源协调。

视觉设计师：视觉反馈、问题评审。

技术支持：寻求技术支持、评估开发成本。

产品经理：功能确认、开发协调、运营活动落实。

前端开发人员：跟进前端进度、帮助协调资源。

后端开发人员：前端实现确认、开发问题跟进与协调。

（3）同理心的概念：同理心被认为是"社交智力"的本质，指的是从另一个人的角度来体验世界、重新创造个人观点的能力，包括情感上关心对方的福祉，体验对方的感受和想法，帮助在争执时快速地找到基本共识，更能恰当地给予尊重和理解。

5.14.12　高效沟通

高效沟通在职场中很重要，通过先说结论、汇报技巧及清晰有条理的表达，能避免误解、提升效率、促进个人成长，优化工作汇报与日常交流效果。

1．职场高效沟通的重要性

在现代职场中，沟通是连接团队成员、传递信息、达成共识的重要桥梁。高效沟通不仅能提升团队协作和决策质量，还能塑造积极的企业文化，提高客户满意度，促进知识共享与传承。下面通过以下公式直观地进行阐述：

（1）增强团队协作与凝聚力＝高效沟通作为基石＋坦诚交流与信息共享＋角色职责明确＋共同目标与价值观形成。

（2）提升决策质量与速度＝高效沟通在快速变化环境中＋及时准确地进行信息交流＋共同分析问题与评估风险＋集思广益探讨解决方案。

（3）塑造积极的企业文化＝高效沟通营造开放透明氛围＋员工意见和建议积极表达＋激发员工归属感和创造力＋建立信任和尊重。

（4）提高客户满意度与忠诚度＝高效沟通在客户服务中＋清晰及时与客户沟通＋深入理解客户需求＋提供个性化解决方案。

(5) 促进知识共享与传承＝高效沟通助力知识管理＋员工交流心得与分享经验＋促进知识积累和传递＋提升员工专业素养。

(6) 职场高效沟通的重要性＝增强团队协作＋提升决策质量＋塑造企业文化＋提高客户满意度＋促进知识共享。

2．先说结论的思维方式

下面介绍一种高效的思维方式——先说结论。通过具体的应用实例，提升沟通效率、明确核心信息和减少误解方面的优势，展示如何将其应用于实际工作场景中。通过以下公式直观地进行阐述：

(1) 先说结论的思维方式的重要性＝明确表达核心信息＋提升沟通效率＋减少误解。

(2) 明确表达核心信息＝帮助听众迅速抓住重点＋高效进行后续讨论。

(3) 提升沟通效率＝避免信息量过大而导致困惑＋有针对性地吸收具体信息。

(4) 减少误解＝设定清晰框架＋降低返工和时间浪费的风险。

先说结论的思维方式应用实例：

(1) 项目延期通知＝先说结论(项目延期一周)＋原因解释(技术难题和团队成员生病)＋解决方案(积极寻找,确保质量)。

(2) 技术方案设计讨论＝先说结论(采用第 2 种技术方案)＋原因解释(安全性高且易于维护)＋实施方案(已分析优缺点,准备详细方案)。

(3) Bug 修复反馈＝先说结论(Bug 已修复)＋原因解释(数据处理逻辑问题)＋解决方案(代码调整,通过测试,下次发布包含修复)。

总结：先说结论的思维方式＝高效决策＋准确传达信息＋提升团队协作效率。

3．汇报工作的技巧

汇报工作的技巧包括先说结论后述详情、抓住领导注意力讲挑战和尝试及时与领导沟通对齐任务进度、边做边汇报,不断优化、用数据和对比展示成效,谦虚请教领导看法,获得好评。汇报工作的技巧如图 5-38 所示。

下面介绍如何有效地向领导汇报工作,包括选择合适的汇报时机、汇报的结构与内容及如何通过数据和对比展示工作成效,获得领导的认可和好评。下面通过以下公式直观地进行阐述：

(1) 汇报痛点＝工作量大但领导难记住＋汇报方案常被推翻。

(2) 向领导汇报工作＝先说工作成果和结论＋后述详细内容。

(3) 领导时间匆忙时汇报＝直接汇报结论和关键点。

(4) 让领导听得进去的汇报方案＝先说挑战以抓住注意力＋讲有益尝试解决问题＋对齐预计任务完成时间,发起下次沟通。

(5) 信息增量汇报法＝汇报项目进展＋汇报遇到的挑战＋汇报采取行动＋预计下一步行动和时间节点。

(6) 边干活边汇报原则＝边确认边汇报边干活边优化。

(7) 打样原则＝有样本即汇报,不必等完美成果。

(8) 请教原则＝带样本和问题向领导请教以把握方向。

```
                          ┌─────────────────┐
                          │  汇报工作的技巧  │
                          └────────┬────────┘
                                   ├──────────┤ 汇报痛点 │
                  ┌──────────────┐ │
                  │ 向领导汇报工作 ├─┤
                  └──────────────┘ ├──────────┤ 领导时间匆忙时汇报 │
            ┌──────────────────┐   │
            │ 让领导听得进去的汇报方案 ├─┤
            └──────────────────┘   ├──────────┤ 信息增量汇报法 │
                  ┌──────────────┐ │
                  │ 边干活边汇报原则 ├─┤
                  └──────────────┘ ├──────────┤ 打样原则 │
                      ┌────────┐   │
                      │ 请教原则 ├───┤
                      └────────┘   ├──────────┤ 优化&汇报原则 │
                      ┌────────┐   │
                      │ 预演汇报法 ├──┤
                      └────────┘   ├──────────┤ 找参考原则 │
                      ┌────────┐   │
                      │ 说经验原则 ├──┤
                      └────────┘   └──────────┤ 问看法原则 │
```

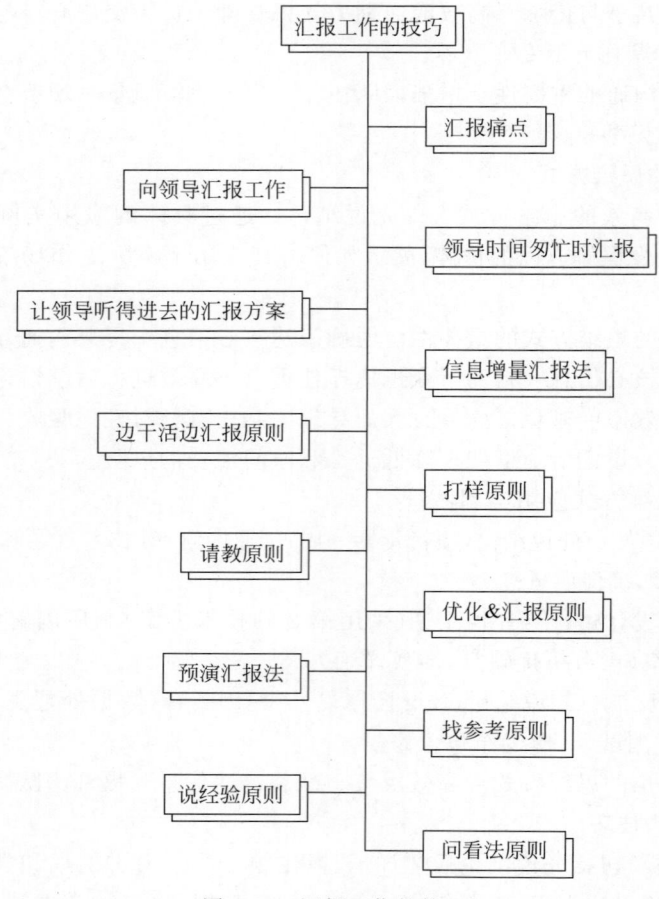

图 5-38 汇报工作的技巧

（9）优化 & 汇报原则＝根据领导反馈优化后正式汇报。
（10）预演汇报法＝先确认目标＋请教策划思路＋汇报完整方案。
（11）找参考原则＝使用对比法展示效率提升，如时间缩短。
（12）说经验原则＝用具体数据展示工作成效，如出席率提升。
（13）问看法原则＝谦虚向领导要反馈，展示工作好评。

5.15 岗位能力访谈

岗位能力访谈由人力资源专家、直接上级或咨询顾问负责，通过深入分析岗位需求、绩效衡量、模块时间规划、访谈内容梳理、知识及技能评估、频繁事件及关键经历分析，为人力资源管理提供精准信息,提升组织效率与管理水平。

5.15.1 岗位能力访谈由谁负责执行

岗位能力访谈由人力资源部门专业人员、岗位直接上级或专业知识咨询顾问负责执行,各具特点,共同致力于深入了解岗位需求,为人力资源管理提供准确信息,提升组织效率和管理水平。岗位能力访谈如图 5-39 所示。

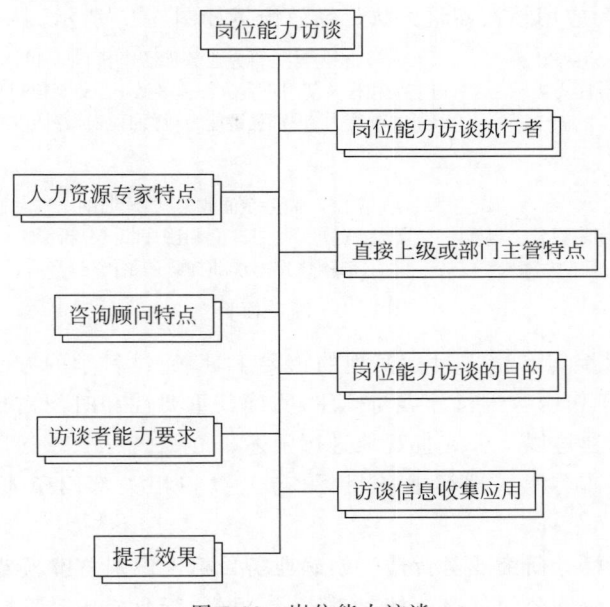

图 5-39 岗位能力访谈

岗位能力访谈是人力资源管理中的一项重要工具,用于深入了解岗位需求,提升组织效率和管理水平。下面将详细介绍岗位能力访谈的执行者、特点、目的及访谈信息的应用,通过以下公式直观地进行阐述:

(1) 岗位能力访谈执行者＝人力资源部门专业人员 ｜ 岗位直接上级 ｜ 专业知识咨询顾问。

(2) 人力资源专家特点＝丰富的人力资源管理经验＋能通过访谈了解岗位对能力的要求＋为招聘、培训和绩效评估提供依据。

(3) 直接上级或部门主管特点＝深入了解岗位工作内容和要求＋能通过访谈提供岗位能力需求和期望＋帮助确定岗位关键能力。

(4) 咨询顾问特点＝具备行业经验和专业知识＋在岗位分析、能力建模或流程优化时被聘请＋提供客观和中立观点。

(5) 岗位能力访谈的目的＝深入了解岗位的实际工作要求＋确定员工需具备的关键能力和素质＋为人力资源管理提供准确信息。

(6) 访谈者能力要求＝良好的沟通技巧＋分析能力＋专业知识。
(7) 访谈信息收集应用＝招聘选拔＋培训发展＋绩效考核等。
(8) 提升效果＝组织人力资源管理水平提高＋工作效率提升。

5.15.2 绩效衡量

本节将详细介绍如何进行绩效衡量，包括推导能力需求、工作内容分类与标注等关键步骤，帮助读者理解和应用绩效衡量方法。绩效衡量如图 5-40 所示。

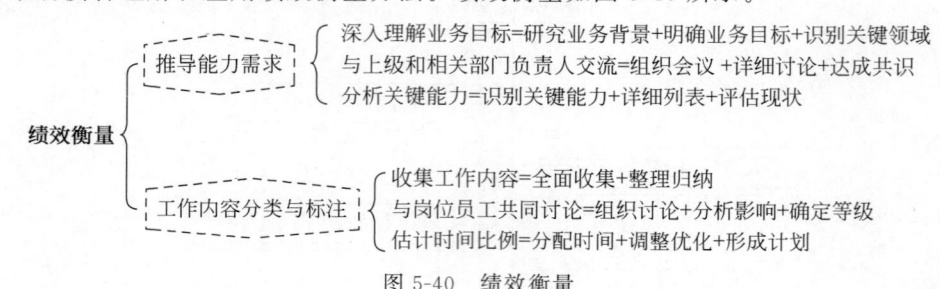

```
                      ┌ 深入理解业务目标＝研究业务背景＋明确业务目标＋识别关键领域
          ┌推导能力需求┤ 与上级和相关部门负责人交流＝组织会议＋详细讨论＋达成共识
          │           └ 分析关键能力＝识别关键能力＋详细列表＋评估现状
绩效衡量 ─┤
          │               ┌ 收集工作内容＝全面收集＋整理归纳
          └工作内容分类与标注┤ 与岗位员工共同讨论＝组织讨论＋分析影响＋确定等级
                          └ 估计时间比例＝分配时间＋调整优化＋形成计划
```

图 5-40　绩效衡量

绩效衡量是确保组织和个人目标实现的重要工具，通过科学的方法分析业务目标，推导关键能力需求，对工作内容进行分类与标注，明确其重要性和时间占比，为能力模型构建提供有力支持。下面通过以下公式直观地进行阐述。

(1) 推导能力需求：深入理解业务目标，与上级和相关部门负责人交流，分析关键能力。

深入理解业务目标＝研究业务背景＋明确业务目标＋识别关键领域。

研究业务背景＝查阅公司战略文档、市场分析报告、行业趋势等资料。

明确业务目标＝将公司层面的业务目标细化为具体、可量化的指标（如销售额增长、用户满意度提升、市场份额扩大等）。

识别关键领域＝基于业务目标，识别出影响目标达成的关键业务领域（如产品研发、市场营销、客户服务等）。

与上级和相关部门负责人交流＝组织会议＋详细讨论＋达成共识。

组织会议＝邀请上级领导和相关部门负责人参加会议。

详细讨论＝就业务目标的具体细节进行深入讨论（包括目标的时间表、预期成果、资源需求等）。

达成共识＝确保各方对业务目标的理解一致，明确各自的责任和期望。

分析关键能力＝识别关键能力＋详细列表＋评估现状。

识别关键能力＝基于业务目标和关键领域，识别出实现这些目标所需的关键能力（如创新能力、市场分析能力、客户服务能力等）。

详细列表＝将识别出的关键能力整理成清单（包括能力名称、描述、重要性等级等）。

评估现状＝对照清单，评估当前团队或组织在这些关键能力上的现状，识别出差距和不足。

（2）工作内容分类与标注：收集工作内容，与岗位员工共同讨论，估计时间比例。

收集工作内容＝全面收集＋整理归纳。

全面收集＝通过访谈、问卷调查、观察等方式，全面收集岗位员工的工作内容信息。

整理归纳＝将收集到的信息整理成文档或表格形式。

与岗位员工共同讨论＝组织讨论＋分析影响＋确定等级。

组织讨论＝邀请岗位员工参与讨论会。

分析影响＝共同分析每项工作对业务目标的影响程度（考虑其对目标实现的直接贡献和间接作用）。

确定等级＝根据分析结果，将每项工作划分为高、中、低 3 个重要性等级。

估计时间比例＝分配时间＋调整优化＋形成计划。

分配时间＝基于工作的重要性等级，初步分配每项工作所需的时间比例。

调整优化＝与岗位员工沟通讨论，根据实际情况调整时间比例分配。

形成计划＝将调整后的时间比例计划整理成文档或表格形式，作为岗位员工日常工作的参考和指导。

5.15.3 模块和时间

本节介绍如何通过组织专题讨论会来对工作内容按模块进行分类，进一步细分子模块，根据实际情况进行调整和优化，为构建能力模型提供坚实的基础。工作内容模块分类如图 5-41 所示。

工作内容模块分类：
- 组织专题讨论会=确定会议目标与议程+邀请参会人员+准备会议材料
- 共同对工作内容进行细致的分类=明确分类标准+分组讨论+汇总与整合
- 细化子模块=针对每个核心领域，进一步细化出具体的子模块（如团队建设细分为团队凝聚力提升、跨部门协作优化；员工培训细分为新员工入职培训、专业技能提升培训等；文化塑造细分为核心价值观传播、企业文化活动策划等）
- 调整优化=基于反馈数据和分析结果，对分类结果进行必要的调整和优化（可能包括修改分类标准、调整子模块划分、完善内容描述等）

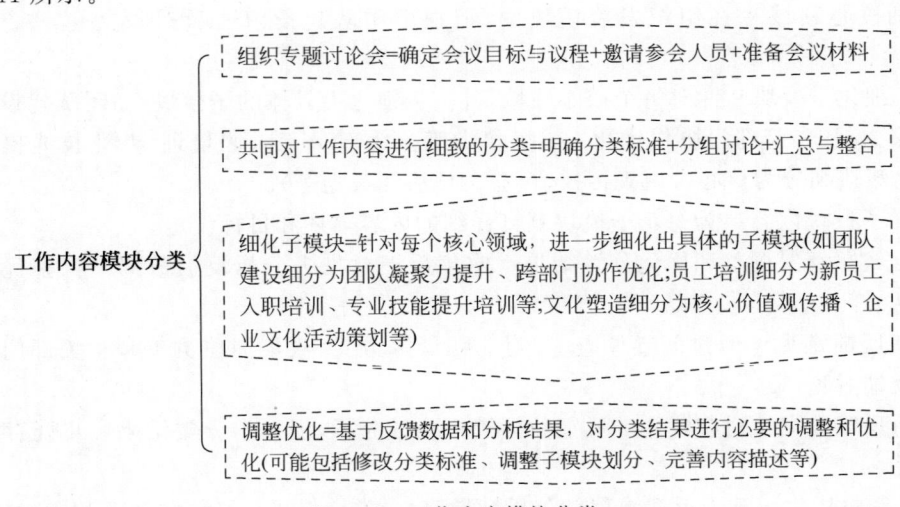

图 5-41　工作内容模块分类

模块和时间规划通过专题讨论会，细致分类工作内容模块，根据实际情况进行调整及优化，确保分类准确实用，为能力模型构建提供坚实基础。下面通过以下公式直观地进行阐述：

工作内容模块分类＝组织专题讨论会＋共同对工作内容进行细致的分类＋细化子模块＋调整优化。

（1）组织专题讨论会＝确定会议目标与议程＋邀请参会人员＋准备会议材料。

确定会议目标与议程＝明确会议旨在通过集体智慧对工作内容进行全面、细致的分类＋设定清晰的讨论议程（包括开场白、各模块介绍、分类讨论、意见汇总及结论形成等环节）。

邀请参会人员＝确保岗位员工和相关部门代表（如人力资源部、行政部、业务部门负责人等）均被邀请。

准备会议材料＝提前准备会议所需资料（如当前工作内容清单、过往分类尝试的总结、行业最佳实践案例等）。

（2）共同对工作内容进行细致的分类＝明确分类标准＋分组讨论＋汇总与整合。

明确分类标准＝引导参会者共同讨论，确定分类的标准（如工作性质、目标受众、业务流程等），确保分类逻辑清晰、一致。

分组讨论＝将参会者分为若干小组，每个小组负责一个或多个潜在的工作内容模块，进行深入讨论和分类尝试。

汇总与整合＝各小组汇报分类结果，全体参会者共同讨论、比较不同分类方案的优缺点，最终整合形成统一的分类体系。

将组织发展模块进一步细分为子模块＝识别核心领域＋细化子模块＋定义子模块内容。

识别核心领域＝在组织发展模块中，识别出团队建设、员工培训、文化塑造等核心领域。

（3）细化子模块＝针对每个核心领域，进一步细化出具体的子模块（如团队建设细分为团队凝聚力提升、跨部门协作优化；员工培训细分为新员工入职培训、专业技能提升培训等；文化塑造细分为核心价值观传播、企业文化活动策划等）。

定义子模块内容＝为每个子模块制订详细的内容描述和目标设定。

根据实际情况调整和优化分类结果＝收集反馈意见＋分析反馈数据＋调整优化＋验证与确认。

收集反馈意见＝通过问卷调查、一对一访谈等方式，收集岗位员工和相关部门对分类结果的反馈意见。

分析反馈数据＝对收集到的反馈数据进行统计分析，识别出分类结果中可能存在的问题和不足。

（4）调整优化＝基于反馈数据和分析结果，对分类结果进行必要的调整和优化（可能包括修改分类标准、调整子模块划分、完善内容描述等）。

验证与确认＝将调整优化后的分类结果再次提交给岗位员工和相关部门进行验证和确认，确保分类的准确性和实用性得到广泛认可。

5.15.4 访谈内容思路

本节介绍访谈内容思路的各方面,包括梳理工作流程、收集与分析岗位互动经验与挑战的方法。访谈内容思路如图 5-42 所示。

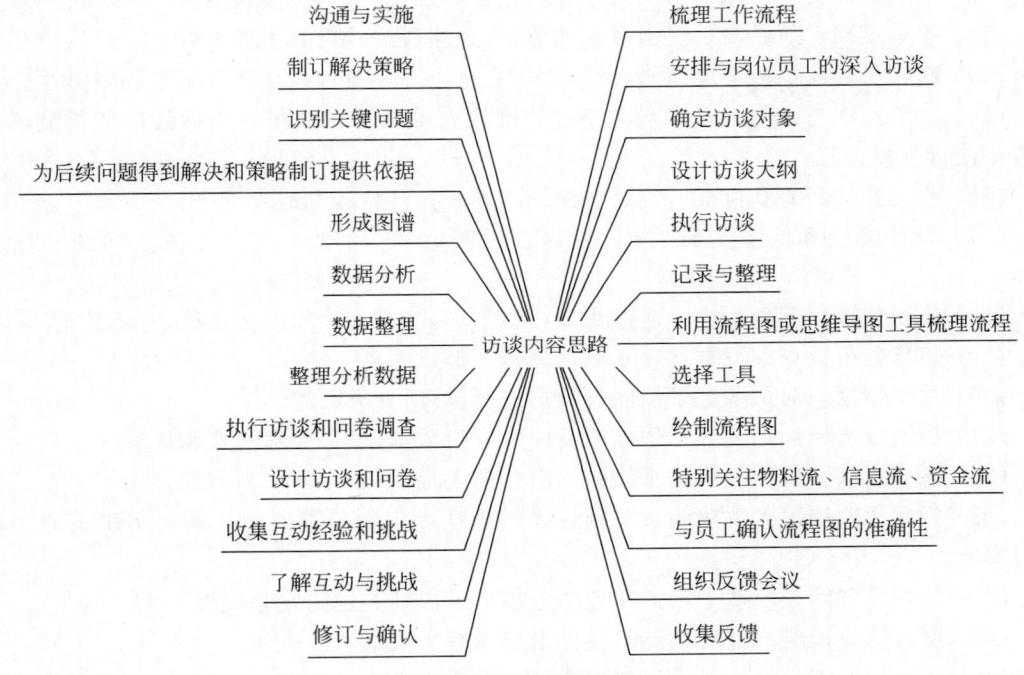

图 5-42 访谈内容思路

访谈内容思路包含梳理工作流程,确保全面准确理解;同时收集和分析岗位互动经验与挑战,为后续问题解决和策略制订奠定基础。通过这些步骤,可以全面准确地理解工作流程,为后续问题解决和策略制订奠定基础。通过以下公式直观地进行阐述:

(1) 梳理工作流程=安排与岗位员工的深入访谈+利用流程图或思维导图工具梳理流程+与员工确认流程图的准确性。

(2) 安排与岗位员工的深入访谈=确定访谈对象+设计访谈大纲+执行访谈+记录与整理。

(3) 确定访谈对象=明确关键参与者(直接执行者、监督者、管理者)。

(4) 设计访谈大纲=准备访谈问题(覆盖工作流程各环节:准备、执行、总结反馈)。

(5) 执行访谈=与岗位员工进行一对一或小组访谈,鼓励详细描述和分享经验。

(6) 记录与整理=使用笔录、录音或录像记录,整理并提炼关键信息。

(7) 利用流程图或思维导图工具梳理流程=选择工具+绘制流程图+特别关注物料流、信息流、资金流。

(8) 选择工具=根据团队习惯和流程复杂度选择(如 Visio、XMind、Lucidchart)。

（9）绘制流程图＝根据访谈记录和整理信息绘制流程图，标注环节、决策点、输入/输出。

（10）特别关注物料流、信息流、资金流＝在流程图中明确标注物料流动、信息传递、资金流转。

（11）与员工确认流程图的准确性＝组织反馈会议＋收集反馈＋修订与确认。

（12）组织反馈会议＝邀请访谈对象和利益方参加，展示初步流程图。

（13）收集反馈＝鼓励员工提出意见和建议，关注遗漏、错误、不清晰处。

（14）修订与确认＝根据反馈修订流程图，直至所有参与者确认其准确性和完整性。

（15）了解互动与挑战＝收集互动经验和挑战＋整理分析数据＋为后续问题得到解决和策略制订提供依据。

（16）收集互动经验和挑战＝设计访谈和问卷＋执行访谈和问卷调查。

（17）设计访谈和问卷＝针对岗位与供应商、客户、内部部门设计访谈问题和问卷内容。

（18）执行访谈和问卷调查＝通过线上或线下方式发放问卷，安排访谈，收集数据。

（19）整理分析数据＝数据整理＋数据分析＋形成图谱。

（20）数据整理＝对访谈记录和问卷数据进行整理，分类归纳。

（21）数据分析＝运用统计方法或工具深入分析数据，识别互动模式和挑战。

（22）形成图谱＝根据分析结果绘制图谱或图表，展示运作环境和挑战。

（23）为后续问题得到解决和策略制订提供依据＝识别关键问题＋制订解决策略＋沟通与实施。

（24）识别关键问题＝基于图谱和数据分析结果识别关键问题和挑战。

（25）制订解决策略＝针对关键问题提出具体解决策略和改进建议。

（26）沟通与实施＝与相关部门和岗位员工沟通解决策略和实施计划，确保顺利执行和效果评估。

5.15.5　知识及技能

本节介绍如何通过多维度交流、知识框架构建、知识验证与反馈、持续更新机制、场景化应用说明、实战演练与模拟、经验分享与交流、技能提升与认证及绩效激励与反馈等方法来提升员工的知识和技能水平。知识及技能如图 5-43 所示。

知识及技能分析通过列举岗位核心知识，解释在工作中的应用，结合案例提升员工理解与应用能力。通过这些方法，可以确保知识体系的时效性与实用性，提高员工的实践能力与职业竞争力。下面通过以下公式直观地进行阐述：

（1）多维度交流＝岗位员工深入交流（日常知识＋挑战知识＋行业趋势＋跨领域融合）＋相关领域专家专题研讨会（补充＋验证核心知识）。

（2）知识框架构建＝收集核心知识（系统化）→构建知识框架/图谱（核心概念＋子领域＋关键术语＋相互关系）。

（3）知识验证与反馈＝验证方式（测试＋问卷＋项目实践）＋收集员工反馈→知识体系

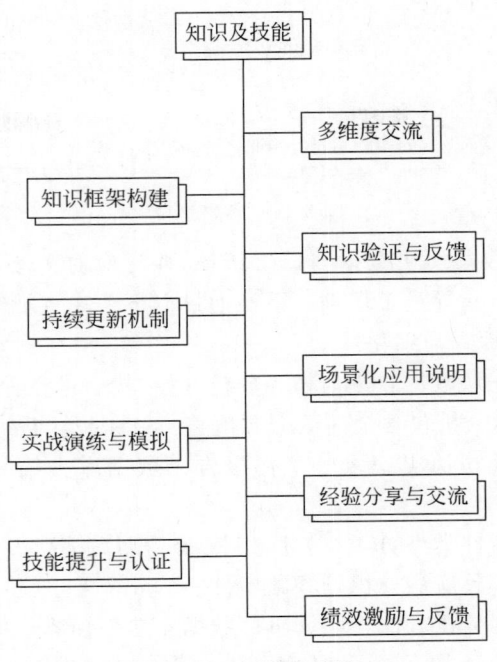

图 5-43 知识及技能

迭代优化。

（4）持续更新机制＝定期审查调整知识体系＋关注行业动态/政策变化/技术进步→纳入新知识＋淘汰过时内容。

（5）场景化应用说明＝核心知识→设计工作场景/案例（详述应用方式）＋直观地理解知识的应用价值（如财务分析领域）。

（6）实战演练与模拟＝实战演练/模拟项目（真实/接近真实环境）＋角色扮演/案例分析/问题解决→加深理解和掌握＋提高实践能力。

（7）经验分享与交流＝鼓励员工分享（成功经验＋失败教训）＋定期举行经验交流会/知识分享会→相互学习＋共同进步。

（8）技能提升与认证＝知识应用实践＋技能提升培训/认证机会（专业技能培训班＋职业资格证书）→提升技能水平＋增强职业竞争力。

（9）绩效激励与反馈＝将知识应用情况纳入绩效考核＋表彰及奖励具有突出表现的员工＋建立反馈机制（收集问题/建议）→支持知识体系持续改进。

5.15.6 频繁事件

本节介绍频繁事件分析的过程，包括数据收集与初步分析、深入访谈与情境还原、策略与目标共创、关键行为与能力提炼等内容。通过这些分析，读者可以更好地应对频繁事件，提升员工的能力和岗位胜任力。频繁事件如图 5-44 所示。

```
                        ┌─ 分析频繁事件的深入与细化 ┬─ 数据收集与初步分析
                        │                          └─ 深入访谈与情境还原
频繁事件 ┤
                        │                          ┌─ 策略与目标共创
                        └─ 应对策略与目标的细化与落实 ┴─ 关键行为与能力提炼
```

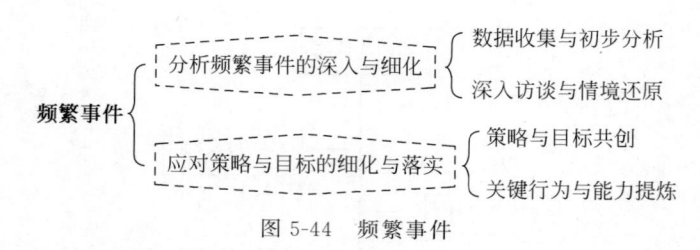

图 5-44　频繁事件

频繁事件分析通过收集历史数据与员工访谈，探讨应对策略与目标，提炼关键行为与所需能力，优化能力模型，指导员工培训。下面通过以下公式直观地进行阐述：

1) 分析频繁事件的深入与细化

分析频繁事件可以先从数据收集与初步分析开始，然后进行深入访谈与情境还原。

(1) 数据收集与初步分析包含全面数据源覆盖、事件分类与量化、趋势分析。

全面数据源覆盖＝公司历史记录＋工作报告＋数据库＋第三方数据源（市场调研报告、行业分析报告）。

事件分类与量化＝事件类型分类（技术故障、流程瓶颈、客户投诉等）＋频率统计＋影响范围评估＋量化分析工具应用→识别频繁事件。

趋势分析＝时间序列分析方法＋频繁事件数据→趋势预测＋长期应对策略数据支持。

(2) 深入访谈与情境还原包含多维度访谈设计、情境模拟与角色扮演、情感与动机分析。

多维度访谈设计＝开放式问题＋封闭式问题＋访谈大纲（事件背景、过程、影响、员工感受及建议）。

情境模拟与角色扮演＝访谈过程＋情境模拟/角色扮演→事件场景重现＋员工应对方式观察。

情感与动机分析＝员工情感反应＋动机分析→决策与行动影响因素识别＋人性化应对策略参考。

2) 应对策略与目标的细化与落实

应对策略与目标的细化与落实包含策略与目标共创、关键行为与能力提炼，在此基础上制订培训与发展计划。

(1) 策略与目标共创包含跨部门协作、SMART 原则、风险评估与应对预案。

跨部门协作＝跨部门员工邀请＋应对策略与目标制订过程（头脑风暴、圆桌会议）→策略全面性与可操作性。

SMART 原则＝策略与目标（具体性、可测量性、可实现性、相关性、时限性）→跟踪与评估便利性。

风险评估与应对预案＝策略风险评估＋潜在风险点与挑战识别＋应对预案制订→策略灵活调整与优化。

(2) 关键行为与能力提炼包含行为分解、能力模型构建、培训与发展计划。

行为分解＝策略与目标→具体行为步骤与流程分解＋责任人明确＋完成标准设定→

策略落地执行。

能力模型构建＝行为分解结果→关键能力提炼＋能力模型构建(定义、分级标准、评估方法)→员工培训与发展方向。

培训与发展计划＝能力模型＋个性化培训计划与发展路径(内部培训、外部课程、实践锻炼)→员工能力提升与岗位胜任力增强。

5.15.7 关键经历

关键经历收集与分析是通过访谈引导员工分享挑战经历,深入探讨成败原因,提炼关键行为和所需能力,优化能力模型,提升员工应对能力。关键经历如图 5-45 所示。

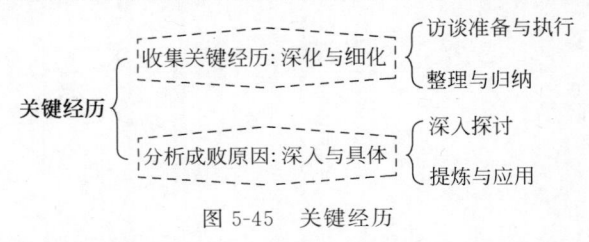

```
              ┌ 收集关键经历:深化与细化 ┌ 访谈准备与执行
关键经历 ┤                              └ 整理与归纳
              └ 分析成败原因:深入与具体 ┌ 深入探讨
                                         └ 提炼与应用
```

图 5-45　关键经历

下面将详细介绍关键经历收集与分析的具体步骤和技巧,通过以下公式直观地进行阐述。

1. 收集关键经历:深化与细化

1)访谈准备与执行

环境营造＝选择私密、安静、舒适空间＋确保无外界干扰＋调整光线与温度＋营造轻松氛围。

访谈设计＝设计开放性问题(如最大挑战及应对、印象深刻经历及原因)＋激发回忆与深入思考。

访谈技巧＝倾听为主＋引导为辅＋避免打断或引导＋非言语行为表达关注与支持。

记录方式＝录音或笔记记录＋确保信息完整准确＋保护员工隐私。

2)整理与归纳

信息整理＝访谈记录整理＋提炼关键事件、人物、时间、地点＋形成叙事框架。

经历分类＝根据经历性质(成功、失败、挑战)分类。

情感标注＝记录分享过程中的情感反应(兴奋、沮丧、反思)。

2. 分析成败原因:深入与具体

深入分析成败原因,挖掘关键因素,提炼关键行为,明确所需能力,完善能力模型,应用实践提升能力。

1)深入探讨

原因追溯＝回顾关键经历＋多角度分析成功或失败原因＋鼓励自我反思＋提出客观见解。

关键因素挖掘＝针对每个原因深入挖掘＋决策过程(依据、信息、时机)＋团队协作(沟通、角色、冲突）。

多维度分析＝结合个人、团队、组织维度＋全面了解应对挑战表现与环境因素。

2）提炼与应用

关键行为提炼＝从分析中提炼关键行为（创新思维、有效沟通、快速学习）。

所需能力明确＝根据关键行为明确所需能力（领导力、决策力、团队合作能力）。

能力模型完善＝将关键行为和所需能力融入能力模型。

应用实践＝制订针对性培训发展计划＋提升能力实践应用＋建立反馈机制＋评估效果调整计划。

第 6 章

写作技巧

第 6 章内容包括项目技术文档、需求规格说明书、技术设计文档等,帮助读者规范文档编写、提升沟通效率、保障项目质量、支持后期维护、促进知识传承。笔者巧妙地运用了公式来精练复杂概念,抽取出问题的核心要素,使读者能够更快捷地掌握要点,增强理解和记忆效果。

6.1 文档编写

本节是关于项目开发团队文档的详细指南,主要介绍了项目技术文档、需求规格说明书、技术设计文档、源代码文档、项目测试计划、用户手册、维护文档、部署文档、项目培训材料和接口设计文档的撰写方法和内容。以下是对这些核心内容的简要概述。

6.1.1 项目技术文档

项目技术文档涉及从明确目标到项目关闭的撰写过程,同时需要应对信息、时间、团队、文档复杂度及版本控制等挑战。项目技术文档如图 6-1 所示。

撰写过程及细节＝明确项目目标＋划分项目阶段＋制订详细时间表＋资源分配＋风险管理计划＋编写文档＋审查和反馈＋利益相关者管理＋质量保证计划＋变更管理计划＋采购管理计划＋文档管理计划＋项目关闭与后评估。

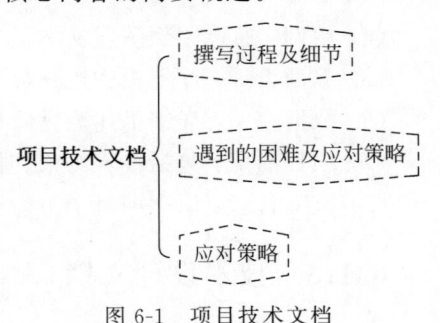

图 6-1 项目技术文档

遇到的困难及应对策略＝(信息不准确或不完整＋时间紧迫＋团队成员不配合＋文档过于冗长或复杂＋版本控制和更新)。

应对策略:
(1)信息不准确或不完整:增强信息收集与验证机制,建立数据校验流程。
(2)时间紧迫:优化任务优先级,采用敏捷开发方法,灵活调整计划。
(3)团队成员不配合:加强团队沟通与协作,明确职责分工,提升团队凝聚力。
(4)文档过于冗长或复杂:简化文档结构,采用图表和流程图辅助说明,确保文档清晰易懂。

（5）版本控制和更新：建立版本控制系统，实施严格的变更管理流程，确保文档与项目进度的同步更新。

6.1.2 项目需求规格说明书

项目需求规格说明书包含了项目的引言、功能需求、非功能需求、用例、界面设计、数据模型、项目约束及风险管理，为项目实施提供明确的方向和准则。项目需求规格说明书如图6-2所示。

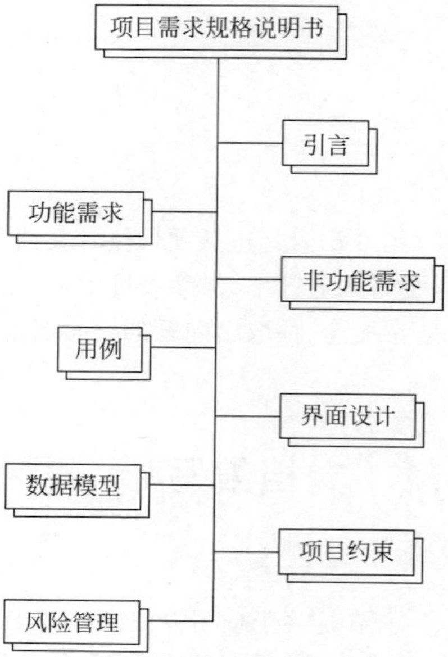

项目需求规格说明书是项目实施的重要指导文件，为项目的顺利实施提供了明确的方向和准则，下面是具体的编写结构。

（1）引言：详细阐述项目需求规格，包括背景、目标、功能需求、非功能需求、用例、界面设计、数据模型、项目约束和风险管理。

（2）功能需求：详细描述系统应实现的具体功能，如功能模块一、功能模块二等。

（3）非功能需求：包括性能需求、可用性需求、安全性需求等。

图6-2 项目需求规格说明书

（4）用例：通过用例图或文本描述用户与系统的交互过程。

（5）界面设计：详细描述用户界面设计，包括布局、控件及交互方式的设计说明。

（6）数据模型：详细描述数据结构、数据库模式等。

（7）项目约束：包括技术约束、时间约束、资源约束等。

（8）风险管理：识别项目中可能遇到的潜在风险，制订应对策略。

6.1.3 技术设计文档

本节介绍了系统概述、技术选型与平台、系统设计、安全设计、部署与运维及测试计划等多个方面，确保项目在技术层面得到全面和细致的规划。技术设计文档如图6-3所示。

技术设计文档是项目成功实施的关键组成部分，它为系统开发提供了详细的技术蓝图。下面是具体的编写结构。

（1）系统概述：包括功能需求、非功能需求、系统架构等。

（2）技术选型与平台：包括编程语言、框架与库、数据存储、云服务与平台等。

（3）系统设计：包括模块划分、接口设计、数据流程、错误处理与日志等。

（4）安全设计：包括认证与授权、数据加密、安全审计、防御策略等。

（5）部署与运维：包括部署方案、运维管理、持续集成/持续部署等。

（6）测试计划：包括测试策略、测试环境、测试用例设计、测试执行与报告等。

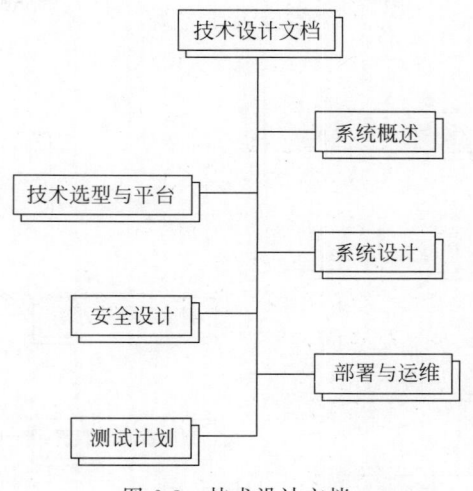

图 6-3 技术设计文档

6.1.4 源代码文档

源代码文档包含了项目从概述到维护的各个环节,包括系统架构、功能模块、数据库设计、配置与部署及测试策略等关键信息,给开发者提供了详尽的参考和指导。源代码文档如图 6-4 所示。

通过以下内容开发者将能够全面地了解项目的背景、技术选型、实施过程及系统的各个组成部分,从而更高效地进行开发、测试、部署和维护工作。下面是具体的编写结构。

(1) 文档概述:明确文档的目的和受众。
(2) 项目简介:介绍项目的背景、技术选型、项目结构等。
(3) 项目实施过程:包括需求分析、设计阶段、开发阶段、测试阶段、部署和上线、维护和更新等。
(4) 系统架构:提供系统的高层架构图,解释各组件之间的交互。
(5) 功能模块:详细描述了每个功能模块的类和方法、交互流程、算法和逻辑等。
(6) 数据库设计:包括数据库模型、表结构、索引和视图等。
(7) 配置和部署:包括环境配置、部署步骤、常见问题等。
(8) 测试策略:包括单元测试、集成测试、性能测试等。
(9) 维护和更新:包括代码规范、版本控制、更新日志等。

6.1.5 项目测试计划

项目测试计划包含测试目标、测试策略与方法、测试环境、测试资源与职责、测试时间表、风险评估与应对措施、测试输出与标准,确保测试项目系统而全面,提高软件质量。项目测试计划如图 6-5 所示。

图 6-4　源代码文档　　　　　　　图 6-5　项目测试计划

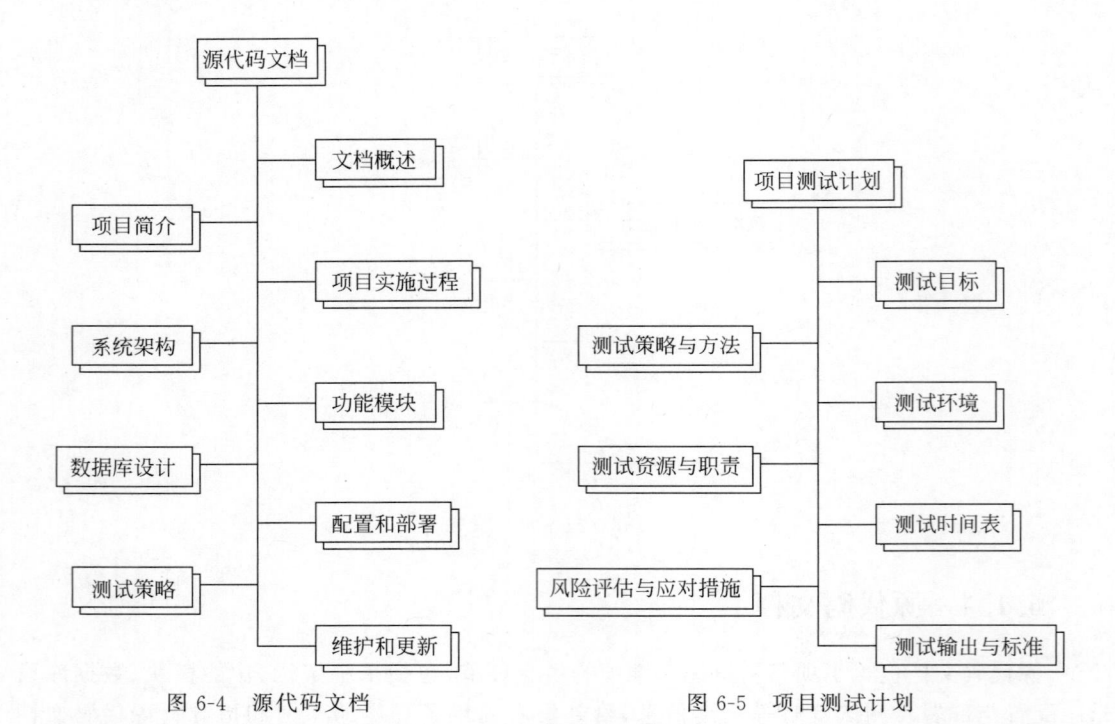

项目测试计划可以确保软件项目全面、系统地进行测试，是提高软件质量的重要文档，为测试团队提供明确的指导和框架。下面是具体的编写要素。

（1）测试目标：包括功能测试、性能测试、安全性测试、兼容性测试、用户体验测试等。

（2）测试策略与方法：包括黑盒测试、白盒测试、灰盒测试、自动化测试、手动测试等。

（3）测试环境：包括硬件要求、软件要求、网络要求等。

（4）测试资源与职责：包括团队结构、培训计划、外部资源等。

（5）测试时间表：包括准备阶段、执行阶段、评估与总结等。

（6）风险评估与应对措施：包括技术风险、资源风险、时间风险等。

（7）测试输出与标准：包括测试报告、缺陷管理、测试标准等。

6.1.6　用户手册

用户手册可以帮助用户快速地掌握系统的各项功能、操作方法及常见问题的解决方法，确保系统在使用过程中顺畅和高效。用户手册如图 6-6 所示。

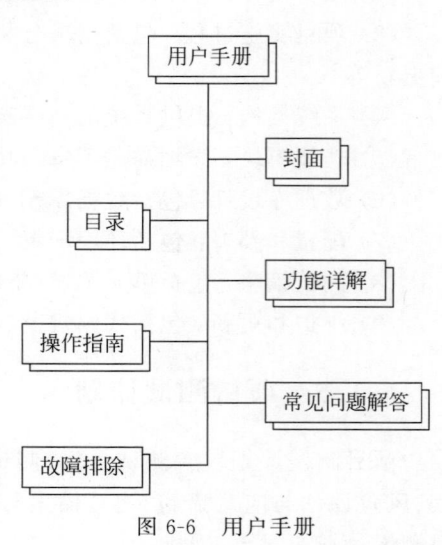

图 6-6　用户手册

用户手册是全面指导用户了解、操作及解决问题的详细指南，包含封面、目录、功能详解、操作指南、常见问题解答及故障排除等内容，让用户高效地使用系统。下面是具体的编写结构。

（1）封面：包括项目名称、版本号、发布日期、公司/团队名称、联系方式等。

（2）目录：包括引言、快速入门、系统概述、功能详解、操作指南、常见问题解答、故障排除、版本更新记录、附录等。

（3）功能详解：包括用户管理、任务分配与跟踪、文档共享与协作、日程安排与提醒等。

（4）操作指南：包括常规操作流程、特殊操作指南、用户权限管理、数据备份与恢复等。

（5）常见问题解答：包括如何重置密码、如何查看已完成任务、如何将文档共享给特定成员等。

（6）故障排除：包括常见错误代码及其解决方案、系统性能优化建议、紧急应对措施等。

6.1.7 维护文档

维护文档是确保系统稳定运行和持续优化的重要工具，为系统的日常维护和长期发展提供全面的指导和支持。维护文档如图 6-7 所示。

通过维护文档，维护团队可以高效地执行维护任务，快速响应故障，持续提升系统的性能和安全。下面是具体的编写结构。

（1）系统概述：包括系统架构、技术栈、关键组件与功能等。

（2）维护流程与规范：包括代码维护流程、问题报告与跟踪、定期维护与优化等。

（3）环境配置与管理：包括开发环境配置、测试环境配置、生产环境配置、环境一致性管理等。

（4）依赖管理：包括第三方库与框架、依赖版本控制、依赖更新策略等。

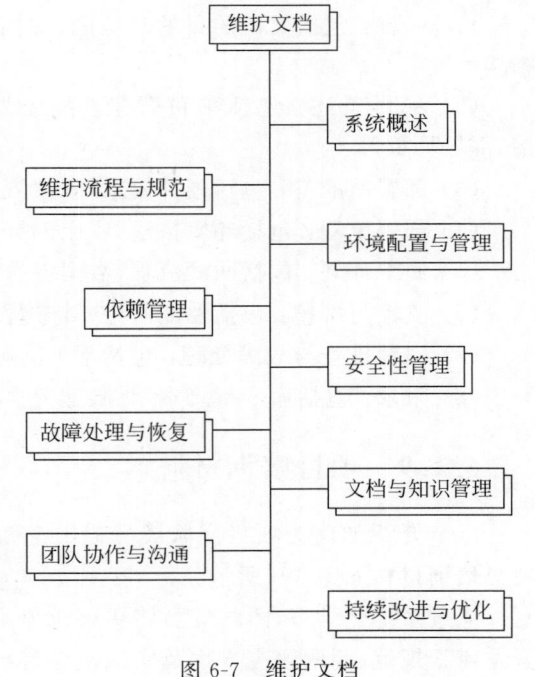

图 6-7 维护文档

（5）安全性管理：包括安全漏洞处理、访问控制与认证、数据加密与隐私保护等。

（6）故障处理与恢复：包括故障识别与定位、故障应急响应、数据恢复策略等。

（7）文档与知识管理：包括项目文档结构、知识共享平台、文档更新与维护等。

（8）团队协作与沟通：包括团队角色与职责、沟通机制与工具、协作流程与规范等。

（9）持续改进与优化：包括性能优化、功能迭代、技术升级等。

6.1.8 部署文档

部署文档为项目部署提供详细的指导，确保部署过程顺利进行和系统稳定运行。通过遵循本指南，将能够高效地完成项目部署，有效地管理系统的运行和维护。部署文档如图6-8所示。

部署文档包含项目部署的全过程，包括引言、项目概述、部署前准备、部署流程、回滚计划、监控与维护、问题排查与故障处理及附录，让部署得以顺利进行，以及让系统得以稳定运行。下面是具体的编写结构。

（1）引言：包括文档的目的与范围、文档结构等。

（2）项目概述：包括项目背景、系统架构、部署环境等。

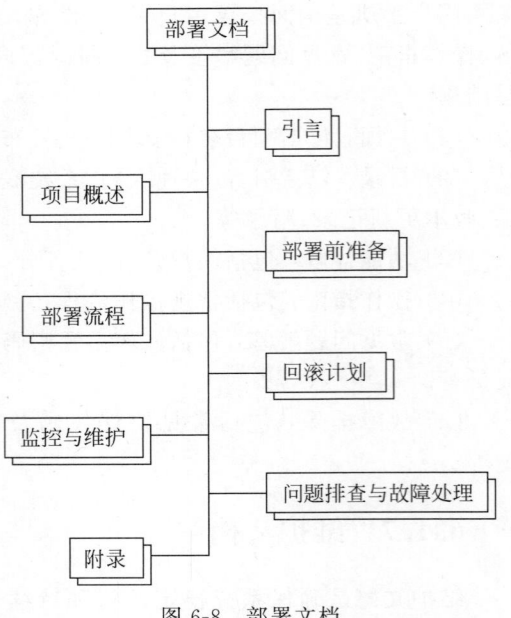

图 6-8 部署文档

（3）部署前准备：包括硬件要求、软件依赖、网络配置、安全设置等。

（4）部署流程：包括环境搭建、应用部署、配置管理、启动与验证等。

（5）回滚计划：包括回滚流程、数据备份与恢复等。

（6）监控与维护：包括性能监控、日志管理、定期维护任务等。

（7）问题排查与故障处理：包括常见问题、应急响应流程、排查方法等。

（8）附录：包括命令行脚本示例、配置文件模板、参考文档链接等。

6.1.9 项目培训材料

本节介绍如何为项目团队成员提供全面的培训材料，提升对项目的理解和执行能力。项目培训材料如图6-9所示。

通过系统化学习，团队成员将更好地掌握项目背景、目标、范围、技术栈、架构与设计、开发流程规范、问题解决方案及实战演练等内容，从而确保项目可以高效地推进和成功实施。下面是具体的编写结构。

（1）项目概述：包括项目背景、项目目标、项目范围等。

（2）技术栈介绍：包括前端技术、后端技术、开发工具与平台、技术挑战与选型考量等。

（3）项目架构与设计：包括系统架构图、模块划分、数据流与接口设计、安全性与性能考量等。

（4）开发流程与规范：包括敏捷开发流程、代码规范、测试策略、版本控制流程等。

（5）关键问题与解决方案：包括技术难题、团队协作障碍、风险管理等。

```
                    ┌─ 项目概述
                    │
        技术栈介绍 ──┤
                    │─ 项目架构与设计
项目培训材料 ───────┤
                    │─ 关键问题与解决方案
        开发流程与规范┤
                    │
        实战演练与案例分析
                    │
                    └─ Q&A与后续行动计划
```

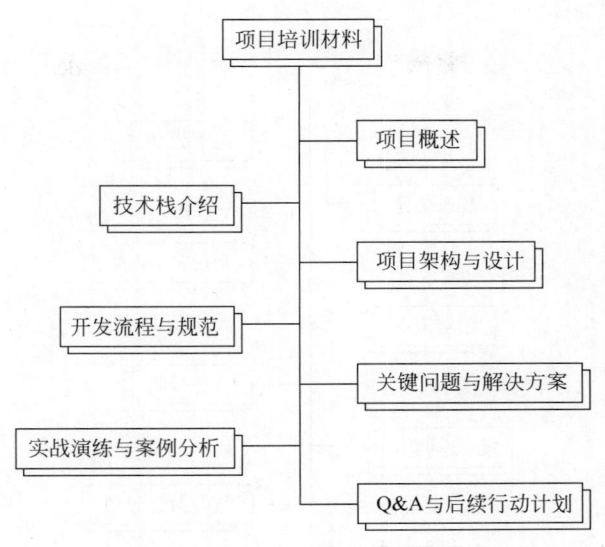

图 6-9　项目培训材料

（6）实战演练与案例分析：包括实操演示、案例分析等。

（7）Q&A 与后续行动计划：包括问答环节、下一步行动等。

6.1.10　接口设计文档

接口设计文档要包含签名设计、加密处理、IP 白名单保障、限流策略、参数校验、统一返回值、统一封装异常、请求日志记录、幂等设计、限制记录条数、压测预估、异步处理提升性能、数据脱敏保护隐私及完整接口文档等关键要素，确保接口安全、高效、易用。接口设计文档如图 6-10 所示。

接口设计文档是确保接口安全、高效、易用的关键组成部分，它为接口设计提供全面的指导和规范，确保接口在实际应用中的稳定性和安全性。下面通过以下公式直观地进行阐述：

（1）签名设计＝（拼接请求参数、时间戳和密钥成字符串＋使用 MD5 等哈希算法生成签名）＋（网关服务获取签名，以同样方式生成新签名进行比对）。

确保请求方和 API 提供方使用相同的密钥和哈希算法，时间戳精确到秒或毫秒级，防止重放攻击。

（2）加密处理＝（确定 AES 密钥和加密模式如 CBC）＋（请求端使用公钥对敏感数据进行加密）＋（服务器端使用对应的私钥进行解密）。

确保密钥的安全存储和传输，采用安全的密钥交换协议，定期更换密钥。

（3）IP 白名单保障＝（设定允许访问的 IP 列表）＋（API 网关验证请求 IP 是否在白名单中）。

白名单应动态可配置，便于管理，同时要有应对 IP 变更的流程。

（4）限流策略＝（根据 IP、接口、用户设定限流规则）＋（使用 Nginx、Redis 或 API 网关进行限流控制）。

```
                    ┌─────────────┐
                    │ 接口设计文档 │
                    └──────┬──────┘
                           ├──────── 签名设计
                           │
              加密处理 ────┤
                           ├──────── IP白名单保障
                           │
              限流策略 ────┤
                           ├──────── 参数校验
                           │
              统一返回值 ──┤
                           ├──────── 统一封装异常
                           │
              请求日志记录 ┤
                           ├──────── 幂等设计
                           │
              限制记录条数 ┤
                           ├──────── 压测预估
                           │
              异步处理提升性能 ┤
                           ├──────── 数据脱敏保护隐私
                           │
              完整接口文档 ┘
```

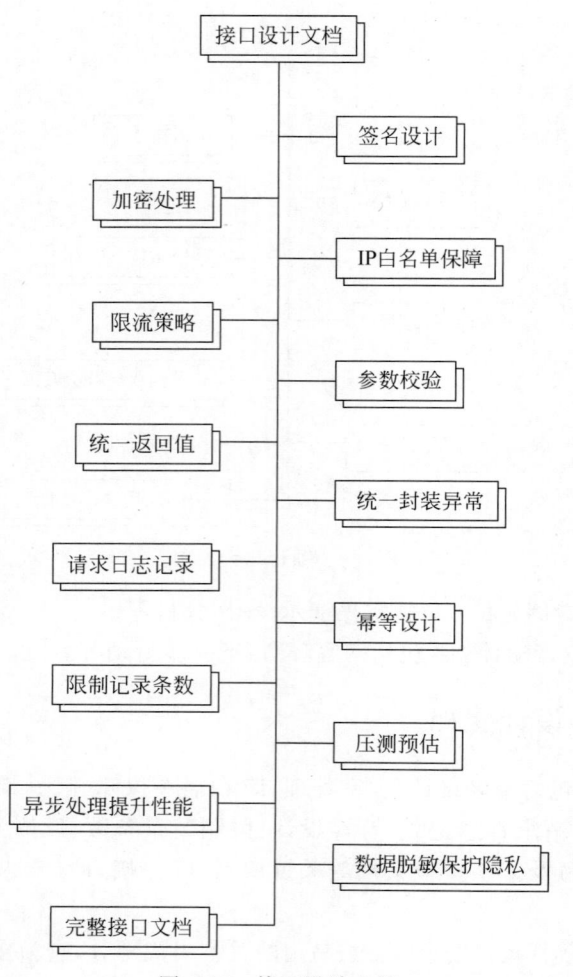

图 6-10　接口设计文档

需要通过监控和日志记录来分析限流效果，避免误伤正常用户。

（5）参数校验＝（定义参数校验规则，如使用 Hibernate Validator）＋（在接口层对请求参数进行校验）。

确保校验规则与业务逻辑一致，对于不通过的参数给出明确的错误信息。

（6）统一返回值＝（设计统一的返回值格式，包括状态码、消息、数据等字段）。

所有接口都应遵循这一格式，便于前端或其他服务统一处理。

（7）统一封装异常＝（捕获异常，转换为统一的异常格式返回）。

避免暴露敏感信息，同时提供足够的上下文以便调用方理解和处理异常。

（8）请求日志记录＝（记录请求的完整信息，包括 URL、参数、头信息等）＋（使用 traceid 串联日志）。

确保日志的存储和检索效率，以及符合数据保护法规。

（9）幂等设计＝（为接口设计防重机制，如使用唯一 ID 或令牌）。

确保在接口被多次调用时，业务效果与单次调用一致。

（10）限制记录条数＝（在接口中检查传入参数的数量）＋（如果超过设定值，则返回错误提示）。

该设定值应为可配置的，并且应与调用方协商确定。

（11）压测预估＝（使用 Jmeter 等工具对 API 进行压力测试）＋（分析测试结果，预估系统性能）。

压测环境应与生产环境尽可能相似，以便得到准确的性能测试结果。

（12）异步处理提升性能＝（接口接受请求后发送 MQ 消息，立即返回）＋（后台服务消费 MQ 消息进行业务处理）。

确保 MQ 的可靠性和稳定性，以及异步处理过程中的错误处理和重试机制。

（13）数据脱敏保护隐私＝（识别敏感数据字段，如手机号、身份证号）＋（对这些字段进行部分替换或加密处理）。

脱敏规则应明确且一致，确保在不影响业务处理的前提下最大程度地保护用户隐私。

（14）完整接口文档＝（编写包含所有必要信息的接口文档）＋（定期更新和维护文档）。

确保文档的准确性和完整性，提供示例请求和响应以便调用方理解和使用接口。

6.2 论文与软件著作权

本节介绍论文初稿模板，结构严谨；软件著作权保障创作权益，申请流程简便，为学生、职工及企业带来多方面优势。

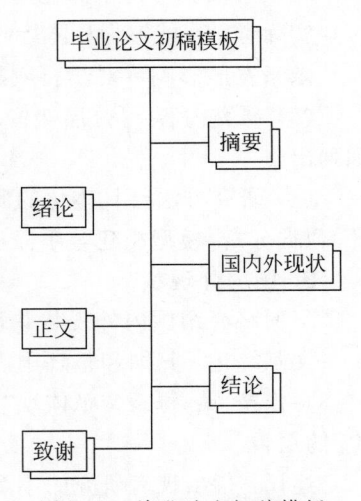

6.2.1 毕业论文初稿模板

毕业论文初稿模板包含摘要、绪论、国内外现状、正文、结论及致谢等部分，介绍了研究背景、意义、内容、方法、现状综述、问题分析、解决方案及研究成果。毕业论文初稿模板如图 6-11 所示。

本节为即将撰写毕业论文的学生提供一份详细的初稿模板，包含从摘要到致谢的各部分，提供具体的写作指导和模板，帮助学生系统地组织论文内容，确保论文结构清晰、逻辑连贯。通过本模板，学生可以更加高效地完成毕业论文的初稿撰写工作。

1．摘要

简述论文写作的背景，延伸出主要内容。概括性地介绍

图 6-11 毕业论文初稿模板

论文中的主要研究工作，论文中用到的技术和方法，以及讨论通过论文得到的结果，模板如下：

（1）摘要＝背景简述＋主要内容延伸＋研究工作概括＋技术方法说明＋结果讨论。

（2）背景简述＝具体领域或行业背景。

（3）主要内容延伸＝针对具体研究问题或现象进行了深入探讨。

（4）研究工作概括＝通过具体研究方法或技术，系统分析研究对象的具体方面，提出解决方案。

（5）技术方法说明＝采用了具体技术或方法，如数据分析、模型构建、实验验证等。

（6）结果讨论＝得出概括性研究结果或结论，丰富了相关学科或领域的理论体系，为实际应用场景提供参考。

2．绪论

下面将介绍绪论的基本结构并且用模板方式帮助读者写作。

（1）研究背景：国内外同行研究现状、目前最想研究的问题、已有研究的缺陷和完善措施。

（2）研究意义：理论意义和实际意义，阐述研究对学科或领域发展的影响。

（3）研究内容：明确研究的具体内容，如分层架构、事件驱动架构、微服务架构。

（4）研究方法：具体化的方法，如设计思想、组件划分、接口定义等。

模板如下：

（1）研究背景＝ 国内外研究现状＋当前问题＋缺陷与完善措施。

国内外研究现状＝国内外在具体领域的研究取得了显著进展。

当前问题＝但仍存在具体未解决的问题或不足，如详细阐述。

缺陷与完善措施＝本文聚焦于最想研究的问题，旨在通过研究方法来弥补缺陷，提出完善措施。

（2）研究意义＝理论意义＋实际意义＋未来发展影响。

理论意义＝有助于深化对研究对象内在机制的理解，推动相关学科理论体系的完善。

实际意义＝能够为具体行业/领域提供具体价值，如提高效率、降低成本、增强安全性等。

未来发展影响＝对学科或领域的未来发展产生积极的影响。

（3）研究内容＝ 分层架构/事件驱动架构/微服务架构等为研究对象，具体内容包括详细列出。

（4）研究方法＝具体化的研究方法，包括设计思想、组件划分、接口定义等，通过实验设计/数据分析/模型构建等手段进行研究。

3．国内外现状

下面将介绍国内外现状并且用模板方式帮助读者写作。

文献综述：归纳和整理国内外相关同类课题的研究，提炼观点，进行综合分析。

写作技巧：每条文献体现"他研究了什么＋怎样开展研究＋研究出什么观点＋得失评价"的逻辑。

述评：指出现有研究的不足，介绍自己的研究内容和方法。

模板如下：

(1) 文献综述＝国内外文献查阅＋观点提炼＋综合分析。
国内外文献查阅＝对国内外相关文献的广泛查阅。
观点提炼＝提炼出各研究的核心观点。
综合分析＝进行综合分析和比较。
(2) 述评＝现有研究不足＋本文研究内容与方法。
现有研究不足＝指出现有研究的不足之处,如具体指出哪些方面存在缺陷或不足。
本文研究内容与方法＝介绍本文的研究内容和方法,阐述如何针对不足进行改进和创新。

4. 正文

下面将介绍正文内容,并且用模板方式帮助读者写作。
(1) 存在的问题:研究对象存在的问题及其影响。
(2) 分析问题:分析问题存在的原因。
(3) 论证观点:通过方法得到的结果。
(4) 对策与办法:解决这些问题的办法。
模板如下:
(1) 正文＝存在的问题＋分析问题＋论证观点＋对策与办法。
(2) 存在的问题＝研究对象当前存在的主要问题及其影响。
(3) 分析问题＝分析问题的原因,通过理论推导/实证分析/专家访谈等进行分析。
(4) 论证观点＝采用具体研究方法或技术,通过实验/模拟/案例分析等得出具体结果或结论。
(5) 对策与办法＝提出相应的解决对策和办法,经过实验/模拟/实际应用等验证。

5. 结论

下面将介绍结论,并且用模板方式帮助读者写作:
(1) 总结全文,加深题意,提出对未来发展的建议。
(2) 结论＝全文总结＋题意加深＋未来发展建议。
(3) 全文总结＝在全面分析研究对象的基础上,得出了具体结论。
(4) 题意加深＝加深了对研究对象内在机制的理解。
(5) 未来发展建议＝提出对未来发展的建议,包括具体建议内容。

6. 致谢

下面将介绍致谢,并且用模板方式帮助读者写作:
(1) 简述体会,对指导教师和相关协助人员表示感谢。
(2) 致谢＝感谢对象＋感谢内容。
(3) 感谢对象＝指导教师教师姓名、相关协助人员姓名、家人和朋友。
(4) 感谢内容＝在论文撰写、资料收集、实验设计等方面得到的帮助和支持,以及求学过程中得到的理解和鼓励。

6.2.2　计算机软件著作权

计算机软件著作权是法律对软件作者创作成果的独立知识产权保护,包含源代码、文档等,保护期长达50年并可续展期限,为学生、职工及企业提供多种优势,为保研、评职称、高新技术企业认定等提供参考,为软件作者提供发表、署名、修改等多项权利。申请流程简便,从开发完成即自动产生,提交材料后约31~35个工作日可获取证书,加急最快只需3~5个工作日。申请材料包括营业执照或身份证、创作说明书及源代码等。计算机软件著作权如图6-12所示。

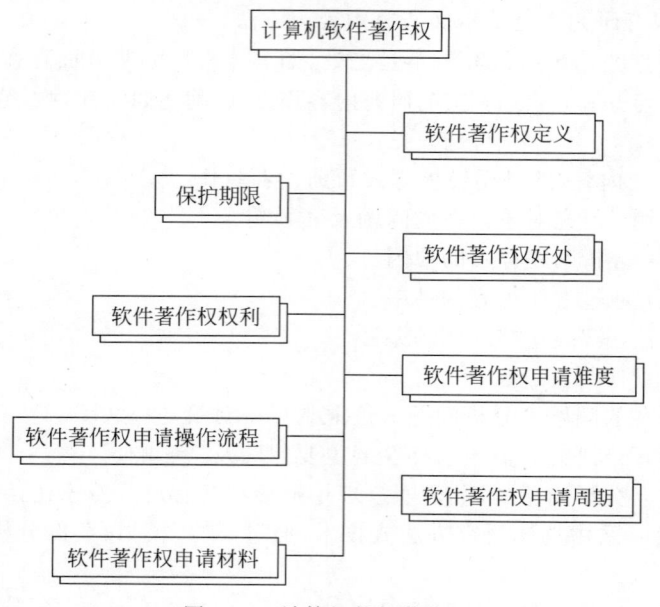

图 6-12 计算机软件著作权

1. 软件著作权定义

软件著作权是确保软件作者对其创作的软件享有独立知识产权的法律保护方式。保护范围包括软件的源代码、程序设计文档和用户手册等。覆盖各种类型的计算机软件,如操作系统、应用软件、游戏软件、数据库软件等。

2. 保护期限

固定期限:一般为50年,从软件首次发布或注册之日起计算。可续展期限:固定期限届满后,可申请续展,每次续展最多20年,总保护期限不超过100年。

自然人软件著作权保护期限是自然人终生及其死亡后50年,合作开发的软件保护期限截止于最后死亡的自然人死亡后第50年的12月31日。法人或其他组织的软件著作权保护期限是50年。

3. 软件著作权好处

软件著作权(软著)的好处将分别从学生、职工和企业3个角度进行详细阐述。
(1)对学生:优先保研、评奖评优、免试加分、创新学分。
(2)对职工:评职称、人才补贴、岗位优先录取、大公司敲门砖、投资和交易、争议解决。
(3)对企业:高新技术企业认定、技术入股、保护企业技术创新、政策扶持、宣传展示。

4. 软件著作权权利

下面介绍软件著作权的各项权利,包括发表权、署名权、修改权、复制权、发行权、出租权、信息网络传播权、翻译权及其他权利。这些权利明确了软件著作权人的合法权益,有助于保护软件开发者的创作成果。下面是具体的描述。

(1)发表权:决定软件是否公之于众的权利。

(2)署名权:表明开发者身份,在软件上署名的权利。

(3)修改权:对软件进行增补、删节,或者改变指令、语句顺序的权利。

(4)复制权:将软件制作一份或者多份的权利。

(5)发行权:以出售或者赠予的方式向公众提供软件的原件或者复制件的权利。

(6)出租权:有偿许可他人临时使用软件的权利。

(7)信息网络传播权:以有线或者无线的方式向公众提供软件,使公众可以在其个人选定的时间和地点获得软件的权利。

(8)翻译权:将原软件从一种自然语言文字转换成另一种自然语言文字的权利。

(9)其他权利:应当由软件著作权人享有的其他权利。

5. 软件著作权申请难度

软件著作权从软件开发完成之日起就自动产生。

独立开发完成软件的自然人、法人或其他组织,以及通过合同约定、继承、受让或承受软件著作权的自然人、法人或其他组织都可以成为著作权人。

申请流程:注册登录、填写申请表、提交申请文件、审核、邮寄纸质版证书。

6. 软件著作权申请操作流程

下面将介绍在中国版权保护中心申请计算机软件著作权的操作流程。

(1)用户注册:网上搜索中国版权保护中心,注册用户。

(2)选择登记类型:进入著作权登记业务办理界面,选择计算机软件著作权相关登记。

(3)填报申请信息:选择办理身份,填写软件申请信息,确认无误后提交申请。

(4)邮寄纸质材料:包括登记申请表、著作权人身份证明、源代码文件、用户手册等,按顺序排列邮寄至中国版权保护中心。

7. 软件著作权申请周期

下面将介绍软件著作权(简称软著)申请的两种办理方式及其周期,包括正常办理和加急办理的具体流程和时间,以及确保顺利审批的关键因素。

正常办理周期=提交完整材料+(官方审核+初步审查+实际审查+公告+证书颁发)×(31~35)工作日。

其中,各环节耗时总和约为 31~35 个工作日,受多部门协作及审核流程复杂度影响。

加急办理周期=提交完整材料+优先/并行处理+缩短各环节时间=(3~5)工作日。

注意:加急办理可能伴随额外费用,并且需确保材料无误以避免延误。

选择办理方式=根据需求决定{正常办理(费用较低,周期较长)|加急办理(费用较高,周期短)}。

确保顺利审批=提交完整且符合要求的申请材料。

8. 软件著作权申请材料

下面将介绍软件著作权(简称软著)申请所需材料的具体要求,包括公司申请和个人申请的不同材料清单。

1）公司申请

（1）营业执照副本。

（2）软件创作说明书（图文结合）。

（3）前后各 30 页源代码（微软雅黑、小 4 号字体、每页不低于 50 行）。

（4）代理委托书（盖公章）。

2）个人申请

（1）个人身份证复印件。

（2）软件创作说明书（图文结合）。

（3）前后各 30 页源代码（微软雅黑、小 4 号字体、每页不低于 50 行）。

（4）代理委托书（盖公章）。

（5）个人签字手印。

6.3 博客文章

博客文章分为五大类：排名不错的文章（位置在第 4~20 名），属于容易优化的内容；有潜力的内容，但主题优化较差；对用户或搜索引擎没有价值的内容；多次涉及同一主题可合并的内容；涉及多个话题可拆分的内容。根据流量增长预测博文哪些地方需要优化。

6.3.1 优化方面

优化方面包括提升文章标题吸引力、调整小标题结构（包含增强层次与可读性）、改进开头以增强吸引力和信息量、合理使用关键词，提高搜索引擎排名、优化主题和实体描述，要确保内容相关性与深度，优化摘要以在搜索结果中脱颖而出。优化方面如图 6-13 所示。

本节内容通过以下公式直观地进行阐述。

（1）优化文章标题：在优化文章标题时，结合吸引读者和搜索引擎的要求，使用强烈动词表达行动，包含利益点说明价值、个性化或针对性提高相关性，确保关键词的合理分布和标题的独特性。

吸引读者＝使用强烈动词＋包含利益点＋个性化或针对性

使用强烈动词＝揭秘、发现、打造等。

包含利益点＝明确阅读后获得的内容，如"学会 5 招，博客流量翻倍"。

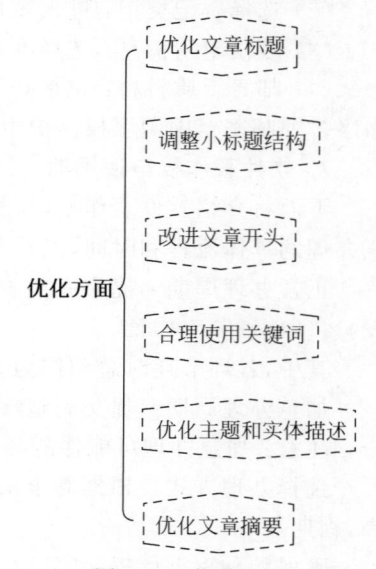

图 6-13 优化方面

个性化或针对性＝针对特定人群或问题,如"职场新人管理时间"。

吸引搜索引擎＝包含关键词＋长度适中＋避免重复。

包含关键词＝与文章内容紧密相关的关键词。

长度适中＝50~60个字符。

避免重复＝确保标题独特性,避免关键词堆砌。

(2) 调整小标题结构：提高层次性和可读性,使用 H2/H3 标签明确层级,逻辑清晰,分段合理,同时保持简短明了,使用数字/列表或生动语言。

更具层次性＝使用 H2/H3 标签＋逻辑清晰＋分段合理。

使用 H2/H3 标签＝明确内容层级结构。

逻辑清晰＝小标题间逻辑关系清晰。

分段合理＝每个小标题聚焦一个核心点。

更具可读性＝简短明了＋使用数字/列表＋语言生动。

简短明了＝小标题简洁明了。

使用数字/列表＝如"三步掌握……"或"十大技巧"。

语言生动＝活泼或引导性语言。

(3) 改进文章开头：在文章开头,提出一个读者可能面临的问题或痛点,引用一个令人惊讶或有趣的数据或事实,通过讲述一个相关的故事来引入主题。接着简要概述文章的主要内容和结论,设定读者接下来将要阅读的内容,引入关键词。

更具吸引力＝提出问题＋引用数据/事实＋讲述故事。

提出问题＝读者可能遇到的问题或痛点。

引用数据/事实＝令人惊讶或有趣的数据/事实。

讲述故事＝与主题相关的故事引入。

更具信息量＝概述主要内容＋设定预期＋引入关键词。

概述主要内容＝简要概述文章关键点或结论。

设定预期＝告知读者接下来将阅读的内容。

引入关键词＝自然融入关键词。

(4) 合理使用关键词：合理使用关键词能提高搜索引擎排名,包括研究关键词、控制密度适中,确保语义相关。

提高搜索引擎排名＝研究关键词＋密度适中＋语义相关。

研究关键词＝使用工具,如 Google Keyword Planner。

密度适中＝文章中适当分布关键词,避免堆砌。

语义相关＝关注语义相关的词汇和短语。

(5) 优化主题和实体描述：优化主题和实体描述,确保内容相关性,即紧密围绕主题、深度解析并避免泛泛而谈,确保内容深度,例如引用权威来源、案例分析及数据支持。

确保内容相关性＝紧密围绕主题＋深度解析＋避免泛泛而谈。

紧密围绕主题＝所有内容与文章主题紧密相关。

深度解析＝对主题进行深入剖析。
避免泛泛而谈＝专注于细分领域或具体方面。
确保内容深度＝引用权威来源＋案例分析＋数据支持。
引用权威来源＝专家观点、研究报告等。
案例分析＝通过具体案例解释理论或观点。
数据支持＝用数据支撑观点和结论。

（6）优化文章摘要：优化文章摘要以在搜索结果中更突出，清晰概述文章的主要内容，使用引人入胜的语言或提问方式吸引用户进行单击操作，自然融入关键词，控制长度。

在搜索结果中更突出＝清晰概述＋吸引用户进行单击操作＋包含关键词＋控制长度。
清晰概述＝准确概述文章主要内容。
吸引用户进行单击操作＝引人入胜的语言或提问方式。
包含关键词＝自然融入关键词。
控制长度＝150～160个字符。

6.3.2 内容优化

内容优化包含选对页面与关键词、确保内容匹配搜索意图、优化标题与章节、利用工具分析自然语言处理的不足、整合搜索数据、优化页面布局与行动号召、提升标题点击率、合理控制内容字数与关键词使用，以及优化图片标签，提升内容的吸引力和搜索引擎排名。内容优化如图6-14所示。

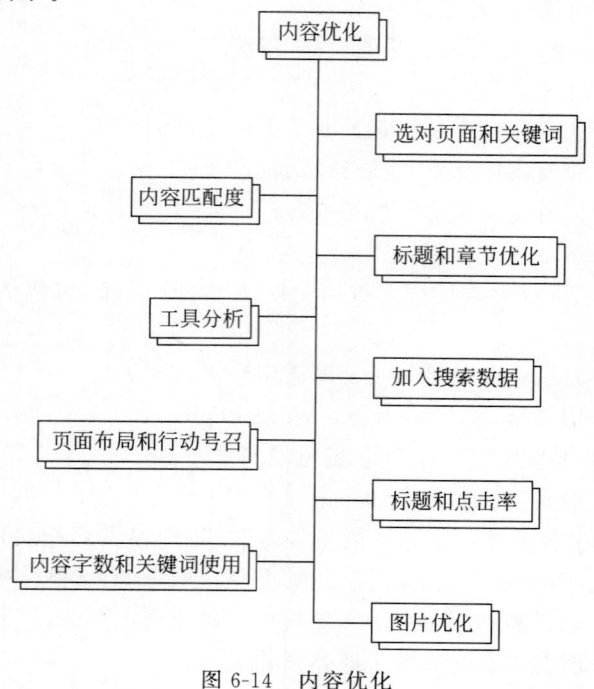

图6-14 内容优化

本节内容通过以下公式直观地进行阐述：

（1）选对页面和关键词＝分析表现变差页面＋关注排名较高文章的关键词＋提升排名策略。

（2）内容匹配度＝检查内容与搜索意图匹配＋格式和类型合适。

（3）标题和章节优化＝检查标题关键词使用＋分析竞争对手＋学习好方法。

（4）工具分析＝使用 Frase 或 Surfer＋分析网页 NLP 不足。

（5）加入搜索数据＝添加搜索自动建议＋添加常见问题和相关搜索。

（6）页面布局和行动号召＝合适页面加行动号召＋页面顶部加吸引内容。

（7）标题和点击率＝优化标题吸引用户进行单击操作＋添加主要关键词。

（8）内容字数和关键词使用＝内容字数匹配竞争对手＋避免 H2～H6 标题重复主关键词＋使用长尾关键词或变体。

（9）图片优化＝图片简短明了＋说明图片内容。

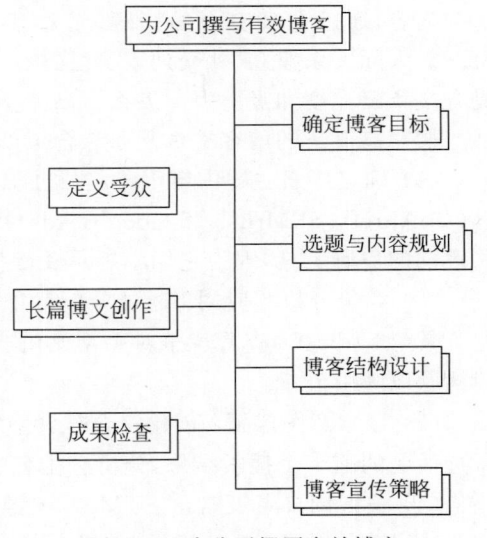

6.3.3　为公司撰写有效博客

为公司撰写有效博客要明确目标、定义受众、精选内容、注重长篇与质量、优化结构、细致检查，多渠道宣传，解决其问题，引导购买决策。为公司撰写有效博客如图 6-15 所示。

为公司撰写有效博客是提升品牌知名度，以及推动销售的重要策略。下面将介绍如何制订明确的目标、定义目标受众、精选内容、注重长篇与质量、优化博客结构、细致检查及多渠道宣传，创建出能够吸引读者、解决其问题，引导购买的高质量博客文章。下面是具体的描述。

（1）确定博客目标：确定你想从博客中获得什么，以及你想让读者从中获得什么。

图 6-15　为公司撰写有效博客

博客主要针对售前阶段的用户，旨在帮助他们做出正确的购买决定。

（2）定义受众：确定目标用户，包括性别、地点、年龄、收入、性格和职业等信息。

了解目标用户的需求和问题，以及你的产品或服务如何解决这些问题。

分析竞争对手的博客内容，找出差异化的卖点。

（3）选题与内容规划：选题可以包括回答客户常见问题、最佳服务指南、产品使用成功案例、关键词调研等。

内容应丰富多样，可以包括信息图表、专家访谈、视频或音频。

（4）长篇博文创作：长篇博客文章（超过 1 500 字）比短篇文章表现更好。

一个月一篇高质量、有详细调查基础的博客文章比多篇短小文章更有价值。

（5）博客结构设计：标题、引言、主体部分、结尾部分。
标题应包含 1~2 个相关关键词，吸引读者注意。
引言应开门见山，直击主题。
主体部分应流畅自然，包含吸引人的图像、列表、次级副标题等元素。
结尾部分可以总结文章要点，设置行动号召。
（6）成果检查：检查拼写、语法和内容的流畅性。
确保内容没有生硬的部分，标题是否合适。
（7）博客宣传策略：在公司网站和社交媒体上分享博客、撰写客座文章，链接到你的博客、在网站页脚添加"最新博客文章"部分。

6.3.4　怎么写高流量的博客文章

撰写高流量博客文章要结合热门搜索主题、优化关键词、关注搜索意图、创造独特有价值的内容，通过有吸引力的标题、精彩开头、搜索引擎优化（Search Engine Optimization，SEO）、人际关系建立、社交列表、社区推广、客座博文、内容更新、记笔记及坚持写作等策略提升文章曝光度和吸引力。怎么写高流量的博客文章如图 6-16 所示。

撰写高流量的博客文章需要综合考虑多个因素，下面将详细介绍这些策略。

（1）确定搜索主题内容策略：大约 51% 的网站流量来自自然搜索。使用关键词搜索工具（如 Ahrefs、SEMrush 和 Google Ads）找到人们正在搜索的主题。避免使用仅提供联想关键词的免费工具，因为它们不展示关键指标，如每月搜索量。

（2）竞争分析与应用：通过分析竞争对手的网站，找出他们流量最高的文章。使用专业工具（如 Ahrefs）查看竞争对手网站的自然搜索流量和排名关键词。复制及优化这些热门话题以吸引流量。

（3）搜索意图匹配：创建符合搜索意图的内容，以获得更高的排名和自然流量。查看所选话题的前十个搜索结果，分析有排名的页面类型。

（4）关键词排名策略："STM32"关键词竞争激烈，排名页面为 3C 硬件分类页面，博客文章难以获得排名；"AI 工具"关键词排名页面多为 how-to 指南文章，适合通过人工智能生成式内容来获得排名。

（5）创造有参考价值的内容：内容需要独特且有价值，提供别人未谈论过的想法和观点；判断内容是否值得被引用、链接、分享和讨论。

（6）撰写有吸引力的标题：标题是内容中最重要的部分，应吸引读者，激发阅读兴趣；观察网络最受欢迎网页的标题，使用验证过的标题公式；使用 CoSchedule 标题分析器检查标题质量。

（7）撰写精彩的开头介绍：开头介绍应简短有趣，避免冗长和学术化语言；使用公式或者冲突、反问匹配读者需求，吸引读者继续阅读。

（8）SEO 优化：在标题、meta 描述标签和 H1 标签中放置目标关键词；使用简短且具有描述性的网址；使用 Yoast SEO 插件简化优化工作。

```
                   ┌─────────────────────┐
                   │ 怎么写高流量的博客文章 │
                   └──────────┬──────────┘
                              ├──────────┬─────────────────────┐
                              │          │ 确定搜索主题内容策略 │
                              │          └─────────────────────┘
         ┌─────────────┐      │
         │ 竞争分析与应用 ├──────┤
         └─────────────┘      │          ┌─────────────┐
                              ├──────────┤ 搜索意图匹配 │
                              │          └─────────────┘
         ┌─────────────┐      │
         │ 关键词排名策略 ├──────┤
         └─────────────┘      │          ┌──────────────────┐
                              ├──────────┤ 创造有参考价值的内容 │
                              │          └──────────────────┘
         ┌───────────────┐    │
         │ 撰写有吸引力的标题 ├────┤
         └───────────────┘    │          ┌──────────────┐
                              ├──────────┤ 撰写精彩的开头介绍 │
                              │          └──────────────┘
         ┌───────┐            │
         │ SEO优化 ├────────────┤
         └───────┘            │          ┌─────────────┐
                              ├──────────┤ 建立人际关系 │
                              │          └─────────────┘
         ┌─────────────┐      │
         │ 建立社交列表 ├────────┤
         └─────────────┘      │          ┌──────────────┐
                              ├──────────┤ 在线社区推广内容 │
                              │          └──────────────┘
         ┌───────────┐        │
         │ 客座博文撰写 ├────────┤
         └───────────┘        │          ┌─────────┐
                              ├──────────┤ 旧内容更新 │
                              │          └─────────┘
         ┌───────────┐        │
         │ 记笔记与摘要 ├────────┤
         └───────────┘        │          ┌───────────┐
                              └──────────┤ 坚持每天写作 │
                                         └───────────┘
```

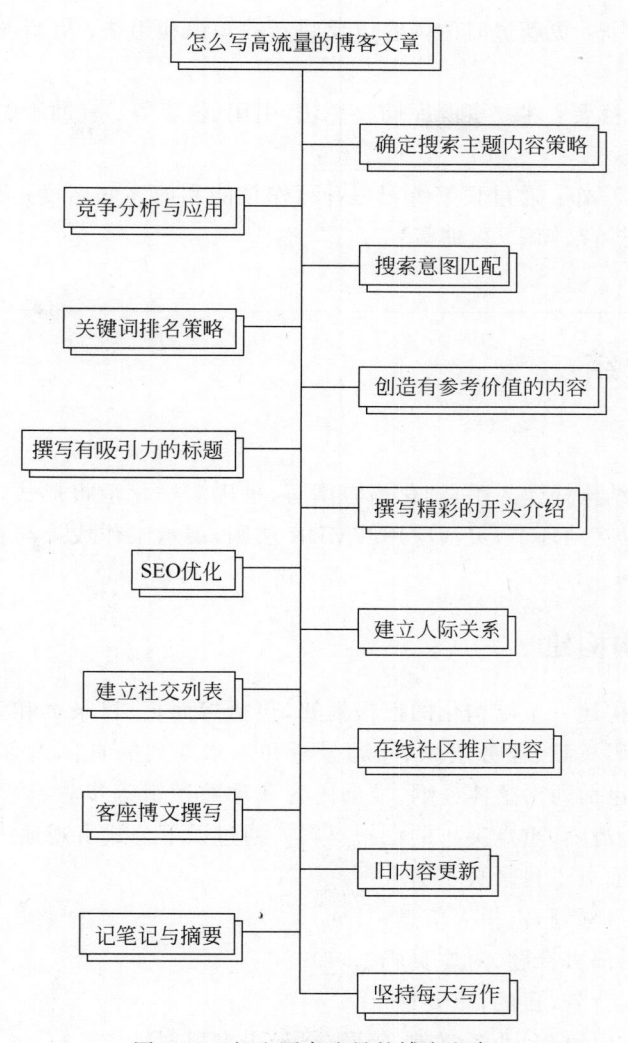

图 6-16　怎么写高流量的博客文章

（9）建立人际关系：与你欣赏的博主建立联系，相互推广；借助经验丰富的人的建议和推广；不要害怕接触比你更优秀的博主。

（10）建立社交列表：建立自己的邮件、微信列表以随时与用户沟通；避免依赖第三方平台带来的不确定性。需要流量和有价值的事物来吸引订阅者。提供免费电子书、文章PDF 或 Email 课程等作为订阅回报。

（11）在线社区推广内容：在目标受众常去的在线社区积极互动；提供帮助和参与讨论后再推广自己的内容。

（12）客座博文撰写：利用其他网站的权威性和关注量来吸引流量；使用高级搜索运算符找到愿意接受客座博文的网站。

（13）旧内容更新：更新过时的内容以反映新的知识和想法；更新内容有助于保持搜索引擎排名。

（14）记笔记与摘要：建立资源库储存想法、引用、轶事等；有助于引用他人话语和启发创作灵感。

（15）坚持每天写作：通过频繁练习提升写作技能和博客知名度；不必是博文，可以是小红书、哔哩哔哩、抖音、知乎、微博等。

6.4 年终总结

年终总结需从结构构建入手，细化内容撰写，采用多样化汇报形式，如结合文字、图表、数据可视化等，辅以互动环节，灵活应用 TMDR 法则，展示工作成果与贡献，增强汇报的吸引力和效果。

6.4.1 结构构建

本节介绍如何构建一个结构化的汇报框架，包括封面页、目录页和引言页的构成，以及细化细节部分的代码贡献、业务贡献、问题分析和未来规划的具体内容。此外还详细描述了 PPT 制作流程，包括列出整体提纲、堆砌内容和理顺逻辑等步骤。通过遵循这些指导原则，可以制作出逻辑清晰、重点突出的汇报材料。通过以下公式直观地进行阐述：

整体框架＝封面页＋目录页＋引言页。

其中，封面页＝{标题，汇报人信息，日期}。

目录页＝{主要部分标题，对应页码}。

引言页＝{汇报背景，目的，重要性}。

细化细节＝{代码贡献，业务贡献，问题分析，未来规划}。

代码贡献＝{概述，关键成就，代码质量}。

业务贡献＝{成果展示，案例分析，合作与沟通}。

问题分析＝{当前问题，原因分析，解决方案}。

未来规划＝{短期目标，长期愿景，风险与应对}。

PPT 制作流程＝列出整体提纲＋堆砌内容＋理顺逻辑优化。

列出整体提纲＝{每页主题，大致内容}。

堆砌内容＝{填充具体内容，保持精练，突出重点}。

理顺逻辑＝{理顺逻辑顺序，优化配图，优化文字，统一风格}。

其中，优化配图＝{选择清晰美观的图片，与内容紧密相关}。

优化文字＝{精简描述，明确含义，使用标题小标题列表}。

统一风格＝{统一字体颜色布局}。

6.4.2　内容撰写

本节介绍如何使用 TMDR 法则来撰写总结内容。TMDR 法则是一种有效的撰写工具,它通过明确目标(Target)、方法描述(Measure)、困难与挑战(Difficulty)及成果展示(Result)4 个步骤,帮助撰写者系统地组织和展示信息。TMDR 法则撰写总结内容如图 6-17 所示。

通过遵循 TMDR 法则,撰写者能够清晰、有条理地呈现总结内容,使读者更好地理解和评估所取得的成果。下面是具体的描述。

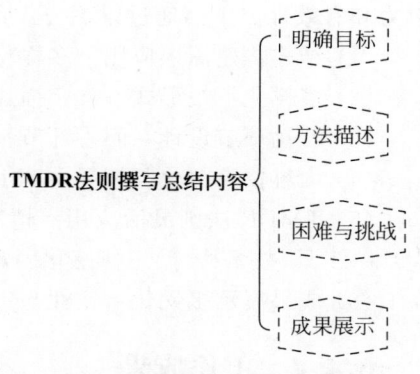

图 6-17　TMDR 法则撰写总结内容

(1) 明确目标:明确目的和重要性,例如提高系统稳定性。
(2) 方法描述:描述使用的方法和模型,例如使用 PAISoar 框架提升计算效率。
(3) 困难与挑战:阐述遇到的困难和解决方法,例如解决系统缺陷问题。
(4) 成果展示:用数据展示成果,例如提升效率 200%,减少重复工作量 50%。

6.4.3　多样化汇报

多样化汇报通过结合文字、图表、数据可视化、视频等多种形式,设计问答、小组讨论等互动环节,灵活应用 TMDR 法则深化内容,实现成果展示的多元化,增强汇报的吸引力和有效性。多样化汇报如图 6-18 所示。

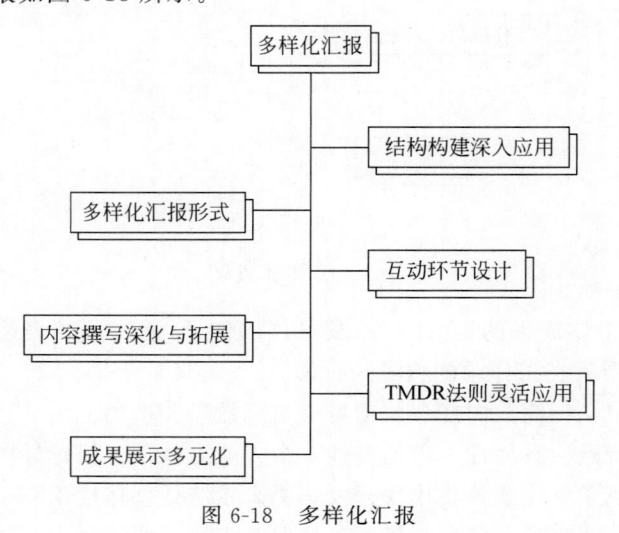

图 6-18　多样化汇报

多样化汇报是一种综合运用多种展示形式和互动环节的成果展示方法，提升汇报的吸引力和有效性。下面通过以下公式直观地进行阐述：

（1）结构构建深入应用＝多样化汇报形式＋互动环节设计。

（2）多样化汇报形式＝文字描述＋图表＋数据可视化＋视频演示。

（3）互动环节设计＝问答环节＋小组讨论。

（4）内容撰写深化与拓展＝TMDR 法则灵活应用＋成果展示多元化。

（5）TMDR 法则灵活应用＝情境化背景（市场环境、团队状况等）＋详细化动作与措施（步骤、工具、技术栈等）＋情感化困难与解决（个人感受或团队情感）。

（6）成果展示多元化＝定性与定量结合＋长期与短期成果并重。

6.4.4 工作成果

工作成果综合体现在成功推进项目 A 与 B 顺利完成，编写高效代码与工具，通过具体的业绩指标（如代码提交次数、错误修复数量及性能提升百分比）展示年度贡献与价值。工作成果如图 6-19 所示。

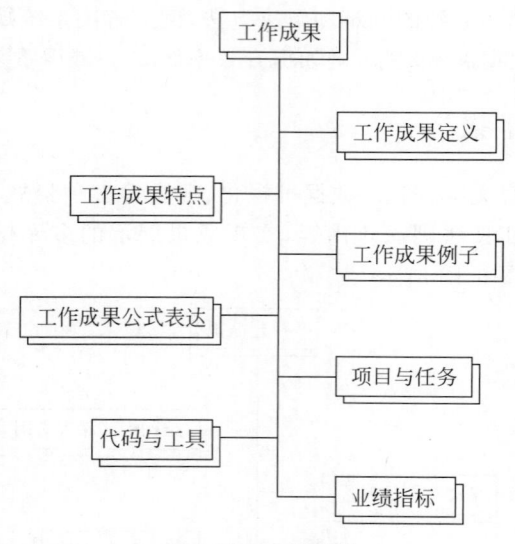

图 6-19 工作成果

本节详细阐述工作成果的定义、特点及具体的例子，通过公式表达和实际项目案例来展示如何综合体现个人在工作中的贡献与价值。

（1）工作成果定义＝完成的任务与项目＋实际效果和产出。

（2）工作成果特点＝具体性＋可衡量性＋个人能力体现＋目标导向。

（3）工作成果例子＝完成核心模块开发＋提高系统处理速度 XX％。

（4）工作成果公式表达＝项目与任务＋代码与工具＋业绩指标。

（5）项目与任务＝（项目 A（开发新客户关系管理系统）＝（作为后端开发人员＋设计实

现客户数据存储和检索功能＋编写高效数据库查询语句＋优化数据访问层))＋(项目B(开发自动化测试流程工具)＝(作为核心开发人员之一＋开发自动化测试脚本和集成测试框架＋编写可复用测试代码＋与其他团队成员合作缩短测试时间50%))。

(6)代码与工具＝(关键代码＝(在项目A中编写高效客户数据检索算法＋在项目B中开发自动化测试框架))＋(开发的工具或平台＝(开发内部使用的代码审查工具＋参与搭建持续集成平台))。

(7)业绩指标＝(代码提交次数＝XXX次)＋(修复的错误数量＝XX个)＋(提升的性能指标＝系统响应时间缩短XX%)。

6.4.5 对团队的贡献

对团队的贡献在于通过积极参与讨论、提供培训与支持及推动新流程,展现个人在团队中的整体协作能力,对团队氛围和效率产生长期积极影响,说明了团队贡献的整体性、协作性和软技能的重要性。团队贡献如图6-20所示。

下面将介绍团队成员对团队的贡献及其重要性,提出衡量团队贡献的标准及所需技能,指出平衡工作成果与团队贡献的目标。通过以下公式直观地进行阐述:

(1)团队贡献定义＝个人在团队合作中的作用＋对团队各方面的影响和贡献。

(2)团队贡献特点＝整体性＋协作性＋软技能重要性＋长期影响。

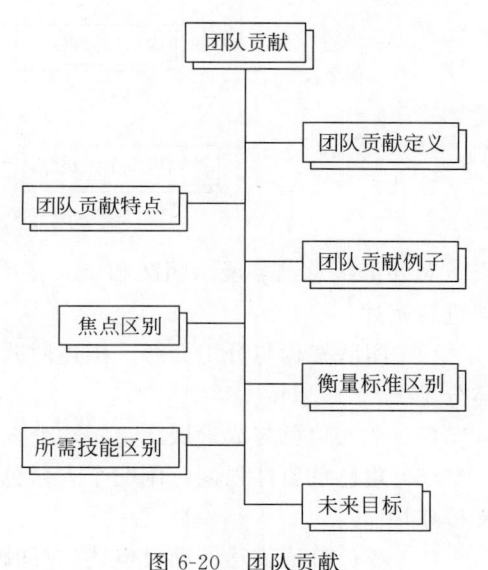

图6-20 团队贡献

(3)团队贡献例子＝积极参与团队讨论＋提供新人培训和技术支持＋推动新开发流程。

(4)焦点区别＝工作成果(聚焦于任务完成和产出)≠团队贡献(关注团队整体发展和协作)。

(5)衡量标准区别＝工作成果(具体数据和指标衡量)≠团队贡献(团队成员反馈、氛围改善、协作效率提升)。

(6)所需技能区别＝工作成果(依赖专业技能)≠团队贡献(需沟通技巧、团队合作精神、领导力等)。

(7)未来目标＝平衡发展工作成果与团队贡献的能力＋更好地服务公司和团队。

6.4.6 对外汇报总结

对外汇报总结是通过介绍团队架构与个人分工、展示个人成果,强调角色重要性、成员的价值,展现个人及团队在项目中的贡献。对外汇报总结如图6-21所示。

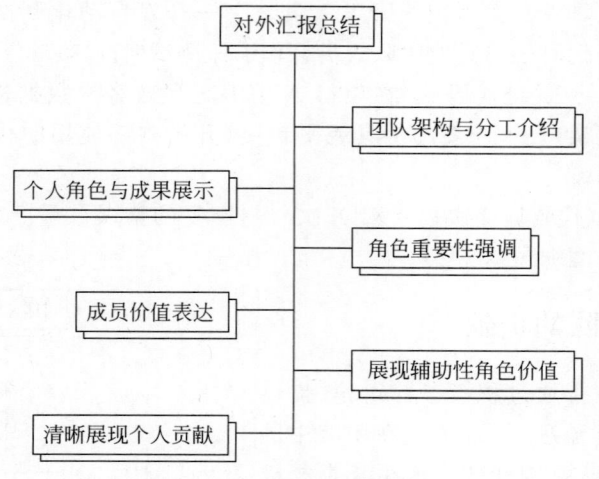

图 6-21　对外汇报总结

对外汇报总结是展示团队和个人在项目中的贡献的重要环节,下面通过以下公式直观地进行阐述:

(1) 团队架构与分工介绍＝描述团队整体架构＋说明项目负责人数＋阐述每个人的具体分工。

(2) 个人角色与成果展示＝阐述个人项目角色＋详细介绍个人工作成果。

(3) 角色重要性强调＝阐明个人角色在项目中的重要性＋说明个人对项目起到的关键支撑作用。

(4) 成员价值表达＝项目概述(时间跨度＋团队规模)＋团队分工说明＋个人贡献用比喻形式(如工作中的角色比作项目血液)＋具体工作描述(如前期资料收集与确保真实性)。

(5) 展现辅助性角色价值＝通过比喻和具体工作描述个人对项目的盘活作用＋强调资料的基础性与重要性。

(6) 清晰展现个人贡献＝采用上述公式化的表达方式进行介绍＋突出个人在项目中的不可或缺性。

第 7 章

技术演讲

　　第 7 章介绍技术演讲,演讲价值体现在知识共享、情感共鸣、说服力、形象提升、互动交流。成功演讲需吸引注意、维持兴趣、留下印象。准备需定制内容、故事包装,确保听众吸收知识。演讲策略需适应客户层次、灵活应变、总结反馈。学习技巧策略,提升演讲能力。笔者巧妙地运用了公式＋思维导图(脑图)来精练复杂概念,抽取出问题的核心要素,使读者能够更快捷地掌握要点,增强理解和记忆效果。

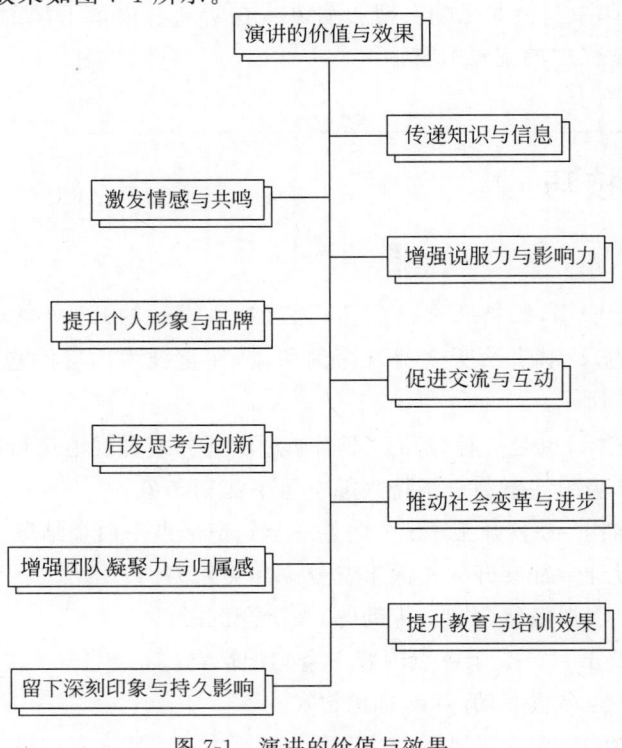

7.1　演讲的价值与效果

　　演讲的价值与效果如图 7-1 所示。

图 7-1　演讲的价值与效果

演讲作为一种重要的沟通方式，具有多方面的价值和效果。下面通过公式化的阐述来直观地展示这些价值与效果。

（1）传递知识与信息＝演讲分享＋专业知识/研究成果/实用信息＋听众获取新知识。

（2）激发情感与共鸣＝演讲触动＋听众情感＋引起共鸣＋加深理解和感受。

（3）增强说服力与影响力＝演讲引导＋听众接受观点/采取行动＋增强说服力和影响力。

（4）提升个人形象与品牌＝成功演讲＋提升个人形象/品牌价值＋展示专业能力和领导力。

（5）促进交流与互动＝演讲促进＋听众与演讲者交流/互动＋增加沟通效果。

（6）启发思考与创新＝演讲激发＋听众思考/创新意识＋从不同角度思考问题。

（7）推动社会变革与进步＝演讲传达＋正义理念/呼吁改革/倡导新社会运动＋推动社会变革与进步。

（8）增强团队凝聚力与归属感＝团队内部演讲＋增强成员凝聚力/归属感＋提高团队的积极性和合作精神。

（9）提升教育与培训效果＝演讲＋学习内容生动有趣＋提高听众学习兴趣/参与度＋提升教育与培训效果。

（10）留下深刻印象与持久影响＝精彩演讲＋在听众心中留下深刻印象＋产生持久影响＋成为听众长期记忆中的宝贵财富。

7.2　演讲的技巧

演讲的技巧在于吸引，维持听众注意力，通过精心设计的开头、中间爆点与结尾，结合情感共鸣与故事讲述，让演讲给听众留下深刻印象，注重技术内容的包装，提升听众体验。演讲的技巧如图 7-2 所示。

演讲既是一门艺术，也是一种技巧。下面通过以下公式直观地进行阐述：

（1）成功演讲＝吸引注意力＋维持兴趣＋留下深刻印象。

（2）爆款视频结构＝3 秒开头＋5 个爆点＋金句记忆点＋白金结尾。

（3）演讲开头设计＝冲突开头＋故事背景＋冲突原因。

（4）演讲过程＝引爆情绪（共鸣、押韵等）＋听众沉浸。

（5）演讲中间部分＝3～5 个爆点内容＋金句记忆点。

（6）演讲结尾＝点名式互动/共鸣排比句式。

（7）技术演讲包装＝引人入胜的故事＋第一人称描述/第三人称描述（朋友故事）。

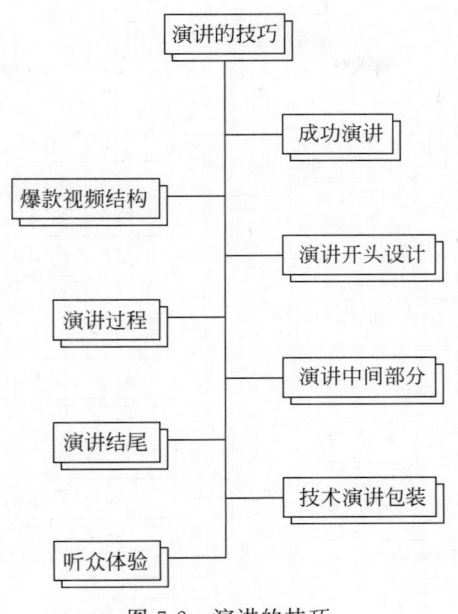

图 7-2 演讲的技巧

（8）听众体验＝沉浸在故事中＋不自觉地吸收技术知识。

7.3 演讲的准备与发挥

演讲的准备与发挥包含框架设计、材料准备、节奏掌控及表演层次，确保目标明确、听众共鸣、重点突出，通过即兴与规划的结合，实现演讲的生动与高效。演讲的准备与发挥如图 7-3 所示。

下面将介绍演讲的准备与发挥过程，提升演讲效果，实现与听众的有效互动。

（1）框架设计需要确定演讲的核心目的和期望达成的效果，了解听众的背景、需求和兴趣点，以便更好地调整演讲内容。从众多信息中筛选出最关键、最吸引人的部分作为演讲的重点。

（2）材料准备需要设计简洁明了、视觉效果良好的幻灯片，辅助演讲。编写结构清晰、逻辑严密的演讲稿，确保信息的准确传达。准备一些与演讲主题相关的小故事或案例，以增强演讲的吸引力和说服力。

（3）幻灯片能辅助演讲，通过幻灯片展示关键信息，帮助听众更好地理解演讲内容。将复杂的信息以图表、图片等形式呈现，使信息更加直观易懂。

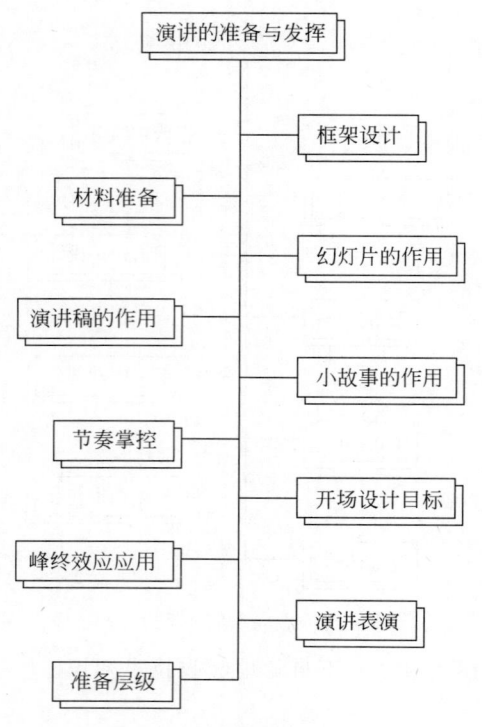

```
                        ┌─────────────────┐
                        │ 演讲的准备与发挥 │
                        └────────┬────────┘
                                 │
                      ┌──────────┼──────────┐
                      │          │          │
                      │      ┌───┴────┐
                      │      │ 框架设计 │
                      │      └────────┘
                ┌──────────┐
                │ 材料准备  │
                └──────────┘
                             ┌──────────────┐
                             │ 幻灯片的作用 │
                             └──────────────┘
             ┌──────────────┐
             │ 演讲稿的作用 │
             └──────────────┘
                             ┌──────────────┐
                             │ 小故事的作用 │
                             └──────────────┘
              ┌──────────┐
              │ 节奏掌控 │
              └──────────┘
                             ┌────────────┐
                             │ 开场设计目标│
                             └────────────┘
             ┌────────────┐
             │ 峰终效应应用│
             └────────────┘
                             ┌──────────┐
                             │ 演讲表演 │
                             └──────────┘
              ┌──────────┐
              │ 准备层级 │
              └──────────┘
```

图 7-3　演讲的准备与发挥

（4）演讲稿的作用在于信息组织，合理安排演讲内容的顺序和结构，确保信息的条理性和连贯性。通过演讲稿的撰写，确保演讲过程中的逻辑清晰、表达流畅。

（5）小故事的作用能使听众产生情感共鸣，通过讲述小故事，与听众建立情感联系，增强演讲的感染力。利用小故事的趣味性和吸引力，使听众更加专注于演讲内容。

（6）节奏掌控，设计引人入胜的开场，以快速地吸引听众的注意力并设定演讲的基调。注重演讲的高潮部分和结尾设计，确保给听众留下深刻印象。合理安排演讲内容的过渡，使整体演讲流畅连贯。

（7）开场设计目标，通过新颖、有趣的开场方式，迅速抓住听众的注意力。为整个演讲设定一个明确的基调或氛围，引导听众进入演讲情境。

（8）峰终效应应用，在演讲中设置一到两个高潮部分，使听众情绪达到顶点。以简洁有力、富有启发性的结尾结束演讲，给听众留下深刻印象。

（9）演讲表演，清晰、准确地传达演讲内容，注意语速、语调和语气的变化。通过肢体语言、面部表情等方式，增强演讲的表现力和感染力。

（10）准备层级分3种，即兴发挥（最低限制）：在充分准备的基础上，根据现场情况灵活调整演讲内容和方式。框架内发挥（中等控制）：在预设的框架内自由发挥，保持演讲的灵活性和创新性。严格遵从剧本（最高控制）：在需要高度精确和规范的场合下，严格按照事先准备好的演讲稿进行演讲。

7.4 演讲经验分享

演讲经验包括怯场原因与对策、情绪对沟通的影响、提升沟通能力的秘诀、个人成长路径,强调充分准备、情绪管理、以听众为中心,持续实践的重要性。演讲经验如图7-4所示。

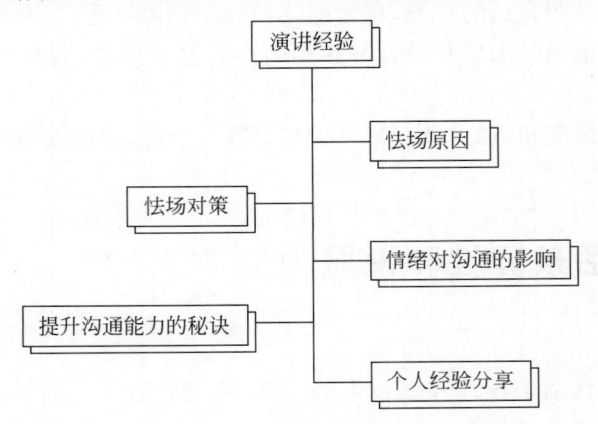

图 7-4 演讲经验

下面介绍演讲经验,帮助读者克服演讲中的挑战,提升沟通能力,实现个人成长。

(1) 怯场原因:评价忧虑、听众地位、听众人数、对听众的熟悉程度、听众的观点一致性、准备是否充分、缺乏眼神交流、演讲的现场气氛。

(2) 怯场对策:准备充分、适应变化、转移注意力、带点幽默感、在直播间多人连线现场练习、自己对着镜子或录制视频练习。

(3) 情绪对沟通的影响:情绪高涨时多分享、情绪低落时少说。

(4) 提升沟通能力的秘诀:以对方为中心,说对方欲望,引导对方说话,使用"是什么,怎样,为什么,怎样"的公式,在"为什么"中加入褒贬或比较,总结句要重视,谈论对方关心的话题。

(5) 个人经验分享:学习黄执中的讲话课和卡耐基的《说话的艺术》,多读书输出内容,可以讲给朋友听或录制视频发布到自媒体平台上获取反馈,努力实践和总结。

7.5 表达能力的问题

本节介绍了表达能力的问题,特别是从口头表达和录制视频的角度出发。笔者将分享自己的经历和感受,提高表达能力的方法。

(1) 表达能力的问题：许多人在和朋友聊天时能够逻辑清晰、表达流畅，但在录制视频时却会出现卡顿、脑子宕机等问题。笔者自认为表达能力不错，但在录制视频时仍需提前准备稿子，否则难以流畅表达。

(2) 提高表达能力的方法：需要通过不断练习来提升表达能力，从写逐字稿开始，逐步过渡到脱稿表达和流畅表达。反馈与调整：在练习过程中，需要不断地获取反馈，进行思考和调整。

(3) 自我提升经历分为3个阶段。

第一阶段：尝试录制自己的声音，尽管感到尴尬和难以接受，但开始了解自己的声音。

第二阶段：在家里通过唱歌和录音来逐渐适应自己的声音，找到合适的方法录制自己的想法。

第三阶段：在疫情期间，通过戴口罩录音来提升安全感，尝试在镜头前自然表达。

7.6 提高说话条理性和说服力的方法

本节介绍了提高说话条理性和说服力的方法，主要包含了通过分类逻辑、次序逻辑和因果关系逻辑来提升沟通技巧的方法。

7.6.1 分类逻辑

分类逻辑通过识别相似性、分组归类、按类别呈现及使用明确标题，显著提升说话的条理性与清晰度，让信息传达更加有序与高效。分类逻辑如图7-5所示。

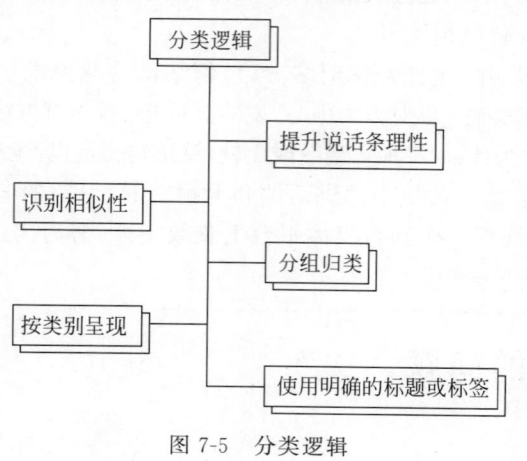

图7-5 分类逻辑

本节内容通过以下公式直观地进行阐述：

（1）提升说话条理性＝识别相似性＋分组归类＋按类别呈现＋使用明确的标题或标签。

（2）识别相似性＝找出要表达的内容中的相似点。

（3）分组归类＝将识别出的相似内容分组归类。

（4）按类别呈现＝在说话时，按照不同的类别逐一介绍。

（5）使用明确的标题或标签＝在每个类别前使用明确的标题或标签，以便听众清晰地知道当前讨论的内容。

7.6.2 次序逻辑

次序逻辑的重要性是通过保持内容的逻辑性和顺序性来提高信息接收效率的，从而增强说服力，避免遗漏重要信息，展现说话者的专业形象，让信息传递更准确与更高效。次序逻辑的重要性如图 7-6 所示。

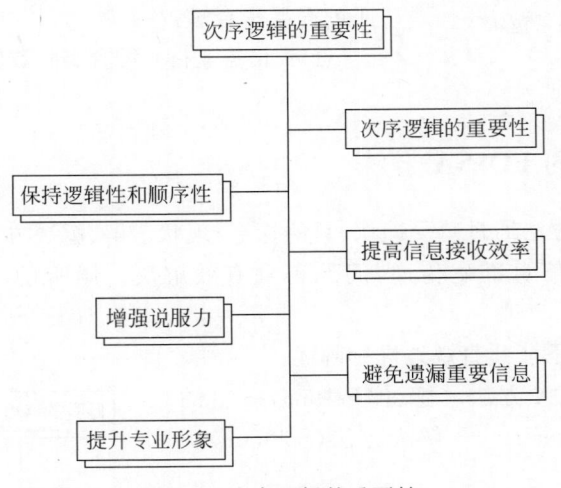

图 7-6 次序逻辑的重要性

本节内容通过以下公式直观地进行阐述：

（1）次序逻辑的重要性＝保持逻辑性和顺序性＋提高信息接收效率＋增强说服力＋避免遗漏重要信息＋提升专业形象。

（2）保持逻辑性和顺序性＝按照时间或做事顺序呈现内容。

（3）提高信息接收效率＝有序组织信息→听众更容易理解和记忆。

（4）增强说服力＝使用次序逻辑→使论证过程严密合理→引导听众跟随思路。

（5）避免遗漏重要信息＝按照次序组织内容→帮助说话者避免遗漏重要信息。

（6）提升专业形象＝使用次序逻辑表达→展现说话者的条理性和专业性。

7.6.3　因果关系逻辑

因果关系逻辑通过深入分析原因、提出针对性解决方案、保持逻辑连贯、提供充分证据支持，有效提升说服力，论证严密合理。因果关系逻辑如图 7-7 所示。

本节内容通过以下公式直观地进行阐述：

（1）提高说服力＝分析原因＋提出解决方案＋逻辑连贯＋证据支持。

（2）分析原因＝通过因果关系逻辑＋深入分析问题的根本原因。

（3）提出解决方案＝找到原因＋有针对性地提出解决方案。

（4）逻辑连贯＝确保说话内容的逻辑连贯性＋使论证过程严密合理。

（5）证据支持＝结合实际数据、事实或经验＋增强说服力。

图 7-7　因果关系逻辑

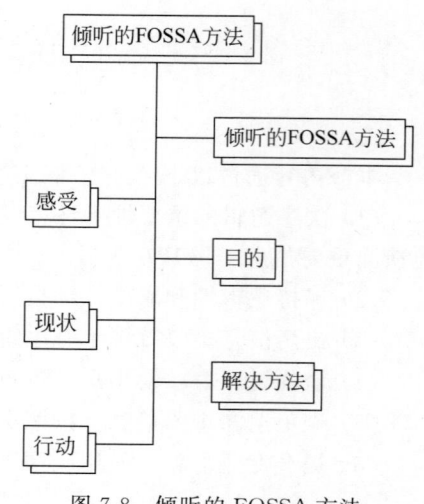

7.6.4　倾听的 FOSSA 方法

倾听的 FOSSA 方法通过感受确认、目的探寻、现状了解、解决方法探讨及行动共识，全面促进有效沟通，让信息准确传递，问题得到有效解决。倾听的 FOSSA 方法如图 7-8 所示。

本节内容通过以下公式直观地进行阐述：

（1）倾听的 FOSSA 方法＝感受（Feeling）＋目的（Objective）＋现状（Situation）＋解决方法（Solution）＋行动（Action）。

（2）感受＝确认对方的感受＋鼓励对方说出更多信息。

（3）目的＝通过不断提问＋确认对方的目的。

（4）现状＝了解当前的实际情况。

（5）解决方法＝探寻可能的解决方法。

（6）行动＝达成共识＋确定如何行动。

7.6.5　阅读和写作的日常练习

阅读和写作的日常练习通过丰富词汇量、学习思维模式、培养清晰思维、逻辑论证观点、反思修正、提升

图 7-8　倾听的 FOSSA 方法

语言组织能力,增强个人的语言表达与思维深度。阅读和写作的日常练习如图 7-9 所示。

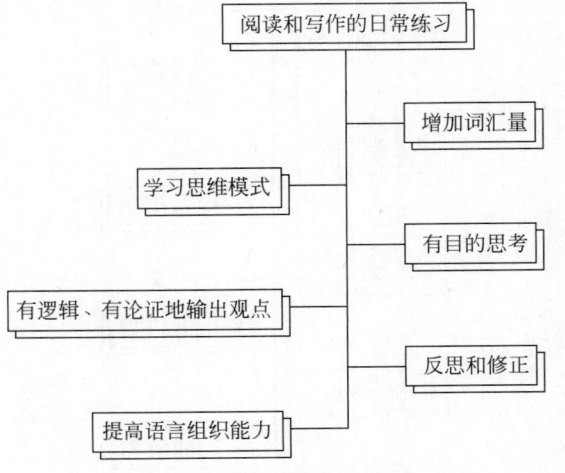

图 7-9　阅读和写作的日常练习

本节内容通过以下公式直观地进行阐述:
(1) 增加词汇量＝阅读＋接触更多词汇和表达方式。
(2) 学习思维模式＝阅读＋学习不同思维模式和表达逻辑。
(3) 有目的思考＝写作要求＋培养清晰、有条理的思维习惯。
(4) 有逻辑、有论证地输出观点＝写作过程＋通过逻辑连贯的论证支持观点。
(5) 反思和修正＝写作过程＋反复修改＋提升表达能力。
(6) 提高语言组织能力＝写作要求＋精心组织语言。

7.7　演讲步骤

演讲步骤包含选题准备、克服紧张、PPT 制作、了解听众、精妙开场、演讲技巧、增强互动与问答环节策略,通过系统规划和执行,确保演讲内容精准、形式生动、互动高效,有效传达信息,增强听众参与感。

7.7.1　选题准备

选题准备需要注重独特视角与新颖性,结合行业与公司实际,内容要实用且富含价值,避免空洞理念,明确受众需求,筛选有效信息,采用差异化策略,确保讲解带来实际价值。选题准备如图 7-10 所示。

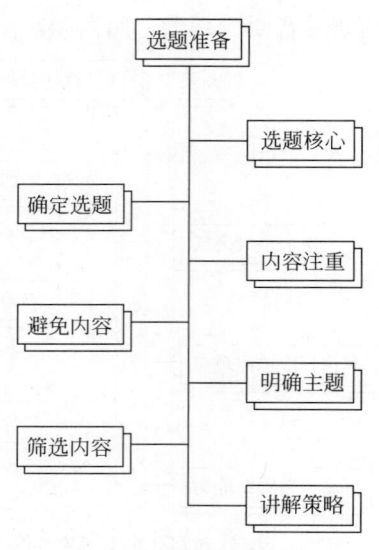

```
选题准备
├── 选题核心
├── 内容注重
确定选题
├── 明确主题
避免内容
├── 讲解策略
筛选内容
```

图 7-10　选题准备

本节内容通过以下公式直观地进行阐述：

(1) 选题核心＝选择独特视角＋追求新颖独到。

(2) 确定选题＝结合行业公司视角＋深入拆分主题。

(3) 内容注重＝实用性＋价值＋实际案例＋具体场景描述＋探索性内容。

(4) 避免内容＝空洞的理念阐述。

(5) 明确主题＝清晰界定受众群体＋界定受众需求。

(6) 筛选内容＝根据受众群体及需求＋确保信息有效传达。

(7) 讲解策略＝差异化策略＋确保带来实际价值。

7.7.2　克服紧张情绪

克服演讲紧张情绪包含充分准备、多次练习、掌握表达技巧与肢体语言，通过与听众互动、调整心态等方法减轻压力，确保演讲顺利进行。克服紧张情绪如图 7-11 所示。

下面将介绍一系列有效的方法来帮助演讲者减轻紧张感，提升演讲技巧，通过良好的表达与肢体语言确保演讲顺利进行。通过这些策略，任何人都能成为杰出的演讲者。

(1) 演讲紧张现象：演讲紧张是普遍现象，即便是知名表演者也不例外。紧张有两大主要原因——准备不足和得失心过重。

(2) 人人皆可成为杰出的演讲者：人人都有潜力成为杰出的演讲者。听众往往希望你成功，对于缺乏信心或兴趣的演讲，建议尽量避免。

(3) 提升演讲技巧的方法：在他人面前练习，邀请亲友提供反馈。通过直播和多人连线进行演讲练习。录音录像，进行自我评估与修正。多次练习以确保内容熟练，准备讲稿

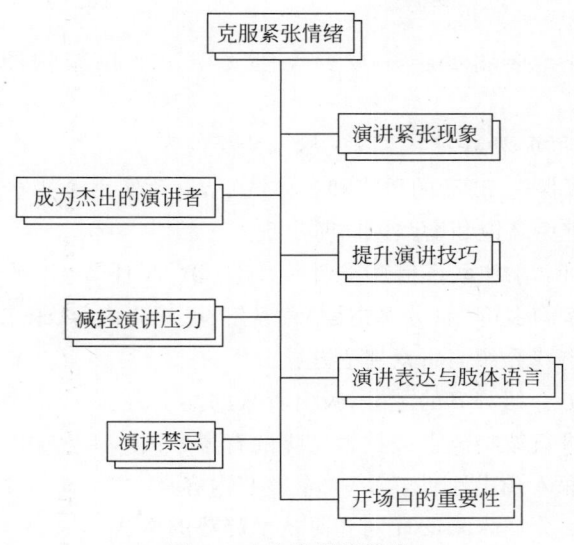

图 7-11 克服紧张情绪

或者笔记以防遗忘。

（4）减轻演讲压力的技巧：与前排听众互动可减轻压力，适量饮用咖啡可提神，但需避免过量。上台前，进行深呼吸，放松脸部肌肉。若忘词，则可直接跳至下一个话题。

（5）演讲中的表达与肢体语言：利用停顿来清晰地表达重点，视线可投向听众头顶或寻找友善的面孔，运用肢体语言可使演讲更生动，但需避免过于僵硬。

（6）演讲中的禁忌：切忌提及自己的紧张情绪或向听众道歉。

（7）开场白的重要性：一个吸引人的开场白能够激发听众兴趣，使演讲更加顺畅。

7.7.3　PPT 原则

PPT 需要遵循数量适中、内容清晰简洁、风格统一、颜色搭配合理等原则，同时注重结构安排，结合演讲技巧，让演讲得以顺利进行，提升信息传递效果。PPT 原则如图 7-12 所示。

在准备 PPT 时，主要应注意以下几点。

（1）数量控制：将 PPT 的数量控制在 15 页左右，根据实际需要进行适当调整。

（2）内容设计＝技术演讲原则＋幻灯片使用策略＋PPT 设计原则。

技术演讲原则＝注重内容清晰＋注重内容简洁＋

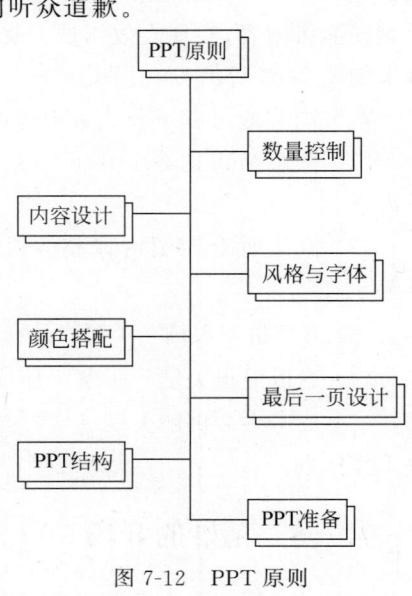

图 7-12　PPT 原则

注重内容达意。

幻灯片使用策略＝多图少字＋减少大段文字＋使用架构图、流程图、表格数字对比。

PPT设计原则＝每页聚焦一个主题＋尽量精简内容。

（3）风格与字体：保持PPT的风格和字体统一，避免使用全文本和大段文字。

（4）颜色搭配：避免高饱和度颜色同时出现。

（5）最后一页设计：添加联系信息或引入讨论、Q&A环节。

（6）PPT的结构：自我介绍、分享主题、背景解释、核心内容、未来计划、回顾总结。

自我介绍：通过自我介绍与听众建立连接。

分享主题与时间：介绍分享的主题，吸引听众的注意力。

背景解释：解释进行架构改造或技术升级的背景原因。

核心内容讲解：深入浅出地讲解3～4个核心内容点。

未来计划与趋势：分享未来的计划和对技术趋势的看法。

回顾总结：回顾主题，加深听众对核心内容的记忆。

在准备PPT时，应配合上述演讲技巧，确保演讲得以顺利进行。

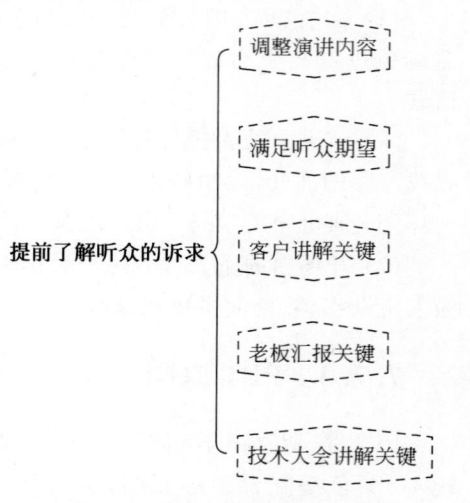

7.7.4 提前了解听众的诉求

提前了解听众的诉求，确保演讲内容针对性强、满足期望，无论是客户讲解、老板汇报还是技术大会都要了解听众背景、需求、产品或工作状况，精准调整演讲内容，实现有效沟通。提前了解听众的诉求如图7-13所示。

本节内容通过以下公式直观地进行阐述：

（1）调整演讲内容＝了解听众背景＋了解听众需求。

（2）满足听众期望＝调整演讲内容＋针对性讲解。

提前了解听众的诉求 ｛ 调整演讲内容 / 满足听众期望 / 客户讲解关键 / 老板汇报关键 / 技术大会讲解关键 ｝

图7-13 提前了解听众的诉求

（3）客户讲解关键＝了解产品＋打消疑虑。

（4）老板汇报关键＝了解工作成果＋了解潜在困难＋了解未来规划。

（5）技术大会讲解关键＝学习技术要点＋学习架构知识＋学习调优方案＋借鉴经验解决工作问题。

7.7.5 精妙的开场

精妙的开场在于应景吸引注意力，迅速建立演讲基础，通过自我介绍、资格阐述、时间预

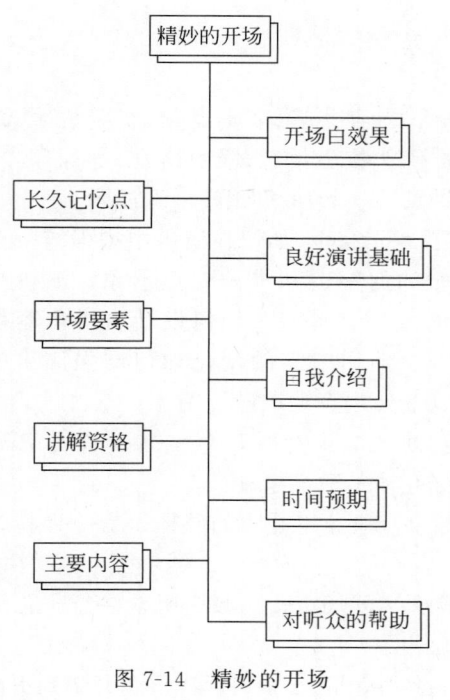

告、内容概览及对听众的益处,为整场演讲奠定成功的基础。精妙的开场如图 7-14 所示。

精妙的开场是演讲成功的关键,能迅速吸引听众注意力,为整场演讲奠定基础。下面通过公式直观地进行阐述:

(1) 开场白效果＝应景合适＋吸引观众注意力。

(2) 长久记忆点＝好的开场白。

(3) 良好演讲的基础＝迅速吸引听众注意力。

(4) 开场要素＝自我介绍＋讲解资格＋时间预期＋主要内容＋对听众的帮助。

(5) 自我介绍＝介绍公司＋姓名＋职位＋从业经历。

(6) 讲解资格＝阐述为何有资格就主题演讲。

(7) 时间预期＝给观众明确的演讲时间。

(8) 主要内容＝简要介绍演讲主题。

(9) 对听众的帮助＝让听众有收获＋提升演讲价值。

图 7-14 精妙的开场

7.7.6 如何讲

演讲技巧在于建立对话连接、严格时间管理、声音与肢体的自然表达、运用案例与幽默增强吸引力,提前规划与演练以确保演讲流畅与高效。如何讲如图 7-15 所示。

演讲的本质是什么？演讲过程中需要注意哪些关键点？如何通过演讲技巧让演讲更具吸引力？下面通过以下公式直观地进行阐述:

(1) 演讲本质＝对话＋与观众建立连接＋增强互动性。

(2) 演讲过程＝严格控制时间＋注重声音变化＋肢体语言运用＋保持自然生动性＋避免依赖模式。

(3) 演讲技巧＝语速适中平稳＋吐词清晰＋讲述案例故事＋加入幽默元素。

(4) 语速适中＝让听众觉得演讲者稳重。

(5) 提前规划＝熟读 PPT 内容＋确保演讲条理清晰。

(6) 提前演练＝熟悉演讲内容＋控制得当＋不超时。

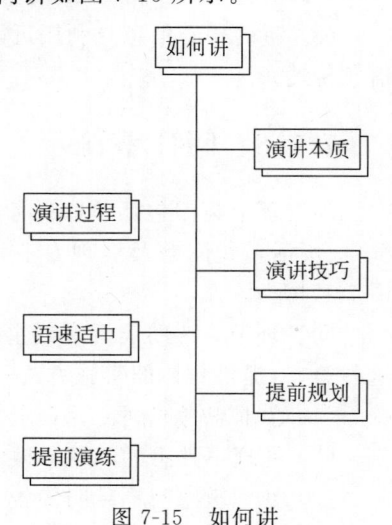

图 7-15 如何讲

7.7.7　如何演

演讲技巧包括增强互动、塑造专业形象、巧妙停顿、内容共鸣、节奏变化、坚定说服力、有力结尾及精准传达核心信息，吸引听众、加深印象，有效地传达演讲意图。如何演如图 7-16 所示。

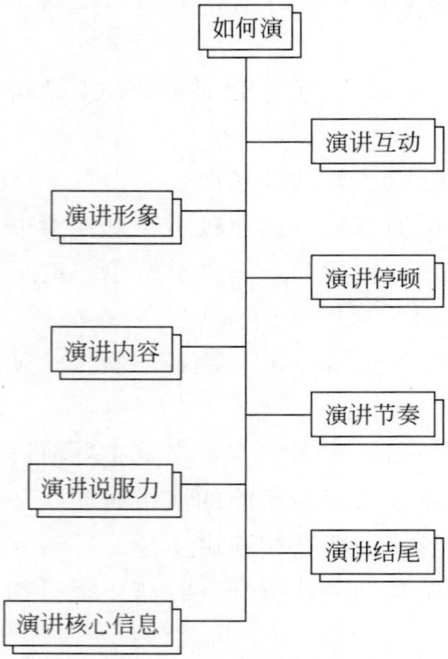

读者是否有以下疑问：如何在演讲中增强与听众的互动？演讲时如何塑造和维护专业形象？演讲中巧妙使用停顿的技巧有哪些？如何设计演讲内容以引起听众的共鸣？演讲节奏的变化如何增强演讲的吸引力？通过以下公式直观地进行阐述：

（1）演讲互动＝减少背对观众＋减少查看 PPT 时间＋保持良好互动＋适当走动。

（2）演讲形象＝避免不礼貌的肢体语言＋保持专业形象。

（3）演讲停顿＝开场震慑＋吸引听众注意＋强调观点＋加深听众印象。

（4）演讲内容＝从身边小事讲起＋逐步升华到更高层次＋引起听众共鸣＋输出观点和理念。

图 7-16　如何演

（5）演讲节奏＝快慢轻重变化＋增强演讲吸引力＋让听众更加投入。

（6）演讲说服力＝使用坚定语气＋深邃目光＋增强说服力。

（7）演讲结尾＝再次强调重点内容＋加深听众印象。

（8）演讲核心信息＝利用近因效应＋通过爆点方式＋记住 2～3 个关键点＋保证核心信息传达。

7.7.8　问答环节

问答环节策略包括争取思考时间、诚实处理不熟悉问题、妥善处理敏感问题、缓和现场气氛、灵活转化问题及展现专业性，旨在有效回应观众提问，增强互动效果。问答环节如图 7-17 所示。

问答环节：帮助演讲者或主持人有效回应观众提问，增强互动效果。以下将详细阐述这些策略，提供具体的实施方法，通过以下公式直观地进行阐述：

（1）争取思考时间＝让观众复述问题＋自己复述问题。

（2）处理不熟悉的问题＝诚实表达不熟悉＋询问现场观众答案。

（3）处理敏感问题＝明确告知不便公开讨论＋提议私下交流。

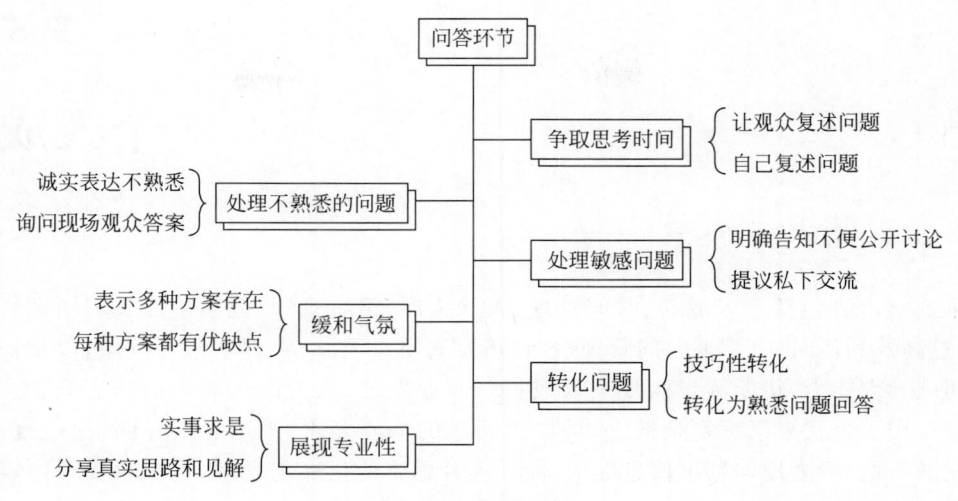

图 7-17 问答环节

(4) 缓和气氛＝表示多种方案存在＋每种方案都有优缺点。
(5) 转化问题＝技巧性转化＋转换为熟悉问题回答。
(6) 展现专业性＝实事求是＋分享真实思路和见解。

7.8 技术宣讲

本节介绍如何根据不同客户定位进行材料准备、宣讲要点及现场应对策略。
(1) 客户定位：根据基层、中层、高层分别应对。
高层管理人员：关注公司整体经营，不关注技术细节。
中层管理人员：关注方案对业务需求满足度和效率的提升。
基层技术人员：关注具体操作方案的应用环境、易上手维护和稳定性。
(2) 材料编写：利用公司基准文档素材库，结合项目和客户背景信息进行提炼筛选和定制。从互联网和行业渠道获取支撑素材，锦上添花。梳理大纲逻辑，结合客户需求、行业发展、方案产品、成功案例和验证数据进行编写整合。
(3) 技术宣讲要点：提前演练，模拟真实宣讲场景，发现材料问题和客户反馈问题。现场面对客户压力，保持自信和冷静，灵活处理问题。关注观众反应，调整宣讲节奏，灵活应答客户提问。
(4) 现场应对策略：对客户内心重视，目光藐视，保持自信强大。及时收集客户问题，为后续沟通交流做准备。宣讲结束后及时总结复盘，对于现场遗留问题及时闭环应答。

第 8 章

个人成长

第 8 章内容包括个人成长、时间管理、人脉拓展、情绪管理、健康生活及职场发展等策略,通过高效利用时间、掌握时间管理技巧、拓展高质量人脉、管理情绪与健康,以及提升职场与团队管理能力,帮助读者实现个人成长与职业发展,成为高效能生活的实践者。笔者巧妙地运用了公式来精练复杂概念,抽取出问题的核心要素,采用思维导图,通过直观、层级分明的特性,清晰地勾勒出信息框架,促进读者思维的拓展与发散,进一步提升内容的可读性和实用性。

8.1 时间管理

时间管理是通过科学规划每日活动、分清任务优先级、采用多种管理工具和方法(如清单管理、计划管理、效率管理、价值管理、四象限管理法),以及制订不同时间周期的计划(日待办、周计划、月计划、年计划等)来确保高效工作与充分休息,促进个人成长与职业发展的综合策略。

8.1.1 高效的 24 小时

高效的 24 小时通过科学规划大脑黄金时段、专注时段、休息时段及睡前准备,结合身体活动、饮食与睡眠管理,确保全天候高效工作与充分休息,促进身心健康与能力提升。高效的 24 小时如图 8-1 所示。

本节内容通过以下公式直观地进行阐述:

(1) 大脑黄金时间利用=(6:00—8:00)时段+自我投资活动(读书、背单词等)。

(2) 专注时间利用=(9:00—12:00)时段+罐头工做法+优先完成高专注任务。

(3) 午间休息安排=(12:00—14:00)时段+午餐+午休(≤30 分钟)+步行促进血清素分泌。

(4) 专注力低下时段利用=(14:00—16:00)时段+创意性工作+更换场所重启大脑。

(5) 下班前冲刺安排=(16:00—18:00)时段+利用去甲肾上腺素+完成收尾工作。

(6) 第 2 个黄金时间准备=(18:00—19:30)时段+晚餐+有氧运动(如慢跑)。

第 8 章 个人成长

```
高效的24小时
├── 大脑黄金时间利用
├── 专注时间利用
├── 午间休息安排
├── 专注力低下时段利用
├── 下班前冲刺安排
├── 第2个黄金时间准备
├── 大脑第2个黄金时间利用
├── 睡前放松安排
└── 深度睡眠安排
```

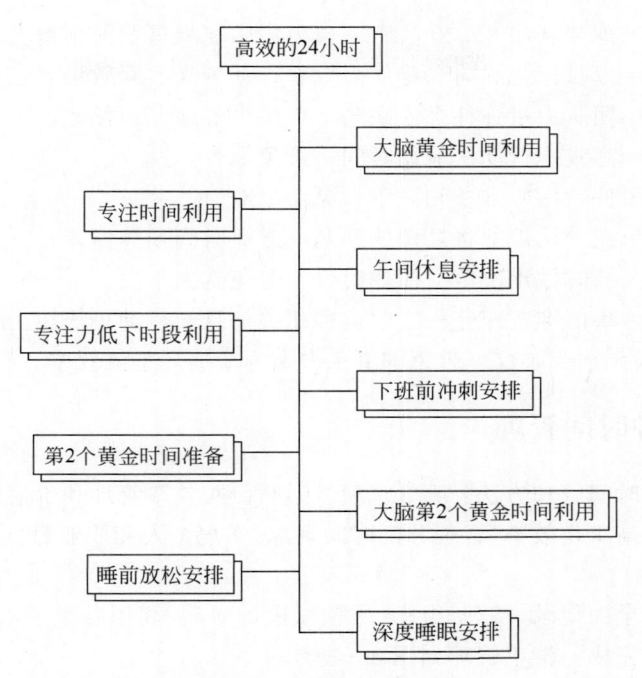

图 8-1　高效的 24 小时

（7）大脑第 2 个黄金时间利用 =（19:30—21:00）时段 + 高效率学习（练技能、做副业等）。

（8）睡前放松安排 =（21:00—22:30）时段 + 适度放松活动（追剧、看电影等）。

（9）深度睡眠安排 =（22:30—6:00）时段 + 11 点前入睡 + 保证 7.5 小时睡眠 + 褪黑素分泌。

8.1.2　时间管理法则

时间管理法则涵盖分清轻重缓急、集中处理琐事、注重效果、团队合作、高效行动、应对突发事件、重视小事、果断决策、精心准备及善于授权，通过高效利用时间、优化任务处理及提升决策效率，实现个人与团队目标的快速达成。时间管理法则如图 8-2 所示。

本节内容通过以下公式直观地进行阐述：

（1）分清轻重缓急 = 抓住最重要的事情 + 避免琐事耽误达到目标。

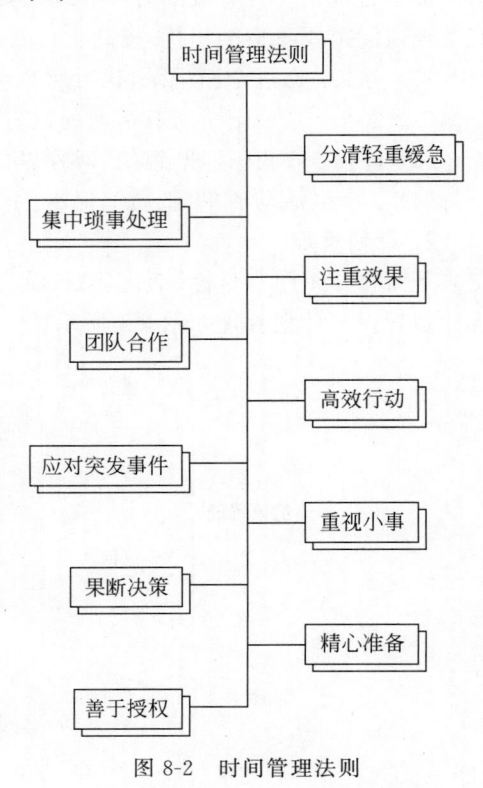

```
时间管理法则
├── 分清轻重缓急
├── 集中琐事处理
├── 注重效果
├── 团队合作
├── 高效行动
├── 应对突发事件
├── 重视小事
├── 果断决策
├── 精心准备
└── 善于授权
```

图 8-2　时间管理法则

（2）集中琐事处理＝利用 80/20 法则＋精力集中在最重要的事情上。
（3）注重效果＝以目标为导向＋确保高效率行动带来实际效果。
（4）团队合作＝团队力量弥补个人缺陷＋更快更好地完成任务。
（5）高效行动＝高效率行动＋节约时间＋避免拖沓。
（6）应对突发事件＝做好准备和对策＋灵活应对。
（7）重视小事＝充分认识即将处理的问题＋避免时间预算偏差。
（8）果断决策＝及时做出决定＋抓住时机＋避免犹豫不决。
（9）精心准备＝事前准备充分＋了解透彻相关信息＋行动更快捷。
（10）善于授权＝学会放权＋避免事事亲力亲为＋提高整体效率。

8.1.3　4 种时间管理

本节介绍 4 种时间管理方法：清单管理、计划管理、效率管理和价值管理。这些方法能帮助个人和组织提高工作效率，合理分配时间资源，实现个人和职业目标。

1．清单管理

清单管理通过全面记录、整理、组织、回顾和执行活动，利用各类工具减轻遗漏压力，让任务无遗漏地高效完成。清单管理如图 8-3 所示。

清单管理是一种有效的时间管理工具，通过记录、整理、组织、回顾和执行任务，帮助人们减轻遗漏重要事情的担忧，提高工作效率。下面是具体的描述。

（1）意义：通过全面记录，执行所有活动，消除担心忘做重要事情的压力。
（2）含义：全面记录所有活动的执行流程，确保无遗漏。
（3）过程：收集、整理、组织、回顾、执行。
（4）工具：活动清单（纸质笔记本、手机备忘录、滴答清单、番茄 To Do 等）。

2．计划管理

下面将介绍明确目标、细化计划、设定日程及适时调整，结合 OKRs、日程表和甘特图进行计划管理。计划管理如图 8-4 所示。

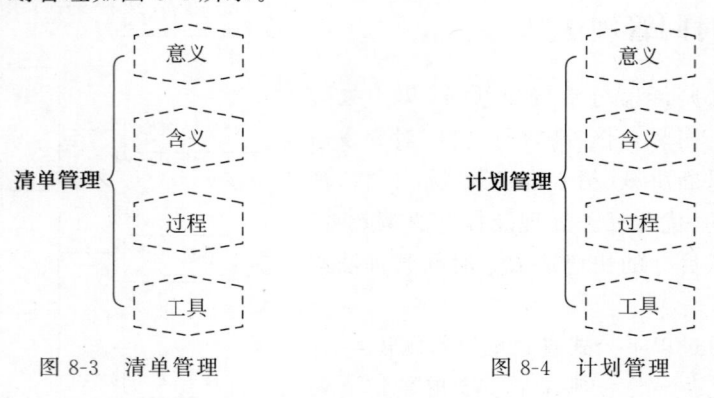

图 8-3　清单管理　　　　图 8-4　计划管理

计划管理是确保复杂项目高效完成的关键过程,通过明确目标、细化计划、设定日程及适时调整,结合专业工具,实现项目按期完成。

(1) 意义:通过分解目标,确保复杂项目能够按期完成。
(2) 含义:将事情细分成可执行的计划,跟进完成进度。
(3) 过程:确定目标、分解目标、设定日程、执行调整。
(4) 工具:OKRs(目标-关键成果)、日程表(年计划、月计划、周计划、日计划)、甘特图。

3. 效率管理

效率管理通过合理规划与分配时间资源,集中处理重要且紧急的事务,减少时间浪费,利用艾森豪威尔矩阵等工具优化任务管理,实现高效工作与持续改进。效率管理如图 8-5 所示。

本节内容通过以下公式直观地进行阐述:

(1) 意义=在限定的时间资源内集中关注核心事务+通过高效策略减少时间浪费和无效努力。
(2) 含义=根据任务的重要性和紧急性进行排序+保证时间资源被分配到最重要且最紧急的事务上。
(3) 过程=全面列出待完成的任务清单+根据任务的重要性和紧急性设定优先级+合理规划时间并为各任务分配时间资源+定期对执行情况进行回顾,根据需要进行调整。
(4) 工具=使用艾森豪威尔矩阵(四象限法)对任务进行分类和管理,包括重要且紧急、重要不紧急、紧急不重要、不紧急不重要 4 个象限。

4. 价值管理

价值管理涉及识别、平衡各角色价值冲突,合理分配时间与精力,通过策略性选择、反思调整来处理价值冲突,借助工具提升自我认知与实践效能。价值管理如图 8-6 所示。

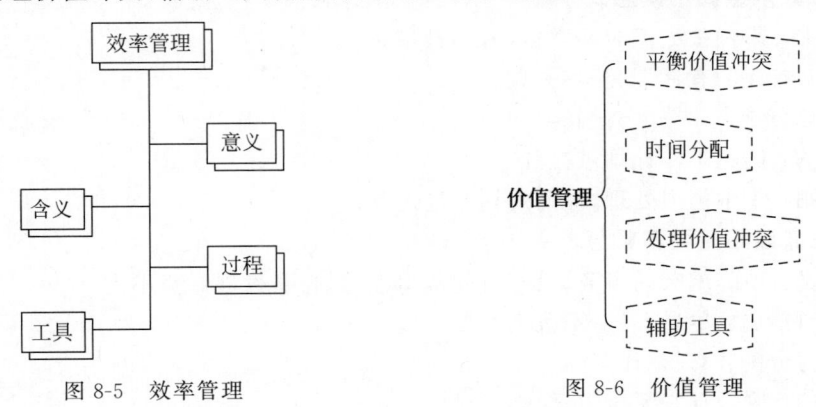

图 8-5 效率管理

图 8-6 价值管理

本节内容通过以下公式直观地进行阐述:

(1) 平衡价值冲突=识别理解各角色的期望与价值+制订策略以平等满足各角色的需求+有效规划与管理时间资源。
(2) 时间分配=确定个人在各角色中的核心价值与责任+根据价值与责任分配时间与

精力。

（3）处理价值冲突＝列出个人所承担的所有角色＋明确每个角色的期望与价值＋根据个人目标与情境做出价值选择＋在实践中反思调整策略。

（4）辅助工具＝通过自我反思理解个人行为与角色定位＋明确个人价值与社会价值，做出价值选择＋借助《高效能人士的七个习惯》中的策略与方法提升实践效果。

8.1.4　四象限管理法

四象限管理法是将任务分为 4 个象限：重要且紧急、重要不紧急、不重要不紧急、不重要但紧急。四象限管理法如图 8-7 所示。

分配不同比例的时间和精力：重要且紧急（20%～30%）、重要不紧急（50%～60%）、不重要不紧急（5%～10%）、不重要但紧急（10%～15%）。

四象限管理法 { 第一象限重要且紧急 / 第二象限重要不紧急 / 第三象限不重要不紧急 / 第四象限不重要但紧急 }

图 8-7　四象限管理法

1．第一象限重要且紧急

（1）定义：具有时间紧迫性和影响重大性，无法回避或拖延。

（2）应对措施：立即去做，不能耽误。

（3）精力分配：20%～30%。

（4）目的：努力控制，避免工作计划陷入困境。

（5）原则：越少越好，很多第一象限的事情是因为在第二象限没有被合理安排而造成的。

2．第二象限重要不紧急

（1）定义：影响很大但时间宽裕，容易被拖延。

（2）应对措施：有计划、从容去做。

（3）精力分配：50%～60%。

（4）目的：避免工作计划被打乱。

（5）原则：集中精力处理，提前规划布局发展。

3．第三象限不重要不紧急

（1）定义：琐碎闲杂的事务，没有时间紧迫性，对自身发展意义不大。

（2）应对措施：尽量不做，不沉溺。

（3）精力分配：5%～10%。

（4）目的：放松身心无压力，但不可过度。

（5）原则：可以当作休养生息，但不能长期沉迷其中。

4．第四象限不重要但紧急

（1）定义：对自己影响小但需要马上处理，容易干扰重要事情。

（2）应对措施：交给别人做或委婉拒绝。

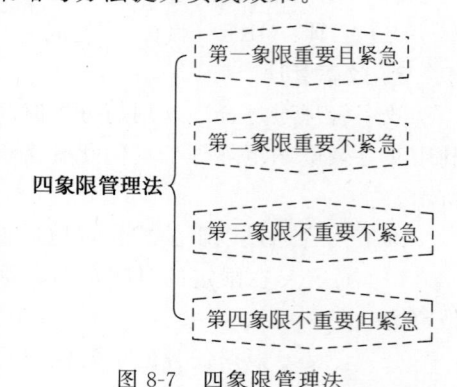

(3) 精力分配：10%～15%。

(4) 目的：避免陷入忙碌又盲目的工作状态中。

(5) 原则：越少越好，放权给别人去做，不用亲力亲为。

8.1.5　7个用于不同时间周期的计划

7个用于不同时间周期的计划涵盖了从日到年的全面工作规划，包括日待办、日总结与计划、周计划与总结、月计划与年计划，以及灵活的四象限管理法，确保工作有序、高效地进行。不同时间周期的计划如图8-8所示。

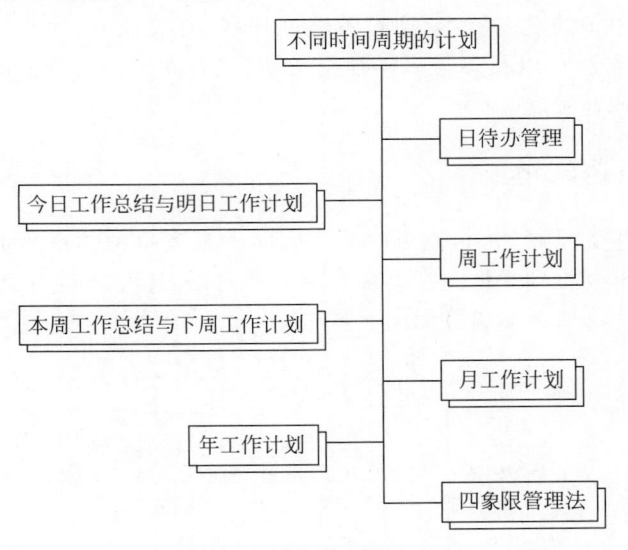

图 8-8　不同时间周期的计划

本节内容通过以下公式直观地进行阐述：

(1) 日待办管理=（每日开始时导入新任务，标注日期＋系统自动识别分类待办事项＋提前提醒重要事项＋完成后及时标记）+（滴答清单、Todoist、Trello 等）。

(2) 今日工作总结与明日工作计划=（标记已完成工作＋分析未完成原因，调整计划＋规划明日工作，设定优先级＋生成工作总结和计划概览）+（Notion、Evernote 结合任务管理软件）。

(3) 周工作计划=（制订周计划，细化为每日任务＋每日回顾调整以确保目标一致＋周末总结分析完成情况）+（Google Sheets、Excel 结合 Gantt 图工具）。

(4) 本周工作总结与下周工作计划=（汇总本周完成情况＋分析原因，调整优先级＋制订下周计划＋发送周报保持沟通）+（邮件、Slack、企业微信结合在线文档）。

(5) 月工作计划=（制订月度计划，分解为周计划＋月中检查调整计划＋月末总结评估并且制订下月计划）+（同上，强调月度视角）。

(6) 年工作计划=（设定全年目标和 KPIs＋分解为季度、月度计划＋定期回顾调整＋

年终总结规划)＋(企业级项目管理软件或 ERP 系统)。

(7) 四象限管理法＝(根据重要性和紧急性分类任务＋使用四象限图展示＋优先处理重要紧急任务＋定期重新评估调整)＋(支持自定义标签或分类的任务管理软件)。

8.2 人脉圈子

人脉圈子是竞争中的重要资本,通过策略性拓展、有效社交、优化社交结构、打造个人 IP、管理情绪与沟通技巧,以及参与多样社交活动,建立和维护有价值的人际关系网络,帮助读者个人成长与职业发展。

8.2.1 竞争逻辑链

人脉圈子与竞争关系紧密,相互影响。人脉圈子是竞争中的重要资本,影响着竞争策略,二者相互促进,共同推动个体在社会环境中的发展,人与人之间的竞争逻辑链可类比为软件系统的架构设计。竞争逻辑链如图 8-9 所示。

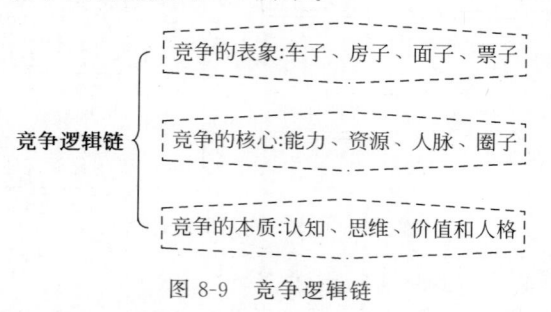

竞争逻辑链 {
  竞争的表象:车子、房子、面子、票子
  竞争的核心:能力、资源、人脉、圈子
  竞争的本质:认知、思维、价值和人格
}

图 8-9　竞争逻辑链

将竞争逻辑链分为三层,每层都依赖于下一层,为上一层提供支持。优化整个系统,从底层开始,逐步提升每层的能力和效率。

(1) 竞争的表象：车子、房子、面子、票子。

类比：用户界面的展示层,是社会中的其他人能直接看到和感受到的部分。

(2) 竞争的核心：能力、资源、人脉、圈子。

类比：中间的业务逻辑层,支撑着展示层,处理数据和逻辑。

(3) 竞争的本质：认知、思维、价值和人格。

类比：底层的数据和算法层,是整个系统的核心和基础。

8.2.2 人脉拓展策略性技巧

人脉拓展策略性技巧包括评估与规划、精准了解目标、有效互动与后续跟进,以及适时提供帮助,构建和维护有价值的人际关系网络。人脉拓展策略性技巧如图 8-10 所示。

下面将介绍人脉拓展的策略性技巧,包括评估与规划、精准了解目标、有效互动与后续跟进,适时提供帮助,构建和维护有价值的人际关系网络。

1. 人脉拓展前

评估现有的人脉关系网络:确定需要强化或拓展的人脉关系,思考在哪些场合、以何种方式能够遇到他们。

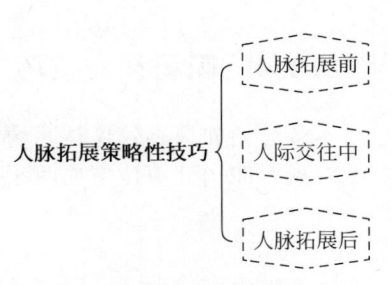

图 8-10 人脉拓展策略性技巧

了解想要结识的人脉:研究目标人脉的履历、背景、共同点及兴趣点,判断是否可以通过现有的人脉进行延伸及拓展。

了解将要参加的活动:分析可能参加活动的人员和活动组织方的背景,研究往届活动的主题和话题。

2. 人际交往中

陌生人迅速破冰:寻找与陌生人的共同点,如居住地、学校、兴趣爱好、共同认识的人等,围绕活动主题和话题进行交流。

熟人主动寒暄:回忆与熟人的相识场景,了解他们当前的工作和生活状态。

引发对方兴趣:了解对方的兴趣话题,积极倾听,明确想要交换的信息,计划后续的约见沟通。

3. 人脉拓展后

跟进联系:根据对方的兴趣爱好选择合适的场合进行约见,如美食店、画展或音乐分享。

提供帮助:了解对方当前的需求,思考自己能够提供的支持。

8.2.3 有效社交的方法

社交不仅是交换名片和微信,需要通过多种联系方式跟进。建立高质量人脉的关键是成为厉害的人,通过出众的能力和成绩获得认可。

(1) 优化社交结构:不需要把太多人请进自己的生命,学会对关系进行断舍离。随缘对待生命中可有可无的人,郑重对待重要的人。

(2) 打造个人 IP:把自己当成一个公司来经营,树立一个声名在外的人设。有良好个人品牌的人更容易搭建和发展社交圈。

(3) 情商与情绪管理:在公开场合和集体生活中,情绪会影响他人,需要妥善管理。高情商不仅是讨好逢迎,更重要的是有同理心,能换位思考。

(4) 社交沟通的技巧:了解为什么有些人能够迅速建立友谊,而有些人却引发冲突。掌握让冲突双方取得共识、避免话题演变成争吵的技巧。

8.2.4 职场社交技巧

本节介绍如何有效地与职场中的高层和同事建立关系,以及如何通过社交提升自己的职业发展。职场社交技巧如图 8-11 所示。

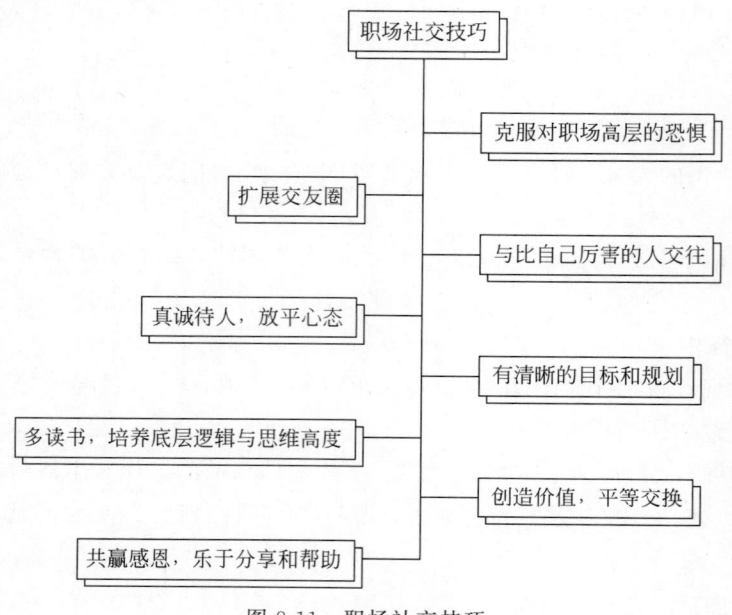

图 8-11 职场社交技巧

本节内容通过以下公式直观地进行阐述:

(1) 克服对职场高层的恐惧＝将他们视为普通同事＋换位思考＋自信交流。

(2) 扩展交友圈＝与领导和上级建立关系＋与其他同事、行业专家建立联系＋积极参加活动交流。

(3) 与比自己厉害的人交往＝选择稍强的人为友＋聆听经验和见解＋寻求建议和指导。

(4) 真诚待人,放平心态＝保持真诚和善意＋待人宽容、友善＋以平和心态对待他人。

(5) 有清晰的目标和规划＝明确社交目标＋知道希望从社交中获得什么＋规划如何发展和利用关系。

(6) 多读书,培养底层逻辑与思维高度＝通过阅读拓宽视野＋增长知识＋提升底层逻辑和思维高度。

(7) 创造价值,平等交换＝注重给予他人价值＋期待平等交换＋帮助他人解决问题并分享经验。

(8) 共赢感恩,乐于分享和帮助＝在社交中考虑他人利益＋保持感恩之心＋无私帮助他人。

8.2.5 大学生人脉管理

本节主要介绍在高校体系内、外如何建立和维护人际关系的方法。大学生人脉管理如图 8-12 所示。

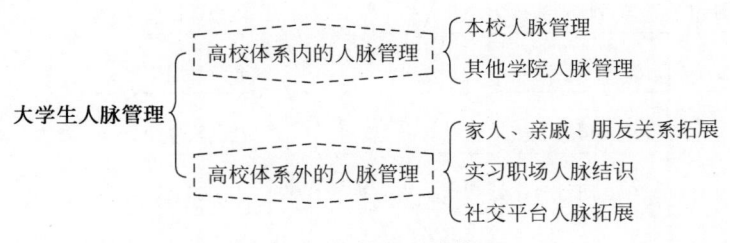

图 8-12 大学生人脉管理

下面将介绍大学生在高校体系内外建立和维护人际关系的方法,帮助大学生有效地拓展人脉。

1. 高校体系内的人脉管理

本校人脉管理:大学生如何在本校建立人脉?

(1) 本校:包括老师、领导、辅导员等,通过大方微笑打招呼、上课坐前排、积极互动等方式建立关系。

(2) 比赛和项目活动:与带队老师、指导老师、科研导师保持良好沟通,注意礼貌和效率,事事有回应,步步有汇报。

(3) 同班、同级同学:刚开学时加微信,实用社交功能性,如评优评先投票、小组作业组队等。

(4) 不同级同学:向学姐学长请教经验,包括毕业去向、课程咨询、备考建议等。

其他学院人脉管理:大学生如何与其他学院的人建立联系?

(1) 结识渠道:通过校级活动、公共课、非官方渠道,如校友群、社交平台等。

(2) 外校:通过冬令营、夏令营、校际交流、学术会议等方式结识。

2. 高校体系外的人脉管理

外校人脉管理的有效途径有哪些?

(1) 家人、亲戚、朋友:通过这些关系拓展人脉。

(2) 实习:通过实习机会结识职场人士。

(3) 社交平台:利用社交平台进行人脉拓展。

8.2.6 扩大交友渠道

程序员交友渠道受限由多方因素导致:工作与兴趣集中,导致忽视其他领域。信息获取渠道有限,主要聚焦技术话题。社交焦虑或内向性格,不愿主动探索。生活节奏快,时间碎片化,难以参与社交。缺乏主动拓展社交圈的意识。信息过载,筛选交友信息困难。扩大交友渠道如图 8-13 所示。

```
语言驱动事件/团体社交              兴趣班社交
    比赛社交                    爱好/体育基础组社交
户外俱乐部/旅行俱乐部社交           体育课社交
单身俱乐部/相亲活动社交            非营利组织社交
  自我改善俱乐部社交               社交软件社交
     研讨会社交     扩大交友渠道    小区邻居社交
     专业活动社交                 在线论坛社交
   体育队球迷俱乐部社交             酒吧社交
     文化活动社交               读书俱乐部/书店/图书馆社交
     宠物乐园社交                 私人聚会社交
```

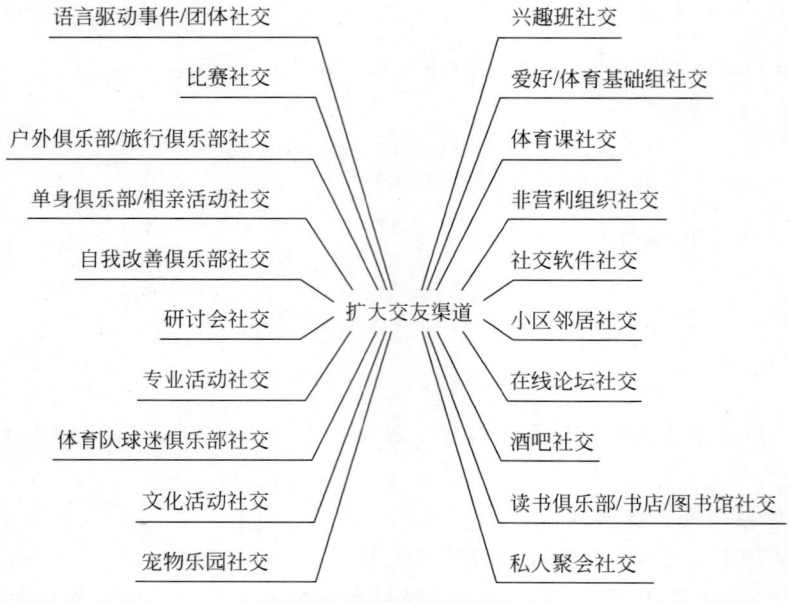

图 8-13　扩大交友渠道

以下向读者提供多种扩大社交圈子的渠道，介绍多种结交新朋友的方法。内容通过以下公式直观地进行阐述：

（1）兴趣班社交＝参加（瑜伽＋舞蹈＋烹饪＋表演）兴趣班。

（2）爱好/体育基础组社交＝加入（摄影＋吉他＋健身跑步）爱好者协会。

（3）体育课社交＝参加（拳击＋游泳＋羽毛球）体育课程。

（4）非营利组织社交＝加入（义工＋志愿者团体）非营利组织。

（5）社交软件社交＝使用社交软件＋注意分辨优劣。

（6）小区邻居社交＝通过（小区微信群＋创建微信群）与邻居互动。

（7）在线论坛社交＝参与（健身＋交友＋体育）在线论坛＋分享观点＋结识新朋友。

（8）酒吧社交＝在（音乐不太大声）的酒吧＋与人们交谈＋锻炼社交能力。

（9）读书俱乐部/书店/图书馆社交＝加入读书俱乐部＋参加（书店＋图书馆）活动＋结识爱阅读的朋友。

（10）私人聚会社交＝参加（朋友的私人聚会＋生日派对）＋加深友谊＋认识新朋友。

（11）宠物乐园社交＝参加与宠物有关的事件＋通过宠物社交结识新朋友。

（12）文化活动社交＝参加（博物馆活动＋音乐会）＋结识有共同兴趣的朋友。

（13）体育队球迷俱乐部社交＝加入（足球＋篮球）球迷俱乐部＋与球迷交流。

（14）专业活动社交＝参加（交易会＋功能驱动组织）活动＋结识行业内的年轻人。

（15）研讨会社交＝参加与自己工作专业相关的研讨会＋结识同行。

（16）自我改善俱乐部社交＝参加（催眠组＋整体治疗组）＋结识有趣的人。

(17）单身俱乐部/相亲活动社交＝参加（单身俱乐部＋相亲活动）＋寻找男女朋友。
(18）户外俱乐部/旅行俱乐部社交＝参加（户外活动＋旅行）＋结识志同道合的朋友。
(19）比赛社交＝参加（扑克＋电子游戏＋体育比赛）＋结识新朋友。
(20）语言驱动事件/团体社交＝参加语言学习活动＋结识学习中文的外国人。

8.2.7 积累人脉的渠道

本节介绍 14 种不同的方法，帮助读者通过各种途径建立和维护人际关系。积累人脉的渠道如图 8-14 所示。

```
积累人脉的渠道
├── 参加行业活动社交
├── 利用社交媒体社交
├── 参加社交聚会社交
├── 加入专业组织社交
├── 利用线上平台社交
├── 参加研讨会和工作坊社交
├── 寻找导师社交
├── 提供帮助和支持社交
├── 参加志愿者活动社交
├── 利用校友网络社交
├── 工作结交贵人
├── 高端场所结交贵人
├── 穷游结交贵人
└── 通过朋友圈结交贵人
```

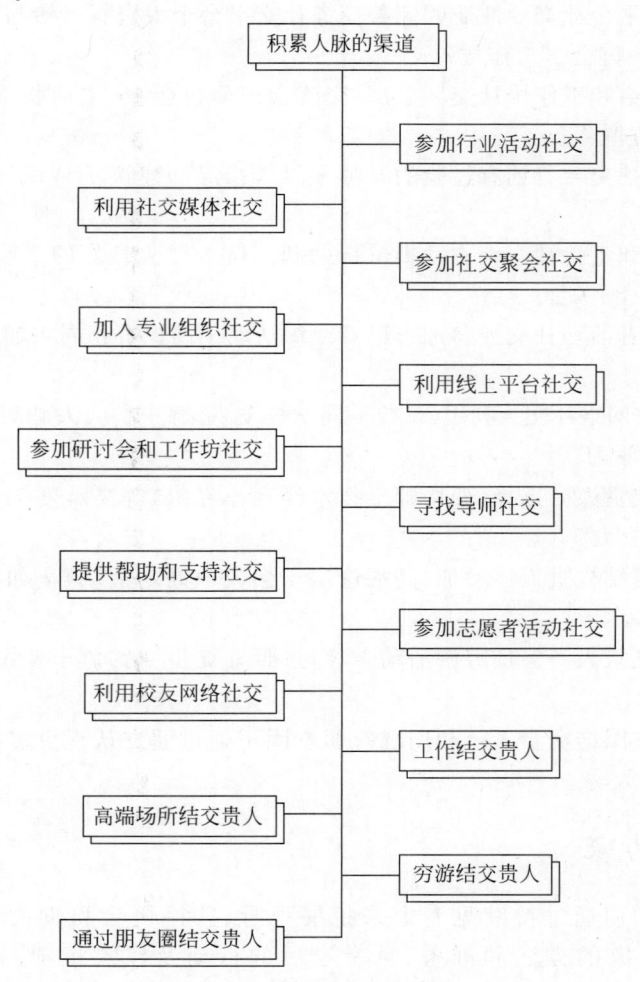

图 8-14　积累人脉的渠道

人脉关系对于个人职业发展和商业成功至关重要。下面将介绍多种积累人脉的渠道，帮助读者通过不同的途径建立和维护人际关系。通过以下公式直观地进行阐述：

（1）参加行业活动社交＝参加（行业会议＋展览＋讲座）＋寻找合作伙伴＋结识同行业专业人士。

（2）利用社交媒体社交＝创建（个人＋专业）账号＋发布有价值的内容＋吸引关注者＋结识（商界领袖＋创业者）。

（3）参加社交聚会社交＝参加（商业社交活动＋聚会）＋主动交流＋交换联系方式＋扩展人脉＋获取行业信息。

（4）加入专业组织社交＝寻找相关专业组织＋参与组织活动＋与成员互动＋加入（专业社区＋论坛）。

（5）利用线上平台社交＝注册并完善商务社交平台个人资料＋参与讨论＋与其他成员互动＋参加（专业研讨会＋工作坊）。

（6）参加研讨会和工作坊社交＝参加（交流会＋研讨会）＋主动联系他人＋与（行业内专家＋从业者）建立联系。

（7）寻找导师社交＝找到有经验的导师＋寻求指导和建议＋结识（行业领导者＋从业者）。

（8）提供帮助和支持社交＝主动提供帮助和支持＋建立良好的人际关系＋吸引（潜在合作伙伴＋业内人士）关注。

（9）参加志愿者活动社交＝参加志愿者组织活动＋结识有相同兴趣爱好的人＋与行业内专家互动。

（10）利用校友网络社交＝利用（母校＋同学校友）资源＋扩大人脉圈＋寻求合作机会＋与行业专家交流和学习。

（11）工作结交贵人＝选择（架构师＋技术经理＋专家）等高难度工作＋接触更多高层次的人。

（12）高端场所结交贵人＝参加（高端论坛＋会议＋高端活动）＋如滑雪、骑马、高尔夫和健身等。

（13）穷游结交贵人＝参加穷游活动＋参与（野外徒步＋钓鱼＋爬山）等活动＋结识高层次的人。

（14）通过朋友圈结交贵人＝利用现有朋友圈＋通过朋友认识更多高层次的人＋真诚待人＋用真心打动人心。

8.2.8 见专家

本节将介绍如何通过持续见专家来扩展视野、获得机会和贵人相助，详细阐述找专家的渠道、见专家的方法和准备、见专家后的行动及注意事项。见专家如图8-15所示。

个人的成长与发展不仅依赖于自身的努力，还需要借助外部资源，尤其是与行业内的专家和成功人士建立联系。下面将介绍通过有效的方法和策略去结识这些专家，从而扩展视野、获取机会并得到贵人的帮助。通过以下公式直观地进行阐述：

```
                    ┌─────────┐
                    │ 见专家  │
                    └────┬────┘
                         │
                         ├──────┤见专家的重要性│
                         │
         ┤找专家的渠道├──┤
                         │
                         ├──────┤主题式见专家的方法│
                         │
         ┤见专家的准备├──┤
                         │
                         ├──────┤见专家后的行动│
                         │
         ┤见专家的注意事项├┤
                         │
                         ├──────┤成为超级连接者│
                         │
     ┤其他见专家的注意事项├┘
```

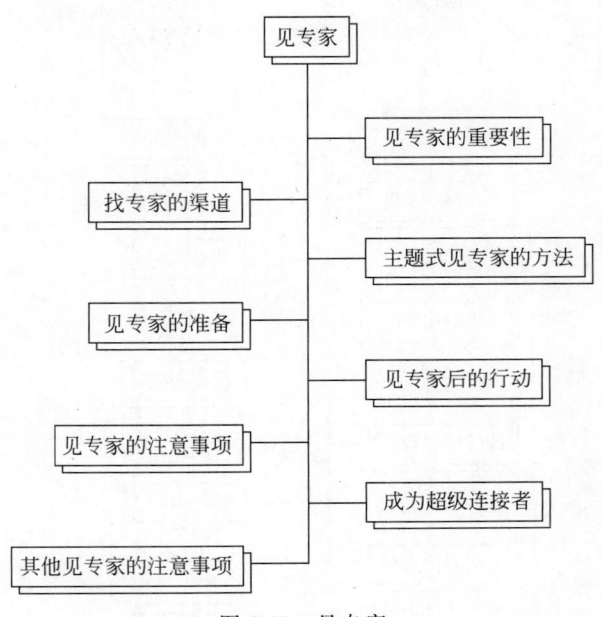

图 8-15　见专家

（1）见专家的重要性＝扩展视野和圈子＋可以得到重要机会＋可以得到贵人相助。

（2）找专家的渠道＝新媒体平台＋社群培训班＋付费约见平台＋他人引荐＋自身吸引。

（3）主题式见专家的方法＝逐一约见多位同一领域的专家＋深入了解该领域＋搭建专家网络。

（4）见专家的准备＝提前了解专家＋梳理自己的情况并进行介绍＋确保休息充分并整洁干净＋准备合适的礼物＋不询问隐私和不说他人坏话。

（5）见专家后的行动＝发信息感谢并分享收获＋将专家推荐给其他人＋分享有用文章或书籍＋在特殊的日子发专属问候＋保持联系。

（6）见专家的注意事项＝不要急于求成＋通过平台见到的专家不要给人差评。

（7）成为超级连接者＝结交专家并充分了解他们＋为他们推荐或对接资源＋增加自己的价值。

（8）其他见专家的注意事项＝需要长期坚持＋平等沟通＋保持专注＋不要打断对方的思路。

8.2.9　遇贵人

本节介绍通过改变社交圈子、付费连接、收费提供价值、持续付出、懂得感恩、持续成长、做事靠谱、线下见面及汇报成绩等策略来增加遇到贵人的机会。遇贵人如图 8-16 所示。

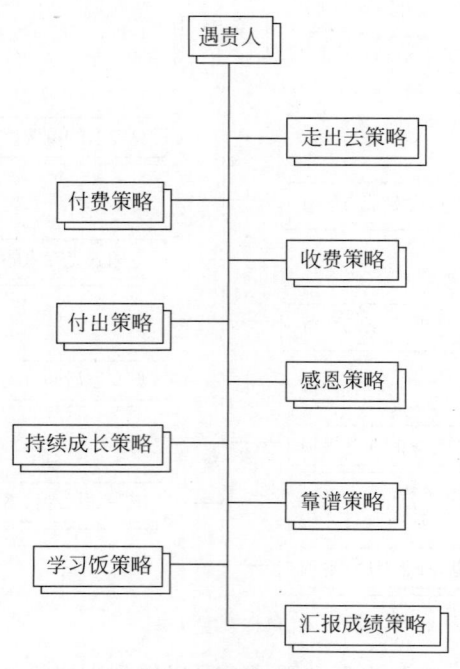

```
                    ┌─ 遇贵人
                    ├─ 走出去策略
          付费策略 ──┤
                    ├─ 收费策略
          付出策略 ──┤
                    ├─ 感恩策略
        持续成长策略─┤
                    ├─ 靠谱策略
        学习饭策略 ──┤
                    └─ 汇报成绩策略
```

图 8-16　遇贵人

　　在人生的征途中，个体时常会邂逅那些对自我产生深远正面影响的人物，他们或扮演导师角色，或为合作伙伴，抑或为挚友，此类人物常被尊称为"贵人"。贵人的出现，不仅能显著地加速个人的成长步伐，更能在人生轨迹上促成转折性的变革，然而与贵人的相遇并非全然出于偶然，实则可通过精心策划与恰当方法加以促进。下面通过以下公式直观地进行阐述：

　　（1）走出去策略＝改变狭窄社交圈子＋走出去认识优秀人＋增加遇贵人的机会。

　　（2）付费策略＝成为别人用户＋尤其是高端付费用户＋建立紧密关系＋提高连接效率和质量。

　　（3）收费策略＝提供价值并收费＋筛选出更认可你的人＋吸引愿付费的人＋获得更多帮助。

　　（4）付出策略＝持续为他人提供价值＋如建议、好书、文章等＋增多帮助你的人。

　　（5）感恩策略＝对帮助过的人表示感谢＋记在心上＋适时回馈＋易获他人帮助和支持。

　　（6）持续成长策略＝持续提升自己＋成为对别人有价值的人＋吸引更多关注＋增加遇贵人的机会。

　　（7）靠谱策略＝做事符合预期或超出＋给人留下靠谱印象＋学会管理预期＋给人惊喜。

　　（8）学习饭策略＝线下请人吃饭＋加深了解＋建立信任＋控制话题＋确保每次见面都

有价值。

（9）汇报成绩策略＝向帮助过的人汇报成绩和成长＋分享喜悦＋增强关系＋让对方受益。

8.2.10　加入不同的圈子

加入不同的圈子是提升自我、激发潜力、拓宽视野的有效途径，通过跟随赚钱多者学创富、与生活健康者共养生、和读书爱好者同进步，实现个人生活和事业的成功升级。加入不同的圈子如图 8-17 所示。

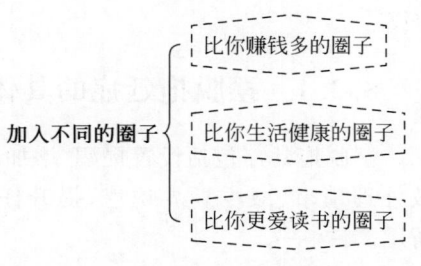

图 8-17　加入不同的圈子

（1）比你赚钱多的圈子：跟随成功人士，学习他们的创富思维和成事逻辑。通过观察富人的赚钱成果和生活，激发自己的野心和赚钱欲望。建议与富人客户交朋友或付费加入高端圈子、商业社群。

（2）比你生活健康的圈子：强调健康是人生的根本，没有健康，财富再多也无用。提倡关注饮食、锻炼和生活作息，与生活规律、饮食健康的人交朋友。建议加入减肥健身圈子，受他人健康生活方式的影响，变得越来越自律。

（3）比你更爱读书的圈子：读书是普通人改变命运和实现人生跃迁的最佳途径。鼓励多读名人传记，学习他们的优秀品质和成功经验。建议参加读书会、读书沙龙或阅读社群，结交书友，共同进步。

8.3　优化习惯

优化习惯的关键在于早起断网、时间管理、高效早餐、摆脱拖延、采用科学方法，如 5 分钟行动法和番茄工作法，通过自我分析、专家交流、海量阅读和复盘提升个人竞争力和职场效率。

（1）早起一定断网：手机闹钟响后不再碰手机，直到出门时再带走。快速将注意力投入洗漱、运动、吃早餐等事情上。规划好今天需要做的工作，掌握目前短期目标的完成情况。

（2）记录你的时间：记录时间以了解时间被花在什么事情上。通过记录时间发现迟到的原因，进行调整。

（3）提高时间的利用率：把时间放在重要的事情上，保持专注。扎克伯格的时间管理方法：保持专注，把一段时间聚焦在一件事上。建议只选择做前三件最重要的事情，集中精力完成一件再做另一件。

（4）早餐的重要性：早餐距离前一餐或最近一次进食的时间较长，不及时补充热量会影响血糖水平。血糖水平低会导致大脑兴奋性降低，反应迟钝，注意力不能集中。长期不吃或不吃科学早餐可能会引发各种问题，如影响生长发育、精神不振、诱发肠炎等。

8.3.1 摆脱拖延症的具体方法

摆脱拖延症包括设置提醒、增加做事理由、分解任务、沟通突破、调整完美主义标准、有效处理琐事、减少外界诱惑，提升任务执行力和效率。摆脱拖延症的具体方法如图 8-18 所示。

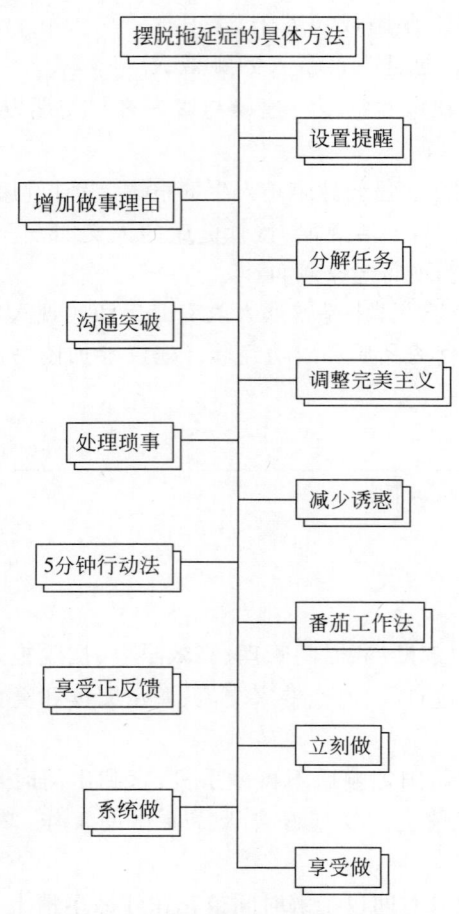

图 8-18 摆脱拖延症的具体方法

下面将介绍摆脱拖延症的具体方法，提升任务执行力和效率，帮助人们克服拖延症。
（1）设置提醒：针对不重视某事的拖延，设置提醒以提高重视程度。
（2）增加做事理由：针对不喜欢某事的拖延，增加一个或多个做事的理由。

（3）分解任务：针对觉得任务太难或做不了的拖延，将任务分解为可执行的步骤。

（4）沟通突破：针对难以完成的任务，与领导沟通，寻求帮助和突破。

（5）调整完美主义：针对完美主义倾向，将完美主义用于最重要的部分，将其他部分用80分标准要求。

（6）处理琐事：针对常被琐事打断的拖延，准备便利贴记录琐事，有空时再处理。

（7）减少诱惑：针对容易受到诱惑的拖延，关闭手机部分功能或改用手表看时间。

（8）5分钟行动法＝设置5分钟闹钟＋告诉自己只做5分钟＋逐步克服拖延。

（9）番茄工做法＝将任务切分为多个25分钟时间段＋逐步完成任务。

（10）享受正反馈＝每完成一个番茄钟＋给自己心理暗示和积极鼓励＋保持好的心理状态。

（11）立刻做：通过5分钟行动法，先易后难，循序渐进。

（12）系统做：使用番茄工做法，写下预期完成待办事项所需时间，逐步完成。

（13）享受做：通过心理暗示和积极鼓励，享受正反馈，增强专注力。

8.3.2 竞争力培养

竞争力培养可通过自我分析定位优势，与行业专家交流获取洞见，提升搜商和海量阅读紧跟趋势，重视复盘以避免低效重复，以及及时记录以防遗忘，从而持续提升个人竞争力。竞争力培养如图8-19所示。

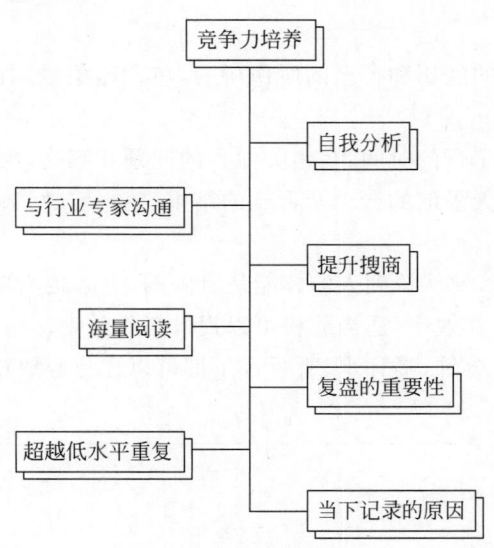

图 8-19 竞争力培养

下面将介绍如何通过自我分析、与行业专家交流、提升搜商、海量阅读、复盘和及时记录等方法来培养个人竞争力，从而在职场中保持优势。

（1）自我分析：通过画3个相交的圆圈，分别回答"我擅长做的是什么""我喜欢做的是什么"和"市场上有前景的职业是什么"这3个问题。找到个人优势和市场需求的交集。

（2）与行业专家沟通：梳理朋友圈中的"行业专家"，主动与他们沟通各行各业的信息。

（3）提升搜商：通过互联网渠道，如得到、喜马拉雅、混沌大学、看理想、豆瓣、B站、公众号等，寻找答案。带着问题有针对性地获取信息。

（4）海量阅读：不仅是读书，还包括有针对性地阅读相关信息，如虎嗅、钛媒体、界面新闻、投资界、创业邦等。搭建阅读体系，提升对市场动态和行业趋势的理解。

（5）复盘的重要性：避免漫无目的地进行机械练习，提升工作及学习效率。

（6）超越低水平重复，通过复盘进行改进。

（7）目前记录的原因：避免高估自己的记忆力，随着时间流逝遗忘速度加快。

8.3.3 日记反思与适时放松

学会用碎片时间做前置工作，3行短日记通过记录经历、感受与行动反思促进自我成长；学会放松及强调适时休息，包括简单活动，如站立、饮水、听音乐等。日记反思与适时放松如图8-20所示。

日记反思与适时放松 { 3行短日记 / 学会放松 }

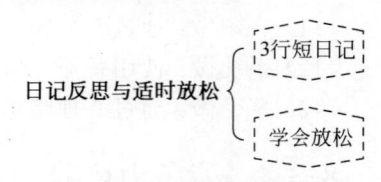

图8-20 日记反思与适时放松

本节将介绍通过写3行短日记进行反思和适时放松的方法，促进个人成长和提高工作效率。

1. 3行短日记

（1）第1行：写今天的经历和自己的所作所为，包含印象最深的一件事、工作中的失误或自己采取的行动。

（2）第2行：根据第1行的时间，写出关注到的问题和感受，内容可以很主观。

（3）第3行：记录当天采取的行动及得到的结果、感想和教训。

2. 学会放松

不能一味地埋头工作，要认识到人的体能是有限的，大脑也需要休息。

超负荷工作会降低工作效率，适当放松可以提升工作效率。

工作间站起来活动5分钟、喝杯水、听听音乐都可以让身心放松下来。

8.4 团队管理

团队管理通过明确目标、优化流程、个性化管理策略、高效沟通与信任建立来提升团队执行力与凝聚力，借鉴领导力技巧与埃隆·马斯克工作五步法，推动团队高效运作与持续发展。

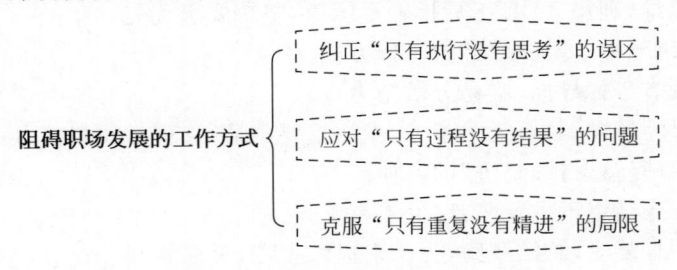

8.4.1 阻碍职场发展的工作方式

阻碍职场发展的工作方式包括仅执行不思考、重过程轻结果及重复无精进,培养深度思考、结果导向和持续优化工作方式的习惯。阻碍职场发展的工作方式如图8-21所示。

阻碍职场发展的工作方式
- 纠正"只有执行没有思考"的误区
- 应对"只有过程没有结果"的问题
- 克服"只有重复没有精进"的局限

图 8-21 阻碍职场发展的工作方式

下面将为3种阻碍职场发展的工作方式提供相应的策略以促进个人职业成长。

(1) 纠正"只有执行没有思考"的误区。

误区:管理者接到任务后急于执行,不考虑策略和方法。

策略:以终为始,深度思考,分清轻重缓急,提高执行力。

(2) 应对"只有过程没有结果"的问题。

误区:管理者勤恳工作,但缺乏结果导向。

策略:以结果为导向,梳理过程中的差距,有针对性地补充资源。

(3) 克服"只有重复没有精进"的局限。

误区:管理者每天重复同样的事情,不懂得变通。

策略:以结果为导向,针对差距进行刻意练习,优化工作方式。

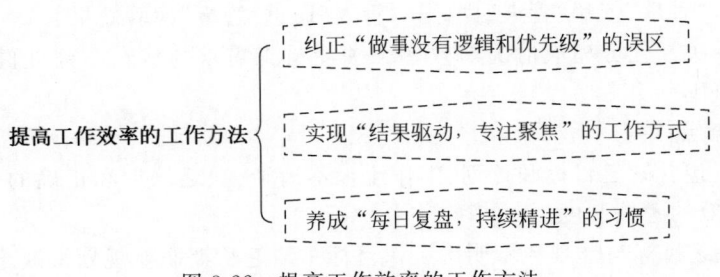

8.4.2 提高工作效率的工作方法

提高工作效率的工作方法包括以终为始要事优先、结果驱动专注聚焦及每日复盘持续精进,通过明确优先级、目标导向和持续反思来提升工作效果。提高工作效率的工作方法如图8-22所示。

提高工作效率的工作方法
- 纠正"做事没有逻辑和优先级"的误区
- 实现"结果驱动,专注聚焦"的工作方式
- 养成"每日复盘,持续精进"的习惯

图 8-22 提高工作效率的工作方法

下面将介绍提高工作效率的工作方法，通过明确优先级、目标导向和持续反思，有助于提升工作效果。

（1）纠正"做事没有逻辑和优先级"的误区：以终为始要事优先。

误区：做事没有逻辑和优先级。

策略：全局思维，利用 TDL 工具排轻重缓急，坚持要事优先。

（2）实现"结果驱动，专注聚焦"的工作方式。

误区：做事没有目标导向，容易分散精力。

策略：以结果为导向，放弃无关事务，专注重要事情，管理时间和精力。

（3）养成"每日复盘，持续精进"的习惯。

误区：一天工作结束不进行复盘，低效率重复。

策略：日复一日复盘，总结经验，为未来提供参考，争取胜利。

8.4.3 管理理念和方法

本节介绍管理应该关注的重点、员工的需求及如何通过制度和流程来管理团队。

1．管理理念

管理的核心是"管事"而不是"管人"。管理包括"管事"和"管人"两个方面。

（1）管事＝定义与内涵（"管事"的定义）＋重要性（"管事"的作用）。

定义与内涵（"管事"的定义）＝规划组织事务＋组织流程＋领导与控制资源＋任务分配＋进度监控＋质量控制＋效率提升。

重要性（"管事"的作用）＝确保事务有序＋减少资源浪费＋提高运作效率＋提供工作框架＋激发工作积极性与创造力。

（2）管人＝定义与内涵（"管人"的定义）＋重要性（"管人"的作用）。

定义与内涵（"管人"的定义）＝招聘员工＋培训员工＋激励员工＋考核员工＋沟通管理＋了解员工需求＋激发员工潜能＋构建良好的人际关系与组织氛围。

重要性（"管人"的作用）＝不可或缺＋实现组织目标＋影响整体绩效＋激发员工的积极性与创造力＋增强组织凝聚力与向心力。

（3）"管事"与"管人"的关系＝相辅相成＋平衡发展。

相辅相成＝"管事"依赖"管人"执行＋"管人"通过"管事"检验效果。

平衡发展＝关注任务完成情况与效率＋关注员工需求与成长＋建立健全制度流程＋营造积极组织氛围。

2．员工的痛点

员工的痛点包含缺乏目标和计划、工作流程不清晰、缺乏培训和正确的方法、奖惩机制不明确、缺乏有效的考核制度。

（1）解决缺乏目标与计划＝不明确工作目标＋缺乏长期职业规划＋缺乏详细计划。

影响＝工作方向模糊＋动力不足＋盲目忙碌或无所事事。

解决方案＝建立 SMART 目标体系＋制订个人发展计划＋定期回顾与调整。

(2) 解决工作流程不清晰＝流程不明确＋职责划分模糊＋协作机制不合理。
影响＝沟通成本增加＋工作效率降低＋内部冲突。
解决方案＝优化工作流程＋明确职责分工＋建立高效协作机制＋培训员工理解流程。
(3) 解决缺乏培训与正确方法＝缺乏必要技能培训＋未掌握正确的工作方法。
影响＝工作质量下降＋员工自信心与满意度降低＋组织成本增加。
解决方案＝提供针对性培训资源(内部/外部/在线)＋鼓励分享及交流工作经验。
(4) 解决奖惩机制不明确＝奖惩标准不清晰＋执行不公正。
影响＝员工积极性削弱＋工作投入度降低＋员工流失。
解决方案＝建立公平透明可量化的奖惩机制＋及时反馈与奖励。
(5) 解决缺乏有效考核制度＝考核制度不完善＋执行不力。
影响＝工作成果缺乏认同感＋成就感降低＋工作满意度与忠诚度下降。
解决方案＝建立科学合理全面的考核制度(定期考核/项目评估/360°反馈)＋奖惩与晋升决策依据。

3．员工的需求

员工的需求包括理解工作意义、享受合作氛围、追求公平公正、渴望工作自主、得到认可与表扬、寻求个体成长、建立与领导的信任关系，和同事保持良好的人际关系。员工需求如图8-23所示。

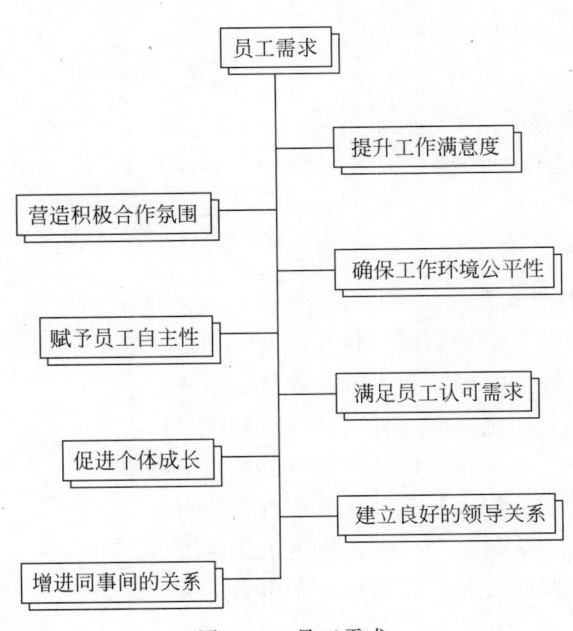

图8-23 员工需求

下面将介绍员工在工作中的多种需求，这些需求对于提升员工满意度和工作效率至关重要。
(1) 提升工作满意度：员工需要了解自己的工作如何与整体愿景相联系。
(2) 营造积极合作氛围：员工渴望在激励的环境中与其他员工合作。

(3) 确保工作环境公平性：员工希望在公平公正的环境下工作。
(4) 赋予员工自主性：员工希望能够自主完成工作任务。
(5) 满足员工认可需求：员工需要表扬和认可。
(6) 促进个体成长：员工希望有机会学习和发展技能。
(7) 建立良好的领导关系：员工希望与领导建立诚实信任的关系。
(8) 增进同事间的关系：员工希望与同事建立良好的关系。

4. 管理方法

管理方法涵盖制度管人、流程管事、明确目标、制订落地计划、组建团队、强化团建及塑造团队文化，提升管理效率与团队凝聚力。管理方法如图 8-24 所示。

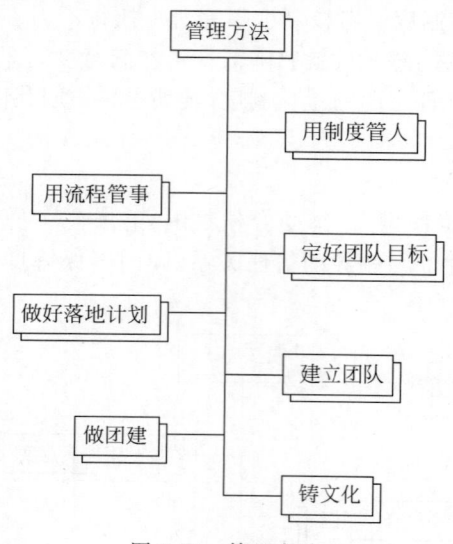

图 8-24 管理方法

本节内容通过以下公式直观地进行阐述：
(1) 用制度管人＝制订明确制度＋执行制度管理员工。
(2) 用流程管事＝建立清晰流程＋按流程执行事务。
(3) 定好团队目标＝明确团队目标＋让成员知晓目标。
(4) 做好落地计划＝制订详细计划＋指导成员正确做事。
(5) 建立团队＝合理分配人员＋确保事事有人负责。
(6) 做团建＝提高团队凝聚力＋营造快乐工作氛围。
(7) 铸文化＝建立团队文化＋作为核心竞争力。

8.4.4 员工执行力缺乏

员工执行力缺乏的八大原因包括目标不清、方法不足、分工不明、流程不畅、计划缺失、反馈缺乏、总结不足及奖惩不公，通过明确目标、提供方法、明确分工、优化流程、制订计划、及时反馈、鼓励总结及公平奖惩等解决方案来提升。员工执行力缺乏如图 8-25 所示。

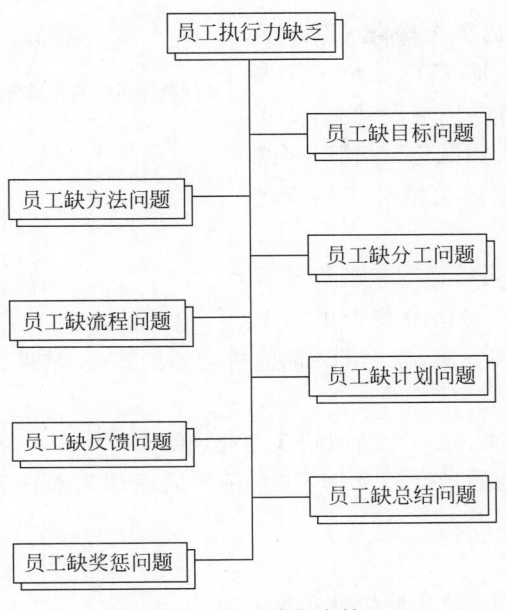

图 8-25　员工执行力缺乏

本节内容通过以下公式直观地进行阐述：
(1) 员工缺目标问题＝员工无清晰的工作目标＋工作缺乏动力和效率。

解决方案＝召开团队目标共识会＋制订 SMART 原则目标。

(2) 员工缺方法问题＝员工无足够信息、工具或培训＋无法有效地执行任务。

解决方案＝安排师傅带徒弟或团队讨论会＋共创解决方案。

(3) 员工缺分工问题＝团队内部职责分工不明确＋工作重叠和责任推诿。

解决方案＝建立明确的任务分配机制＋培养团队协作文化。

(4) 员工缺流程问题＝工作流程不清晰或不完善＋工作进展缓慢。

解决方案＝工作流程文档化＋进行流程培训。

(5) 员工缺计划问题＝员工无明确的工作计划和时间表＋工作无头绪。

解决方案＝与员工制订详细的工作计划和时间表＋定期进行一对一面谈。

(6) 员工缺反馈问题＝员工完成工作后无及时反馈＋工作无动力。

解决方案＝定期进行一对一会议＋对员工工作进行评估和反馈。

(7) 员工缺总结问题＝员工无定期进行工作总结的习惯＋能力得不到提升。

解决方案＝鼓励员工定期总结工作＋提供反馈和指导。

(8) 员工缺奖惩问题＝员工付出和回报无明确的对应关系＋付出回报不成正比。

解决方案＝制订清晰、公平奖惩标准＋确保奖惩流程透明。

8.4.5 不同类型员工的管理策略

管理不同类型员工需要个性化策略：兔子型员工需要指导与培训，乌龟型员工需要耐心激励，鸵鸟型员工需设标准促动力，千里马型员工则信任授权；带团队应秉持开心、结果、合作与成长原则。不同类型员工的管理策略如图 8-26 所示。

下面将介绍针对不同类型员工的管理策略，包括兔子型、乌龟型、鸵鸟型和千里马型员工的特点及相应的管理方法，提出带团队时应遵循的开心、结果、合作与成长原则。

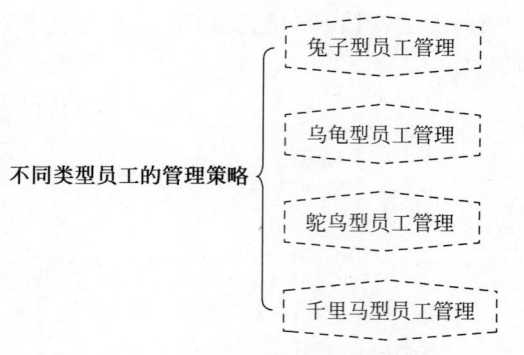

不同类型员工的管理策略 { 兔子型员工管理; 乌龟型员工管理; 鸵鸟型员工管理; 千里马型员工管理 }

图 8-26　不同类型员工的管理策略

1．兔子型员工管理

特点：高意愿、低能力，充满激情但缺乏专业训练。

管理方法：提供明确的指导和反馈，建立科学的培训培养机制，根据个性特长安排工作，领导要有掌控度和决定权。

2．乌龟型员工管理

特点：低意愿、低能力，起步慢但踏实肯干。

管理方法：给予耐心和激励，紧密跟踪工作进度，提供及时反馈和指导，明确奖惩，必要时替换不改变的下属。

3．鸵鸟型员工管理

特点：低意愿、高能力，有能力但缺乏动力。

管理方法：设定明确的考核标准，评估工作能力，适当增加任务，培养企业归属感，不能提高意愿时考虑替换。

4．千里马型员工管理

特点：高意愿、高能力，才华横溢且行动迅速。

管理方法：创造宽松环境，给予信任和资源，大胆授权，给予关心和理解，用气度、修为、境界留住人才。

5．带团队原则

开心原则：创造舒适的环境和开心的氛围，避免高压限制积极性。

结果原则：强调速度、效率、细节、成果和数据的重要性。

合作原则：树立团队至上的理念，鼓励独立作业和团队合作。

成长原则：领导者要教授技能、进行心理辅导、助其攀登和提供表现机会。

8.4.6 管理者如何安排工作

管理者有效安排工作与授权，确保自我提升与团队协调，注重计划、组织、控制与领导，平衡"三抓三放",谨慎言行,追求公平激励,避免争权争功,明确结果或过程导向,依据工作态度把握宽容尺度。管理者工作态度与自我提升如图8-27所示。

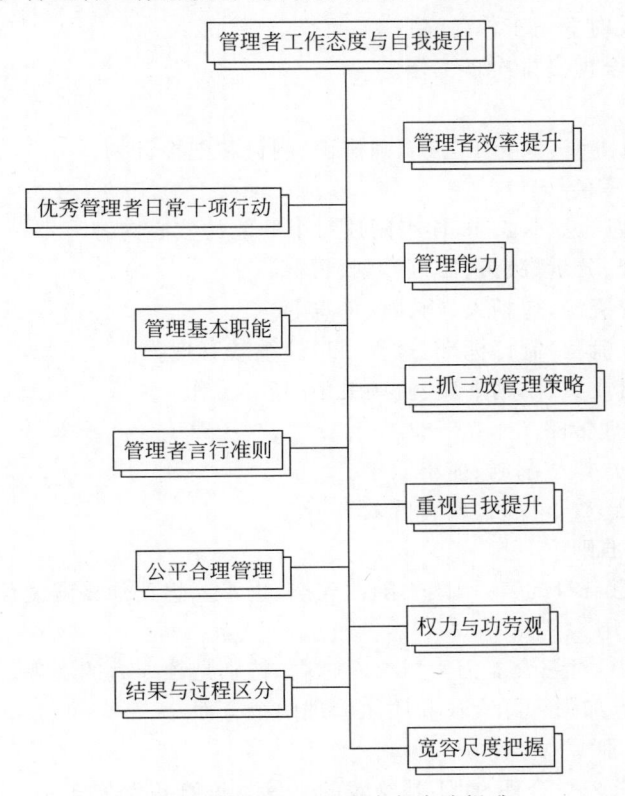

图 8-27 管理者工作态度与自我提升

下面将介绍管理者如何有效地安排工作与授权,实现自我提升与团队协调。

1. 管理者效率提升

管理者应该通过有效的工作安排和授权,使自己能够从日常琐事中解脱而出,从而有更多的时间和精力去思考和规划更重要的事情。

2. 优秀管理者日常十项行动

优秀的管理者每天都要进行一系列关键活动,确保团队的高效运作和目标实现。以下是这些活动的简要概述。

(1) 开晨会:进行例会问早,前日盘问。
(2) 看报表:进行目标管理,结果导向,分析数据。
(3) 查落实:对项目计划,任务跟踪检查。
(4) 去现场:现场查看,发现问题,掌握实际情况。
(5) 谈工作:适当营造氛围,提高员工士气。
(6) 化矛盾:找老板汇报工作计划。

(7) 找老板：简要汇报工作，作风严谨。

(8) 省吾身：下班前自行反思做过的事，说过。

(9) 做备忘：及时登记工作备忘。

(10) 定计划：合理安排次日工作。

3. 管理能力

解决问题、沟通协调、承受压力、准确辨识、制订和把控计划。

4. 管理的基本职能

下面将介绍管理的基本职能，详细阐述每个职能的核心内容。

(1) 计划：调查、分析、决策、制订计划、目标。

(2) 组织：配置资源，包括人、物、财、信息等。

(3) 控制：设计流程、制订标准、过程、目标、绩效管理。

(4) 领导：感召成员、激励下属、协调关系、指导工作。

5. 三抓三放管理策略

三抓：抓紧方向、抓住漏洞、抓牢效率。

三放：放低自己、放下权利、放弃低效员工。

6. 管理者言行准则

管理者需要注意自身的言行，既不随便表态，也不要想到什么就说什么。

7. 重视自我提升

管理者越往上走，对综合能力素质要求越高，特别是领导力的展现。

管理者需要重点加强人际交往和团队管理两个方面。

8. 公平合理管理

管理者应该追求公平合理，而不是绝对的平等。谁真正踏实干活、干得多，就应该得到更大的好处和激励。

9. 权力与功劳观

不与上级争权，不与下级争功：不要超越自身的权限，必要时刻该请示的请示。不要抢占下级的功劳，要敢于为下级邀功。

10. 结果和过程要区分

管理者要么强调结果，充分发挥下属的主观能动性，要么强化过程，指导下属工作。不要既强调结果，又强调过程，搞得下属无所适从。

11. 宽容尺度把握

宽容的尺度就是下属的工作态度：管理者要把握好宽容的尺度，根据下属的工作态度来决定管理方式。既不要过于心慈手软，也不要偏袒任何一个人。

8.4.7 团队管理

团队管理的核心要素：建立信任、目标导向、流程管理、共同承诺和高效沟通，用于帮助团队管理者识别，解决深层次的管理问题。团队管理的核心要素如图 8-28 所示。

```
                团队管理的核心要素
                        │
                        ├─── 建立信任
                        │
              目标导向 ──┤
                        ├─── 流程管理
                        │
            沟通正反例 ──┤
                        ├─── 管理方法
                        │
              管理制度 ──┤
                        ├─── 对管理者的考验
                        │
        设计完整的执行体系─┤
                        ├─── 建立淘汰机制
                        │
        数据化管理的重要性─┘
```

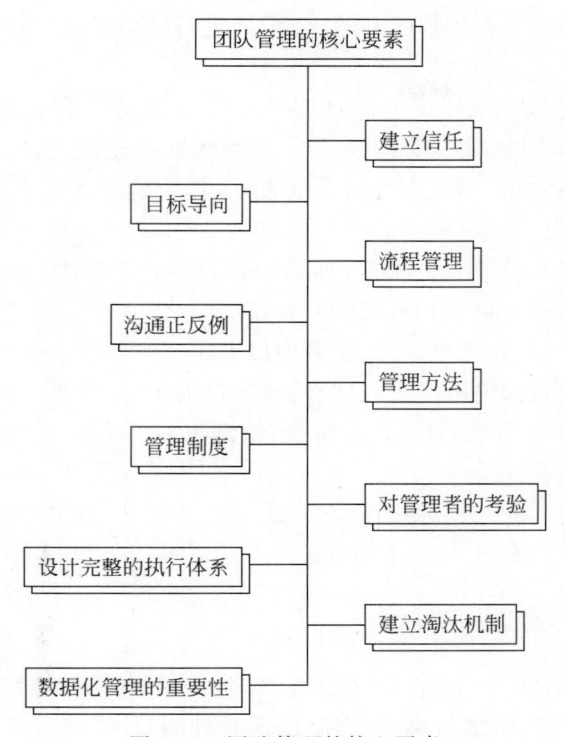

图 8-28 团队管理的核心要素

下面将介绍团队管理的核心要素，帮助团队管理者进行识别，解决深层次的管理问题。

（1）建立信任：承认错误、鼓励团队成员的想法、明确任务，给予信任。

错误示范：推诿责任、忽视承诺、不信任团队成员。

（2）目标导向：明确年度、季度和月度目标、分配具体任务、鼓励团队成员提问。

错误示范：缺乏明确目标、仅满足上级要求、不考虑团队成员意见。

（3）流程管理：制订详细的工作计划、明确时间节点、主动询问，提供帮助。

错误示范：忽视过程管理、只关注结果、不愿意提供指导。

（4）沟通正反例：团队管理失败、沟通失败。

错误示范：团队管理失败＝指责团队成员＋不鼓励沟通＋推卸责任。

正确做法：团队管理成功＝明确任务负责人＋鼓励随时沟通＋提供必要支持。

错误示范：沟通失败＝压制反馈＋独断专行＋批评理解能力。

正确做法：沟通成功＝鼓励团队成员随时反馈＋确保信息透明＋确认共识，明确分工。

（5）管理方法：提倡质疑精神，鼓励营造互相尊重的氛围。对于敢于提出自己意见的人，提高其荣誉感和幸福感。避免成员建立自己的小圈子，分享知识和利益。建立完整的**执行体系**，对管理者进行考验。

（6）管理制度：融合个人与集团利益，公平地进行绩效评估。严格考核，明确分工，协调人际关系。

（7）对管理者的考验：扮好角色，例如老师、兄长、朋友。循循善诱，引导员工解决问题。收放自如，真诚、关切、守信、宽容、善待。正视团队的现实问题，了解团队成员不同的想法。场上是严格的领导者，场下是友好的朋友，工作中是要求严格的"魔鬼"，生活中是善良的"好人"。

（8）设计完整的执行体系：完善的培训，跟进与控制，激励执行者。

团队构成：相互责任、共同目标、技能互补。

执行力：做正确的事，用正确的人，正确地做事。

（9）建立淘汰机制：末位淘汰法则，明确对末位的定义、判断、淘汰后的安排和及时补位的规则。制订紧急事件处理系统，准备阶段、检测与分析阶段、攻击根除、攻击缓解、事件跟踪、业务修复。

（10）数据化管理的重要性：使用科学的武器武装团队，如甘特图、绩效管理工具。可视化看板，让数据一目了然，方便科学决策。

8.4.8　领导力和员工管理

本节将探讨领导力和员工管理的关键要素，包括如何提升领导气场、管理不同性格的下属、与下属的相处之道、情绪与决策管理、团队管理与培养、领导风格与行为准则及领导力提升的具体策略。

1. 为什么你没有领导气场

缺乏领导气场往往源于对员工过度亲和、做事缺乏决断力、未能有效地管理挑战者、未能通过专业能力赢得员工尊重。为什么你没有领导气场如图8-29所示。

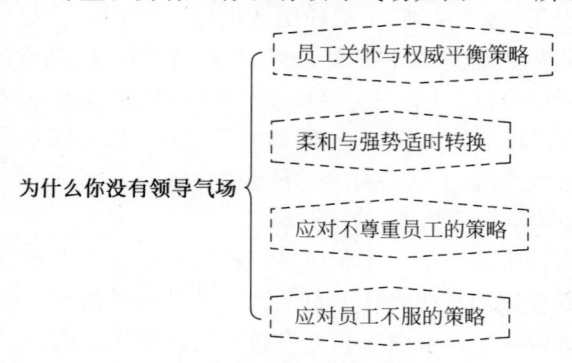

图8-29　为什么你没有领导气场

本节内容通过以下公式直观地进行阐述：

（1）员工关怀与权威平衡策略包括适度关怀、保持职业距离、建立专业形象、促进自我管理。

适度关怀＝关心员工需求＋避免过度干涉私生活。

保持职业距离＝设定工作界限＋展现专业性与权威性。
建立专业形象＝公正、有原则＋决策执行力。
促进自我管理＝员工责任感培养＋减少直接指导依赖。
（2）柔和与强势适时转换包括柔和关怀、适时强势、处理冲突、激励与鞭策。
柔和关怀＝倾听员工意见＋鼓励团队合作。
适时强势＝关键时刻果断决策＋明确立场与期望。
处理冲突＝坚定立场＋解决问题能力。
激励与鞭策＝高标准设定＋潜力激发。
（3）应对不尊重员工的策略包括明确规则、个别沟通、公正处理。
明确规则＝行为规范＋惩罚措施明确。
个别沟通＝了解原因＋寻求解决方案。
公正处理＝避免偏袒＋考虑团队氛围。
（4）应对员工不服的策略包括业务能力展示、以身作则、引导与培养。
业务能力展示＝解决实际问题＋提出创新方案。
以身作则＝努力工作＋承担责任＋解决问题示范。
引导与培养＝挑战性任务＋专业培训＋鼓励积极心态。

2．如何管理不同性格的下属

对急强者提示谦逊,对骄傲者勇于批评,对散漫者增工作量,对是非者严惩并增加工作,对优柔者促独立,对顽固者警固执勿伤团队。如何管理不同性格的下属如图8-30所示。

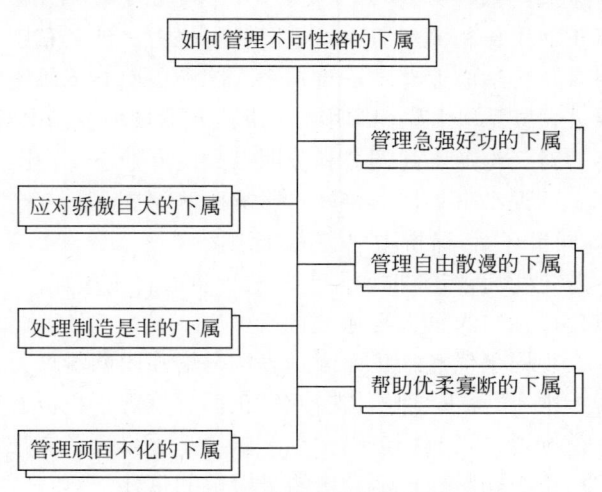

图8-30　如何管理不同性格的下属

（1）管理急强好功的下属：提示隐藏锋芒,给同事展现机会,额外规定规则。
（2）应对骄傲自大的下属：敢于批评,找机会挫败傲气。
（3）管理自由散漫的下属：增加工作量,安排优秀下属带动。
（4）处理制造是非的下属：从重惩罚,增加工作量,减少八卦时间。

（5）帮助优柔寡断的下属：让他独立完成任务，不再依赖他人。
（6）管理顽固不化的下属：警告固执行为，不能伤害团队。

3．与下属的相处之道

与下属相处需要保持职业距离，避免闲话，中立处理同事关系，冷静解决问题，换位思考，以利益为导向，避免树敌。与下属的相处之道如图 8-31 所示。

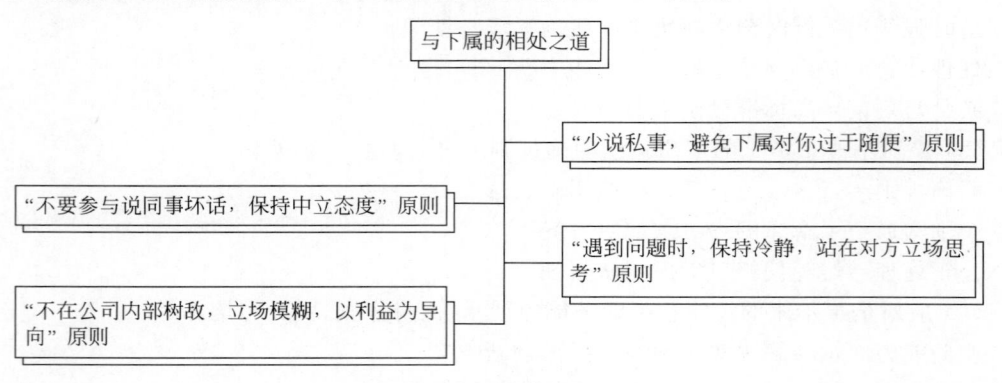

图 8-31　与下属的相处之道

本节内容通过以下公式直观地进行阐述：

（1）"少说私事，避免下属对你过于随便"原则。

界定公私界限＝明确工作场合与私人生活界限＋避免办公区域谈私事＋保持职业形象。

适度分享＝分享正面工作相关经历＋增进团队凝聚力－涉及私密内容。

建立尊重文化＝言行传达职业尊重＋重视个人隐私＋引导下属遵循。

制订行为规范＝公司规章/团队守则明确禁谈私事＋减少干扰误解。

定期沟通＝定期一对一沟通＋强调公私分明＋鼓励专业态度。

以身作则＝管理者少说私事＋树立榜样＋影响团队氛围。

（2）"不要参与说同事坏话，保持中立态度"原则。

维护团队和谐＝避免背后议论/批评同事＋减少负面言论破坏。

积极沟通＝直接建设性与当事人沟通－背后议论。

培养正面视角＝发现同事优点＋正面激励表扬＋增强团队凝聚力。

明确团队价值观＝纳入"尊重、理解、支持"等正面价值观＋积极态度引导。

建立反馈机制＝鼓励通过正式渠道提意见＋减少私下议论必要性。

强化团队凝聚力＝组织团队建设活动＋增进了解和信任。

（3）"当遇到问题时，保持冷静，站在对方立场思考"原则。

情绪管理＝遇问题控制情绪＋避免冲动伤害。

换位思考＝尝试以对方视角进行理解＋包容理解态度。

寻求共赢方案＝理解对方后找双方接受解决方案＋实现共赢。

提升沟通技巧＝培训学习情绪管理/换位思考能力。

建立冲突解决机制＝明确冲突解决流程＋确保问题得到及时处理。
实践应用＝日常工作运用沟通技巧/策略＋巩固提升能力。
（4）"不在公司内部树敌，立场模糊，以利益为导向"原则。
保持中立＝处理事务持中立态度＋客观公正评判处理。
关注整体利益＝公司整体利益优先＋避免个人恩怨损害。
灵活应对＝复杂局面灵活调整立场策略＋推动问题解决。
强化大局观＝培训学习以提升大局意识/全局观念。
建立合作文化＝营造合作共赢文化氛围＋鼓励员工间相互支持与帮助。
明确职责分工＝减少摩擦冲突＋专注工作创造价值。

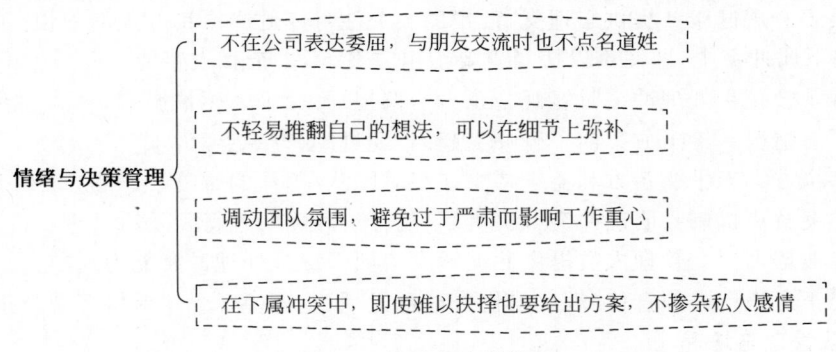

4．情绪与决策管理

情绪与决策管理应避免情绪化表达，坚定决策的同时进行灵活调整，营造积极团队氛围，在处理冲突时保持公正，不受个人情感左右。情绪与决策管理如图8-32所示。

情绪与决策管理
- 不在公司表达委屈，与朋友交流时也不点名道姓
- 不轻易推翻自己的想法，可以在细节上弥补
- 调动团队氛围，避免过于严肃而影响工作重心
- 在下属冲突中，即使难以抉择也要给出方案，不掺杂私人感情

图 8-32　情绪与决策管理

本节内容通过以下公式直观地进行阐述：
（1）不在公司表达委屈，与朋友交流时也不点名道姓。
职场情绪管理＝认识负面影响（降低士气、影响效率）＋保持积极态度＋私下寻求支持。
尊重隐私与边界＝避听筒及公司内部具体的人或事＋不点名道姓讨论同事/上级。
积极寻求外部支持＝向家人/专业咨询师/信赖朋友倾诉＋保护隐私/避免传播不实信息。
建立情绪支持渠道＝提供心理咨询/情绪支持服务＋鼓励员工利用资源。
强调职场礼仪与规范＝内部培训/宣传专业态度/尊重隐私＋合适的解决途径。
鼓励正面沟通＝遇到困难/不满时正面沟通＋解决问题/促进团队合作。
（2）不轻易推翻自己的想法，可以在细节上弥补。
深思熟虑后决策＝充分思考分析＋基于合理事实逻辑＋不轻易改变决定（除非新证据）。
灵活调整与改进＝保持总体方向＋细节调整改进＋适应实际情况/解决问题。

勇于承认错误与学习＝发现错误/不足时勇于承认＋寻求改进/从错误中学习。
培养批判性思维＝培训实践提升批判性思维能力＋客观全面分析决策。
鼓励创新与试错＝融入创新与试错精神＋勇于尝试新思路/新方法＋在实践中学习成长。
建立反馈机制＝有效反馈机制＋及时了解工作表现/决策效果＋调整改进方法思路。

（3）调动团队氛围，避免过于严肃而影响工作重心。
营造轻松氛围＝团队建设活动/小型聚会/庆祝活动＋轻松愉快氛围＋凝聚力/归属感。
鼓励开放交流＝开放坦诚交流想法/意见＋信息共享/合作创新－严肃/负面语言。
保持工作与生活平衡＝关注工作与生活平衡＋合理安排休息＋避免过度劳累。
制订团队建设计划＝实际情况/团队需求制订计划＋明确活动细节。
强调沟通与协作＝内部宣传/培训沟通协作重要性＋有效沟通技巧/协作方法。
关注员工心理健康＝提供心理支持/帮助＋关注身体健康＋良好生活习惯/工作状态。

（4）在下属冲突中，即使难以抉择也要给出方案，不掺杂私人感情。
保持客观公正＝处理冲突时客观公正＋不偏袒/不受个人感情影响。
深入了解情况＝给出方案前了解冲突起因/经过/双方观点/诉求。
寻求共赢方案＝平衡各方利益＋减少冲突对团队/工作的影响。
建立冲突解决机制＝明确冲突解决机制/流程＋确保问题得到及时处理。
提供专业培训＝为管理人员提供冲突解决培训＋提升处理冲突能力/技巧。
强化公正意识＝内部宣传/教育强化公正意识/职业道德观念＋保持客观公正态度。

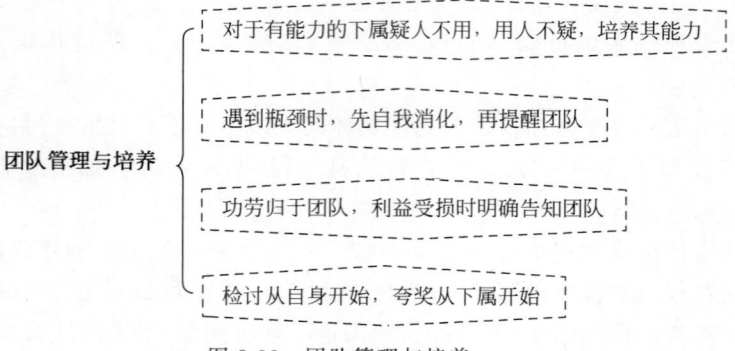

5．团队管理与培养

团队管理与培养的核心在于信任与培养下属能力，面对问题先自我反思，自身做检讨，从下属开始夸奖，共享成功与困难。团队管理与培养如图 8-33 所示。

团队管理与培养
- 对于有能力的下属疑人不用，用人不疑，培养其能力
- 遇到瓶颈时，先自我消化，再提醒团队
- 功劳归于团队，利益受损时明确告知团队
- 检讨从自身开始，夸奖从下属开始

图 8-33 团队管理与培养

本节内容通过以下公式直观地进行阐述：
（1）对于有能力的下属疑人不用，用人不疑，培养其能力。
组织管理原则＝疑人不用＋用人不疑＋能力培养。

选拔人才＝严格筛选＋评估信赖＋能力匹配。
任用决策＝给予信任＋支持，避免猜疑。
能力发展＝提供学习机会＋挑战性任务＋资源指导＋成长进步。
（2）遇到瓶颈时，先自我消化，再提醒团队。
瓶颈处理策略＝自我反思＋团队协作。
面对瓶颈＝保持冷静＋理性分析＋根源探索。
自我消化＝避免过早抛出问题＋减少恐慌混乱。
适时提醒＝清晰认知后＋团队讨论＋集思广益＋应对策略。
团队增强＝凝聚力提升＋战斗力加强＋威信影响力提升。
（3）功劳归于团队，利益受损时明确告知团队。
团队激励与应对＝功劳归功团队＋利益受损时告知团队。
成绩归属＝功劳归功于团队努力＋协作成果。
表扬奖励＝公开表扬＋激发积极性＋归属感增强＋积极氛围营造。
风险应对＝利益受损及时告知＋共同了解情况＋共同应对挑战。
团队增强＝责任感提升＋危机意识增强＋沟通信任促进＋合作关系稳固。
（4）检讨从自身开始，夸奖从下属开始。
工作总结与反馈＝自我检讨＋下属夸奖。
自我反思＝找原因＋找不足＋承担责任＋寻求改进。
领导提升＝自我检讨＋反思＋能力管理水平提升。
下属夸奖＝优先考虑成就贡献＋认可奖励＋工作热情激发。
团队增强＝凝聚力向心力提升＋和谐高效关系形成＋下属尊重关爱＋长久合作关系建立。

6．领导风格与行为准则

领导风格与行为准则，需要摒弃不道德手段，维护行业名声，谨慎言行，明确团队分工与责任。领导风格与行为准则如图 8-34 所示。

本节内容通过以下公式直观地进行阐述：
（1）摒弃不道德手段＝停止诽谤或造谣竞争对手＋坚守正当竞争底线。
（2）正当竞争＝提升产品和服务质量＋赢得市场认可。
（3）维护行业名声＝不轻易以自身名誉担保＋对外交流确保信息真实性＋勇于发声维护行业形象。
（4）谨慎言行＝言行举止代表团队／行业形象＋避免夸大其词或误导他人。
（5）专业性与信誉＝不透露未成熟想法＋说到做到。
（6）团队效率与凝聚力＝明确团队分工＋责任到人。
（7）分工与责任体系＝根据特长与能力分工＋明确责任人与考核标准。
（8）激发积极性与创造力＝明确分工与责任体系＋提升团队整体效能。
（9）领导者形象与信誉＝摒弃不道德手段＋维护行业名声。

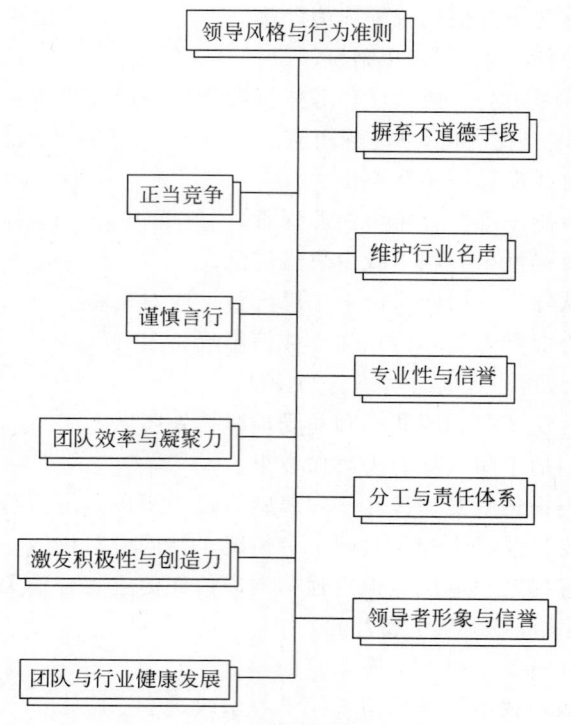

图 8-34　领导风格与行为准则

（10）团队与行业健康发展＝领导者形象与信誉＋团队效率与凝聚力＋公平竞争环境。

7．领导力提升

领导力提升，平衡情感与原则，保持健康与斗志，为团队利益斗争，勇于接受批评，保护团队，对下属宽容而不失原则，避免负面行为影响团队氛围。领导力提升如图 8-35 所示。

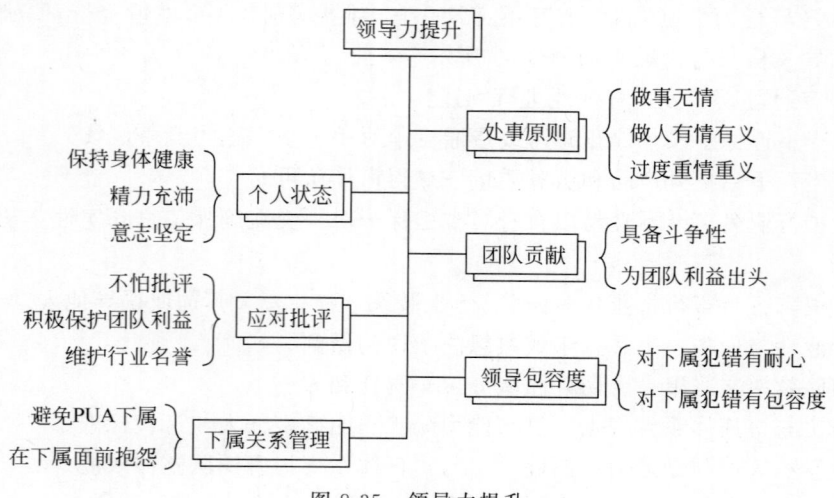

图 8-35　领导力提升

本节内容通过以下公式直观地进行阐述：
(1) 处事原则＝做事无情＋做人有情有义－过度重情重义。
(2) 个人状态＝保持身体健康＋精力充沛＋意志坚定。
(3) 团队贡献＝具备斗争性＋为团队利益出头。
(4) 应对批评＝不怕批评＋积极保护团队利益＋维护行业名誉。
(5) 领导包容度＝对下属犯错有耐心＋对下属犯错有包容度。
(6) 下属关系管理＝避免 PUA 下属－在下属面前抱怨。

8.4.9 快速厘清团队成员间的亲疏关系

快速厘清团队成员间的亲疏关系，通过观察部门活跃度、交叉面试官、群消息回复、工位沟通、接口人、聚餐及坐车情况、HR 互动等细节，判断团队成员间的关系亲疏、团队内部动态。快速厘清团队成员间的亲疏关系如图 8-36 所示。

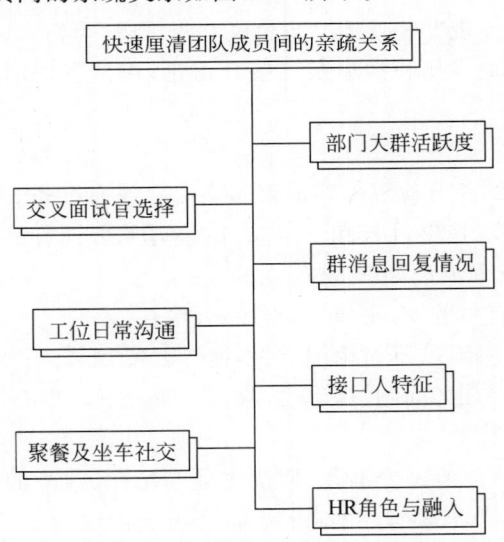

图 8-36 快速厘清团队成员间的亲疏关系

下面将介绍如何快速厘清团队成员间的亲疏关系和团队内部动态。

(1) 部门大群活跃度：最活跃的成员通常是团队中的"E 人"（外向者），可以通过他们了解团队情况。

(2) 交叉面试官选择：交叉面试官通常是与你主管最熟悉的人，这有助于提高面试通过率。

(3) 群消息回复情况：领导发消息时，回复最快最具体的成员通常与领导关系较近但不一定是嫡系。基本不回复的成员可能是业务核心力量或与领导关系不佳。偶尔调侃的成员与领导或大领导关系较熟。

(4) 工位日常沟通：领导嫡系成员会频繁到访工位，但不会聊具体业务。领导主动到访的可能是新人、有背景的人或难以管理的员工。常给领导倒水或买咖啡的成员可能是嫡系或正在接近嫡系。

（5）接口人特征：接口人通常是刚来的或最年轻的成员，他们了解的信息最多。

（6）聚餐及坐车社交：坐车时，领导会与嫡系成员同车，吃饭时也会自然地聚在一起，其他人会根据关系熟悉程度三三两两聚在一起。

（7）HR角色与融入：HR在招聘后会帮助你快速融入团队，需要你主动沟通以了解更多信息。

8.4.10 有效开会

本节将介绍优秀领导的开会技巧、例会管理方法及上台发言的公式，帮助提升会议效率和发言效果。

1. 优秀领导的开会技巧

12字开头：使用"我发现""我认为""我建议""我希望"等句式进行沟通。

4句话展开：围绕沟通漏斗和沟通断层展开讨论，包括发现问题、分析后果、提出改进建议和希望执行。

2. 例会管理方法

例会管理方法可概括为"五有五不四框架"，确保会议有准备、主题、纪律、程序和检查，避免务虚、跑题、讨论细节、抱怨诉苦和一言堂，围绕好的方面、问题、改进措施和下一步工作进行框架构建。例会管理方法如图8-37所示。

五有：开会有准备、有主题、有纪律、有程序、有检查。

五不：开会不务虚、不跑题、不讨论细节、不抱怨诉苦、不搞一言堂。

四框架：好的方面、存在的问题、提出改进措施、布置下一步工作。

3. 高手开会的法则

高手开会的法则强调会前充分准备、明确主题与纪律、清晰的议程、落实结果，监督检查，遵循9条铁则，确保会议高效有序地进行。高手开会的法则如图8-38所示。

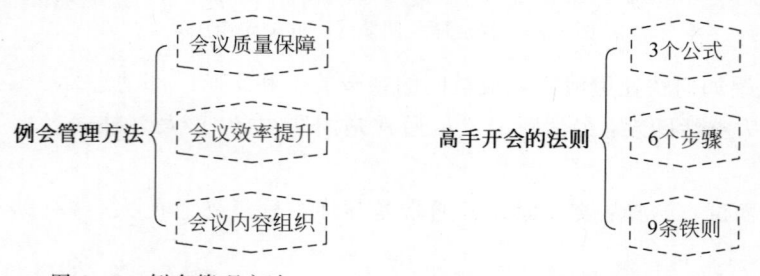

例会管理方法 { 会议质量保障　会议效率提升　会议内容组织 }

图8-37　例会管理方法

高手开会的法则 { 3个公式　6个步骤　9条铁则 }

图8-38　高手开会的法则

本节内容通过以下公式直观地进行阐述：

（1）3个公式包含会议效果、工作成果、落实。

会议效果≠开会；会议效果＝开会＋落实。

工作成果≠布置工作；工作成果＝布置工作＋监督检查。
落实＝抓住不落实之事＋追究不落实之人。
（2）6个步骤包含准备、开始、秩序、进程、结束、管理。
会议准备＝准备充分材料。
会议开始＝明确会议主题。
会议秩序＝设置会议纪律。
会议进程＝梳理清晰议程。
会议结束＝落实会议结果。
后续管理＝监督检查执行。
（3）9条铁则：会议准备充分，主题明确，纪律严明，议程清晰，结果明确，专门训练，守时尊重时间，记录完整，事后追踪评估。

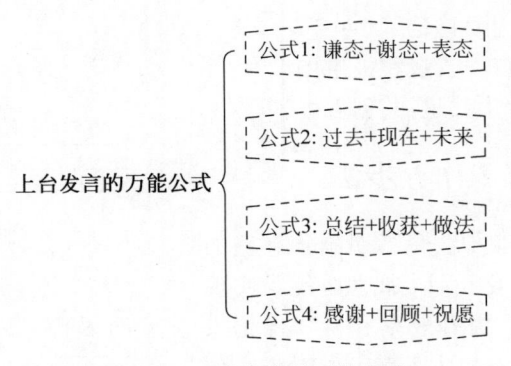

4．上台发言的万能公式

上台发言的万能公式包括谦逊态度，以感谢为开端，明确表态；回顾过去，展现现在，展望未来；总结成果，分享收获，阐述做法；表达感谢，回顾经历，寄予祝愿。上台发言的万能公式如图8-39所示。

图 8-39　上台发言的万能公式

本节内容通过以下公式直观地进行阐述。
（1）公式1：谦态＋谢态＋表态。
谦态＝谦逊态度＋拉近距离＋表达自我提升意愿。
示例＝"我很荣幸能站在这里分享，深知尚有提升空间"。
谢态＝感激表达＋感谢对象＋体现真诚。
示例＝"感谢主办方提供平台，让我有机会与大家交流"。
表态＝明确立场＋指出讨论主题＋引导听众预期。
示例＝"接下来，我将从三方面谈谈对……的看法"。
（2）公式2：过去＋现在＋未来。
过去＝事件回顾＋成就展示＋背景铺垫。
示例＝"过去一年，团队克服困难，取得显著进展"。

现在＝现状描述＋最新情况＋关联环境。

示例＝"目前,当前产品成功推出……服务,获市场认可"。

未来＝趋势展望＋计划阐述＋愿景激发。

示例＝"展望未来,公司将深化技术创新,贡献更多力量"。

（3）公式3：总结＋收获＋做法。

总结＝工作/学习回顾＋提炼核心要点。

示例＝"经过努力,团队取得以下成果……"。

收获＝分享感悟/经验/教训＋展现成长。

示例＝"过程中,我深刻体会到……的重要性"。

做法＝实现目标/解决问题策略＋提供借鉴。

示例＝"为实现目标,采取以下措施……"。

（4）公式4：感谢＋回顾＋祝愿。

感谢＝再次表达感激＋感谢对象具体化。

示例＝"最后,再次感谢各位的聆听和支持"。

回顾＝发言内容总结＋强调要点。

示例＝"回顾发言,主要讨论了……"。

祝愿＝表达美好期待＋营造积极氛围。

示例＝"祝愿我们携手共进,共创辉煌!"。

8.4.11 马斯克工作五步法

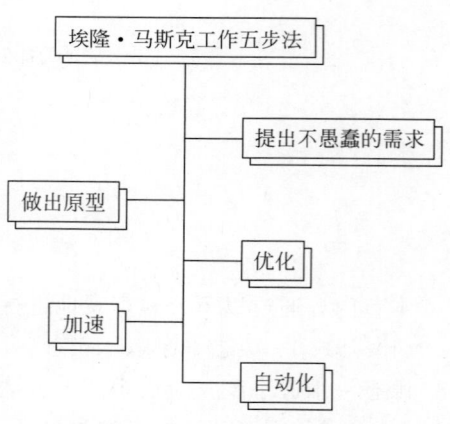

埃隆·马斯克工作五步法包括明确不愚蠢的需求、制作简洁原型、优化设计、加速迭代及实现自动化,通过精简、验证、提升效率和自我优化来推动项目高效进行。埃隆·马斯克工作五步法如图8-40所示。

下面将介绍埃隆·马斯克工作五步法,这是一种高效的项目管理方法。

（1）提出不愚蠢的需求：追问到第一性原理,确保需求明确且合理。验证假设,避免基于错误假设进行优化。

图8-40 埃隆·马斯克工作五步法

（2）做出原型：删减多余的部件或工艺,保持简洁。通过多次试错,验证闭环,确保设计的有效性。

（3）优化：在前两步的基础上,继续精简和优化设计。避免过早优化,确保设计的基本框架正确。

（4）加速：在前三步的基础上,使用杠杆提升效率,放大成果。缩短周期时间,快速迭代以实现持续改进。

(5) 自动化：构建能够自我优化的体系，减少人为干预。实现流程的自动化，提高整体效率和稳定性。

8.5 求职面试

求职面试包含优化简历、精准投递、备战面试，同时调整心态、灵活应对薪资，长期保持竞争力，探索职业兴趣与副业，延长职业生命周期。

8.5.1 怎么调整简历

本节为求职者提供详细的简历调整和优化策略，帮助读者在竞争激烈的就业市场中脱颖而出。

1. 面试背景

本节内容通过以下公式直观地进行阐述：

(1) 高质量求职者基数＝求职者数量多＋专业技能强＋综合素质高。

现状：随着教育水平的提升和职业技能培训的普及，求职者的整体素质显著提高，加剧了就业市场的竞争。

(2) 名校 & 大厂背景优势＝教育资源优质＋实践经验丰富＋品牌效应显著。

名校背景：为求职者提供了优质的教育资源和人脉网络，增强了其竞争力。

大厂经历：丰富的实践经验和品牌背书，使求职者在职场中更具吸引力。

(3) 市场动态变化＝行业趋势波动＋企业招聘策略调整＋求职者心态与行为变化。

行业趋势：新兴行业的崛起和传统行业的转型，导致对人才需求的变化。

企业招聘策略：企业为降低成本、提高效率，可能更倾向于招聘有即战力的求职者，有小公司经历者因此面临更大挑战。

求职者心态与行为裸辞者可能因急于求成或缺乏明确职业规划，而在求职过程中显得较为被动或盲目。

(4) 裸辞者应对策略＝自我评估与定位＋技能提升与多元化发展＋积极心态与灵活调整。

自我评估与定位＝明确自身优势与不足＋匹配市场需求与自身兴趣。

裸辞者需客观评估自己的专业技能、工作经验和综合素质，找到与市场需求相匹配的岗位与方向。

技能提升与多元化发展＝深化专业技能＋拓展相关领域知识＋培养软技能。

通过学习、培训和实践，不断提升自己的专业技能和综合素质，同时关注行业动态，拓展相关领域的知识储备。

培养良好的沟通能力、团队协作能力、问题解决能力等软技能，增强自身在职场中的竞争力。

（5）积极心态与灵活调整＝保持乐观态度＋灵活应对变化＋适时调整策略。

面对激烈的竞争和市场变化，裸辞者需保持乐观的心态，积极面对挑战和困难。

灵活调整自己的求职策略和目标，根据市场反馈和自身情况做出适时调整。

2. 简历筛选

本节内容通过以下公式直观地进行阐述：

（1）项目经验＝项目规模＋角色定位＋任务完成情况＋成果展示。

重要性＝实战能力＋问题解决能力＋团队协作能力。

（2）技术栈＝编程语言＋框架＋工具＋平台。

重要性＝岗位适应性＋工作任务完成效率。

（3）学历背景＝毕业院校＋专业＋学位。

重要性＝学习能力＋综合素质初步判断。

（4）额外加分项＝学习博客（技术分享＋学习心得＋项目经验）＋GitHub 项目（项目简介＋代码质量＋贡献度）。

学习博客重要性＝学习态度＋技术深度与广度＋知识转化能力＋持续学习能力＋新技术敏感度。

GitHub 项目重要性＝编程能力＋团队协作能力＋项目经验＋技术实践能力＋创新思维。

（5）提升简历印象分策略包含精选项目和技术栈更新、优化学历背景、积极撰写博客、参与开源项目＝GitHub 参与＋代码贡献＋建议提出＋Bug 修复＋技术实力与团队协作能力展示。

精选项目＝代表性项目＋挑战性项目＋项目背景阐述＋个人贡献＋成果展示。

技术栈更新＝岗位需求匹配＋技术栈扩展与更新。

优化学历背景＝岗位相关性突出＋教育背景与专业课程展示。

积极撰写博客＝定期撰写＋技术分享＋学习心得＋项目经验分享＋行业影响力提升。

参与开源项目＝GitHub 参与＋代码贡献＋建议提出＋Bug 修复＋技术实力与团队协作能力展示。

3. 简历模板选择

本节内容通过以下公式直观地进行阐述：

（1）内容准备：涵盖关键信息，精练表达。

涵盖关键信息＝项目经验＋技术栈＋学历背景。

精练表达＝简洁明了语言＋避免冗长模糊。

（2）模板选择：美观性，专业性，易读性。

美观性＝设计美观＋布局合理。

专业性＝模板风格与岗位行业匹配。

易读性＝良好阅读体验＋快速浏览获取信息。

（3）排版调整：遵循模板规范，保持一致性，突出重点。

遵循模板规范＝按模板要求调整格式布局。

保持一致性＝统一排版风格＋避免混乱突兀。

突出重点＝加粗＋斜体＋颜色对比＋关键信息亮点。

（4）细节检查：拼写与语法，格式对齐，联系方式。

拼写与语法＝仔细检查＋无误表达。

格式对齐＝各元素排列整齐有序。

联系方式＝准确无误＋便于联系。

（5）额外建议：个性化定制，预览与反馈。

个性化定制＝保持模板风格＋个人特点与岗位需求定制。

预览与反馈＝预览简历＋邀请反馈＋及时发现，改进问题。

4．简历优化

突出职业技能和项目经验，项目经验应围绕技能点展开，描述在什么场景下解决了什么难题，有什么亮点。不要简单地罗列技能，而要通过具体事例展现技能的应用和成果。

5．AI 帮助修改简历

写完简历后，可以通过通义千问/Kimi 等 App 上传简历，获取合理的修改建议。

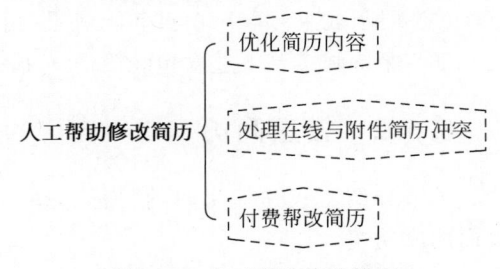

6．人工帮助修改简历

人工帮助修改简历的关键在于找朋友、专业人士优化内容，确保在线与附件简历一致，可考虑付费获取专业指导，提升简历的吸引力和职场竞争力。人工帮助修改简历如图 8-41 所示。

本节内容通过以下公式直观地进行阐述：

（1）优化简历内容＝找朋友/专业人士帮忙＋查看简历＋根据实际情况调整。

图 8-41　人工帮助修改简历

（2）处理在线与附件简历冲突＝选择擅长部分编写＋突出职场竞争力＋确保在线与附件简历一致性。

（3）付费帮改简历＝通过平台或者自媒体＋找猎头或者 HR＋支付佣金＋查看简历帮助修改。

7．项目经历准备

项目经历准备需要提前整理，准备相关文档，突出个人角色与贡献，使用 STAR 法则描述，强调技术细节，展示成果，同时保持诚实，不夸大贡献。项目经历准备如图 8-42 所示。

本节内容通过以下公式直观地进行阐述：

（1）提前准备＝整理项目经验＋准备相关文档（项目文档、代码片段、演示视频）。

```
                    ┌── 项目经历准备
                    │
                    ├── 提前准备
                    │
          突出重点 ──┤
                    ├── 使用STAR法则
                    │
          强调技术细节┤
                    ├── 展示成果
                    │
          保持诚实 ──┘
```

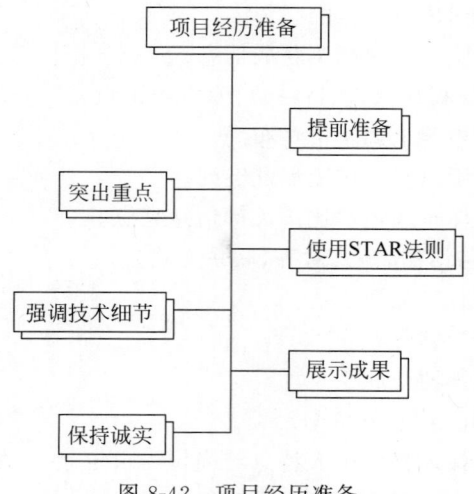

图 8-42　项目经历准备

（2）突出重点＝描述项目经历＋突出个人角色与贡献＋强调与应聘职位相关的技能和经验。

（3）使用 STAR 法则＝描述项目经历（情境、任务、行动、结果）。

（4）强调技术细节＝选择复杂度高的项目＋主动解决问题＋详细说明（技术栈、挑战、解决方案）。

（5）展示成果＝展示项目实际成果（用户反馈、业务增长数据等）。

（6）保持诚实＝不过度包装简历＋不夸大贡献＋诚实回答面试官的问题。

8.5.2　投递简历

本节介绍了投递简历时的目标选择、时间安排及打招呼的技巧，帮助求职者提高简历投递的成功率。

1. 投递目标

优先投递近期发布的岗位。优先投递近期有回复的岗位。对于长期没有回复的岗位，如近一个月没有回复的，不必再投递。

2. 投递时间

选择正常工作日投递简历，避免在周末投递。投递时间保持在上午 10 点到 11 点，下午 3 点到 4 点，这些时间段 HR 通常会查看简历。

3. 打招呼

Boss 直聘打招呼技巧有多种，主要以拉开和其他求职者差距为主。Boss 直聘打招呼技巧如图 8-43 所示。

```
                    ┌── 打招呼策略
                    │
                    ├── 自我介绍内容
Boss直聘打招呼技巧 ──┤
                    ├── 用词修饰
                    │
                    └── 示例回答
```

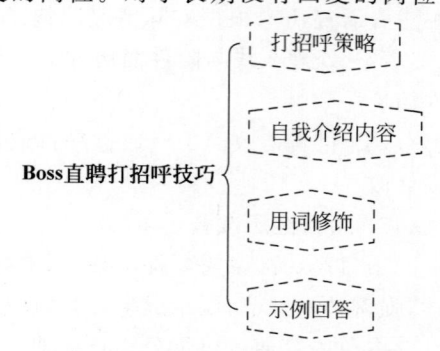

图 8-43　Boss 直聘打招呼技巧

（1）打招呼策略：由于市场竞争激烈，所以需要突出自己的特别，可以发送多条打招呼的消息。使用 Boss 直聘默认诚恳用语作为开场白。

（2）自我介绍内容：列举自己的优势，如项目经验、博客、开源项目、书籍出版、团队领导经验等，以拉开与其他竞争者的差距。表示自己仔细阅读了岗位需求，强调匹配度，希望得到 HR 的回复。

（3）用词修饰：用词方面，使用火山写作或文心一言等工具修饰话术，使表达更加得体。

（4）示例回答：通常 3 条以上，这样对比其他求职者，在后台更有差异化表现。

第 1 条：您好，我对这个岗位及贵公司都很有兴趣，也觉得岗位非常适合自己，相信自己也能为贵公司提供价值。可以查看我的简历，如果您觉得合适，则可以随时联系我，感谢。

第 2 条：10 年 Java 开发经验，6 年互联网公司大型分布式系统架构设计经验，以及 3 年团队管理经验，编写过上千篇博客文章，CSDN 博客专家、阿里云专家博主、51CTO 专家博主，出版过书籍《Java 项目实战——深入理解大型互联网企业通用技术（基础篇）》《Java 项目实战——深入理解大型互联网企业通用技术（进阶篇）》，擅长对复杂业务进行抽象、分层和复用，具备从 0 到 1 的系统重构经验，具有分布式、高并发、高性能、高可用、海量数据、异步化的系统架构设计及实际落地经验，曾负责过注册用户上亿，日活跃用户近 300 万名且资产上千万元的互联网产品的架构设计，性能优化，核心技术难题攻关，主导和推动大数据量异步化编排架构在公司落地，拥有扎实的技术功底和线上问题排查处理经验。

第 3 条：已离职，可随时到岗，学信网可查学历，您看方便我可以把我的附件简历发送给您，期待您的回复，祝您工作顺利！

8.5.3 氪金玩家

氪金玩家在求职中通过开通 VIP、利用猎头服务、找朋友内推及分析市场行情等方式增加曝光率和竞争力，提高求职成功率。氪金玩家如图 8-44 所示。

下面将介绍氪金玩家在求职过程中通过多种方式提高求职成功率。

（1）提高简历被查看的概率：简历刷新次数有限，普通用户可开通 VIP 设置自动刷新时间，提高被招聘者查看的概率。

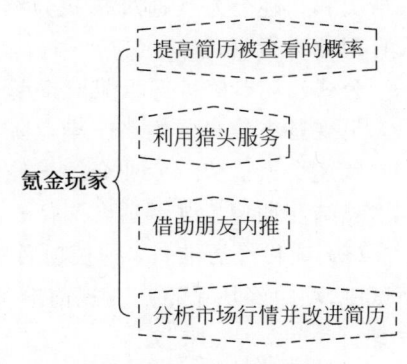

图 8-44 氪金玩家

（2）利用猎头服务：专业猎头拥有较多岗位，但抽佣较高，通常会抽取求职者第 1 个月工资的百分之多少，具体看猎头抽佣情况。

（3）借助朋友内推：询问在职的朋友所在公司是否招人，通过请客吃饭等方式联络感情，请求帮忙内推，事后给予好处费。

（4）分析市场行情并改进简历：若无 HR 朋友或行业资源，则可自行注册公司（费用约

500元)或借朋友的公司,在招聘平台发布岗位,对比竞争者的简历,找出自身简历的改进之处。

8.5.4 面试备战

面试备战包括精练的自我介绍、深挖项目经历亮点、充分准备专业技能(八股文)、灵活应对场景问题,确保在面试中展现个人优势与适应性。面试准备指南如图 8-45 所示。

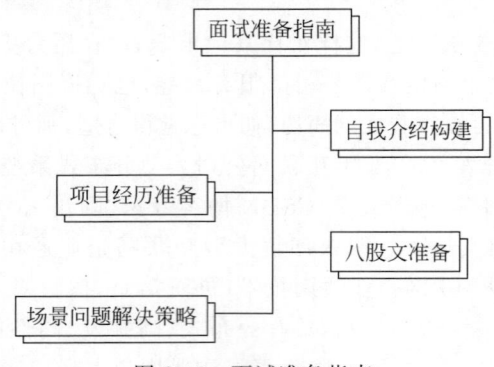

图 8-45 面试准备指南

面试备战是求职过程中至关重要的一环,下面将帮助读者精练自我介绍、深挖项目经历亮点、准备专业技能和灵活应对场景问题,从而在面试中展现个人优势与适应性。

(1)自我介绍构建:自我介绍是面试的开启阶段,以项目经验为主。避免过多介绍个人情况和兴趣爱好。通过自我介绍引导面试官提出设置好的问题。本节内容通过以下公式直观地进行阐述。

公式:基本信息+匹配+亮点+对面试公司认可。

呈现基本信息=姓名+毕业院校+工作经验。

阐述个人优势=专业介绍+经验分享(使用数字和 STAR 原则)+个性特点突出。

总结与期望=强调适合岗位+表达加入公司意愿+表示愿意进一步说明。

(2)项目经历准备:挖掘项目中的难点和亮点,与专业技能靠拢。在高级开发职位的面试中,项目经历是重点。提前准备,能够详细讲述,预计面试官可能会提出的问题及解决方案。

(3)八股文准备:提前准备简历上写的专业技能,尤其是平时工作用得少的部分。临阵磨枪,确保对专业技能有充分的了解和准备。

(4)场景问题解决策略:技术面试中常会给一个场景,要求设计实现某个功能。需要分析场景中的利弊,考验技术与产品功能的权衡关系。

8.5.5 HR 常问问题

HR 常问问题涵盖离职原因、职业规划、空窗期处理、经验不足应对、优缺点阐述、特长爱好、公司选择理由、加班态度、薪资期望、理想领导类型、意见冲突处理、难题解决策略、面试提问技巧,全面考察求职者的适应性与职业素养。HR 常问问题及回答策略如图 8-46 所示。

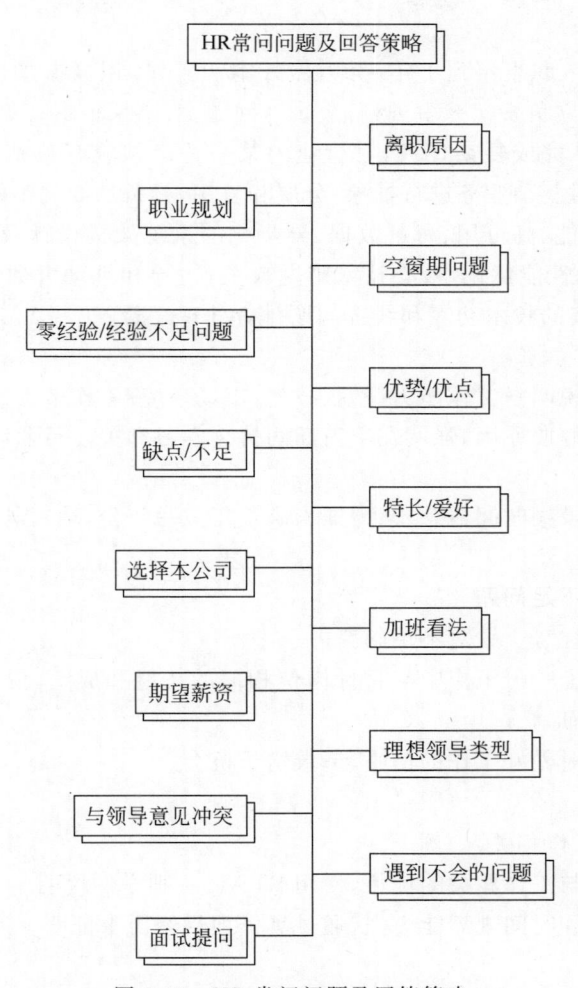

图 8-46　HR 常问问题及回答策略

下面将介绍 HR 在面试过程中常问的问题及相应的回答策略,帮助求职者更好地准备面试,展现自己的职业素养和适应性。

1. 离职原因

常规离职原因包括成长有限、升值加薪受限、公司没前途、大环境不好被裁员、公司搬迁等。

离职原因公式:离职原因＋前公司学到能力＋职业规划＋当前公司吸引点。

示例回答:我希望在这里更有机会进行独立工作;希望能更全面地了解××行业;希望能完整历练××能力,胜任并且成为一名优秀的××岗位从业者。

2. 职业规划

拆分关键时间点，分解短期规划。

回答公式：我的兴趣是×××，优势是×××，因此我选择了×××行业/职业，计划深耕这个行业/岗位。

短期规划示例：入职半年到1年，努力做好本职工作，积极参加团队活动；入职1～3年，精进业务水平，独立负责××事务，解决××问题，对结果负责；入职3～5年，总结经验产出方法论，领导团队完成复杂任务，对行业内某一特定领域有独到见解，积累相关人脉；入职5～10年，擅长对复杂业务进行抽象、分层和复用，具备从0到1的系统重构经验，具有分布式、高并发、高性能、高可用、海量数据、异步化的系统架构设计及实际落地经验；入职10年，具备架构设计，性能优化，核心技术难题攻关，主导和推动大数据量异步化编排架构在公司落地，拥有扎实的技术功底和线上问题排查处理经验。

3. 空窗期问题

公式：客观原因说明＋工作能力证明（技能/市场环境/工作节奏）。

回答示例：说明辞职原因，强调在空窗期间持续学习和关注行业动态，参与相关项目取得成果。

简历处理建议：模糊时间概念，空窗期未满半年只写年份，填写与工作相关的学习或兼职经历。

4. 零经验/经验不足问题

公式：展现其他优势＋针对不足的努力。

回答示例：展示上一份工作中与目标岗位相似的技能和成绩，说明为弥补经验不足所进行的系统学习和调研。

信心表达：表达对做好工作的信心，请求给予机会。

5. 优势/优点

公式：优点（与工作相关）＋例子。

回答策略：强调与工作相关的优势，使用STAR法则举例说明。

示例：善于思考和时间规划能力强，通过具体项目经历来证明。

6. 缺点/不足

公式：可改变的缺点＋改进办法。

回答策略：选择可以改进的缺点，说明改进措施。

示例：容易想太多，但通过定期总结提高决策速度来克服。

7. 特长/爱好

回答公式：兴趣爱好＋给工作带来好处。

示例回答：通过玩密室逃脱等活动，展示自己的逻辑推理能力和整合梳理信息的能力，说明这些能力如何在工作中发挥作用。

8. 选择本公司

为什么会选择本公司，回答模板通过以下公式直观地进行阐述：

回答公式＝夸自己＋夸公司＋强调匹配度。
示例：回答＝表达对岗位热爱＋夸赞公司优势＋强调个人经历技能与公司契合度。
搜索公司信息技巧＝使用多平台获取信息。
示例：搜索技巧＝使用（知乎＋小红书＋脉脉＋企查查＋公众号）等平台获取公司信息。

9．加班看法

如何看待加班，回答模板通过以下公式直观地进行阐述：
表明配合加班态度＝理解加班需求＋愿意配合公司处理问题。
强调工作效率＝保持日常工作高效＋避免不必要加班。
建议实话实说＝不想加班时＋建议面试中坦诚表达。

10．期望薪资

期望薪资是多少，回答模板通过以下公式直观地进行阐述：
了解薪资结构＝询问公司薪资构成→包括绩效、补贴、五险一金等。
合理报价＝基于市场行情＋个人能力＋岗位要求→提出略高期望薪资→留出压价空间。
请求争取＝希望面试官争取期望薪资→表示愿意尽快投入工作。

11．理想领导类型

希望和什么样的领导一起共事？作为新人，尽快熟悉工作环境、适应团队合作方式及工作氛围。主动与上级沟通，了解其处事风格，调整沟通方式以提高工作效率。希望上级能在工作中给予指导，以及时提出指正，以促进个人成长。

12．与领导意见冲突

和领导有意见冲突怎么办？强调大局观和换位思考，认识到最终目的是出色完成任务。整理想法和改进优化建议，准备数据支持观点，找合适时机与领导沟通。尊重领导的决策，尽力完成分配的任务。

13．遇到不会的问题

遇到不会的问题怎么办？放慢语速，变主动为被动，通过反问面试官来赢得思考时间，例如当被问及是否能适应工作压力时，可以反问工作压力的具体含义。实在答不上来时，实话实说，表示面试后会去了解相关问题。

14．面试提问

你还有什么问题吗？初面（人事部门面试）：可以询问岗位空缺原因、面试结果通知时间、公司提供的培训情况及后续面试安排。二/三面（业务团队面试）：可以询问未来策略、组织架构、团队定位、人员构成与分工、协同部门、岗位核心指标及考核方式、发展路径及工作强度。offer 环节：重点咨询薪资构成、绩效、奖金、普调、晋升及上下班时间等相关事宜。

8.5.6　长期准备

长期准备涉及调整求职心态、灵活设置期望薪资、合理安排入职时间，持续保持求职警觉性，确保在职业生涯中始终具备竞争力，随时应对变化。长期准备如图8-47所示。

长期准备在求职过程中至关重要，有助于确保你在职业生涯中始终保持竞争力，随时应对市场变化。

（1）调整心态：在求职过程中可能会遇到挫折，保持良好的心态非常重要。建议外出走走、逛逛公园、与朋友交流以减少焦虑情绪。长时间待在房间容易产生负面情绪，应避免这种情况。

（2）期望薪资：当前就业市场行情可能不太乐观，建议将期望薪资改为面议以灵活应对企业招聘需求。先试探企业能提供的薪酬体系，无论是否能接受，先获得offer再说。

（3）入职准备：正式入职时间可以适当拉长，以便观察是否有其他更好的机会，即便入职后也应继续关注市场行情，有好的机会可以在试用期内提出离职。

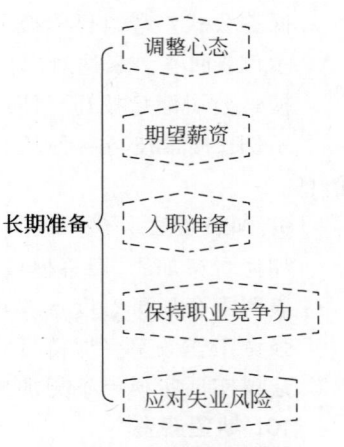

图8-47 长期准备

（4）保持职业竞争力：正式入职后也要保持找工作的状态，随时准备面试，保持职业竞争力。

（5）应对失业风险：避免裁员后需要花大量时间准备面试，失业后的时间非常宝贵。

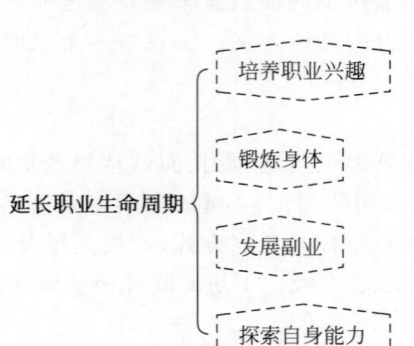

8.5.7 延长职业生命周期

延长职业生命周期的关键在于培养职业兴趣、保持身体健康、发展副业及持续探索自身能力，增强职业竞争力、适应行业变化、抓住新兴机遇。延长职业生命周期如图8-48所示。

下面将介绍延长职业生命周期的策略，增强职业竞争力，适应行业变化，抓住新兴机遇。

（1）培养职业兴趣：通过业余时间投入职业相关的兴趣爱好，如写技术博客，长期写作可以积累用户，提升行业影响力。尝试出版技术书籍，增加权威性和职业竞争力。

（2）锻炼身体：针对开发岗位高脑力需求，通过锻炼保持身体健康，减少职业病，如干眼症、神经痛、腰椎间盘突出等。增强加班能力，提升职业持久力。

（3）发展副业：提前规划副业，为自己提供被动收入，避免失业后的经济压力。可尝试的副业包括私域付费技术分享、开发App、出版书籍、自媒体等。

图8-48 延长职业生命周期

（4）探索自身能力：拓展视野，了解社会运作规律和商业案例，培养商业思维。关注AI相关信息与产品，利用信息差寻找新的机会，如编码、设计、绘画、视频、实时互动、智能机器人等。

8.6 财富增长

本节介绍了富人通过方法论、人脉积累、个人品牌建设、破圈整合及资源整合实现财富快速增长的路径,提供多种开辟副业的方式以增加收入来源。

8.6.1 财富增长流程

财富增长流程涵盖方法论、人脉积累、个人品牌建设、破圈整合及具体案例,介绍了如何通过正确的方法论和人脉积累实现财富增长。财富增长流程如图8-49所示。

下面将介绍财富增长流程,帮助读者实现财富快速增长。

(1)赚钱的方法论:调研目标行业中成功人士的赚钱方式,向有结果的人学习,快速搭建盈利框架,优化细节,例如作为程序员自己学会的知识和经验用来写付费专栏文章,那就找这类的成功人士,看他们是如何写文章的,将盈利流程打通之后,不断优化(例如让文章质量变高,加入脑图、流程图、代码示例、视频解说等)。

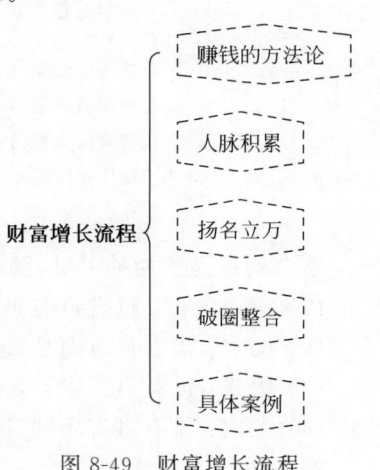

图 8-49 财富增长流程

(2)人脉积累:学习模仿高一级圈子中的人脉积累方式,通过帮助他人来建立人脉关系,实现互相进步。

(3)扬名立万:通过自媒体展示自己的成就和性格,建立个人品牌,借助互联网传播自己的成绩,快速获得信任和曝光。利用用户进行盈利,只要提供有价值的内容,就能获得别人的信任,对方就会因为信任你进行消费,从而使自身获得盈利。

(4)破圈整合:打破现有圈层限制,融入更高层次的社交圈,学会利用不同圈层的认知和资源实现层级跃迁。

(5)具体案例:通过高价拍下旧豪车来展示自己的靠谱和利用价值,成功打入更高层次的圈子。通过反复展示自己的成绩和性格,吸引用户建立信任。

8.6.2 资源整合

本节介绍了如何通过整合、借力、学习和变化来提升个人和企业的竞争力。通过案例分析,展示资源整合和借力的重要性,提出不同年龄段的有效赚钱方式。

1. 资源整合

能整合多少资源，就可能获得多少财富。资源整合如图 8-50 所示。

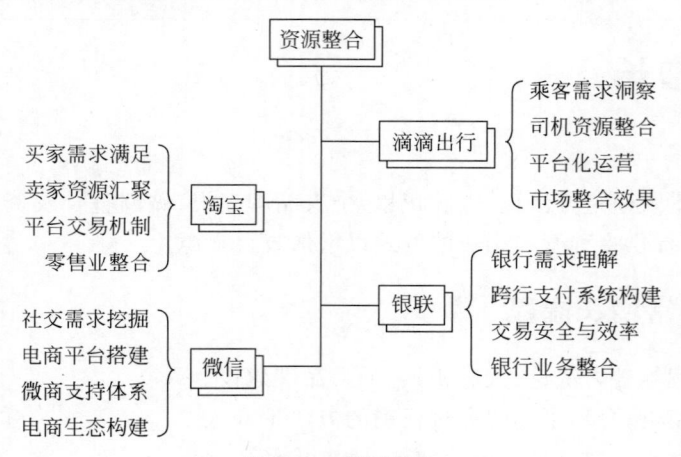

图 8-50　资源整合

整合资源是成功的关键，滴滴、淘宝、银联和微信都是通过整合资源取得了巨大成功。

（1）滴滴出行：没有自有车辆，通过平台连接乘客和司机，整合出租车市场。

（2）淘宝：没有自有商品，通过平台连接买家和卖家，整合零售业。

（3）银联：没有自有银行，通过平台实现跨行交易，整合银行业务。

（4）微信：没有自有店铺，通过平台提供社交电商环境，成就微商。

2. 借力

借力比独自努力更高效，要学会借智和借势，不同年龄段的人应借力不同的资源。借力如图 8-51 所示。

诸葛亮的草船借箭，直接造船过河不如借助已有的船只，寓意直接努力不如借助外力。

赚钱与借钱：赚钱的速度永远赶不上借钱的速度，强调借助外部资金的力量。

趋势与抉择：趋势是无法阻挡的，抉择需要智慧，学会借智和借势非常重要。

不同年龄段的赚钱方式：

20 岁靠执行力＋思维赚钱。

30 岁靠能力和经验赚钱。

40 岁靠整合资源赚钱。

图 8-51　借力

整合资源：整合 90 后的时间、精力和青春；整合 80 后的经验与能力；整合 60/70/80 后的资源、权利和影响力作为背书。

3. 成功人士的特点

成功人士善于整合他人能力为自己所用，如刘备整合关张赵和孔明。要具备使用有能力

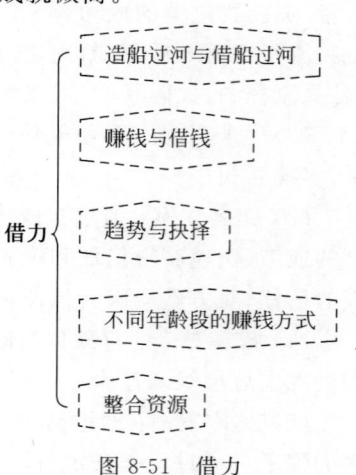

的人的能力，才能赚大钱。要善于发掘、利用身边的资源，以最小的投入获得最大的收获。

8.6.3 开辟副业

开辟副业的方式多样，涵盖技术分享、课程录制、咨询服务、远程工作、自媒体运营、自建网站、小程序开发、App 开发、外包项目、小插件开发、少儿编程教育、人力外包与接私单、客串猎头等，每种方式都需要结合个人技能与兴趣，选择适合的路径实现副业收入。开辟副业如图 8-52 所示。

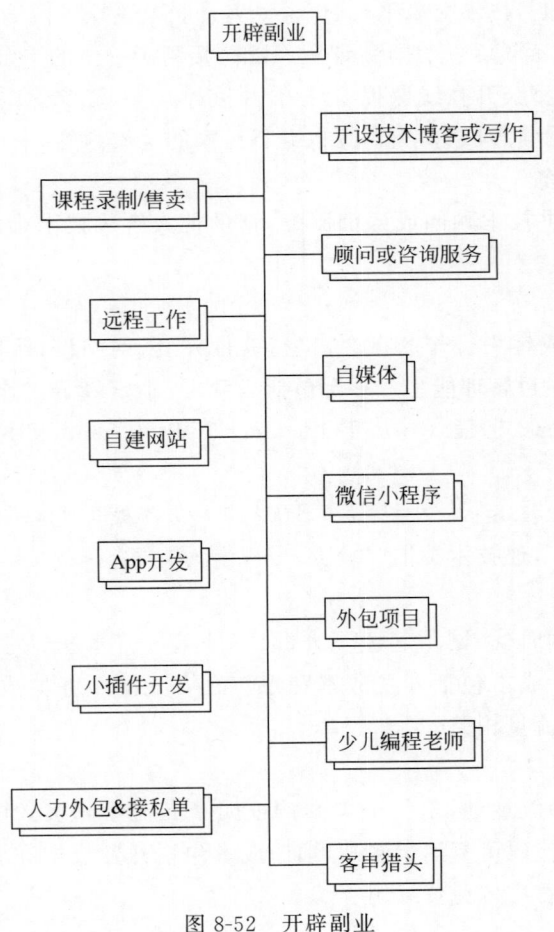

图 8-52 开辟副业

下面将介绍多种开辟副业的方式，为个人选择适合的副业路径提供参考。

1. 开设技术博客或写作

通过撰写技术博客、写作技术书籍或投稿技术文章，分享技术知识，通过广告、赞助或付费内容获得收入。平台包括 CSDN、GitHub、思否、知乎、学浪、抖音、小红书，变现方式为线上授课、开新手训练营、为求职者提供面试辅导。

2. 课程录制/售卖

通过在线教育平台分享编程技能和知识，开设在线编程课程，需要良好的教学能力和视频制作能力，主要平台如下。

（1）哔哩哔哩：有编程教程和视频，上传付费课程或者充电视频获取收益。

（2）学堂在线：清华大学研发的慕课平台，提供名校课程资源。

（3）慕课网：IT技能学习平台，提供移动端开发、PHP开发等视频教程。

（4）中国大学MOOC：网易与高校携手推出的在线教育平台。

（5）CSDN：中文IT技术交流平台，包含博客、问答、论坛等资源。

（6）牛客网：集笔面试系统、题库、课程、社群、招聘于一体的平台。

（7）Coursera：大型公开在线课程项目，合作院校众多，资源优质。

（8）Udacity：前沿科技教育平台，提供硅谷专家的优质内容。

3. 顾问或咨询服务

利用专业知识提供技术顾问或咨询服务，帮助他人解决技术难题，通过咨询费用或服务费用获得收入。

4. 远程工作

提供与全球公司或客户合作的机会，进行软件开发、网站设计、数据库管理等工作，需要良好的沟通能力和项目管理能力。平台包括云队友、小蜜蜂云工作、电鸭社区、程序员客栈、实现网、行家、upwork、远程.work、TOPcoder、TOPtal、remoteOK等。

5. 自媒体

平台包括微信公众号、抖音、小红书和B站，主要成本是时间，每天预计花费1～2h，变现途径主要是商务推广，但技术类推广较少，变现潜力有限。

6. 自建网站

现在是移动互联网时代，网站起色不大，但好处是一劳永逸。定位可能是资源整合或工具收集类网站。预计成本包括开发成本和每年几百元的服务器成本。变现途径主要是贴片广告，收入与网站流量相关。

7. 微信小程序

小程序具有巨大的流量池，羊了个羊案例证明了其流量越级效应。定位与网站类似，以工具类为主，功能与代码可复用于网站，预计成本包括开发成本和服务器成本，变现途径是广告收入，如通过观看广告免费续用。

8. App开发

开发自己的软件或应用，需要良好的编程技能和开发经验。成本相对较高，建议走小众路线，开发功能简单但交互精美的应用，变现途径是应用内付费服务，如升级Pro版提供高级功能或云存储服务，也可以通过销售或订阅模式获得收入。刚毕业的程序员可以合作开发运营App，通过广告费和会员付费等方式变现。当用户量达到几万人时，年广告费收入可观，具体金额未知。

9. 外包项目
主要依赖人脉资源,无资源者可通过第三方接单平台尝试,需要注意第三方平台上的风险。

10. 小插件开发
针对热门行业开发小工具或插件,如量化工具、翻译插件、一键铺货插件等,通过积少成多获得被动收入。

11. 少儿编程老师
教授少儿编程或儿童乐高课程。兼职收入取决于城市和机构。

12. 人力外包&接私单
通过接私单赚取额外收入,但平台竞争激烈,抽佣高,价格低,并且存在收款风险。熟人介绍的单子相对较好,金额在4~15万元,并且知根知底,避免尾款风险。人力外包方面,创业公司可能会临时雇佣外援,如某次国庆项目按市场日薪3倍支付。

13. 客串猎头
大厂内推奖金丰厚,普通岗位约5000~10 000元,具体金额取决于城市和企业,专家岗更高。有些员工通过内推奖金可达几十万元,建议与其他公司同事合作互推,平分收益。

8.7 状态调整

本节通过识别过度疲劳症状、实践多种休息与放松方法、应对情绪与能量不足、培养积极心态与兴趣爱好,采取缓解焦虑的策略,保持良好的身心状态,有效应对挑战,抓住机遇。

8.7.1 过度疲劳的症状

过度疲劳的症状包括白天困乏、记忆力下降、注意力不集中、体力下降、动力缺乏、社交退缩、情绪波动、心悸胸闷、睡眠问题、身体疲惫、思考迟钝、胃口下降及免疫力下降,严重影响身心健康。过度疲劳的症状如图8-53所示。

过度疲劳严重影响身心健康,具体症状包括白天困乏、记忆力下降、注意力不集中等。下面是具体描述。

(1) 白天困乏:总是感到困倦,即使睡眠时间充足也感觉头昏脑涨。

(2) 记忆力下降:容易忘事,记忆力明显变差。

(3) 注意力不集中:反应变慢,难以集中注意力。

(4) 体力下降:活动后容易出汗,体力活动能力减弱。

(5) 动力缺乏:对任何事情都提不起兴趣,缺乏做事的动力。

(6) 社交退缩:不想与人交往,只想独自待着。

```
            过度疲劳的症状
                   │
                   ├── 白天困乏
       记忆力下降 ──┤
                   ├── 注意力不集中
        体力下降 ──┤
                   ├── 动力缺乏
        社交退缩 ──┤
                   ├── 情绪波动
        心悸胸闷 ──┤
                   ├── 睡眠问题
        身体疲惫 ──┤
                   ├── 思考迟钝
        胃口下降 ──┤
                   └── 免疫力下降
```

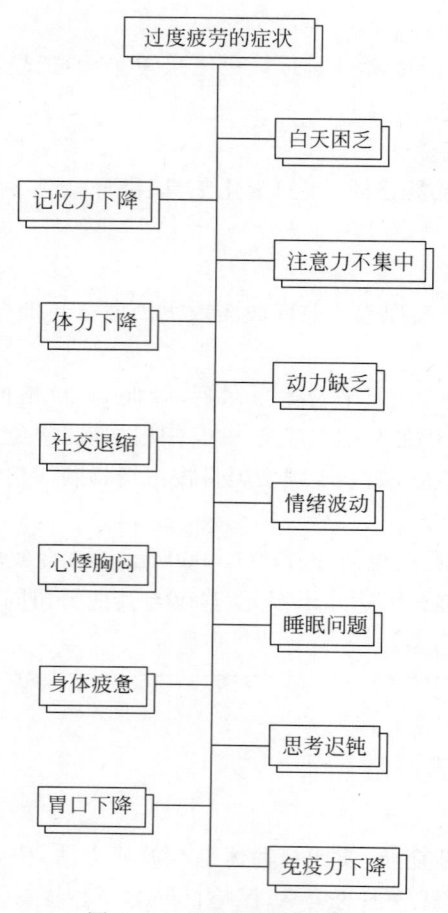

图 8-53　过度疲劳的症状

（7）情绪波动：情绪大起大落，容易烦躁和发怒。

（8）心悸胸闷：出现心悸、胸闷甚至呼吸困难等症状。

（9）睡眠问题：失眠、多梦、早醒，容易做噩梦。

（10）身体疲惫：四肢无力，腰酸腿软，全身不适。

（11）思考迟钝：大脑反应迟钝，不愿意动脑筋。

（12）胃口下降：食欲不振，甚至出现恶心反胃的现象。

（13）免疫力下降：容易生病，免疫力变差。

8.7.2　休息和放松方法

程序员的压力主要来源于项目截止日期的紧迫性、技术更新的快速变化、对代码质量与性能的高要求、团队协作的挑战、客户期望的满足、职业发展的不确定性、工作与生活平衡的困难、心理健康问题及职场竞争等。为了应对这些压力，程序员需要休息和放松，本节将介绍多种方式帮助人们在日常生活中找到放松和快乐的途径。

1．休闲娱乐

休闲娱乐活动丰富多彩，包括阅读书籍、逛书店、享受美景、逛公园、到健身房锻炼、参观博物馆或艺术展览及观看演出或音乐会，这些活动为人们提供放松娱乐、增长知识、丰富生活的机会。休闲娱乐如图 8-54 所示。

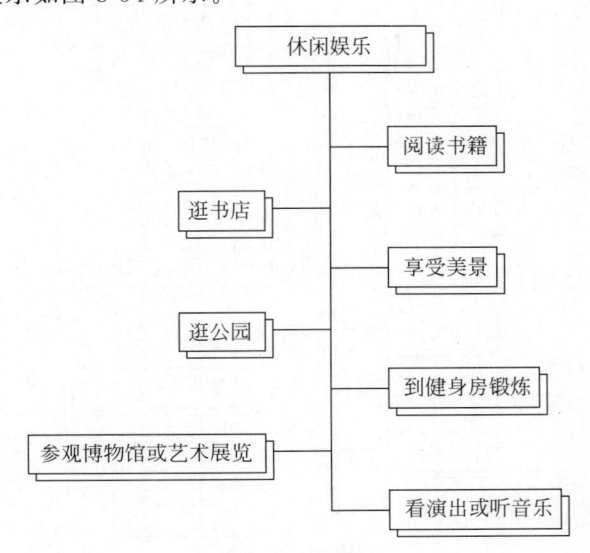

图 8-54　休闲娱乐

本节内容通过以下公式直观地进行阐述：

（1）阅读书籍＝确定阅读目标＋选择适合的书籍＋深入阅读以理解内容＋对所学知识进行思考总结＋将所学知识应用到实际生活中。

（2）逛书店＝确定想要逛的书店位置＋前往书店，浏览各类书籍＋根据兴趣和需求选择感兴趣的书籍＋阅读部分章节或购买后带回家。

（3）享受美景＝调研选择心仪的景点＋计划前往该景点＋实地游览全心欣赏风景＋拍摄美丽的照片作为留念。

（4）逛公园＝选择一个环境优美的公园＋在公园内漫步＋观赏各种植物和园林景观＋参与公园的休闲娱乐活动，如放风筝、野餐等。

（5）到健身房锻炼＝选择一个设施完备的健身房＋根据个人体质和目标制订锻炼计划＋按照计划进行有氧或无氧锻炼＋锻炼后进行适当休息和恢复。

（6）参观博物馆或艺术展览＝选择一个感兴趣的博物馆或艺术展览＋购买门票入场参观＋仔细观赏各类展品，了解其背后的故事＋与其他参观者交流学习，拓宽视野。

（7）看演出或听音乐＝选择一场感兴趣的演出或音乐会＋提前购票安排前往＋观看精彩的演出，感受艺术的魅力＋在演出后与朋友分享感受，延续艺术氛围。

2．放松身心

放松身心的方式多种多样，包括力量训练与冥想、泡热水澡、写作与日记博客记录、学习新技能或语言、种植植物、手工艺编织、跳舞及学习乐器,这些活动能帮助缓解压力,促进个人成长与兴趣爱好的培养。放松身心如图 8-55 所示。

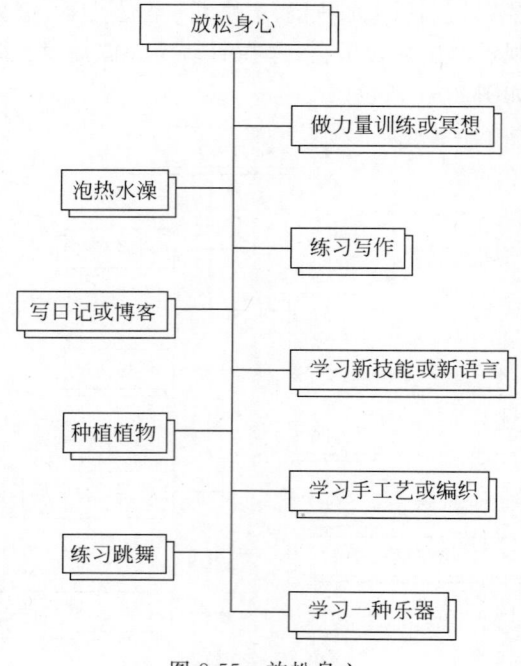

图 8-55　放松身心

本节内容通过以下公式直观地进行阐述:

(1) 做力量训练或冥想＝力量训练或内心平静练习＋定期执行＋注意力集中＋身心改善＋记录进步。

(2) 泡热水澡＝准备热水＋泡澡＋放松身心＋缓解疲劳＋保持良好的卫生习惯。

(3) 练习写作＝选定主题＋构思内容＋书写文章＋反复修改＋提高写作技巧＋寻求反馈。

(4) 写日记或博客＝记录生活或思考＋定期更新＋反思与总结＋分享与交流＋建立社交网络。

(5) 学习新技能或新语言＝选择学习方向＋制订学习计划＋持续学习与实践＋掌握与运用＋拓展知识领域。

(6) 种植植物＝选择植物种类＋准备土壤与容器＋种植与养护＋观察生长过程＋收获成果＋美化环境。

(7) 学习手工艺或编织＝选择手工艺类型＋准备材料与工具＋学习制作步骤＋动手实践＋完成作品＋传承文化。

(8) 练习跳舞＝选择舞蹈类型＋学习舞蹈动作＋反复练习与提高＋享受舞蹈乐趣＋展现舞姿＋锻炼身体协调性。

（9）学习一种乐器＝选择乐器类型＋学习音乐理论与技巧＋持续练习与演奏＋提高音乐素养＋享受音乐之美＋参加音乐活动。

3．旅行与探索

旅行与探索涵盖了从计划出行到亲身体验的全方位活动，包括制订旅行计划、果园采摘体验、赤脚漫步沙滩、参观文化景点及打卡影视剧取景地，通过多样化的方式丰富个人经历，感受世界的多彩与美好。旅行与探索如图8-56所示。

本节内容通过以下公式直观地进行阐述：

（1）去旅行＝下定决心出发＋根据个人兴趣与预算选择适宜的目的地＋制订涵盖各景点游览顺序与时间的详细行程计划＋提前预订交通工具与住宿以确保顺利出行＋即刻收拾包括衣物、证件及应急物品的必备行李＋带着期待与愉悦的心情开始旅程。

（2）果园采摘＝通过网络或口碑调研，筛选出评价高的果园＋根据果园的季节性水果种植情况挑选想要采摘的水果种类＋安排一个适宜的时间前往果园以避开高峰期＋亲自进入果园实地体验采摘的乐趣与辛劳＋现场品尝自己亲手采摘的新鲜果实以享受成果的甜美＋可选择将部分果实带回家与家人及朋友分享采摘的喜悦。

（3）赤脚沙滩行＝通过网络或旅游指南调研，选择心仪的海滩地点＋准备赶海所需的必备工具，如小铲、小篓以便收集贝壳或海鲜＋选择一个天气晴好、海浪适中的时间前往海滩＋赤脚在细软的沙滩上自由行走，感受沙粒的触感与海风的吹拂＋体验海浪拍打脚底的快感，释放身心的压力＋沿途收集各种形状各异的贝壳或新鲜的海鲜作为纪念。

（4）参观景点＝根据个人兴趣选择想要参观的历史遗迹、博物馆或水族馆等景点＋通过网络或旅游手册查找，规划出最佳的参观路线以节省时间＋预留足够的时间实地游览，深入了解景点的历史与文化背景＋通过导览或讲解深入了解，学习相关知识，丰富自己的阅历＋可选择在景点内的纪念品店购买特色纪念品作为回忆。

（5）打卡取景地＝回忆或查找自己喜欢的影视剧取景地点，了解其具体位置与特色＋规划前往取景地的最佳路线以确保顺利到达＋在取景地拍摄与影视剧同款的照片或视频以留作纪念＋使用编辑软件对照片或视频进行美化处理，分享到社交媒体与朋友分享＋通过打卡取景地，感受自己与影视剧角色的连接，增添旅行的趣味与意义。

4．自我关爱

自我关爱体现在多个方面，包括摄影记录生活、亲手制作美食、探索新餐厅、保持社交联系、与家人朋友共度时光、与心仪对象深入交流、参与娱乐活动，如剧本杀，以及积极参加文化活动，丰富个人生活，提升情感满足感和幸福感。自我关爱如图8-57所示。

本节内容通过以下公式直观地进行阐述：

（1）摄影拍照＝确定拍摄主题与风格＋选择合适的拍摄地点与时间＋调整相机参数与设置＋捕捉精彩且有创意的瞬间＋使用软件进行后期处理与修饰＋分享或展示照片。

（2）自己做生日蛋糕＝收集蛋糕食谱与制作技巧＋购买所需的食材与烘焙工具＋按照食谱逐步操作混合食材＋将蛋糕放入烤箱进行烘烤＋待蛋糕冷却后进行装饰与点缀＋与亲朋好友分享品尝。

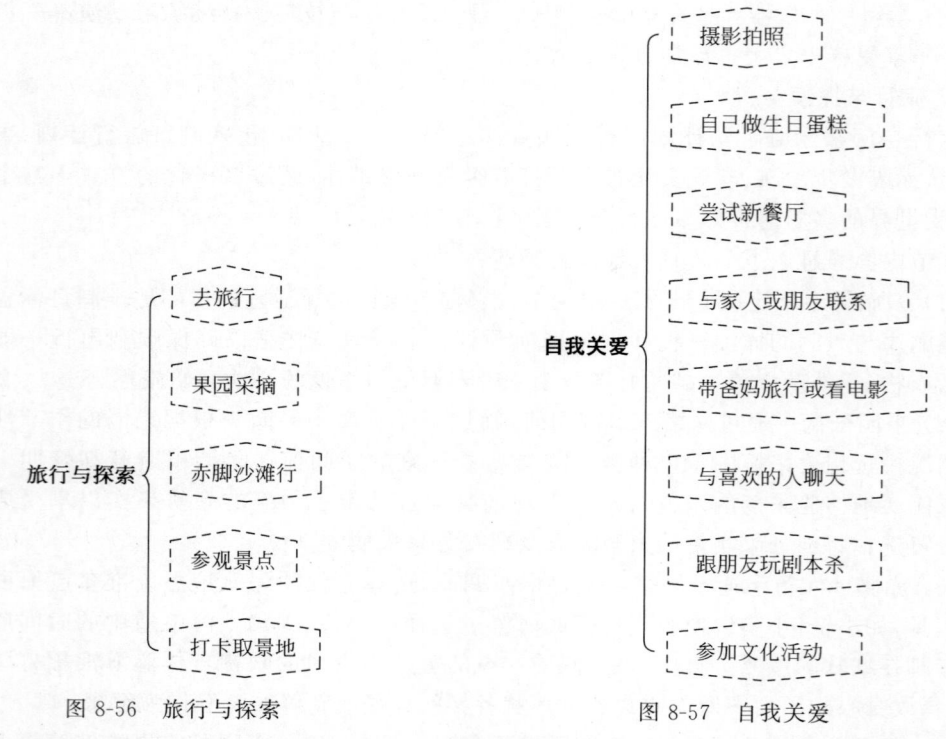

```
旅行与探索 ┬ 去旅行
         ├ 果园采摘
         ├ 赤脚沙滩行
         ├ 参观景点
         └ 打卡取景地
```

图 8-56 旅行与探索

```
自我关爱 ┬ 摄影拍照
        ├ 自己做生日蛋糕
        ├ 尝试新餐厅
        ├ 与家人或朋友联系
        ├ 带爸妈旅行或看电影
        ├ 与喜欢的人聊天
        ├ 跟朋友玩剧本杀
        └ 参加文化活动
```

图 8-57 自我关爱

（3）尝试新餐厅＝通过推荐或评论选择心仪的餐厅＋提前预订座位以确保顺利就餐（如果需要）＋仔细研究菜单点餐＋细细感受美食的独特风味＋对餐品与服务进行评价与反馈。

（4）与家人或朋友联系＝确定想要联系的人选＋选择适合的通信方式（如电话、视频通话、即时信息等）＋主动发起沟通并建立联系＋交流近况、分享心情与经历＋维护与增进彼此之间的关系。

（5）带爸妈旅行或看电影＝确定活动类型（旅行或观看电影）＋规划旅行路线或选择适合的电影＋准备必要的旅行物品或购票＋一同享受旅行或电影带来的乐趣与情感体验。

（6）与喜欢的人聊天＝选择合适的聊天平台与时机＋主动发起对话并引导话题＋分享个人的想法、感受与经历＋倾听对方的回应并增进了解与共鸣＋逐渐建立深厚的感情基础。

（7）跟朋友玩剧本杀＝选择感兴趣的剧本与角色＋邀请适合的朋友参与游戏＋分配角色并详细讲解游戏规则＋开始游戏并充分投入角色演绎＋通过推理与线索找出凶手并享受游戏过程。

（8）参加文化活动＝根据兴趣选择适合的文化活动类型（如艺术展览、音乐会等）＋提前了解活动的详细信息与安排＋前往活动现场并遵守相关规定与礼仪＋积极参与文化活动并感受文化氛围＋与他人交流心得与体验以丰富自己的文化素养。

5. 情绪发泄应对

情绪发泄应对包括通过运动、写作反思、唱歌释放压力、创新思考副业、整理物品等方式,有效管理情绪,减轻压力,促进个人成长与财务健康。应对策略如图 8-58 所示。

本节内容通过以下公式直观地进行阐述:

(1)情绪发泄＝选择适合的运动方式(如跑步、游泳等)＋通过运动释放累积的负面情绪＋获得身心放松。

(2)烦恼处理＝将烦恼详细写在纸上＋深刻反思与认知问题＋将写有烦恼的纸张丢弃,象征性地放下负担。

(3)压力释放＝前往 KTV＋选择喜欢的歌曲高声唱出＋通过歌声释放内心的压力和不良情绪。

(4)创新思考＝静下心来构思副业想法＋探索个人兴趣与市场需求的结合点＋开拓新的收入来源和职业发展道路。

(5)物品整理＝登录咸鱼平台＋整理和筛选出不需要的物品＋发布出售信息,清理空间,获得额外收入。

6. 健康生活

健康生活包括规律作息、合理饮食、午休习惯、放松身心、良好睡眠准备,通过综合措施维护身心健康,提升生活质量。健康生活如图 8-59 所示。

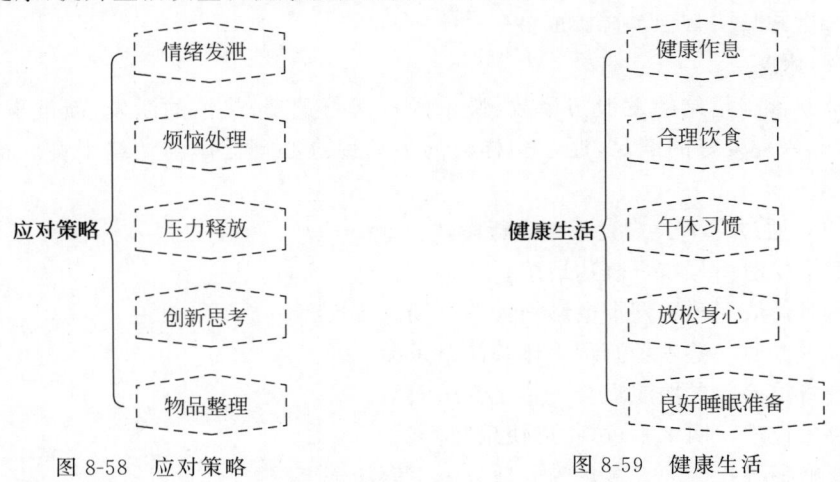

图 8-58 应对策略

图 8-59 健康生活

本节内容通过以下公式直观地进行阐述:

(1)健康作息＝规律作息(确保每天足够的睡眠时间,维持固定的起床和就寝时间)＋起床后喝水(补充夜间流失的水分,促进新陈代谢)＋身体伸展(活动筋骨,预防身体僵硬和疼痛)。

(2)合理饮食＝营养摄入均衡(摄取适量的蛋白质、碳水化合物、脂肪、维生素和矿物质,确保身体各项功能正常运转)。

(3)午休习惯＝有条件的情况(工作环境允许,并且个人时间安排合理)＋午休时间(20～30min,有助于恢复体力和精力,提高工作效率)。

　　(4)放松身心＝下班后散步(缓解工作压力,促进身心健康)＋每晚泡脚(20min,有助于放松脚部肌肉,促进血液循环)。

　　(5)良好睡眠准备＝睡前听放松音乐(有助于放松心情,减少焦虑和压力,为良好的睡眠质量打下基础)。

7. 情绪休息

　　情绪休息通过放松活动、远离压力源、充足休息、日常冥想、自我关怀、培养良好的助眠习惯,全方位地维护情绪稳定与心理健康。情绪休息如图 8-60 所示。

　　本节内容通过以下公式直观地进行阐述:

　　(1)情绪休息＝放松活动(如深呼吸、瑜伽等)＋主动远离或减少压力源＋充足的休息时间。

　　(2)日常冥想＝选择安静环境＋静坐调整呼吸＋深呼吸并专注于每个呼吸＋持续至少 5min＋缓慢结束并回归日常活动。

　　(3)自我关怀＝深入了解自身需求＋及时识别并满足这些需求(如休息、娱乐、社交等)＋定期自我反思和调整。

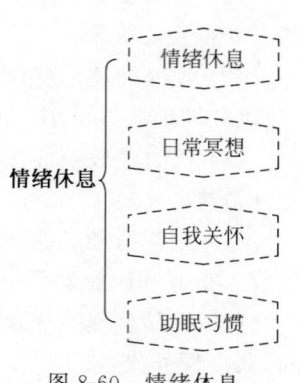

　　(4)助眠习惯＝睡前放松活动(如泡热水澡、听轻音乐等)＋睡前饮一小杯温牛奶＋确保舒适的睡眠环境＋规律的睡眠时间。

图 8-60　情绪休息

8. 精神休息

　　精神休息涵盖情绪的发泄与释放、快乐的找回与重现、热情的激发、新鲜事物的探索、身心的放松、兴趣爱好的满足,通过多样化的活动促进心理健康与情绪平衡。精神休息如图 8-61 所示。

　　本节内容通过以下公式直观地进行阐述:

　　(1)情绪发泄＝写作＋表达情感。

　　(2)情绪释放＝观看催泪电影＋大哭一场。

　　(3)快乐寻回＝游乐场游玩＋体验简单乐趣。

　　(4)热情重拾＝参加演唱会＋感受音乐激情。

　　(5)快乐重现＝回忆＋重现"最快乐"时刻。

　　(6)新鲜事寻找＝去人多热闹的地方＋探索新奇事物。

　　(7)放松身心＝去公园晒太阳＋享受自然。

　　(8)持续放松＝找到放松活动(如跳舞、练字)＋坚持进行。

　　(9)兴趣满足＝外出游玩＋参加感兴趣的活动。

9. 社交休息

　　社交休息减少不必要的干扰,学会独处与自我反思,远离负能量,改善不良关系与环境,同时培养成长型爱好,促进个人成长与心理健康。社交休息如图 8-62 所示。

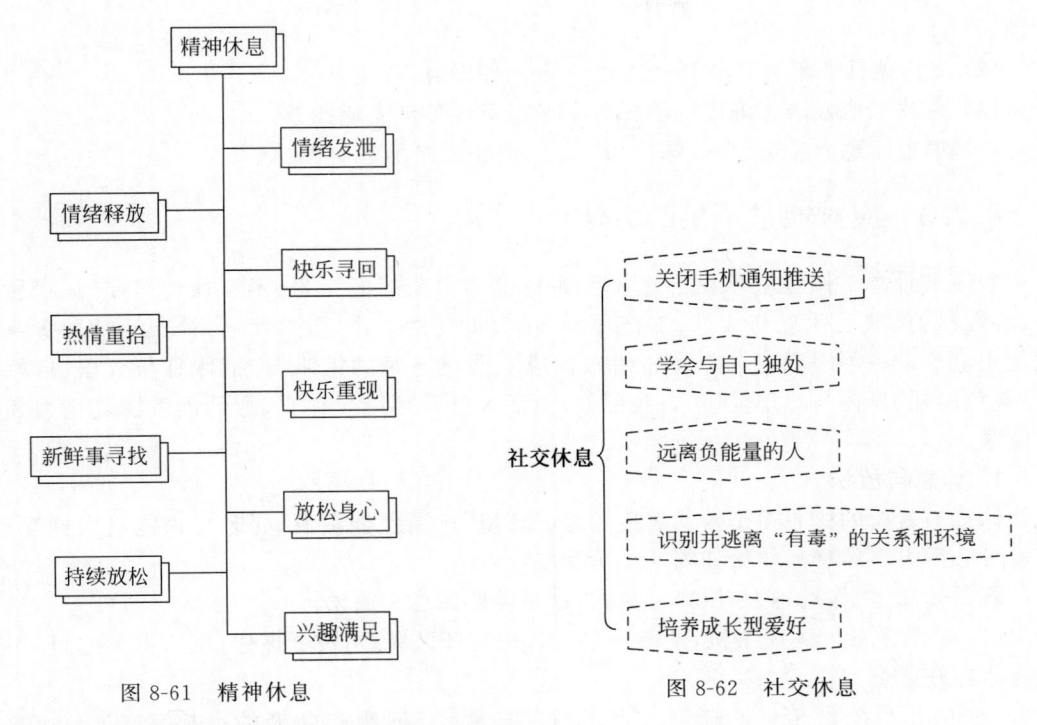

图 8-61　精神休息

图 8-62　社交休息

本节内容通过以下公式直观地进行阐述：
(1) 关闭手机通知推送＝打开手机设置＋找到通知管理选项＋关闭不必要的应用通知。
(2) 学会与自己独处＝设定独处时间＋进行自我反思和沉淀＋享受个人时光。
(3) 远离负能量的人＝识别负能量源＋减少与负能量源的接触＋保持积极心态。
(4) 识别并逃离"有毒"的关系和环境＝观察并分析关系和环境＋评估其对个人成长的影响＋采取必要措施进行改善或撤离。
(5) 培养成长型爱好＝选择感兴趣且具有挑战性的爱好(如骑行、演讲、编织、摄影)＋持续投入时间和精力＋不断提升技能水平。

10．注意力休息

注意力休息，合理规划胡思乱想时段，培养健康生活习惯，维持工作与休息的平衡，采用高效工作方法，通过"蜘蛛技巧"等策略集中注意力，达到工作与休息的和谐统一。注意力休息如图 8-63 所示。

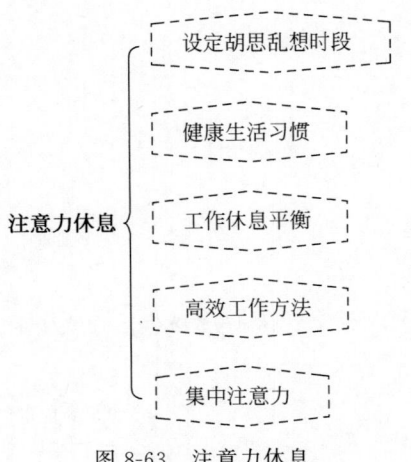

本节内容通过以下公式直观地进行阐述：
(1) 设定胡思乱想时段＝确定时间段长度＋安排具体时间＋遵守时间规定。
(2) 健康生活习惯＝多呼吸新鲜空气＋进行有氧

图 8-63　注意力休息

运动。

（3）工作休息平衡＝工作 1h→休息 5min＋伸展身体。

（4）高效工作方法＝确定一项任务＋专注于任务→完成任务。

（5）集中注意力＝运用"蜘蛛技巧"→识别并规避小事干扰。

8.7.3 应对能量不足的方法

程序员日常工作容易导致能量不足，原因通常是长时间久坐、不良饮食习惯、睡眠质量差、心理压力、缺乏休息与放松、工作环境不佳、重复性工作、慢性疾病、社交活动减少及过度使用电子设备等因素。本节将介绍多种应对能量不足的策略，包括休息与放松、自然疗法、避免内耗、身体与心理健康、自我照顾、生活调整及环境与社交，帮助读者恢复精力和提升情绪。

1. 休息与放松

休息与放松的核心在于营造舒适的睡眠环境，远离负能量源，同时与正能量人群互动，恢复身心活力。休息与放松如图 8-64 所示。

薪资越高，工作量越大，压力也越大，这时需要休息和放松。

（1）享受生活。关闭手机，洗澡、拉上窗帘、打开风扇，用被子裹住自己，美美地睡一觉，让身体好好休息。

（2）防止负能量传播：避免与否定、打压、嘲讽、抱怨和吐槽的人接触，防止负能量传播。

（3）获得正能量：与正能量的人交谈做事，感受他们的能量加持。

2. 自然疗法

自然疗法是通过晒太阳获取自然能量，保持环境整洁，参与正向活动，调整个人能量与心理滋养，如接触自然、兴趣活动、感受目前、聆听正能量音乐，促进身心和谐。自然疗法如图 8-65 所示。

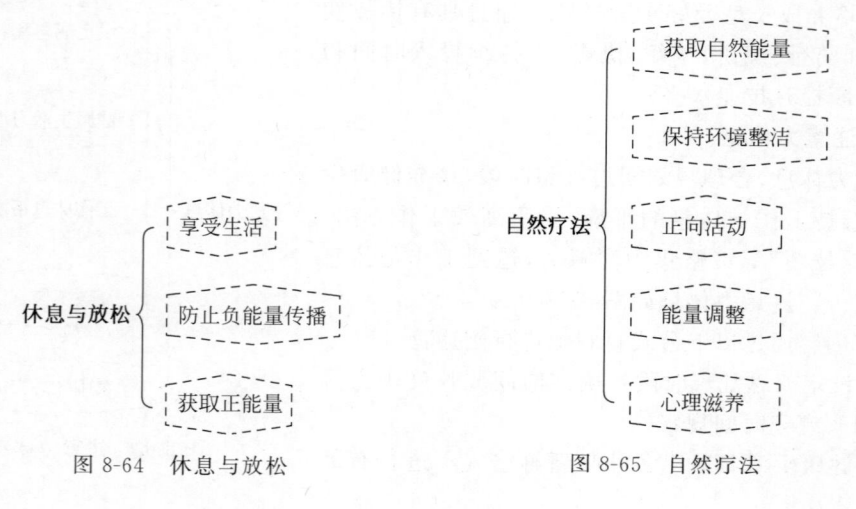

图 8-64　休息与放松　　图 8-65　自然疗法

本节内容通过以下公式直观地进行阐述：
（1）获取自然能量＝晒太阳。
（2）保持环境整洁＝断舍离无用物品。
（3）正向活动＝接触大自然＋进行兴趣活动（篆香、体育运动、烘焙等）。
（4）能量调整＝认真感受目前＋遵循个人能量周期。
（5）心理滋养＝观看正面影视故事＋聆听正能量音乐。

3．避免内耗

遇到坏事时快速翻篇，避免引发连锁反应。

调整精气神，着重调理眼睛、耳朵、舌头、鼻子和大脑妄想。

4．身体与心理健康

身体与心理健康相辅相成，通过锻炼（如练背、跳健身操）增强体能形成正反馈，同时有效管理能量（如少说话节省能量）与情绪（如骑行发泄压力），促进全面健康。身体与心理健康如图 8-66 所示。

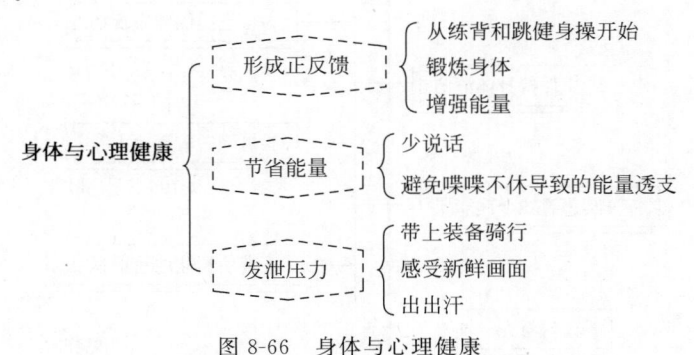

图 8-66　身体与心理健康

本节内容通过以下公式直观地进行阐述：
（1）形成正反馈＝从练背和跳健身操开始→锻炼身体→增强能量。
（2）节省能量＝少说话→避免喋喋不休导致的能量透支。
（3）发泄压力＝带上装备骑行→感受新鲜画面→出出汗。

5．自我照顾

自我照顾需要接纳低能量状态，专注个人成长，通过厘清内心，制订行动计划，减少外界干扰，来提升自我价值和幸福感。自我照顾如图 8-67 所示。

本节内容通过以下公式直观地进行阐述：
（1）彻底躺平接纳自己＝接纳低能量状态＋允许失业或休学的可能性。
（2）专注自我提升＝关闭社交媒体＋卸载非必要软件＋聚焦于个人成长。
（3）厘清内心＝书面记录吐槽与担忧＋明确未行动的想法＋规划和实施行动计划。

6．生活调整

通过健康食物、保持身体清洁、冥想感知金钱能量、不带功利性的阅读、使用香的沐浴露和喜欢的精油泡澡等方式，进行生活调整，提升生活品质和幸福感。生活调整如图 8-68 所示。

```
              ┌ 彻底躺平接纳自己 ─┬ 接纳低能量状态
              │                    └ 允许失业或休学的可能性
              │                    ┌ 关闭社交媒体
自我照顾 ─────┼ 专注自我提升 ─────┼ 卸载非必要软件
              │                    └ 聚焦于个人成长
              │                    ┌ 书面记录吐槽与担忧
              └ 厘清内心 ──────────┼ 明确未行动的想法
                                   └ 规划和实施行动计划
```

图 8-67 自我照顾

```
                    ┌─────────────┐
                    │  生活调整    │
                    └──────┬──────┘
                           │
              ┌────────────┼─ 为自己提供健康食物
              │            │
     保持身体清洁 ─────────┤
                           ├─ 手机壳后放百元大钞
                           │
     每天冥想感知金钱能量 ─┤
                           ├─ 不带功利性地看一本书
                           │
     一口气看完一本书 ─────┤
                           ├─ 使用香香的沐浴露
                           │
     使用喜欢的精油泡澡 ───┘
```

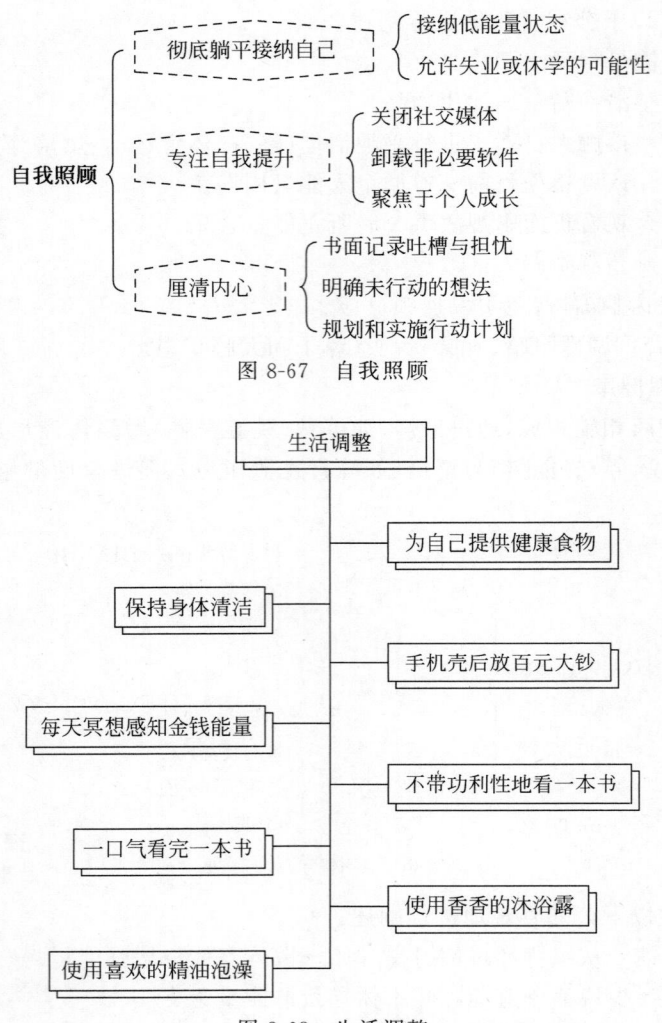

图 8-68 生活调整

本节内容通过以下公式直观地进行阐述：

（1）为自己提供健康食物＝选择新鲜食材＋合理烹饪＋定时定量就餐。

（2）保持身体清洁＝定期洗浴＋保持个人卫生＋整洁的衣着。

（3）手机壳后放百元大钞＝选择合适大小的手机壳＋将百元大钞平整放入。

（4）每天冥想感知金钱能量＝设定冥想时间＋安静的环境＋专注于金钱能量的感知与引导。

（5）不带功利性地看一本书＝选择感兴趣且能理解的书籍＋设定连续阅读时间＋沉浸式阅读体验。

（6）一口气看完一本书＝规划阅读时间＋专注且连续的阅读过程。

（7）使用香香的沐浴露＝选择喜欢的香味沐浴露＋温水湿润身体＋适量涂抹并按摩身体。

(8) 使用喜欢的精油泡澡＝准备舒适的泡澡环境＋滴入适量精油＋温水泡澡＋深呼吸感受香气与舒适感。

7. 环境与社交

优化社交环境，保护个人资源，通过自然充电、体验宽广视野、亲情治愈、简化生活等方式，以及与高能量友人交流和观察路人，来提升个人能量和幸福感。环境与社交如图 8-69 所示。

本节内容通过以下公式直观地进行阐述：

(1) 优化社交环境＝远离消耗者＋靠近同频者。

(2) 保护个人资源＝守护时间＋专注注意力＋节省精力＋管理情绪＋远离低端信息。

(3) 自然充电法＝公园漫步＋观察自然＋感受生命力。

(4) 老城区能量吸收＝观棋打牌＋商铺闲聊＋吸收高能量。

(5) 流水冥想＝静观流水＋带走负能量。

(6) 大树疗法＝靠近大树＋感受自然能量＋抚平焦虑。

(7) 音乐发呆时光＝听歌发呆＋享受陪伴而不被打扰。

(8) 宽广视野体验＝爬山看海＋感受自然历史＋拓宽视野。

(9) 亲情治愈＝探访老家＋感受自由＋缓解身心问题。

(10) 简化生活＝大扫除断舍离＋留存刚需＋简化工作。

(11) 好友交流＝与高能量友人见面＋交流问题＋相互支持。

(12) 路人观察＝坐地铁公交＋观察路人＋猜测性格职业。

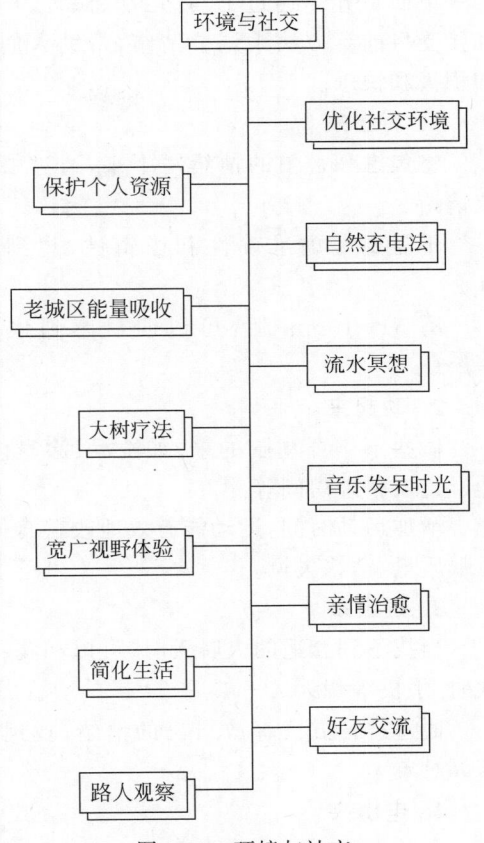

图 8-69 环境与社交

8.7.4 变得积极快乐的方法

程序员不积极快乐的原因有很多种，包括项目截止日期、技术挑战、团队期望导致的焦虑、职业晋升不确定性引发的担忧、技术变化带来的学习压力、工作时间过长限制个人生活、计算机前工作减少社交、工作环境不佳、长期压力和过度工作、工作与个人价值观不符（没有得到认可或缺乏成就感）、经济压力（如债务、住房成本）。通过书写调节情绪、做些简单的活动、找到合适的倾诉对象、尝试户外活动和接受目前，有效改变自己，让自己变得积极、快乐。变得积极快乐的方法如图 8-70 所示。

下面将介绍通过书写、运动、倾诉、户外活动和接受目前等方法来调节情绪，帮助人们变得更加积极和快乐。

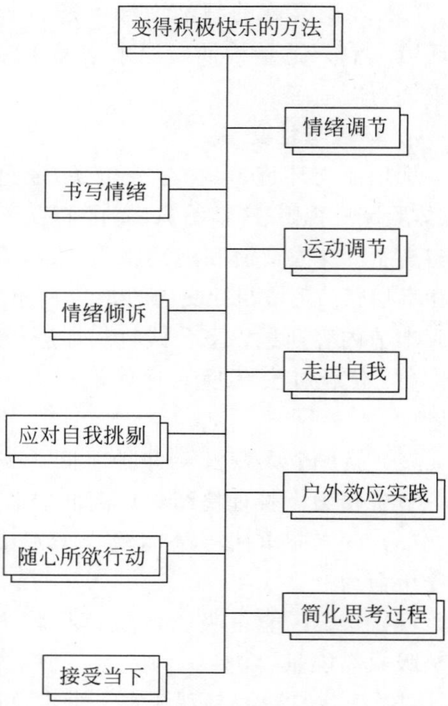

1. 写出来

将焦虑和害怕的情绪写下来，通过书写来调节情绪。

不需要考虑准确性和逻辑性，想到什么写什么。

写 5～10min 后，可以明显感到焦虑有所缓解。

2. 动起来

做些不需要动脑的事，如洗澡、涂身体乳、拉伸、散步、整理房间等。

增加运动时间，运动能有效地改善身体不适、睡眠质量、情绪失调。

3. 说出来

当找不到合适的人聊天时，可以和花花草草、歌曲、手机等聊天。

通过这种方式释放自己的情绪，找到合适的倾诉对象。

图 8-70 变得积极快乐的方法

4. 走出来

本节内容通过以下公式直观地进行阐述：

（1）应对自我挑剔＝尝试户外 20min 效应＋观察及感知目前环境。

（2）户外效应实践＝走出家门→去公共场所→观察、感知、感受目前。

（3）随心所欲行动＝关注内心真实欲望＋行动实现欲望＋不受他人看法影响。

（4）简化思考过程＝多一些简单思考＋少一些自我评价。

5. 接受目前

勇于面对自己的缺陷，不再试图消灭它们。

照顾好自己，保证身体的营养均衡，心存善良，认真学习工作。

8.7.5 改变自己的懦弱气质

通过调整心态，勇于面对真实情绪，敢于反击恶意，不伪装自己，发现自身可爱之处，可以有效地改变懦弱气质，增强自信，提升气场，让自身在职场更有竞争力。下面介绍如何改变自己的懦弱气质，通过调整心态和自我认知来改变自己的一些方法。改变自己的懦弱气质如图 8-71 所示。

下面将介绍如何通过调整心态和自我认知来改变懦弱气质，从而增强自信。

（1）情绪管理：不要害怕被别人讨厌，讨厌是相互的，不要逃避自己内心的真实情绪。

（2）面对讨厌情绪：不要将心思放在不确定是否喜欢你的人身上，对于恶意行为，要敢于反击。

（3）以德报怨反思：以善意回应恶行，面对不公正或恶意的行为，以德行和善意来回应，但并不意味着对不公正或恶意行为放任不管，根据具体情况，权衡利弊，做出合适的决定。

（4）拒绝虚伪：不要总是装作老好人或"软柿子"，不要害怕撕破脸皮。

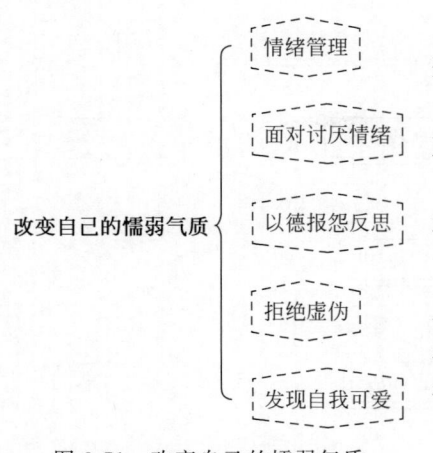

图 8-71 改变自己的懦弱气质

（5）发现自我可爱：善于发现自己可爱的点，因为被父母和朋友无条件地爱着，所以要自信。

8.7.6 心理调整

心理调整的关键在于停止自我贬低、不在意外界眼光、避免内耗、降低期望，为自己而活，保持积极心态，明确工作目的，同时不过度承担责任，享受下班后的生活时间，提升应对职场挑战的能力。下面介绍如何停止自我贬低、内耗，以及如何活出自我等建议。心理调整如图 8-72 所示。

心理调整能有效地提升应对职场挑战的能力，下面是具体的描述。

（1）停止自我贬低：不要给自己设限，相信自己的潜力。不要过分在意他人的评价，活得开心比什么都重要。

（2）不要在意别人的眼光：不要过度解读别人的评价，每个人都有自己的事情要做。只要自己不尴尬，尴尬的就是别人。

（3）停止内耗：内耗会消耗精力和意志力，导致焦虑和不安。学会活在目前，降低期望值，过好每天。

（4）学会降低期望：对他人和对自己的期望值过高会导致失望。适当降低期望可以减少失望和自我伤害。

（5）学会为自己而活：不要在乎他人的眼光和期许，爱你所爱，行你所想。活得开心比活给别人看更重要。

（6）不要好为人师：克制纠正别人的欲望，不要随便给别人忠告和劝解。聪明的人不需要，愚蠢的人听不进去。

（7）放弃受害者心态：不要指望外界对自己的遭遇负责，要对自己负责。通过自己的努力去争取想要的生活，强者改变，弱者抱怨。

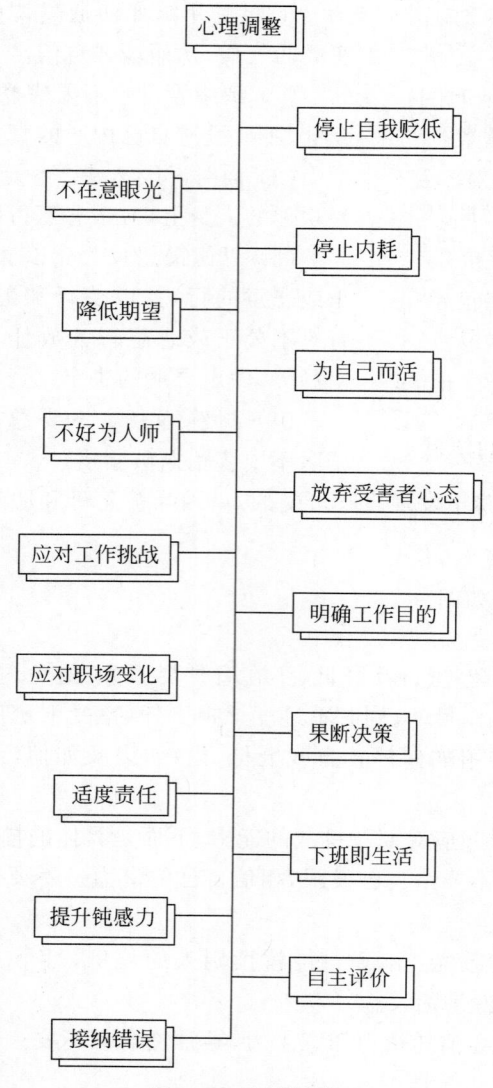

```
                          ┌──────────┐
                          │ 心理调整 │
                          └────┬─────┘
                               │
                ┌──────────────┼──────────────┐
                │              │              │
          ┌───────────┐   ┌───────────┐
          │ 停止自我贬低 │
          └───────────┘
    ┌──────────┐
    │ 不在意眼光 │──┐
    └──────────┘  │  ┌───────────┐
                  ├──│ 停止内耗  │
                  │  └───────────┘
    ┌──────────┐  │
    │ 降低期望  │──┤
    └──────────┘  │  ┌───────────┐
                  └──│ 为自己而活 │
                     └───────────┘
    ┌──────────┐     ┌───────────────┐
    │ 不好为人师 │────│ 放弃受害者心态 │
    └──────────┘     └───────────────┘
    ┌──────────┐     ┌───────────┐
    │ 应对工作挑战│───│ 明确工作目的│
    └──────────┘     └───────────┘
    ┌──────────┐     ┌───────────┐
    │ 应对职场变化│───│ 果断决策  │
    └──────────┘     └───────────┘
    ┌──────────┐     ┌───────────┐
    │ 适度责任  │────│ 下班即生活│
    └──────────┘     └───────────┘
    ┌──────────┐     ┌───────────┐
    │ 提升钝感力│────│ 自主评价  │
    └──────────┘     └───────────┘
    ┌──────────┐
    │ 接纳错误  │
    └──────────┘
```

图 8-72 心理调整

（8）大不了就不干了：这种心态可以帮助我们解决大部分工作内耗问题。不必在公司里唯唯诺诺，忍无可忍时可以果断应对。工作不是生活的全部，不必给自己过多负担。

（9）明确工作目的：上班是为了换取收入，关注重点应放在是否达到目的。不必较真于领导或同事的难伺候，稳住情绪领工资即可。

（10）不指望会一直稳定：时局多变，保持自我提升才是关键。不要被职场上无关紧要的是非所干扰，保持好奇心和求知欲。

（11）拧巴永远会拖后腿：要么妥协，要么离开，不要让自己陷入纠结。留下来心有不甘，要离开又没竞争力，只会为难自己。

（12）不要责任心过重：对工作尽职尽责，但不要过度承担责任。把握好关键KPI，把精力放在最重要的事情上。

（13）下班＝100％生活时间：下班后把工作抛在脑后，生活才是第1位。不要为工作焦虑，所有的难题都会有结果。

（14）提升钝感力：面对不喜欢的同事或他人，远离就好。拥有被讨厌的勇气，不必赢得所有人喜欢。

（15）别太在意领导评价：不要盲目听信领导的评价，给自己设立目标。每天进步一点就是成功，把评价权交回自己手里。

（16）不因为犯错而焦虑：允许自己犯错，从错误中吸取经验。不要因为犯错而责备自己，保持积极心态。

8.7.7 通过兴趣应对焦虑和抑郁

通过写作、园艺、针织等多种兴趣活动，能有效地整理思绪、放松身心、转移注意力，从而缓解焦虑和抑郁情绪。通过兴趣应对焦虑和抑郁如图8-73所示。

本节内容通过以下公式直观地进行阐述：

（1）写作＝整理思绪＋表达情感＋构建故事＋反思与成长。

（2）园艺＝放松身心＋接触自然＋培育生命＋获得平静。

（3）针织＝专注细节＋重复动作＋创造物品＋达到平静。

（4）画画＝情绪转换＋创意表达＋色彩运用＋视觉呈现。

（5）下厨＝烹饪技艺＋食材搭配＋创造美食＋产生幸福感。

（6）雕刻＝转移注意力＋精细操作＋塑造形态＋完成作品。

（7）摄影＝调整关注点＋捕捉瞬间＋构图用光＋表达主题。

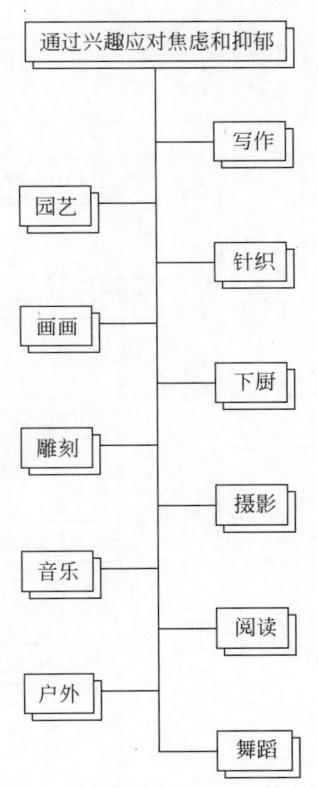

图8-73 通过兴趣应对焦虑和抑郁

（8）音乐＝情绪感受＋节奏旋律＋演奏技巧＋表达情感。

（9）阅读＝获得知识＋理解观点＋感受情感＋获取力量和支持。

（10）户外＝运动锻炼＋接触自然＋产生多巴胺＋提升心情。

（11）舞蹈＝关注节奏＋身体协调＋表达情感＋产生多巴胺。

8.7.8 缓解焦虑的方法

缓解焦虑需要认知完美主义弊端,接受不完美,停止自责,培养宽容。记录优点,强化自信;识别焦虑源,制订对策。接纳自我,聚焦成长,寻求建议,设定明确目标,拆解大问题。保证充足睡眠,选择开阔环境,整理房间,运动释放压力,观看情感共鸣电影,宣泄情感。缓解焦虑的方法如图 8-74 所示。

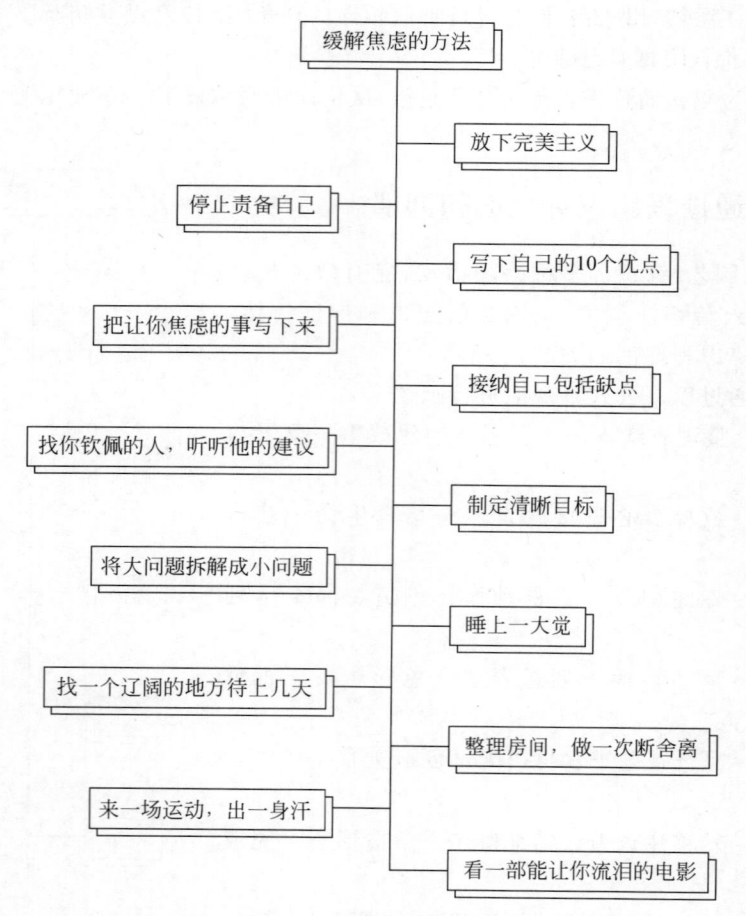

图 8-74 缓解焦虑的方法

本节内容通过以下公式直观地进行阐述:
(1) 放下完美主义=认知完美主义弊端+接受自身不完美+行动注重过程与成长。
(2) 停止责备自己=识别自责情绪+转换负面思维+培养自我宽容。
(3) 写下自己的 10 个优点=自我反思+提取积极特质+记录并确认自我价值。
(4) 把让你焦虑的事写下来=识别焦虑源+记录具体问题+分析并制订应对策略。
(5) 接纳自己包括缺点=全面认识自我+接受不完美部分+聚焦成长与改变。

（6）找你钦佩的人，听听他的建议＝选择合适对象＋诚恳寻求建议＋吸纳并应用智慧。
（7）制订清晰目标＝明确愿景＋设定具体目标＋制订实现步骤。
（8）将大问题拆解成小问题＝分析大问题结构＋切割成子问题＋分别制订解决方案。
（9）睡上一大觉＝确保充足睡眠＋放松身心＋恢复精力与情绪。
（10）找一个辽阔的地方待上几天＝选择开阔环境＋沉浸自然＋反思与放松。
（11）整理房间，做一次断舍离＝清理空间杂物＋精简物品＋创造有序环境。
（12）来一场运动，出一身汗＝选择适合运动＋投入锻炼＋释放压力与毒素。
（13）看一部能让你流泪的电影＝选择情感共鸣电影＋投入观看＋情感体验与释放。

图 书 推 荐

书 名	作 者
仓颉语言实战(微课视频版)	张磊
仓颉语言核心编程——入门、进阶与实战	徐礼文
仓颉语言程序设计	董昱
仓颉程序设计语言	刘安战
仓颉语言元编程	张磊
仓颉语言极速入门——UI全场景实战	张云波
HarmonyOS 移动应用开发(ArkTS 版)	刘安战、余雨萍、陈争艳 等
公有云安全实践(AWS 版·微课视频版)	陈涛、陈庭暄
虚拟化 KVM 极速入门	陈涛
虚拟化 KVM 进阶实践	陈涛
移动 GIS 开发与应用——基于 ArcGIS Maps SDK for Kotlin	董昱
Vue+Spring Boot 前后端分离开发实战(第 2 版·微课视频版)	贾志杰
前端工程化——体系架构与基础建设(微课视频版)	李恒谦
TypeScript 框架开发实践(微课视频版)	曾振中
精讲 MySQL 复杂查询	张方兴
Kubernetes API Server 源码分析与扩展开发(微课视频版)	张海龙
编译器之旅——打造自己的编程语言(微课视频版)	于东亮
全栈接口自动化测试实践	胡胜强、单镜石、李睿
Spring Boot+Vue.js+uni-app 全栈开发	夏运虎、姚晓峰
Selenium 3 自动化测试——从 Python 基础到框架封装实战(微课视频版)	栗任龙
Unity 编辑器开发与拓展	张寿昆
跟我一起学 uni-app——从零基础到项目上线(微课视频版)	陈斯佳
Python Streamlit 从入门到实战——快速构建机器学习和数据科学 Web 应用(微课视频版)	王鑫
Java 项目实战——深入理解大型互联网企业通用技术(基础篇)	廖志伟
Java 项目实战——深入理解大型互联网企业通用技术(进阶篇)	廖志伟
深度探索 Vue.js——原理剖析与实战应用	张云鹏
前端三剑客——HTML5+CSS3+JavaScript 从入门到实战	贾志杰
剑指大前端全栈工程师	贾志杰、史广、赵东彦
JavaScript 修炼之路	张云鹏、戚爱斌
Flink 原理深入与编程实战——Scala+Java(微课视频版)	辛立伟
Spark 原理深入与编程实战(微课视频版)	辛立伟、张帆、张会娟
PySpark 原理深入与编程实战(微课视频版)	辛立伟、辛雨桐
HarmonyOS 原子化服务卡片原理与实战	李洋
鸿蒙应用程序开发	董昱
HarmonyOS App 开发从 0 到 1	张诏添、李凯杰
Android Runtime 源码解析	史宁宁
恶意代码逆向分析基础详解	刘晓阳
网络攻防中的匿名链路设计与实现	杨昌家
深度探索 Go 语言——对象模型与 runtime 的原理、特性及应用	封幼林
深入理解 Go 语言	刘丹冰
Spring Boot 3.0 开发实战	李西明、陈立为

续表

书　名	作　者
全解深度学习——九大核心算法	于浩文
HuggingFace 自然语言处理详解——基于 BERT 中文模型的任务实战	李福林
动手学推荐系统——基于 PyTorch 的算法实现（微课视频版）	於方仁
深度学习——从零基础快速入门到项目实践	文青山
LangChain 与新时代生产力——AI 应用开发之路	陆梦阳、朱剑、孙罗庚、韩中俊
图像识别——深度学习模型理论与实战	于浩文
编程改变生活——用 PySide6/PyQt6 创建 GUI 程序（基础篇·微课视频版）	邢世通
编程改变生活——用 PySide6/PyQt6 创建 GUI 程序（进阶篇·微课视频版）	邢世通
编程改变生活——用 Python 提升你的能力（基础篇·微课视频版）	邢世通
编程改变生活——用 Python 提升你的能力（进阶篇·微课视频版）	邢世通
Python 量化交易实战——使用 vn.py 构建交易系统	欧阳鹏程
Python 从入门到全栈开发	钱超
Python 全栈开发——基础入门	夏正东
Python 全栈开发——高阶编程	夏正东
Python 全栈开发——数据分析	夏正东
Python 编程与科学计算（微课视频版）	李志远、黄化人、姚明菊 等
Python 数据分析实战——从 Excel 轻松入门 Pandas	曾贤志
Python 概率统计	李爽
Python 数据分析从 0 到 1	邓立文、俞心宇、牛瑶
Python 游戏编程项目开发实战	李志远
Java 多线程并发体系实战（微课视频版）	刘宁萌
从数据科学看懂数字化转型——数据如何改变世界	刘通
Dart 语言实战——基于 Flutter 框架的程序开发（第 2 版）	亢少军
Dart 语言实战——基于 Angular 框架的 Web 开发	刘仕文
FFmpeg 入门详解——音视频原理及应用	梅会东
FFmpeg 入门详解——SDK 二次开发与直播美颜原理及应用	梅会东
FFmpeg 入门详解——流媒体直播原理及应用	梅会东
FFmpeg 入门详解——命令行与音视频特效原理及应用	梅会东
FFmpeg 入门详解——音视频流媒体播放器原理及应用	梅会东
FFmpeg 入门详解——视频监控与 ONVIF＋GB28181 原理及应用	梅会东
Python 玩转数学问题——轻松学习 NumPy、SciPy 和 Matplotlib	张骞
Pandas 通关实战	黄福星
深入浅出 Power Query M 语言	黄福星
深入浅出 DAX——Excel Power Pivot 和 Power BI 高效数据分析	黄福星
从 Excel 到 Python 数据分析：Pandas、xlwings、openpyxl、Matplotlib 的交互与应用	黄福星
云原生开发实践	高尚衡
云计算管理配置与实战	杨昌家
HarmonyOS 从入门到精通 40 例	戈帅
OpenHarmony 轻量系统从入门到精通 50 例	戈帅
AR Foundation 增强现实开发实战（ARKit 版）	汪祥春
AR Foundation 增强现实开发实战（ARCore 版）	汪祥春